浙江省新型重点专业智库宁波大学东海研究院成果

海洋资源环境演化与东海海洋经济丛书

中国东海
可持续发展研究报告
海岸带与海湾资源环境演化卷

李加林　龚虹波　姜忆湄　叶梦姚　著

Sustainable Development in East China Sea
Evolution of Resources and Environment in Coastal Zone and Bay Area

U0195230

海洋出版社

2020年·北京

图书在版编目（CIP）数据

中国东海可持续发展研究报告．海岸带与海湾资源环境演化卷/李加林等著．—北京：海洋出版社，2020.2

ISBN 978-7-5210-0320-8

Ⅰ.①中…　Ⅱ.①李…　Ⅲ.①东海–海岸带–自然资源–研究–中国　Ⅳ.①P722.6

中国版本图书馆 CIP 数据核字（2019）第 030819 号

责任编辑：赵　武　黄新峰
责任印制：赵麟苏

海洋出版社　出版发行

http://www.oceanpress.com.cn
北京市海淀区大慧寺路 8 号　邮编：100081
中煤（北京）印务有限公司印刷　新华书店发行所经销
2020 年 2 月第 1 版　2020 年 2 月北京第 1 次印刷
开本：787 mm×1092 mm　1/16　印张：24
字数：500 千字　定价：100.00 元
发行部：62132549　邮购部：68038093　总编室：62114335
海洋版图书印、装错误可随时退换

总　序

　　海岸带是地球系统中陆地、大气、海洋系统的界面，是物质、能量、信息交换最频繁、最集中的区域之一，海岸带同时又是人口与经济活动的密集带和生态环境的脆弱带，资源环境问题的冲突特别尖锐。国际地圈生物圈计划（IGBP）和全球环境变化人文因素计划（IHDP）都把海岸带的陆海相互作用（LOICZ）列为核心计划之一。

　　海岸带由于其特殊的地理位置，作为人类活动最为活跃的地带之一，深受大陆和海洋各种物质、能量、结构和功能体系的多重影响，对于其研究一直以来是一个备受各个国家和学术界关注的话题。加之近年来人类活动不合理的开发和利用海岸带，使得海岸带成为了一个人为的生态脆弱区。2001 年，IGBP、IHDP 和世界气候研究计划（WCRP）联合召开的全球变化国际大会，把海岸带的人地相互作用列为重要议题。此外，进入 21 世纪以后，GIS、RS 和 GPS 等技术被更多的运用到海岸带的研究中。和传统的技术相比，3S 技术能更快、更准确、更及时地获取海岸带资源环境状况的实时信息，也更能及时地反映海岸带土地利用、景观格局变化甚至海洋污染程度的最新变化，在海岸带资源演化监测和海洋社会经济研究中发挥着巨大的作用。

　　随着海岸带开发利用的深入，农牧渔业的发展、盐田的围垦、城市围海造地、码头工程和海岸建设、港内水产养殖等人类活动都将影响原有流场状况，改变自然岸线，影响景观生态资源环境。一旦流场或风浪条件发生变化，岸线地形、地貌及沉积特征就将发生改变，岸线功能、空间及景观资源也将发生相应变化，使海岸带地区的生态功能发生不可逆的变化。鉴于海岸带地区在人类生存和发展中的重要地位，各国政府对海岸带地区的研究均相当重视，海岸带调查工作在世界范围内的开展为沿海地区的景观格局演变研究积累了大量的科学资料，陆海相互作用研究已成为地球系统研究中的重要方向。因此，加强海岸带地区资源环境演化及其与沿海社会经济发展的关系研究，对我国海岸带资源环境的持续利用具有十分重要的意义。

　　东海是由中国大陆、中国台湾、琉球群岛和朝鲜半岛围绕的西北太平洋边缘海，东海与太平洋及邻近海域间有许多海峡相通，东以琉球诸水道与太平洋沟通，东北经朝鲜海峡、对马海峡与日本海相通，南以台湾海峡与南海相接。地理位置介于 21°54′N–33°17′N，117°05′E–131°03′E 之间。东海东北至西南长度 1 300 km，东西宽 740 km，总面积 7.7×10^5 km²。平均水深 370 m，多为水深 200 m 以内的大陆架。东海濒临中国东部的上海、浙江、福建和台湾 1 市 3 省。东海区域具有包括上海港和宁波–舟山港在内的丰富而又相对集中的港口航道资源，位于全国前列的海洋渔业资源，丰富多彩的滨海及海岛旅游资源，开发前景良好的东海陆架盆地油气资源，具有多宜性的广阔滩涂土地资源，理论储量丰富的海洋能资源。东海区海岸带开发有着悠久的历史，发展海洋经济具有得天独厚的条件。

　　改革开放以来，随着对海洋经济的重视，东海区的海岸带资源不断得到开发，包括上海、浙江、福建和台湾在内的东海区海洋经济综合实力不断增强。进入 21 世纪，东海区各省市海岸带开发与海洋经济发展面临新的机遇，同时具备建设海洋经济强省的良好基础。2011 年，浙江海洋经济建设示范区规划获得国务院批复。同年，浙江舟山群岛新区建设规划获得国家批复。2012 年，国务院正式批准《福建海峡蓝色经济试验区发展规划》，福建海洋经济发展上升为国家战略，面临新的重大历史机遇。2013 年，中国（上海）自由贸易试验区正式成立。可见无论是从国家层面还是到各省市政府都十分重视与关注东海区的海洋经济发展，东海区的海洋经济发展也取得了很多成就。

　　在东海区海洋经济快速发展的同时，东海区海洋资源环境与社会经济发展研究也取得了大量的成果，有力地支撑着东海区海洋经济的持续发展与增长。尽管如此，目前的研究还缺少东海区海洋资源环境与海洋经济发展态势的展示平台与成果，对于海洋资源环境与海洋经济发展研究还缺乏理论框架，存在不系统、不规范，数据不统一等问题，远不能适应东海区海洋社会经济持续发展的需要。因此，加强东海区海洋资源环境与海洋社会经济发展态势研究对东海区海洋经济的持续发展具有十分重要的意义。

　　本报告着眼于海洋资源环境经济学、海洋经济地理"人海地域系统"

思想，通过对东海区海岸带资源开发与社会经济研究文献的梳理，从海洋资源环境支撑角度对东海区海洋经济发展历程及发展态势进行解释和实证检验，从海岸带生态环境跨域治理、海岸带土地利用、海岛人口与聚落变迁、海岸带景观与港湾资源演化、海洋经济发展等方面对东海区海岸带资源环境开发利用现状、存在问题及其与沿海地区社会经济发展的关系进行详细的分析，研究资源环境制约下的东海区海洋经济的特色与竞争力的形成机理，为提升东海区海洋资源环境保护，促进东海区海洋社会经济持续发展提供决策参考。本报告对促进"人类活动对近海生态系统与环境的影响"研究的深入具有重要的理论意义。同时，对促进东海区海岸带资源环境的持续利用也具有重要的现实意义。

　　本报告是浙江省哲学社会科学重点研究基地（浙江省海洋文化与经济研究中心）、浙江省新型重点专业智库（宁波大学东海研究院）、宁波市高等学校协同创新中心（宁波陆海国土空间利用与治理协同创新中心）以李加林、马仁锋为首席专家，龚虹波、李伟芳、王益澄、乔观民等为核心成员、以地理学为主体的跨学科研究团队近5年潜心研究的阶段性成果。

前　言

　　海岸带是水圈、岩石圈、大气圈相互作用的地带，也是地球系统中最有生机的部分之一，具有很高的自然能量、生物生产力以及突出的经济地位。海岸带受到自然环境和人类活动的综合影响，作为人类生产、生活的主要场所，随着社会经济的发展，人类对海岸带资源和空间的需求与日俱增，海岸带面临的压力日益增大。随着人类对海岸带环境的利用和改造在强度、广度和速度上不断提高，人类活动对海岸带演化的影响甚至超过了自然变化。

　　由于复杂地球系统整体不等于其各部分之和，各部分演变的纽带是非线性的，而研究地球系统的整体运作功能是人类探索的中心目标。随着全球气候变化科学、地球系统科学和可持续发展科学的发展，景观演化研究基于系统、综合的学科背景被人们越来越多地提及。随着经济社会的发展，现代景观格局的演变往往是自然过程与人类活动综合作用的结果。分析研究区域大陆岸线和景观格局的演化，明确景观格局演变产生的生态环境效应，能够为合理的海岸带开发和保护生态环境提供科学的决策依据。

　　鉴于海岸带地区在人类生存和发展中的重要地位，对沿海地区的海岸带调查工作正在世界范围内开展，为岸线及景观演化的研究积累了大量科学数据。人类活动影响下的海岸带地区大陆岸线变迁、景观格局演化及景观生态风险评价已成为地球系统研究重点的重要方向，越来越受到各国政府的重视。

　　为实现海岸带资源的科学管理和持续利用，人类迫切需要获取海岸带的岸线及景观信息，并监测其动态变化规律，以期为沿海地区做好环境规划管理工作提供科学依据。对景观格局演化及其生态环境效应的分析，能够反映海岸带人类活动和资源环境的协调程度，准确地评估区域规划对生态环境产生的影响，从而科学地完善规划内容。

　　东海位于中国大陆与日本列岛、琉球群岛之间，是西太平洋边缘海之一，海域广阔略呈扇形，凸向太平洋。本书研究区——东海区海岸带，北起长江口北岸，南至闽粤两省交界处，包括沪、浙、闽三省（市）的海岸带区域。随着人口以及经济的快速增长，进入新世纪以来，东海区海岸带的开发利用迎来新一轮的热潮，大规模的围垦种植、围海养殖以及各种临港工业的建设，使得东海区海岸带岸线资源和景观格局发生了重大的变化。因此，获取人类活动影响下的东海区大陆岸线及景观信息，并分析其动态变化规律及驱动力，进行景观生态风险评价，能为研究区做好环境规划管理工作提供科学依据，实现海岸带资源的科学管理和持续利用。对景观格局演化及其生态环境效应的分析，能够反映海岸带人类活动和资源环境的协调程度，准确地评估区域规划对生态环境产生的影响，从而科学地完善规划内容。

　　海岸带作为沿海地区土地开发利用的前沿区域，其岸线及景观资源演化受人类活动作用明显。从已有研究成果看，由于影像、数据获取难度大、影像处理工作量大等因素，前人对海岸带的研究往往仅包含海岸线变化或景观格局演变中的其中一部分，将二者结合进行系统研究的较少。由于岸线的变化会直接影响海岸带景观的演变，因此将两者结合可以更好的了解人类活动影响下海岸带资源环境的演化规律。在研究空间尺度上多选取较小的区域，尤其缺乏像东海区这样大范围区域的海岸带岸线和景观的演化评价的系统性研究。以东海区为研究区，既能很好的体现岸线及景观资源的宏观演化趋势，也能反映区域内部的具体变化，有利于加强宏观与微观的结合以及海岸带研究的纵深发展。

　　此外，岸线和景观演化受自然、社会和经济等诸多因子的驱动，在海岸带开发利用不断加剧的今天，人类社会经济活动对岸线和景观演化的影响占据了主导地位。当然，在一定区域内，除了气候、政治、经济等因素差异，与地表覆被相关的地形、地貌因子成为制约人类活动的关键因素。因此在分析东海区海岸带景观格局状况时，以不同地貌类型单元为基础，将景观格局放在地理学的大背景下，探讨其与地貌类型的关系，并尝试建立基于地貌类型的海岸带景观地学信息图谱，以推动海岸带景观格局演变研究的深入发展。

　　本卷采用野外实地调研与室内史料分析相结合的方法，以东海区海岸带与主要海洋区域为研究区域，基于 1990—2015 年的 Landsat 卫星遥感影像、东海区行政边界矢量图、DEM 数字高程数据等为数据源，在 RS 和 GIS 空间分析技术的结合下，分析人类活动影响下的东海区大陆岸线与主要港湾岸线资源开发利用，从岸线演变规律及开发利用现状出发，结合景观生态学，构建基于地貌类型的东海区海岸带地学信息图谱，并借助相关景观指数分析海岸带景观格局演化，最后在此基础上对其生态环境效应进行评价。

本卷由李加林、龚虹波负责提纲拟定、组织研讨，并负责全书的写作。叶梦姚、姜忆湄分别参与了书稿上、下篇各章节的写作。冯佰香、黄日鹏、何改丽、田鹏参与了第八、十五章的写作。最后由李加林、龚虹波完成全书的统稿工作。书稿在撰写过程中参考、引用了大量文献，但限于篇幅未能在本书中一一注出，在此表示深深的歉意，并谨向这些文献的作者表示敬意与感谢。

本卷研究缘起于 2016 年度浙江省社科规划重点项目"东海区海岸带资源与社会经济发展报告"（16JDGH005）的资助。后期研究还得到 NSFC-浙江两化融合联合基金（U1609203）及国家自然科学基金（71874091；41976209）的资助。

本卷以人类活动影响下的海岸带资源环境演化为科学问题，是一个多学科交叉的研究课题。由于受作者水平所限，加之撰写时间较短，书中难免有不足之处，敬请广大读者谅解并及时指正。

著者

2019 年 8 月 18 日

目　录

上篇　东海大陆海岸带演化及其生态环境效应

下篇　东海主要海湾演化及其生态环境效应

上篇　东海大陆海岸带演化及其生态环境效应

第一章　上篇引言

第一节　选题背景及意义

一、选题背景

世界上有 44 万 km 的大陆岸线。漫长的海岸带是地球三大生态系统之一——湿地的重要分布区，也是海、陆两大自然地理区的过渡带，位置特殊，环境特征鲜明。海岸带是人类赖以生存和发展的最重要的居住地和经济资源利用强度最大的区域之一，我国沿海地区经济外向度高，海岸带区域已成为经济发展最活跃地区，也是承载与依托海洋经济快速发展的重要区域。海岸带作为地球表面最为活跃的自然区域，是生态脆弱、对环境响应极其敏感的生态交错带，因其资源丰富性和生态脆弱性成为近年来的研究热点。但由于人口增长和对资源的不合理开发常常造成海岸带景观的快速变换，引起海岸带生境破碎、环境污染等生态恶化问题。近年来，全球各地频繁发生的自然灾害已经严重威胁到了人类的生存和发展，同时也加剧了贫困，影响了社会的稳定，引起了国际社会的高度警觉与忧虑（王洪翠等，2006）。20 世纪 80 年代之后，围绕生态安全、环境保护等课题，国内外学者对此展开了大量的研究工作，国家和政府部门也越来越关注人类发展与环境变化之间的内在关系（汪小钦等，2000）。

景观生态学是一门新兴的交叉学科，它以景观为对象，运用生态系统的原理来研究景观的结构、功能以及动态变化等（成武，2005）。景观作为人类开发利用活动的对象，越来越多地被打上了人类活动的烙印，并逐渐被作为研究人类活动对生态环境影响的适宜尺度（高宾等，2011），而景观格局的演变又能够有效地解释各种生态环境效应的时空分布及演变特征。区域的景观格局演化一直以来都是生态景观学领域研究的热点和重点。其研究的焦点从最初的景观格局的简单量化描述逐渐过渡到以景观格局变化的定量识别，进一步追溯到格局变化的复杂驱动机制和综合评价格局发生变化后的生态效应，并且随着近几年来各类计算机技术的不断发展，该领域的研究也取得了较大的进展。随着研究的不断深入，对景观格局的分析研究表现出新的特点：主要手段"景观指数"的研究进入新的阶段，学者们更加谨慎地对待已有指数的选择和新指数的构建，其尺度变异行为、生态学意义等已经引起了高度关注；景观格局与生态过程相互作用关系及其尺度效应的研究得到普遍重视，并在不断发展和深化之中。因此，对于海岸带这一区域的景观研究具有深刻的生态环境意义。

此外，21世纪以后，"3S"技术的发展为大陆岸线格局及海岸带景观演化研究提供了定量分析的可靠手段。遥感技术能更及时准确地获取海岸带生境的实时信息和时空变化状况，并使海岸带各种信息叠加分析成为可能，因此被大量应用在海岸带岸线格局和景观演化研究中，尤其是在大尺度的景观格局演化研究方面，利用遥感影像结合GIS、GPS等工具对区域景观格局演变进行分析已经成为主要的研究手段。景观格局的变化主要表现为土地利用/覆被变化，因此基于遥感技术的景观动态监测已经成为了定量研究景观格局演变的重要基础。从遥感（RS）技术的应用来说，从早先的可见光发展到红外、微波，从单波段发展到多波段、多角度，从空间维扩展到时空维，各种不同精度分辨率互补，呈现多源化、多波段和高分辨率的特点，极大地满足了不同应用需求、不同精度的LUCC遥感动态监测；地理信息系统（GIS）拥有强大的数据管理、数据分析和空间数据建模特性，从而为LUCC变化研究提供了强大工具支持；全球定位系统（GPS）能够为研究提供精确的定位支持，其定位精度已从百米量级发展到如今的米级，大大提高了野外定位精度。近年来，随着计算机技术的飞速发展，处理海量数据的能力也有了较大提高，研究成果被大量应用于实际生产。

因此，为实现海岸带资源的科学管理和持续利用，人类迫切需要获取海岸带的岸线及景观信息，并监测其动态变化规律，以期为沿海地区做好环境规划管理工作提供科学依据。对景观格局演化及其生态环境效应的分析，能够反映海岸带人类活动和资源环境的协调程度，准确地评估区域规划对生态环境产生的影响，从而科学地完善规划内容。

二、选题意义

海岸带是海陆作用的交互地带，也是人类活动最活跃和最集中的地带。沿海地区逐渐成为了中国经济发展的主力军。社会经济的发展，直接导致了人类对海岸带资源和空间的需求与日俱增，海岸带面临的压力日益增大，资源和环境发生了巨大的变化，影响了人类社会的可持续发展。

因此，本研究拟以东海区海岸带为研究区域，基于1990—2015年的Landsat卫星遥感影像，在RS和GIS空间分析技术的结合下，以人类活动影响下的东海区岸线资源开发利用为例，从岸线资源特征及开发利用现状出发，结合景观生态学，构建基于地貌类型的东海区海岸带地学信息图谱，借助相关景观指数分析海岸带景观格局演化，并应用地学统计相关原理，最后在此基础上对景观格局演化引起的生态效应进行了评价。本研究的意义主要有以下几个方面：

（一）理论意义

海岸带作为沿海地区土地开发利用的前沿区域，其岸线及景观资源演化受人类活动作用明显。从已有研究成果看，由于影像、数据获取难度大、影像处理工作量大等因素，前人对海岸带的研究往往仅包含海岸线变化或景观格局演变中的其中一部分，将二者结合进行系统研究的较少。由于岸线的变化会直接影响海岸带景观的演变，因此将两者结合可以更好的了解人类活动影响下海岸带资源环境的演化规律。在研究空间尺度上多选取较小的区域，尤其缺乏像东海区这样大范围区域的海岸带岸线和景观的演化评价的系统性研究。以东海区为研究区，既能很好的体现岸线及景观资源的宏观演化趋势，也能反映区域内部的具体变化，有利于加强宏观与微观的结合以及海岸带研究的纵深发展。

此外，岸线和景观演化受自然、社会和经济等诸多因子的驱动，在海岸带开发利用不断加剧的今天，人类社会经济活动对岸线和景观演化的影响占据了主导地位。当然，在一定区域内，除了气候、政治、经济等因素差异，与地表覆被相关的地形、地貌因子成为制约人类活动的关键因素。因此本研究在分析东海区区域尺度下景观格局状况时，以不同地貌类型单元为基础，将景观格局放在地理学的大背景下，探讨其与地貌类型的关系，并尝试建立基于地貌类型的海岸带景观地学信息图谱，以推动海岸带景观格局演变研究的深入发展。

（二）现实意义

东海位于中国大陆与日本列岛、琉球群岛之间，是西太平洋边缘海之一，海域广阔略呈扇形，凸向太平洋。本书研究区——东海区海岸带，北起长江口北岸，南至闽粤两省交界处，包括沪、浙、闽三省（市）的海岸带区域。随着人口以及经济的快速增长，进入21世纪以来，东海区海岸带的开发利用迎来新一轮的热潮，大规模的围垦种植、围海养殖以及各种临港工业的建设，使得东海区海岸带岸线资源和景观格局发生了重大的变化。因此，获取人类活动影响下的东海区大陆岸线及景观信息，并分析其动态变化规律及驱动力，进行景观生态风险评价，能为研究区做好环境规划管理工作提供科学依据，实现海岸带资源的科学管理和持续利用。对景观格局演化及其生态环境效应的分析，能够反映海岸带人类活动和资源环境的协调程度，准确地评估区域规划对生态环境产生的影响，从而科学地完善规划内容。

另外，本研究拟分析不同地貌类型单元下的景观类型状况，探讨基于地貌类型单元的东海区25年间各景观类型的分异规律及其动态变化特征，有利于因地制宜发展城市，对于东海区海岸带的经济发展和生态环境修复也有一定的积极影响。本研究还采用景观生态学的空间格局指数分析研究区景观格局演化特征，并对研究区生态服务价值进行评价，将二者有机结合起来研究，也可为土地资源的合理利用、生态环境保护及景观生态规划等工作提供科学依据。

三、选题依据

（一）人类活动影响下的海岸带地区是全球变化研究的热点和核心

工业革命以来人类活动对地球系统造成的各种环境影响在不断加剧这一事实已被普遍接受，在未来很长的一段时间内人类仍然会是促进地球系统演化的主要地质推动力（Eddy J. A.，1986）（William B. M. 等，1994）。地球表层系统是一个复杂的系统，其研究涉及多方面的各种要素、过程及其相互作用，人类对地球系统最直接感知和认知的对象是地表系统（丁永建等，2013）。同时，地球表层系统作为各圈层所构成的地表综合体，其自然过程受到人类活动的影响也引起科学界的关注（史培军，2009）。海岸带是人口社会经济最集中的区域，了解人类赖以生存的海岸带地区与人类活动之间相互作用的基本过程是制定区域可持续发展战略的基本前提。因此，加强海岸带的综合研究已成为当前全球变化研究中的学科前沿性任务。

（二）岸线格局及景观演化研究对海岸带持续利用具有重要地位

由于复杂地球系统整体不等于其各部分之和，各部分演变的纽带是非线性的，而研究地球系统的整体运作功能是人类探索的中心目标（仪垂祥，1994）。随着全球气候变化科学、地球系统科学和可持续发展科学的发展，景观演化研究基于系统、综合的学科背景被人们越来越多地提及。随着经济社会的发展，现代景观格局的演变往往是自然过程与人类活动综合作用的结果。分析研究区域大陆岸线和景观格局的演化，明确景观格局演变产生的生态环境效应，能够为合理的开发和保护生态环境提供科学的决策依据。

海岸带是水圈、岩石圈、大气圈相互作用的地带，也是地球系统中最有生机的部分之一，具有很高的自然能量、生物生产力以及突出的经济地位（石龙宇等，2010）。海岸带受到自然环境和人类活动的综合影响，作为人类生产、生活的主要场所，随着人类对海岸带环境的利用和改造在强度、广度和速度上不断提高，甚至超过了自然变化，海岸带相应的产生了一系列的环境问题（马龙等，2006）。

鉴于海岸带地区在人类生存和发展中的重要地位，对沿海地区的海岸带调查工作正在世界范围内开展，为岸线及景观演化的研究积累了大量科学数据，人类活动影响下的海岸带地区大陆岸线变迁、景观格局演化及景观生态风险评价已成为地球系统研究重点的重要方向，越来越受到各国政府的重视。

（三）景观格局演化是景观生态学重要研究领域之一

人类与环境之间的相互关系，以及地球表层景观特征及其空间结构变化正逐渐成为科学界的核心议题，且备受社会的迫切关注（Fu B. J. 等，2006）。景观生态学作为一门新兴的综合交叉学科，尽管其在学科特性和理论体系等方面还不够完善，但是其原理和方法已经在环境科学研究与实践中得到了广泛的应用（Fortin M. J. 等，2005；马克明等，2000）。基于景观格局指数的空间格局研究从最初的景观格局的简单量化描述逐渐演化到进一步追溯格局变化的驱动机制和综合评价景观变化后的生态环境效应。随着研究的不断深入，景观格局与生态过程相互作用关系及其尺度效应的研究得到普遍重视，并在不断发展和深化之中（傅伯杰等，2008）。东海区景观演化研究能够促进对东海区海岸带景观演化规律的认识，为更科学地利用景观资源，保护生态环境提供理论依据。

（四）东海区海岸带是推进中国境内海上丝绸之路的重要基地

东海区作为我国四大海域的重要组成部分，是我国促进海洋及海岸带科学开发的重要基地，对沿海地区扩大开放和海洋经济加快发展具有重要作用。国家发布的《推动共建丝绸之路经济带和21世纪海上丝绸之路的愿景与行动》将东海区海岸带（包括沪、浙、闽三省（市）的海岸带区域）作为中国境内海上丝绸之路重要的区域，尤其是泉州港和宁波港作为海上丝绸之路三大主港中的两港，得到国际社会高度关注，为此需要良好的生态环境质量为其保障。文件中还提到加快推进中国（上海）自由贸易试验区建设，支持福建建设21世纪海上丝绸之路核心区，并推进浙江海洋经济发展示范区、福建海峡蓝色经济试验区和舟山群岛新区建设，可见东海区是实现海洋经济与资源环境相互协调发展的重要区域。

第二节　国内外研究进展

一、岸线格局国内外研究动态

（一）海岸线的定义与分类

海岸线是指海面与陆地接触的分界线，包括大陆海岸线和岛屿海岸线（孙美仙等，2004）。海陆分界线的瞬时性，导致目前还未形成统一的海岸线定义，且海岸线变化的研究领域与海岸带管理领域中所涉及的岸线的位置与实际的海陆分界线也无法保持一致。

《牛津大辞典》中对海岸线的定义为海岸的轮廓,尤其指海岸的形状和外观(王玉章等,2009)。中华人民共和国国家标准《地形图图式》(GB/T 7929-1995)规定:"海岸线是指以平均大潮高潮的痕迹所形成的水陆分界线;一般可根据当地的海蚀坎部、海滩堆积物或海滨植被来确定";中华人民共和国国家标准《海洋学术语——海洋地质学》(GB/T18190-2000)给出的海岸线定义是"海岸线是海陆分界线,在我国系指多年大潮高潮位时的海陆界线";"908专项"将海岸线(Coastline)限定为平均大潮高潮时水陆分界的痕迹线(国家海洋局908专项办公室,2005);在我国海域使用管理中,海岸线即指多年大潮平均高潮位时海陆分界线(刘宝银等,2005),现有的海洋管理工作都是以此为标准的;测绘学海图中一般将海岸线定义为多年平均大潮高潮的水陆分界线,但航海图上的海岸线则定大潮最低低潮线为分界线,为了航海安全上的需要,实际绘制的航海图上的海岸线会比最低低潮线还略微低一些;在自然地理学中,通常是用海洋最高的暴风浪在陆地上所达到的位置来划定海岸线(丁登山等,1996)。综上,通常地形图中的海岸线指的是平均大潮高潮位线,而在实际应用中,由于潮汐、周边地形、人为构筑物等影响,高潮位线往往不直接可见,因此研究常运用岸线指标或代理岸线来表示海岸线的位置(Boak E. H. 等,2005)。

根据分类依据不同,海岸线分类体系也较为多样化。关于海岸线的研究中,最常见也是应用最广泛的则是依据其自然属性改变与否或是否受人类活动影响将其分为自然岸线和人工岸线两个一级类(孙晓宇等,2014;李加林等,2016)。自然岸线保持着自然海岸属性特征,经过长期海陆相互作用,其空间形态一般较为曲折,位置相对固定,其潮滩生态系统结构完整,功能稳定,具有相对较强的自我调节能力(索安宁等,2015)。根据海岸线的空间形态和所在潮间带的底质特征,常将自然岸线进一步划分为基岩岸线、砂砾质岸线、淤泥质岸线、生物岸线和河口岸线等二级类型(姚晓静等,2013)。人工岸线是指通过人工修筑堤坝、围填海等(Bird E. C. F.,1985;李加林等,2007),其空间形态走向平直、滩坡陡峭,生态系统结构受损,潮滩湿地功能衰减。随着人类对海岸带开发活动强度和规模不断扩大,海岸线功能类型也日益增多(朱高儒等,2012;王远东等,2013),根据海岸线所在海岸带的使用功能用途,将人工岸线划分为养殖岸线、港口码头岸线、城镇与工业岸线、防护岸线等二级功能用途类型。对于自然岸线和人工岸线的界定,长期以来没有统一的说法,一般认为自然岸线的界定应以能够保持潮间带生态系统结构功能的完整性为原则(索安宁等,2015)。

(二)海岸线提取方法与技术

在航空摄影测量技术出现之前,海岸线位置和类型的提取一般利用常规手动测量手段,或者利用地图资料、地形测量图(Hapke C. J. 等,2009;Chaaban F. 等,2012)。前者测量得到的海岸线位置准确度与所选取的拐点的密度和测量难度有密切的关系，且这种方法耗时较长，人力物力消耗巨大，后者往往具有较大的地域性特征，所能覆盖的空间范围有限。航空摄影测量技术尤其是遥感技术出现后，在提取海岸线方面得到了广泛应用（H. Lantuit 等，2008）。国内外学者对基于具有较高空间分辨率和定位精度（孙伟富等，2011）的遥感手段，运用阈值分割法（罗仁燕等，2006；朱长明等，2013；Sohn H. G. 等，1999；瞿继双等，2003；王琳等，2005；Ryu J. H. 等，2002；崔步礼等，2007）、边缘检测法（Lee J. S. 等，1990；Mason D. C. 等，1996；Niedermeier A. 等，2001；于杰等，2009；王李娟等，2010；马小峰等，2007）、监督分类法（Ryan T. W. 等，1991；朱小鸽，2002；谢华亮等，2012）及一些其他方法（H. W. Blodgeta 等，1991；谢明鸿等，2007；翟辉琴，2005；王宇等，2003；张明明等，2003）开展了大量的研究。

以上利用数字图像处理技术所提取的结果均为影像获取时间的瞬时水边线，而多数情况下瞬时水边线并非真正意义上的海岸线。由于泥沙质海岸的坡度较缓，地形起伏较小，很小的潮差就会导致水边线位置出现显著变化。因此许多学者根据研究区卫星成像时刻、平均大潮高潮位的潮位高度及 DEM 数据等信息，计算水边线到高潮线的水平距离，通过潮位校正来确定真正海岸线的位置。通过潮位校正提取海岸线必须有详尽的潮位观测资料，且这一假设是建立在海岸坡度较为平缓的基础上的，对于地形起伏较大的海域，海岸线的位置可以用瞬时水边线代替，提取出的水边线即为真正的海岸线。此外，提取水边线所用的遥感影像的空间分辨率对水边线的提取精度也有重要的影响。

（三）海岸线变迁研究尺度

从时间维度上来看，由于受到相关遥感影像数据缺乏的限制，较大时间尺度下的岸线研究文献相对较少（Adrian Stanica 等，2007；侯西勇等，2016），也有学者通过对研究区域海岸带沉积物物质、主要成分、沉积年代和厚度等的分析，来揭示岸线演变规律（Robert A. 等，2007）。从空间维度上看，多数研究所选取的区域大多为海湾、河口等岸线变化显著的区域（侯西勇等，2016；Joo H. 等，2014），此外，国内学者对于海岸线变迁研究大多以省为单位，基本集中在一些海岸研究较早且较为成熟的区域（徐进勇等，2013），而大范围的海岸线研究由于数据搜集困难、工作量过大等原因研究成果鲜见。关于海岸线变迁的研究内容则从最初的对特征的简单描述发展为对引起岸线变迁的环境、内在机理与机制等的探讨为主（孙才志等，2010）。

综上发现，关于海岸线的研究方法由最初较为简单的视觉性定性分析过渡为以简单统计量化岸线变化特征的定量分析，现今又发展为以简单线性模型拟合分析岸线变化特征的方法。关于海岸线变迁的研究内容则从最初的对特征的简单描述发展为对引起岸线变迁的环境、内在机理与机制等的探讨为主（孙才志等，2010）。

二、景观演化国内外研究动态

景观生态学作为一门新兴综合交叉学科，最初由德国地理学家 Carl Troll 提出（Turner 等，2001），直到 20 世纪 80 年代才逐渐蓬勃发展（Fu B. J. 等，2006）。基于景观格局指数的空间格局研究是景观生态学的基础研究领域，也是进一步研究景观动态的基础（马克明等，2000）。景观格局在景观生态学领域中所分析的是景观斑块特征以及斑块之间的空间结构，它对景观资源的有效合理的规划、利用以及生态环境的保护都具有重要的意义（伍业钢等，1992）。

近年来，随着景观生态学的蓬勃发展，景观格局演变研究取得了较大进展，景观分类作为研究的前提与基础，直接决定了景观分类的精度。出于不同的研究目的和应用领域，不同领域学者结合不同的应用需求给出了不同的景观分类体系（冯异星等，2010；齐杨等，2013；李晶等，2014）。为此，选择合适的景观分类系统是分析景观演化的基础。景观分类及其提取方法有很多，随着 3S 技术的不断发展，使得它成为提取景观信息的重要手段。目前景观分类通常以遥感图像为基础，采用人工目视解译或人机交互的方法进行分类，常用的分类方法有监督分类和非监督分类（李天平等，2008）、基于分形纹理特征的分类（Poth A. 等，2001）、人工神经网络分类（张友水等，2003；张若琳等，2006）、专家系统分类（张树清等，1999）等。

景观格局演变研究包括分析景观格局演变时空规律及对其演变的驱动总结（张秋菊等，2003）。目前景观格局分析的最主要的方法是景观格局指数分析。景观格局能够反映景观斑块的结构和空间分布特征（邬建国等，2000），能够通过比较不同时间段景观格局指数的变化来探究景观格局的演变趋势（张明等，2000）。但这种方法只反映格局的几何特征变化，无法透过现象理解其所引起的生态环境效应。在实际情况下，景观中的斑块与斑块之间的界线这一结构变量往往表现出一定的规律性，在空间分布上存在显著的自相关（曾辉等，2000；Bai-lian Li 等，2000）。空间统计特征比较分析是另一种分析方法，其变化的结果能够反映景观格局梯度的变化，并进一步成为深入解释引起研究区域景观格局梯度变化的环境梯度变化的生态过程的基础。此外，还有马尔柯夫转移矩阵法（田光进等，2001；Dai yuan Pan 等，1999）和主要以细胞自动机理论为基础的景观格局动态模拟（周成虎等，1999；赵莉等，2016；Itami R. M.，1994；Balzter H. 等，1998；Sprott J. C. 等，2002；Syphard A. D. 等，2005）。

综上可知，对区域的景观格局演化一直以来都是生态景观学领域研究的热点和重点。其研究的焦点从最初的景观格局的简单量化描述逐渐过渡到以景观格局变化的定量识别，进一步追溯到格局变化的复杂驱动机制和综合评价格局发生变化后的生态效应，并且随着近几年来各类计算机技术的不断发展，该领域的研究也取得了较大的进展。随着研究的不断深入，对景观格局的分析研究表现出新的特点：主要手段"景观指数"的研究进入新的阶段，学者们更加谨慎地对待已有指数的选择和新指数的构建，其尺度变异行为、生态学意义等已经引起了高度关注；景观格局与生态过程相互作用关系及其尺度效应的研究得到普遍重视，并在不断发展和深化之中。但由于景观格局演变是自然、人文因子综合作用的结果，使得景观格局演化过程具有较大的复杂性，这决定了其研究方法的多样性，也为相关数据资料以及影像的获得造成了困难（傅伯杰等，2008）。在未来研究过程中，如何继续开发新的科学技术，从多尺度多方位地揭示、模拟、评价并预测景观格局的演化机制成为了今后研究过程中需要解决的问题。

第三节　研究思路

一、研究内容

（一）东海区大陆岸线及其开发利用时空演变分析

收集东海区 1990—2015 年 6 期的遥感影像数据，根据东海区大陆岸线类型特征和国家海岸基本功能区划的类型，建立东海区岸线分类系统及相应的解译标志，并借助 ArcGIS、ENVI 平台对研究区遥感影像进行人机交互解译，提取出研究所需的大陆岸线位置及类型信息；采用岸线分形分析，运用网格法计算东海区海岸带岸线分形维数，定量表示岸线平面轮廓形态的复杂程度；引入如岸线人工化指数、开发利用主体度及开发利用综合指数等评价东海区大陆岸线的开发利用基本特征。

（二）基于地貌类型的东海区大陆海岸带景观地学信息图谱构建

采用百万数字地貌数据库中的宏观地貌形态类型，在已勾绘的平原和山地两大地貌界线的基础上，利用 DEM 数字高程数据计算地表起伏度，并依据一定原则对东海区海岸带地貌进行分级，同时叠加遥感影像和历史地貌图进行人工勾绘得到各地貌类型单元覆盖区；根据前人研究成果并结合东海区海岸带实际情况，建立东海区海岸带景观分类系统，基于遥感影像不同波段的特征，利用 ENVI 和 ArcGIS 平台对 8 期东海区海岸带影像进行景观初步分类及进一步校对修正；引入地学信息图谱的相关理论方法，对上述地貌及景观信息数据进行全数字化定量分析，建立基于地貌类型的东海区海岸带景观信息图谱。

（三）东海区大陆海岸带景观格局演化

结合地学信息图谱的相关分析方法，探讨了研究区地貌特征及不同地貌类型下的景观类型空间结构特征和时间序列变化规律，以实现空间—属性—过程一体化。此外，选择斑块数量、平均斑块面积、斑块密度、边界密度、形态指数等适用于研究区海岸带分析的景观指标，运用景观指数分析法来研究东海区海岸带景观格局的变化。

（四）基于景观的东海区大陆海岸带生态系统服务价值评价

利用基于上述步骤得到的海岸带各时期景观类型数据，从定量角度，采用基于当量因子的生态服务价值评价方法，结合东海区实际情况，构建东海区海岸带生态服务价值动态评估模型。定量分析了东海区及各省域的海岸带生态服务总价值变化及各单项服务功能的价值变化，并借助 GIS 空间分析技术，对研究区整体及省域尺度的生态系统服务价值的空间分布变化状况进行了分析。

（五）基于景观的东海区海岸带生态风险评价

以东海区海岸带景观分类为基础，通过构建东海区海岸带景观生态风险指数，建立景观生态风险评价模型。借助半方差函数以及克里金差值对东海区及区域内各省、地级市海岸带生态风险指数进行空间化分析，并总结了生态风险等级时空分布特征及其转移特征。

二、技术路线

本研究拟以东海区海岸带为研究区域，基于 1990—2015 年的 Landsat 卫星遥感影像、东海区行政边界矢量图、DEM 数字高程数据等为数据源，在 RS 和 GIS 空间分析技术的结合下，以人类活动影响下的东海区岸线资源开发利用为例，从岸线演变规律及开发利用现状出发，结合景观生态学，构建基于地貌类型的东海区海岸带地学信息图谱，并借助相关景观指数分析海岸带景观格局演化，最后在此基础上对其生态环境效应进行评价。具体技术路线如图 1.1 所示。

三、实施方案

（一）研究思路

本研究以中国东海区海岸带为研究区，选取研究区多时相遥感影像，以及不同时期海图、地形图及 DEM 数据等资料，结合实地野外调查，运用 RS 与 GIS 提取不同时期海岸带岸线及景观类型信息，分析研究区大陆岸线开发利用格局变化，探索人类活动影响下的海岸带景观演化规律，并在此基础上研究区生态系统服务价值。具体研究方案如下：

（1）前人研究成果的进一步梳理与分析。进一步查阅分析国内外岸线格局、景观演化的相关研究成果，收集研究区多时相的航片、卫片、地形图、海图及其他海岸开

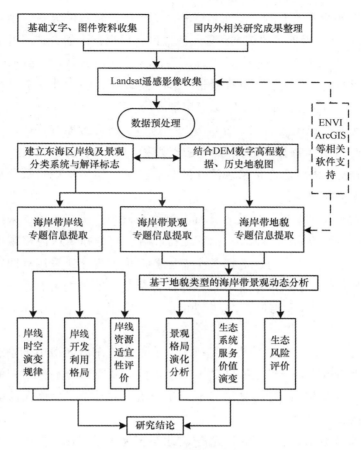

图 1.1　具体技术路线

发利用等历史资料、数据、图件等。收集相关水文、泥沙、潮汐等历史观测数据，建立数据库，并对收集的资料进行综合分析与研究，为本书研究提供背景资料及研究基础。

（2）海岸带大陆岸线类型信息的采集在历史相关图件资料、文字信息的基础上，采用野外调查、遥感波谱分析、监督分类等方法进行，结合 DEM，综合运用 GIS 技术，根据区域内实际情况和已经掌握的调查资料提取研究区内岸线位置及类型信息，建立 25 年以来每隔 5 年的人类活动影响下的东海区海岸带大陆岸线信息数据库，重点区域进行现场补充调查以提高分析和分类精度。

（3）结合上述数据，采用岸线分形分析，运用网格法计算东海区海岸带岸线分形维数，定量表示岸线平面轮廓形态的复杂程度；引入如岸线人工化指数、开发利用主体度及开发利用综合指数等岸线开发利用格局评价指标，对人类活动影响下东海区大陆岸线开发利用空间格局进行评价。

（4）通过对研究区人类活动的文字资料及历史图件信息的分析，结合数字地貌数据和 DEM 高程数据，得到各地貌类型单元覆盖区，根据前人研究成果并结合东海区海岸带实际情况，建立东海区海岸带景观分类系统，并利用 ENVI 和 ArcGIS 平台对 8 期东海区海岸带影像进行景观初步分类及进一步校对修正，引入地学信息图谱的相关理论方法，建立基于地貌类型的东海区海岸带景观信息图谱。

（5）结合地学信息图谱的相关分析方法，探讨了研究区地貌特征及不同地貌类型下的景观类型空间结构特征和时间序列变化规律，以实现空间—属性—过程一体化。选取了适用于分析东海区海岸带景观演化的景观指标，运用景观指数分析法来研究东海区海岸带景观格局的变化。

（6）在景观分类的基础上，将各景观类型作为研究区进行评价，采用基于当量因子的生态服务价值评价方法，结合东海区实际情况，构建东海区海岸带生态服务价值动态评估模型，定量分析东海区海岸带生态服务总价值变化；采用等间距系统采样法将研究区划分为若干生态小区采样方格，计算每个小区的平均生态系统服务价值，最后基于 ArcGIS 的空间分析和地统计分析功能，通过克里金差值分析东海区海岸带生态风险的时空分布状况。

（7）在东海区海岸带景观分类的基础上，通过构建东海区海岸带景观生态风险指数，建立景观生态风险评价模型。借助半方差函数以及克里金差值对东海区及区域内各省、地级市海岸带生态风险指数进行空间化分析，并总结了生态风险等级时空分布特征及其转移特征。

（8）以快速城市化背景下的浙江省宁波北仑区为典型案例，探讨东海海岸带地区景观格局变化，研究其生态风险的时空分异及人类活动影响下的风险等级的转移特征。以宁波北仑区为案例区，探讨东海海岸带地区农村居民点用地的空间分布特征及变化的驱动因子。最后，探讨了宁波北仑绿地系统的演化特征及绿地系统变化引起的生态服务价值变化。

（二）研究方法

本书采用区域经济学、地貌学、海洋学、地理学、景观生态学和管理学等多学科相关理论，微观与宏观相结合、定性分析与定量研究相结合的研究方法，对本课题进行全面而系统的研究。

（1）文献研究法：文献资料和数据的收集、处理、分析，包括国内外海岸带开发利用与保护研究的成果、经验与发展趋势，我国海岸带开发利用中存在的问题等。

（2）地理信息技术：以多时相遥感影像和历史地貌图、百万数字地貌数据、DEM 高程数据为主要的研究数据，进行数理统计和空间分析。运用 RS/GIS 技术进行岸线及景观演化过程特征模拟，评价研究区生态系统服务价值变化。

（3）实地调查法：深入东海区沿海进行实地调查研究，并通过走访沿海各地海洋管理部门、生态保护部门、旅游管理部门等，全面获取东海区海岸带开发的相关数据资料，确保研究数据信息的实时性和有效性。

（4）系统分析法：综合运用区域经济、地理学、区域地貌学、海洋学、景观生态学、管理学等学科的相关理论，利用相关学科的最新研究成果和技术手段，在综合相关学科理论和 RS/GIS 技术手段基础上，建立科学合理的决策模型，对人类活动影响下的东海区海岸带开发利用与生态评价进行系统分析研究。

第二章 研究区概况与数据处理

第一节 东海区海岸带自然地理环境与资源概况

一、地理位置

东海是西北太平洋边缘海，其西部为东海大陆架，东部是太平洋沟-弧-盆体系的典型发育区域。东海区海岸带处于中国地势的第三阶梯，地理位置介于21°54′–33°17′N，117°05′–131°03′E之间，面向全球最大海洋——太平洋，大体呈朝东南方向向外凸的弧形（图2.1）。东海海岸北起长江口启东嘴，南至福建、广东交接的诏安详林的铁炉岗，其南北跨越8个纬度，隶属上海、浙江、福建三省市，大陆岸线总长5 325.6 km

图2.1 东海区的上海、浙江、福建三省市

（陈吉余等，1996），三省市岛屿岸线长达 7 953.2 km（《全国海岛资源综合调查报告》编写组，1996；陈红霞等，2009）。东海区海岸曲折，海湾发育，入海河流众多，海岸类型多种多样。

二、地质地貌

东海是西太平洋构造活动带中的一个大型边缘海，位于欧亚板块和太平洋板块相互挤压碰撞的交汇地带，地质活动强度大，发育大量断裂构造，其中主要断裂构造格局对构造单元划分起着主导作用（李家彪，2008）。

地质过程形成的构造隆起与沉降带的空间分布，决定了宏观地貌的空间格局。整个东海区海岸带区域的宏观地貌呈现以宁波市镇海区的金塘大桥（通往舟山市）为界的南北差异格局：以北为全新世冲海积平坦平原，多淤泥质海岸，属于构造沉降带；以南多山地起伏低中山地貌，岸线类型多样，多海湾与半岛地形，属于构造隆起带。地质与地貌的组合，造就宏观尺度海湾与河口的空间分布，塑造海岸带类型，影响了海岸线的淤长与蚀退过程。

三、水文

（一）河流

河流是承担陆源物质向海洋输运的主要通道。东海区海岸带区域河流众多，受西高东低地势的影响，这些江河大多自西向东注入东海，年输沙量在 100×10^4 t 以上的河流有 8 条，无论是流域面积，入海水量和泥沙量均以长江居首位，闽江次之，钱塘江列第三（李培英，2007）。长江发源于青藏高原，在上海注入东海，水量丰富，为我国第一大河；钱塘江发源于浙江开化县，经由澉浦注入杭州湾；闽江分北、西、南三源，北源来自福建仙霞岭，西、南源均来自武夷山脉，三源在福建南平附近汇合后经由福州马尾注入东海。

入海河流的径流量和输沙量是海岸带过程的重要参与因子，能够影响海岸的侵蚀与淤积过程、海岸带生态环境的变化等。据资料统计，年均输入东海径流总量 $11\ 699 \times 10^8$ m³，占全国入海径流总量的 64.5%；年均输沙总量 6.3×10^8 t，占全国入海输沙总量的 34.1%（苏纪兰，2005）。注入东海中、小河流多为强潮或山溪性强潮河口，洪水暴涨、暴落，携带泥沙较粗，以细砂级为主，入海水、沙主要影响河口及附近海区。20 世纪 80 年代完成的海岸带综合调查资料与 2013 年中国河流泥沙公报统计结果均显示：中国各海域中，注入东海的径流量最大；众多河流中，长江径流量最大。

（二）潮汐与环流

东海潮汐主要由太平洋潮波引起。由于海堤地形和海岸轮廓的影响，导致潮汐类型、潮差分布的区域变化。东海潮汐类型按潮型数划分只有两种类型,台湾及台湾北端（富贵角）沿冲绳海槽至五岛列岛至朝鲜木浦以东海域,浙江东北部镇海、定海一带海域,台湾海峡南部海域,以及海湾、河口区不规则半日潮外,东海绝大部分海域为规则半日潮。

东海流系基本上分两个系统,即黑潮暖流和沿岸流系统,它们参与了东海海湾、海岸、陆架的地貌过程。黑潮是北太平洋一支强而稳定的西边界流,源于台湾东南海域,沿台湾东岸北上,从苏澳—与那国岛之间水道进入东海,其主流沿 200~1 000 m 等深线之间向东北流动,在 30°N,129°E 附近几乎呈 90°转向,经吐噶喇海峡返回太平洋。黑潮以流幅窄、厚度大、流速强、流向稳定为主要特征,它携带高温、高盐水给东海海洋环境带来重大影响。黑潮与东海陆架地形相互作用,产生入侵陆架的分支,即台湾暖流和对马暖流。

四、气候

东海区海岸带地处亚热带季风气候区,季风气候尤为明显,冬夏季风交替显著。

根据气象局多年观测数据,东海区海岸带地区气温的季节变化显著,四季分明,年平均气温在 15~20℃之间。冬季较为寒冷,1 月为最冷月,最冷月平均气温在 3~13℃之间,常有寒流。夏季炎热,7 月为最热月,最热月平均气温大于 26℃。

根据相关日照资料分析,东海区海岸带所在的各省市年总辐射量在 4 200~5 300 MJ/m²,年日照时数在 1 700~2 000 小时,由北向南逐渐增加,在时间分配上夏季多于冬季。

东海区海岸带东临东海。海岸带地区水汽来源丰富,降水量较多,是全国雨量较多的地区之一。根据多年水文观测资料,东海区海岸带属于湿润区,年降水量大于 800 mm,一般在 900~2 000 mm。季风气候影响下,降水主要集中在夏半年,雨季由南向北变短,降水量年际变化较大,季节分配不均匀。

由于常年受到东亚气压活动中心季节变化的控制,使得东海区海岸带成为南北气流交汇频繁区,一年四季风向变化较大,冬季受亚洲高压影响,盛行西北风,夏季受印度低压影响,盛行东南季风。东海区海岸带处于海洋气团和大陆气团的交汇处,锋面活动也较为频繁,形成了梅雨、伏旱等特殊的天气现象,海岸带主要的灾害性天气是出现在冬季的寒潮和出现在夏、秋季节的台风。

五、资源

东海区港口和岸线资源丰富,上海市港口岸线包括黄浦江、长江口南岸、杭州湾北岸等岛屿,浙江省目前已形成以宁波—舟山港为中心的沿海港口群,福建省目前已形成以厦门港湾和福州港为主枢纽港的港口体系。东海沿岸的主要港口均靠近国际主航道，具有一定的区位优势，港口腹地的经济实力较强。上海港和宁波—舟山港属于长三角港口群，其经济腹地长三角经济圈，经济要素集中，城市密集，区域经济一体化程度高。福州港和厦门港的腹地在闽台地区，与台湾港口共同组成海峡港口群，其外向型经济发达。另外，东海区海岸带各港口的货物吞吐量也具有显著优势，其中上海港货物吞吐量高于其他港口，其次是宁波—舟山港。

海岸自然景观是构成滨海旅游资源的主体，经过长期历史的沉淀与积累，又形成了滨海人文景观资源，从而共同构成了现代滨海旅游资源。上海市有世界上最大的河口沙洲——崇明岛，另外还有金山三岛海洋生态自然保护区、浦东新区东部海滨的上海热带海宫、浦东国际机场空港地区等自然旅游资源，以及中国共产党一大纪念馆、吴淞炮台、宝山烈士陵园、太平天国烈士墓、金山区查山古文化遗址等人文景观。浙江省滨海旅游资源丰富。沿岸分布着普陀山、嵊泗列岛、雁荡山等国家级风景名胜区，又有众多省级风景名胜区、全国历史文化名城以及为数众多的国家级和省级重点文物保护单位，旅游资源丰富多样。福建省海岸带颇多名山，清源山、太姥山、鼓浪屿—万石岩三大名山被列为全国重点风景区。海光岛色更是避暑消夏、度假修养的佳地。著名的厦门鼓浪屿港仔后、惠安崇武、东山金銮湾等沙滩，坦缓、浪平，为优良的海水浴场。滨海温泉数量多、类型丰富，主要集中分布于福州、漳州市中心和厦门市郊。

我国产盐区主要集中于长江以北，长江以南沿海多基岩海岸，雨日多，降水量多，盐田规模较小。无论从海盐产量还是海盐业工业总产值比较，长江以南盐区均远远落后于长江以北盐区。东海的海盐生产主要集中在浙江和福建两省，原盐生产呈逐年递减趋势；但工业产值不断提高，同时，近年来海盐业采用了大量高新技术，以提高海盐产量。但东海的海盐业优于南海海盐业，浙江、福建两省的海盐产量均高于广东、广西和海南三省区。

第二节　数据来源及其预处理

一、数据来源

（一）遥感影像数据

本研究搜集了东海区海岸带 6 期的遥感影像数据，分别是 1990 年、1995 年、2000 年、2005 年、2010 年和 2015 年的 TM/OLI 遥感影像数据，空间分辨率均为 30 m，东海区大陆海岸带每期包含 8 景影像（均挑选一年中影像云覆被较少的期数），所采用影像具体信息见表 2.1。本研究采用的 Landsat 影像均由美国地质调查局网站（http：//glovis. usgs. gov/）、地理空间数据云（http：//www. gscloud. cn/）免费提供。

表 2.1　卫星遥感数据

轨道号	成像时间	轨道号	成像时间	卫星	传感器	分辨率/m
118-38	1990-03-07	118-39	1990-03-07	Landsat 5	TM	30
	1995-08-12		1995-03-05			
	2000-05-21		2000-06-06			
	2005-06-04		2005-11-27			
	2010-01-15		2010-12-27			
	2015-08-03		2015-08-03	Landsat 8	OLI	30
118-40	1990-12-04	118-41	1990-05-10	Landsat 5	TM	30
	1995-05-08		1995-08-12			
	2000-02-15		2001-03-21			
	2005-11-27		2005-06-04			
	2010-11-09		2010-12-27			
	2015-08-03		2015-08-03	Landsat 8	OLI	30
118-42	1991-02-22	119-42	1990-07-20	Landsat 5	TM	30
	1995-10-31		1995-01-07			
	2000-08-09		2001-01-07			
	2004-12-10		2004-10-30			
	2010-05-01		2010-10-31			
	2015-04-13		2015-09-27	Landsat 8	OLI	30
119-43	1990-12-11	120-43	1989-11-29	Landsat 5	TM	30
	1995-07-18		1995-09-27			
	2000-03-25		2000-04-17			
	2005-07-13		2005-10-24			
	2010-05-24		2010-05-24			
	2015-10-13		2014-12-20	Landsat 8	OLI	30

（二）DEM 数字高程数据

本书用于提取东海区海岸带地貌数据的 DEM 数字高程数据是由日本 METI 和美国 NASA 联合研制并免费面向公众分发的 ASTER GDEM V2 数据，分辨率为 30 米。本研究所用数据均由地理空间数据云（http：//www.gscloud.cn/）免费提供。此外，还包括东海区海岸带所在的上海市、浙江省和福建省的 1：25 万地理背景数据。

（三）地图及其他相关参考数据

其他相关参考数据包括上海市、浙江省及福建省的行政区划图、土地利用图、乡镇边界图、水系图、地形图、海岸带调查报告，还有各研究区所包含的省市、乡镇的年鉴、相关统计部门的统计数据和其他社会经济数据，以及东海区海岸带不同测站点历史潮汐数据和海洋环境历史检查数据。

二、遥感影像基本特征

本研究采用的遥感影像数据是美国 Landsat 的 TM/OLI 影像。其中 TM 遥感影像为美国陆地卫星 Landsat-5 拍摄的影像，共 7 个波段，除了波段 6（热红外波段）的空间分辨率是 120 米之外，其余波段的空间分辨率均为 30 米。OLI 影像为美国陆地卫星 Landsat-8 拍摄的影像，除了一个分辨率 15 米的全色波段之外，其余 8 个波段的空间分辨率均为 30 米。

遥感影像是获取探测目标信息的基础。不同的传感器、不同遥感平台以及不同的客观条件下，所获取的遥感影像具有不同的光谱波段，不同的波段所传达的地物信息具有明显的差异性。因此，为了能够准确的提取目标地物的类型信息，需要对地物特征进行充分的分析，并且选择适合的波段进行组合，在此基础上进行信息提取，以此提高信息提取的精度。

三、遥感数据预处理

在获取遥感影像数据过程中产生的一些技术及人为因素的干扰会使得到的影像结果与实际存在误差，从而降低图像质量及图像分析的精度。因此，在进行分析之前，本书对原始遥感影像进行了图像预处理，包括几何纠正和配准、波段合成、影像镶嵌和研究区的裁剪。

（一）几何校正和配准

首先，采用 ENVI5.1 遥感数据处理软件的 Basic Tools 模块下的 Layer Stacking 工具将原始多个单波段的遥感影像进行多波段组合，形成初始多光谱遥感影像。然后，对获取的已经经过几何粗校正的遥感影像进行几何精校正。本研究主要采用 ENVI5.1 遥感数据处理软件，选取 12 个控制点对地形图进行分幅地理配准，投影方式为高斯-克吕格投影。以地理配准完毕后的地形图作为参考，分别对 1990—2015 年共 6 期遥感影像进行几何精校正。为提高校正精度，一般在图像上均匀选取容易识别且地理位置每年几乎没有变化的标志点作为控制点。重采样方式采用双线性内插法，校正结果的 RMSE 小于 0.5 个像元。

（二）波段合成

TM/OLI 影像是包含了多个波段信息的多光谱遥感数据。基于不同的研究领域和研究目的可选择不同波段进行组合（常胜，2010；徐磊等，2011），因此为了更好地进行对地物信息的提取，要选择最佳的波段进行组合。本研究对 TM 影像采用标准假彩色 4、3、2 波段组合，OLI 影像采用标准假彩色 5、4、3 波段进行组合，该组合方式可用于植被分类以及水体的识别，图像较为丰富、有层次，有助于目视解译，也能较好的辨识出不同地物的差异。

（三）影像镶嵌

本研究的海岸带涵盖区域范围较广，因此必须通过对同一时相的多景影像进行镶嵌，才能得到完整的研究区域遥感影像。采用 ENVI5.1 遥感数据处理软件的 Mosaicking 模块下的 Seamless Mosaic 工具对多景影像数据（表 2.1）进行无缝镶嵌。

（四）研究区裁剪

对海岸带具体定义以及划分的宽度目前还没有统一的标准，综合考虑前人对海岸带的定义及实际管理情况，本书将沿海的地级市内侧边界定义为海岸带向陆一侧边界，更易于保留行政区划的完整性和边界的划定；并将多期大陆岸线叠加后的最外缘边线定义为海岸带区域向海一侧的边界线，即将 6 期数据中每期的最外缘边线提取出来并进行编辑、产生一个统一的外界。由于海岸线每年进退不定，因此 2015 年的外边界并不一定是研究区最外侧的边界。因此，在统一的界线范围内就会有一定面积的海域，分类景观数据结果中就有了"海域"这一景观类型。以上述矢量边界围成的范围作为东海区海岸带掩膜，利用 ArcGIS10.2 软件空间分析模块下的提取工具，对 1990—2015 年 6 期的栅格影像进行提取，最终得到研究区域影像数据（图 2.2）。

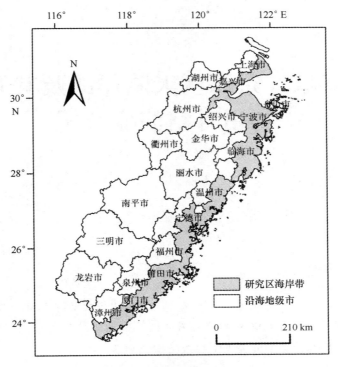

图 2.2 研究区范围

第三章　东海区大陆岸线及其开发利用时空演变分析

第一节　东海区岸线专题信息

一、岸线分类体系

根据东海区岸线类型特征，参考国家海岸基本功能规划的类型并根据海岸线①的自然状态和人为利用方式将 1990—2015 年 6 个时期的海岸线分为自然岸线和人工岸线两大类，其中又将这两种类型分为若干二级类型（表 3.1）。

表 3.1　东海区大陆岸线分类体系

岸线类型		说明
自然岸线	基岩岸线	位于基岩海岸的岸线
	砂砾质岸线	位于沙滩海岸的岸线
	淤泥质岸线	位于淤泥或粉砂泥滩海岸的岸线
	河口岸线	入海河口与海洋的界线
人工岸线	养殖岸线	用于养殖的人工修筑堤坝
	港口码头岸线	港池与航运码头形成的岸线
	建设岸线	城镇农村居民区、工业等建筑物形成的岸线
	防护岸线	分隔陆域和水域的其他海堤岸防岸工程（非养殖区）

二、岸线解译标志和提取原则

由于种种影响使得遥感影像上的水边线不能很好地反映真实的海岸线状况，因此

---

① 注：文中所指海岸线若无特别说明，均指大陆岸线，不包括岛屿岸线。

实际应用时往往用瞬时高潮线、平均高潮线等在遥感影像及野外辨识中容易辨识的指示岸线来代替真实的岸线（Boak E. H. 等，2005）。国际上一般多采用平均高潮线对海岸线进行指示，因此本书根据研究需要及研究区实际情况，在分析海岸线附近地物不同的反射波谱特征的基础上，对已经经过处理的各个不同时期的遥感影像先通过单波段（第 5 波段）的边缘检测，使水陆有更明显的界线，在此基础上进行人机交互解译，并参考多年平均高潮线法（高志强等，2014）对所需岸线的位置及其类型进行修正。

（一）自然岸线

1. 基岩岸线

基岩岸线位于有岩石构成的基岩海岸之上，由于海岬和海湾的存在，岸线十分曲折。由于基岩海岸地区坡度一般较大，在遥感影像中，可将可以明显辨识出的水陆分界线确定为海岸线。

基岩海岸在遥感影像上，海岸植被覆盖程度较高的山体光谱反射率较低，在标准假彩色影像上根据不同的长势呈浅红色或暗红色；而植被覆盖较少的岩石裸露的山体则有显著的凹凸感，有较明显灰白色的山脉纹理（图 3.1-a）。

2. 砂砾质岸线

砂砾质岸线是由砂砾等在海浪作用下堆积而成的，坡度较小，其在遥感影像上的位置取在沙滩和海水有明显分界线处。

砂砾质海岸一般较为平直，砂滩的光谱反射率较高，在标准假彩色组合影像上呈现出白亮的条带状，纹理较为清晰均匀（图 3.1-b）。

3. 淤泥质岸线

淤泥质岸线位于淤泥质海岸上，淤泥质滩面坡度平缓，滩面宽度较大（于衍桂等，2011）。本书所定义的淤泥质岸线：一类是指保持自然状态的未开发的淤泥质海岸，该类岸线一般坡度较小，由于该类淤泥质海岸的潮间带通常有耐盐植物生长，将植物分布发生明显变化的位置线定为其岸线位置；另一类淤泥质岸线由于人类开发利用淤泥海岸在其周围筑起了人工堤坝，但是随着水沙动力的作用，堤坝外侧又形成了新的具有完整生态功能的淤泥质海岸，则将堤坝外侧界线确定为该类淤泥质岸线的位置。

自然状态下的淤泥质岸线的形状不规则，岸线内侧的耐盐碱植物在标准假彩色波段组合下呈现出红色或者暗红色；另一类在人工围垦堤坝外侧新发育完成的淤泥质岸线，其纹理较为均匀（图 3.1-c）。

4. 河口岸线

由于河口处受到自然及人类活动的综合作用，导致河口岸线的位置在不断的发展变化，从遥感影像上难以准确辨识出河口岸线的位置。因此对于河口处有防潮闸等人工建筑物处，将其定为河口岸线的位置；没有明显人工构筑物的河流则将河口明显变窄处定为岸线位置。这类岸线在入海口处，在图像上表现为深蓝色，两类河口岸线在遥感影像上均较好分辨（图3.1-d）。

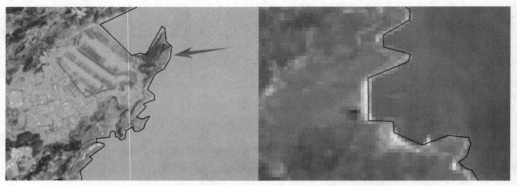

a.基岩岸线   b.砂砾质岸线

c.淤泥质岸线   d.河口岸线

图 3.1   自然岸线解译标志

（二）人工岸线

人工岸线是指由于人类活动在海岸上建造起来的建筑物或构筑物组成的岸线。由于这类岸线大多由混凝土或水泥碎石构筑而成，光谱反射率很强，在遥感影像上纹理平滑且呈白色。因此在遥感影像上都较好分辨，并将海岸线的位置确定在建筑物的外缘。

1. 养殖岸线

养殖岸线大部分由混凝土修筑而成，所以在遥感影像上呈现带状白色的地物，其内侧是形状较为规则的网状养殖池等，内部栏堤也为白色，纹理较为粗糙，将养殖岸线的位置确定在养殖池围堤的外边界上（图3.2-a）。

2. 港口码头岸线

码头和港口一般分布有一定规模，附近多人工建筑物，在遥感影像上码头的凸堤多呈现出明显的亮白色细条状，因此将其岸线确定在其与陆域连接的根部连线（图3.2-b）。

3. 建设岸线

建设类岸线内部为工业建筑区或城镇住宅用地，在遥感影像中呈现出不规则形状的亮白色，外围常有人工围堤包围，与海水有着较明显的界线，将堤坝的外缘定为其岸线的位置（图3.2-c）。

4. 防护岸线

防护岸线的建造是为了阻挡海水，其在遥感影像上呈现出白色带状高亮度的地物，大部分也为混凝土构筑而成，其外部一般有颜色比较灰暗的淤泥质岸滩，因此将海堤的外缘确定为其海岸线的位置（图3.2-d）。

a.养殖岸线   b.港口码头岸线

c.建设岸线   d.防护岸线

图3.2 人工岸线解译标志

第二节   东海区大陆岸线时空变化的基本特征

一、大陆岸线的长度演化

根据对岸线信息矢量化结果的计算可知，东海区大陆岸线自 1990 年至 2015 年变化较为显著，大陆岸线的长度逐年缩短，且研究区内不同省市的海岸线长度变化差异也十分显著，详细数据见表 3.2。

2015 年，东海区海岸线总长为 4 720.74 km①，1990—2015 年间，海岸线长度除了在 1995—2000 年有略微增长，其余阶段均呈现出逐年缩短的趋势。25 年间，东海区海岸线总长度共缩短了 495.91 km，年均缩短 19.84 km。具体来看，1990—1995 年岸线减少了 59.51 km，平均减少速度为 11.90 km/a；2000 年较 1995 年反而增加了 34.96 km；2000—2005 年岸线长度缩短了 118.28 km，平均减少速度为 23.66 km/a；至 2010 年，岸线长度又缩短了 242.32 km，平均速度 48.46 km/a，这一阶段岸线长度由于人类开发活动的加剧变化最剧烈；2010—2015 年阶段，岸线减少了 110.76 km，平均减少速度是 22.15 km/a，此时岸线变化速度较之前有所放缓。

表 3.2   东海区各省（市）岸线长度　　　　　　　　　　　（km）

	1990 年	1995 年	2000 年	2005 年	2010 年	2015 年
上海市	226.34	226.95	232.25	249.27	237.83	238.50
浙江省	2 054.47	2 010.88	2 030.12	1 989.01	1 881.28	1 810.37
福建省	2 935.85	2 919.30	2 929.74	2 835.53	2 712.39	2 671.87
总长	5 216.65	5 157.14	5 192.10	5 073.82	4 831.50	4 720.74

从空间上来看，1990—2015 年东海区各省市海岸线长度基本保持福建省>浙江省>上海市的分布格局。浙江省和福建省海岸线在 25 年间由于人类活动的大规模开发，对岸线进行改造，截弯取直，使得岸线趋于平直，导致长度均呈现波动减少的趋势。福建省长度变化最大，共减少了 10.58 km，年均减少 0.42 km；浙江省共减少 9.76 km，年均减少 0.39 km；仅有上海市的海岸线在 25 年间由于长江携带的大量泥沙在入海口淤积，弥补了人类活动对岸线长度的影响，其岸线长度仅有略微增加，共增加 0.49 km。

---

① 注：受海岸线位置确定原则、海岸线尺度效应等诸多因素影响，此处大陆岸线的长度可能与相关部门公布的数据不一致，下同。

海岸线变迁强度为区域内岸线长度年均变化的百分比，能够客观地探究研究区内岸线长度变迁的时空特征，具体计算公式如下：

$$LCI_{ij} = \frac{L_j - L_i}{L_i(j - i)} \times 100\% \qquad （公式3.1）$$

式中，LCI_{ij}表示区域内第i年至第j年海岸线变迁强度，L_i、L_j分别表示第i年和第j年的海岸线长度。LCI_{ij}值的正负可以表示岸线的缩短与增长，LCI_{ij}的绝对数值的大小，可以表示海岸线变迁强度。由此得到图3.3。

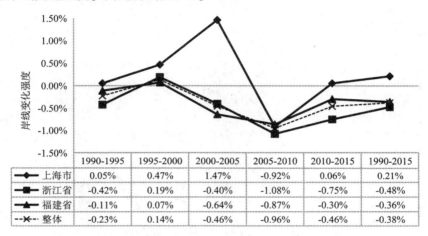

	1990-1995	1995-2000	2000-2005	2005-2010	2010-2015	1990-2015
上海市	0.05%	0.47%	1.47%	-0.92%	0.06%	0.21%
浙江省	-0.42%	0.19%	-0.40%	-1.08%	-0.75%	-0.48%
福建省	-0.11%	0.07%	-0.64%	-0.87%	-0.30%	-0.36%
整体	-0.23%	0.14%	-0.46%	-0.96%	-0.46%	-0.38%

图3.3　1990—2015年东海区各省市海岸线变化强度

由图3.3可知，25年间，东海区海岸线整体变化强度为-0.38%，总体上各个阶段岸线变迁强度呈现波动变化状态，2005—2010年间岸线变化强度达到了最大，为-0.96%，1995—2000年间短暂出现了岸线增长，变化强度为0.14%，为岸线变化最缓慢的阶段。其中，25年间上海市岸线变化强度最低，为0.21%，但其波动变化最大，从1990年起强度不断增加，在2000—2005年阶段达到了最大值1.47%，之后强度又不断下降；浙江省和福建省岸线强度的变化趋势基本与整体变化相近。

二、大陆岸线类型结构及多样性变化

东海区大陆岸线北起上海市长江口，南至福建省和广东省行政交界海岸处。岸线结构是长期陆海相互作用与人类活动共同作用结果的外在表现。岸线类型中自然岸线和人工岸线比例以及各一级岸线内部二级岸线的结构，均暗含了海岸的自然背景及资源禀赋。同时，其内部结构的时空变化又可反映人类活动的规模、方式及强度的改变。因此，东海区海岸带岸线结构变化是岸线研究的重要组成部分。基于1990—2015年6期岸线的遥感解译数据，得到东海区各时相岸线类型分布（图3.4）。

同时，在东海区海岸带范围尺度上，分别统计了各时相不同类型岸线的长度百分比，绘制面积图（图 3.5），以此分析岸线类型结构。由图 3.5 可知，研究期间，基岩岸线占东海区大陆岸线比例最大，1990 年为 53.13%，主要分布于浙江宁波至福建中部，后期不断减小，但仍为主要岸线；其次是养殖岸线及淤泥质岸线，1990 年分别占东海区大陆岸线比例的 18.96%、12.28%；其余岸线所占比例均小于 10%，港口码头岸线所占比例最小，仅占 0.68%。

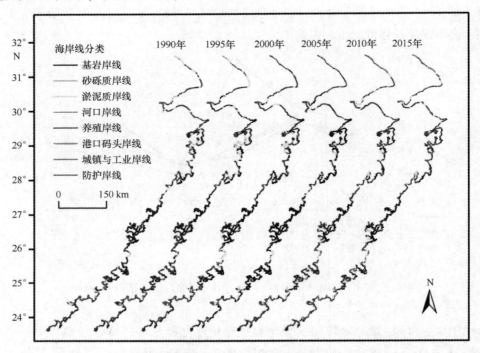

图 3.4　1990—2015 年东海区岸线类型分布

在 25 年时间尺度上各类岸线结构变化显著：东海区大陆自然岸线比例由 68.06% 持续下降至 46.12%。其中基岩岸线所占比例最大，并呈现持续减少的趋势，其他三类自然岸线在研究期间不同时期比例均有较大波动；相反地，人工岸线所占比例由 1990 年的 31.94% 持续增长到 2015 年的 53.88%，期间甚至超过了自然岸线占比；其中养殖岸线和建设岸线所占比例较大，2015 年占比分别为 19.89%、20.26%，期间建设岸线保持着持续增长的趋势，且增长速度最快，2015 年占比相比 1990 年翻了近 3 倍，而养殖岸线占比则呈现小幅度地波动增长；占比相对较小的港口码头岸线和防护岸线在研究期间也保持着增长的趋势。

同时，本研究借鉴了景观格局研究中的景观多样性指数的概念和计算方法（王宪礼等，1997），构建岸线多样性指数（H），进行区域岸线类型多样性分析，计算方法如公式 3.2 所示：

$$H = -\sum_{i=1}^{n}(C_i)\log_2(C_i) \qquad\qquad （公式3.2）$$

式中：C_i 是第 i 种岸线占总岸线长度的百分比，n 是研究区岸线类型的总数。当研究区各岸线所占比例相等时，岸线拥有最大多样性指数。当研究区只有单一类型岸线时，H 为 0；随着各类型岸线所占比例差异不断增大，岸线多样性指数不断降低。

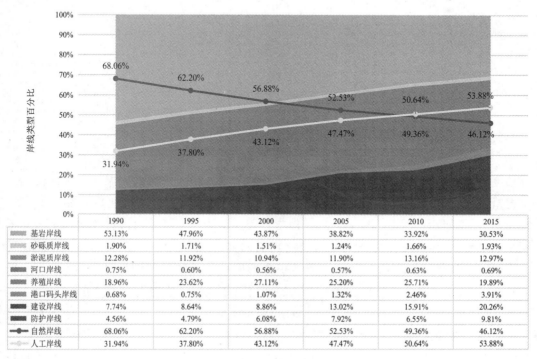

	1990	1995	2000	2005	2010	2015
基岩岸线	53.13%	47.96%	43.87%	38.82%	33.92%	30.53%
砂砾质岸线	1.90%	1.71%	1.51%	1.24%	1.66%	1.93%
淤泥质岸线	12.28%	11.92%	10.94%	11.90%	13.16%	12.97%
河口岸线	0.75%	0.60%	0.56%	0.57%	0.63%	0.69%
养殖岸线	18.96%	23.62%	27.11%	25.20%	25.71%	19.89%
港口码头岸线	0.68%	0.75%	1.07%	1.32%	2.46%	3.91%
建设岸线	7.74%	8.64%	8.86%	13.02%	15.91%	20.26%
防护岸线	4.56%	4.79%	6.08%	7.92%	6.55%	9.81%
自然岸线	68.06%	62.20%	56.88%	52.53%	49.36%	46.12%
人工岸线	31.94%	37.80%	43.12%	47.47%	50.64%	53.88%

图 3.5　东海区大陆岸线的结构变化

根据公式 3.2 计算了岸线类型多样性指数，得到图 3.6。结果显示：1990 年东海区海岸带大陆岸线多样性指数为 2.01，研究期间其多样性指数呈现持续增长趋势。2000 年之后，随着人类对海岸带开发利用速度的加快，增长趋势更为明显，至 2015 年，达到了 2.51。表明自 1990 年以来，东海区海岸带大陆岸线类型趋向于多样化，各类型岸线长度百分比趋向于均匀化，占比最多的基岩岸线不断减少，由 1990 年的 53.13%，降至 2015 年的 30.53%。人工岸线持续增长，1990 年占比 31.94%，2015 年占所有岸线百分比达到 53.88%，即海岸带开发利用趋向于多元化发展。这一趋势直接在岸线的结构变化中得到了体现。

三、东海区大陆岸线分形时空变化特征

岸线的分形维数的变化能够反映岸线的弯曲度和复杂程度的变化，岸线弯曲度与

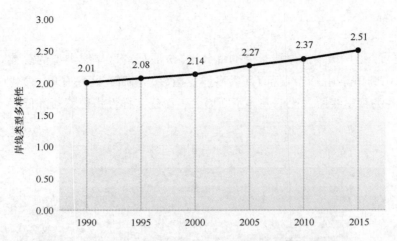

图 3.6　1990—2015 年东海区大陆岸线类型多样性变化

复杂度会随着岸线分形维数的上升而上升（毋亭，2015）。常用的海岸线分维的计量方法有量规法（脚规法）（Goodchild M. F. 等，2015）、网络法（盒计法）（Singh R. 等，2013）、随机噪声法（Mandelbrot B.，1975）等。本研究通过 Matlab 基于网格法计算不同时期东海区大陆岸线的分形维数，参考已有研究成果（朱晓华等，2002），首先运用 ArcGIS 生成能够覆盖东海区整体岸线的正方形网格，并统计所需要的网格数 $N（\varepsilon）$，$N（\varepsilon）$ 的数量会随着正方形网格长度 ε 的变化而产生相应的变化，根据分形理论：

$$N（\varepsilon） \propto \varepsilon^{-D} \tag{公式 3.3}$$

对公式 3.3 两边同取对数后进行线性拟合可得：

$$\lg N（\varepsilon） = - D\lg\varepsilon + A \tag{公式 3.4}$$

式中 A 为常数，D 即为岸线分形维数，其值域是 1<D<2。

根据国家质量技术监督局规定，对基本比例尺地形图进行数字化过程中，分辨率通常为 0.3~0.5 mm 地图单位，参考转换公式及东海区地图常用比例尺，将此值换算为实地距离可作为测量海岸线长度的网格长度 ε（高义等，2011），转换公式为：

$$\varepsilon = 0.3 \times Q/1000 \tag{公式 3.5}$$

式中，Q 为比例尺分母。表中增加了没有对应常用比例尺的网格边长为 1 000 m、2 500 m 的值，能够使网格边长值的间隔较为均匀，构建了东海区海岸线分形维数的网格边长序列（表 3.3）。

表 3.3 网格边长序列

网格边长，ε（m）	对应比例尺分母，Q
600	2000000
900	3000000
1000	/
1100	3500000
1200	4000000
1500	5000000
1800	6000000
2500	/
3000	10000000
4500	15000000
6000	20000000
7500	25000000

分形维数能够表征海岸线的不规则程度，描述局部和整体岸线的相似度，根据上述方法计算了 1990—2015 年东海区大陆岸线分维数（图 3.7）。研究期间，在自然因素和人为因素的综合影响下，东海区大陆岸线平均分形维数为 1.182 6。研究得到的分形维数均大于马建华等（2015）、刘孝贤等（2004）用网格法计算出的中国大陆岸线分形维数的结果（分别是 1.092 9、1.047 6），这种差异是由于中国大陆岸线南北有明显差异，以杭州湾为界，北部为相对简单的基岩港湾海岸与较平直的平原海岸交错分布，南部基本上属于复杂、曲折的基岩港湾海岸（王颖等，1996）。由于杭州湾以北的上海市大陆岸线长度所占比例较小，因此东海区整体大陆岸线分形维数大于中国大陆岸线整体分维数。

从时间序列上看，1990 年大陆岸线分形维数为 1.189 6，随着城市用地规模不断扩张，人们对岸线的利用程度不断提高，岸线类型和形态不断转变，大量岸线被截弯取直，如大量平直的养殖岸线的增加，导致岸线分维数下降，整体下降 0.24%；而大量人工匡围活动、连岛工程等可能使岸线变得更为破碎，提高岸线分形维数。研究期间，人类对东海区海岸带保持着高强度的开发状态。2000—2005 年间，整体岸线分形维数有所回升，从 1.180 8 上升至 1.186 8。其余时间段内，东海区大陆岸线分形维数基本上呈现持续下降趋势，其中 2005—2010 年降幅最大，下降率达到 0.9%，至 2015 年分形维数降低为 1.175 2。

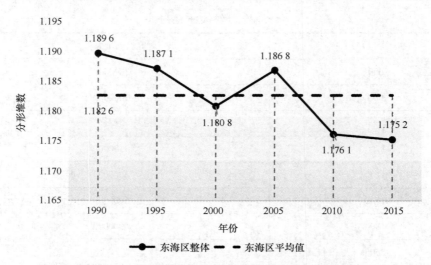

图 3.7　1990—2015 年东海区大陆岸线分形维数

东海区大陆岸线漫长，岸线形态存在显著的空间差异性，因此计算了各省市尺度的岸线分形维数（图 3.8）。三个省市中，福建省主要为基岩港湾砂质海岸，具有岸线曲折、岬湾相间、海湾深入内陆的特点，岸线复杂程度较高，故大陆岸线分形维数始终处于高值状态，平均分维数为 1.216 3，大于东海区整体岸线平均分形维数。研究期间，其分维值呈现不断下降趋势，从 1990 年的 1.225 1 下降到 2010 年的 1.209 5。在近 5 年分形维数值略有回升，2015 年回升至 1.211。

浙江省大陆岸线平均分形维数为 1.163 1，略低于东海区大陆岸线整体分形维数值。2005 年之前，其分形维数值呈现上升趋势，从 1990 年的 1.164 上升至 2005 年的 1.172 9。之后 10 年，大陆岸线分维值快速下降，到 2015 年降低到最低值 1.149 2，岸线形状复杂程度有所下降。

上海市整体以三角洲平原海岸为主，岸线较为平直，因此上海市大陆岸线的平均分形维数最低，只有 1.025 8，远低于东海区整体分维值。且研究期间呈现波动上升趋势，从 1990 年的 1.019 1 不断上升至 2005 年的 1.080 6，2005 年之后分形维数略有下降，但在 2010 年之后又开始回升至 2015 年的 1.028 7，整体上海岸线分形维数变化强度小于浙江省和福建省。

四、东海区海陆格局的时空变化特征

海岸线变化不仅体现在长度及弯曲度变化上，也体现在海岸线变迁引起的海岸带陆海格局的变化上。岸线向海扩张或向陆后退过程会引起海岸带陆海格局的变化：陆进海退或陆退海进，简称为陆侵或海侵。陆进海退在空间上表现为陆地面积的增加，陆退海进则表现为陆地面积的减少。陆地面积的变化反映岸线的变化方向及变化幅度，

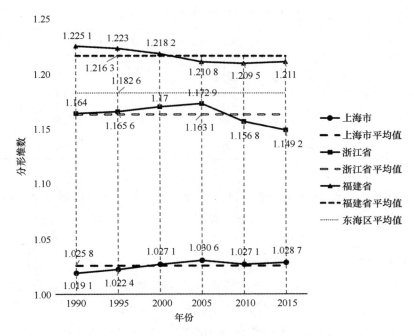

图 3.8　各区域岸线分形维数的时空变化

反过来，岸线利用方式的变化也能揭示陆海格局变化的主要驱动因子与驱动过程。借助向陆一侧的沿海省市边界作为内侧边界，各时期海岸线作为岸滩外侧边界，两者结合所围成的闭合多边形区域作为岸滩区域，通过计算各时期多边形区域的面积变化即可得到研究期内岸线变迁所导致的海岸带区域岸滩面积的变化情况（图 3.9 和表 3.4）。

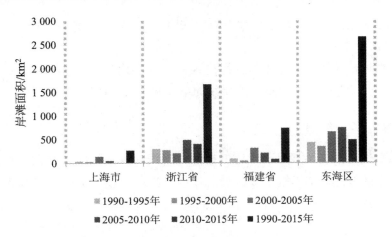

图 3.9　东海区及各省市海岸带海陆格局变化

表 3.4　东海区海岸带岸滩面积变化　　　　　　　　　　　　　　　（km²）

	1990—1995 年	1995—2000 年	2000—2005 年	2005—2010 年	2010—2015 年	1990—2015 年
上海市	40.98	29.58	138.18	48.09	6.36	263.20
浙江省	297.74	270.57	204.50	486.20	400.00	1659.01
福建省	90.90	45.60	310.90	207.50	77.90	732.80
总计	429.62	345.75	653.58	741.79	484.26	2 655.01

　　1990—2015 年，近 25 年间，东海区海岸带总体表现为陆进海退，这一过程使陆地面积增加了约 2 655.01 km²。东海区三个省市均有较大规模的陆地扩张；其中浙江省陆地扩张规模最为显著，约 1 659.01 km²，占东海区陆地增加总面积的 62.49%，主要分布在杭州湾南、三门湾及台州湾等岸区，其陆地扩张主要源于沿岸河口的自然淤积、人工促淤与围填；其次为福建省，扩张总面积为 732.80 km²，占总面积的 27.60%；陆地面积增加最少的是上海市，仅增加 263.20 km²，占 9.91%。

　　从时间序列来看，2000—2010 年阶段是东海区岸线向海推进速度较快的阶段，这一阶段岸滩面积分别增加了 653.58 km²、741.79 km²，占 25 年增加总量的 52.56%。这一阶段人类对东海区海岸带的开发活动以发展养殖为主，围填海及港口码头的扩张在此期间也不断加快；此前，沿海地区最热门的经济建设活动是滨海交通建设，养殖盐田产业也有所扩张；此后，盐田产业规模迅速萎缩，围填海活动不断增加，岸线开发的经济目的主要仍是养殖。

第三节　岸线开发利用程度时空变化特征

　　为了定量评价人类活动对东海区海岸线的开发利用程度，本书选取及修改完善了相关评价指标，使其适用于东海区海岸线的空间利用格局评价。

一、人工化指数评价

　　岸线人工化是指在人类活动作用下自然海岸线向人工岸线转变的过程。岸线人工化指数指特定区域内人工岸线占该区域总岸线长度的比值，可表示岸线人工化程度的强弱，具体公式为：

$$IA = \frac{M}{L}$$ 　　　　　　　　　　　　　（公式 3.6）

　　式中，IA（Index of Artificialization）表示海岸线人工化指数，M 表示研究区内人工岸线的长度，L 表示该区域内岸线的总长度。IA 越大，代表该区域内岸线的人工化程度越高，即自然海岸被破坏的越多。

　　根据上式计算了研究期间东海区及各省市的岸线人工化指数（图 3.10），从东海区全区尺度看，研究期间岸线人工化指数呈现不断上升趋势，1990 年人工化指数为 31.94%，至 2015 年已上升至 53.88%，超过了 50%。从各省市尺度来看，浙江省和福建省的岸线人工化尺度与东海区演化趋势一致，均不断上升，高强度的人类活动改变了岸线的自然属性，使自然岸线不断向人工岸线转变，岸线人工化指数随之上升。而上海市的岸线人工化指数前期由于高强度的围滩造地进行港口、城镇及工业岸线的开发而迅速上升，后期开发强度有所减缓且随着泥沙淤积，新的滩涂资源的生成，自然岸线占比有所上升，人工化指数略有下降。

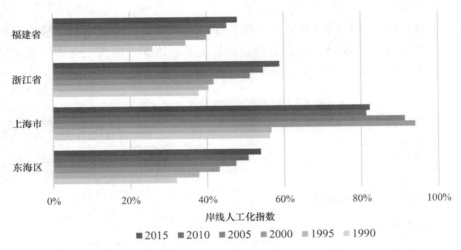

图 3.10　1990—2015 年东海区岸线人工化指数

二、岸线开发利用主体度评价

　　岸线开发利用主体度能够反映研究区内主体岸线的类型和重要度，借鉴了景观生态学中景观格局的景观优势度这一参数的确定思路（肖笃宁，1991），并考虑相关专家意见、东海区海岸带实际需求及情况对参数进行相应的修改，构建了东海区岸线开发利用方向与主体度评价模型，主体岸线的主体度即为主体类型海岸线所占比例（表 3.5）。

表 3.5　岸线开发利用主体度模型

区域岸线主体类型	条件
单一主体结构	单一类岸线 $C_i > 0.45$
二元、三元结构	每一类岸线 $C_i < 0.45$，但存在两类或两类以上岸线 $C_i > 0.2$

区域岸线主体类型	条件
多元结构	每一类岸线 C_i < 0.45，且只有一类岸线 C_i > 0.2
无主体结构	每一类岸线 C_i < 0.2

注：C_i 代表研究区内第 i 类型岸线长度占岸线总长度的比例。

　　根据表 3.5 计算了东海区大陆岸线开发利用主体度（表 3.6），从下表可以看出，东海区岸线整体开发利用主体度呈现出单一主体→二元主体的演化趋势，1995 年之前，岸线呈现单一结构，主体类型为基岩岸线，主体度大于 45%，之后岸线转变为二元主体结构，主体岸线为基岩岸线和养殖岸线，且基岩岸线的主体度不断下降，养殖岸线的主体度不断上升。至 2015 年，随着建设岸线的不断增加，岸线二元主体类型转变为为基岩岸线和建设岸线，主体度分别为 30.53% 和 20.26%。

表 3.6　东海区岸线开发利用主体度

		上海市	浙江省	福建省	东海区整体
1990 年	岸线结构	二元	单一	单一	单一
	主体类型及主体度	淤泥质岸线 43.30% 养殖岸线 35.08%	基岩岸线 45.61%	基岩岸线 64.02%	基岩岸线 53.13%
1995 年	岸线结构	二元	二元	单一	单一
	主体类型及主体度	养殖岸线 41.29% 防护岸线 22.86%	基岩岸线 39.74% 养殖岸线 20.90%	基岩岸线 59.01%	基岩岸线 47.96%
2000 年	岸线结构	单一	二元	单一	二元
	主体类型及主体度	养殖岸线 56.23%	基岩岸线 37.20% 养殖岸线 24.97%	基岩岸线 50.20%	基岩岸线 43.87% 养殖岸线 27.11%
2005 年	岸线结构	二元	二元	单一	二元
	主体类型及主体度	防护岸线 40.13% 建设岸线 20.01%	基岩岸线 33.20% 养殖岸线 26.29%	基岩岸线 46.11%	基岩岸线 38.82% 养殖岸线 25.20%
2010 年	岸线结构	二元	二元	二元	二元
	主体类型及主体度	防护岸线 41.47% 港口码头岸线 24.59%	养殖岸线 31.00% 基岩岸线 30.70%	基岩岸线 39.02% 养殖岸线 23.58%	基岩岸线 33.92% 养殖岸线 25.71%

续表

	岸线结构	上海市 三元	浙江省 二元	福建省 二元	东海区整体 二元
2015年	主体类型及主体度	港口码头岸线 24.37% 建设岸线 20.05% 防护岸线 20.01%	基岩岸线 27.55% 养殖岸线 23.40%	基岩岸线 35.27% 建设岸线 21.27%	基岩岸线 30.53% 建设岸线 20.26%

就各省市尺度来说，上海市主体利用类型经历了二元→单一→三元的演化过程，岸线主体由前期的自然岸线和人工岸线并存逐渐转化为仅以人工岸线为主体，且岸线类型向多元化转变。1990年为淤泥质岸线和养殖岸线为主体的二元类型结构，到2015年其主体岸线类型转变为港口码头岸线、建设岸线和防护岸线，主体度分别为24.37%、20.05%和20.01%。上海市岸线开发利用方式呈现多样化趋势。

浙江省岸线开发利用主体呈现由单一→二元主体的演化趋势，1990年为单一基岩岸线主体类型，其主体度为45.61%，之后随着沿海养殖产业的发展，岸线主体类型转为基岩岸线和养殖岸线的二元主体类型，且基岩岸线的主体度不断下降，养殖岸线的主体度则不断上升，2010年上升至31%，后期由于其他沿海交通建设及工业岸线的发展，至2015年养殖岸线主体度略有回落，基岩岸线主体度则持续下降至27.55%。

福建省岸线开发利用主体也同浙江省一样呈现出由单一→二元主体的转化趋势。1990—2005年，福建省岸线为单一主体结构，主体岸线为基岩岸线，其主体度从1990年的64.02%不断降低到2005年的46.11%。之后，福建省岸线结构转变为二元主体结构，2010年以基岩岸线和养殖岸线为主体类型，至2015年主体类型转变为基岩岸线和建设岸线二元类型，这一转变与福建省海岸带城镇化的快速发展密切相关。

三、岸线综合利用指数评价

参照土地利用程度综合指数（庄大方等，1997）的概念和计算方法，按照人类活动影响程度，为各类型岸线分别赋予不同的开发利用强度指数（表3.7）。

表 3.7　各类型岸线的利用强度指数赋值

利用方式	自然岸线	养殖岸线	港口码头岸线	建设岸线	防护岸线
强度指数（A）	1	3	4	4	2

利用公式3.7计算岸线利用程度综合指数：

$$ICUD = \sum_{i=1}^{n} (A_i \times C_i) \times 100 \qquad （公式3.7）$$

式中，ICUD（Index of Coastline Utilization degree）为岸线利用程度综合指数，A_i 为第 i 类岸线的开发利用强度指数，C_i 为第 i 类岸线的长度百分比，n 为岸线类型的数量。

根据上述方法计算了东海区及各省市的岸线开发利用程度综合指数（图 3.11）。1990—2015 年，在近 25 年的时间尺度上，东海区大陆岸线整体开发利用指数由 167.73 秩序增加至 222.12，说明在这期间东海区人类活动对岸线变化的影响力持续增加。各省市尺度中，浙江省和福建省岸线利用程度均呈现逐渐增加态势，由于地形地貌的限制，浙江和福建两省处于低山丘陵隆起地带，多海湾与半岛，基岩海岸较多，部分区域开发难度较大，岸线利用方式的变化多集中于海湾等较平坦区域，岸线的围垦、滩涂养殖及海塘建设等开发活动的强度大于泥沙的自然淤积速度，因此开发利用综合指数不断上升。

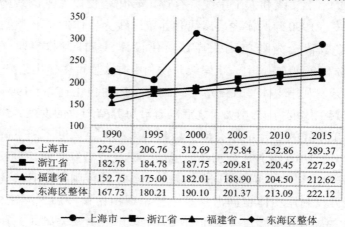

	1990	1995	2000	2005	2010	2015
●— 上海市	225.49	206.76	312.69	275.84	252.86	289.37
■— 浙江省	182.78	184.78	187.75	209.81	220.45	227.29
▲— 福建省	152.75	175.00	182.01	188.90	204.50	212.62
◆— 东海区整体	167.73	180.21	190.10	201.37	213.09	222.12

●— 上海市　■— 浙江省　▲— 福建省　◆— 东海区整体

图 3.11　东海区岸线利用强度指数

上海市开发利用指数在研究期间波动较大，但其指数一直高于浙江和福建两省。这是由于上海市处于地貌构造中的冲积平原区，多淤泥质岸线，有利于人类开发利用活动的展开。研究期间上海市用于城镇扩张与农业发展的围填工程从未间断，基于保护与促进海岸淤积的目的，城镇与农场临海外围往往会修筑防潮堤。又由于处于长江口南岸，河水携带泥沙不断在其海岸外围淤积，逐渐形成自然状态海岸。当淤泥滩达到相当规模，围垦活动会再次发生以扩张城镇与农业规模。如此循环往复，致使上海海岸呈现人工与自然状态在空间与时间上均交替出现的格局与现象，岸线利用程度也因此表现出上下波动、无规律变化的特征。

研究期间，东海区大陆岸线开发利用综合指数的变化受自然环境条件、社会经济因素等多重因素的影响。1990 年以来，内陆与海岸带地区的人口流动加快，人口不断向沿海地区聚集，海岸带成为人口聚集和社会经济发展的优势区域，城市化进程不断加速，引发了围填海活动的热潮，城市及工业等建设岸线不断扩张，因此岸线开发利用综合指数也以较高的速度不断增加，近几年更有加速发展的趋势。

第四章 基于地貌类型的东海区
大陆海岸带景观动态分析

地貌条件是决定区域内人类对地表景观改造强度的最关键因素，由此形成的景观演化格局不仅反映了人类对自然生态系统的影响程度，还能体现地貌条件对人类活动的响应。随着研究的不断深入，不少学者将景观放在地理学的大背景下，探求其与地形地貌的关系。

第一节 海岸带地貌信息提取

本节以 ASTER GDEM V2 数据为基础，以东海区海岸带为研究区域，使用最佳窗口分析法，考察平均地形起伏度随分析窗口的变化趋势，基于均值变点法选取最佳分析窗口，得到东海区海岸带地貌分类结果。

一、研究数据及处理

基于 DEM 数据的地貌分类较传统地貌学分类方法省时省力，而且分类结果定量准确、标准统一。本节用于提取东海区海岸带地貌信息的数据是由日本 METI 和美国 NASA 联合研制并免费面向公众分发的 ASTER GDEM V2 数据，空间分辨率为 30 米，每个分片包含 3601 行×3601 列（康晓伟等，2011）。将下载的原始 DEM 数据经过拼接投影，利用东海区海岸带矢量边界对其进行裁剪，最终获得研究区域的完整 DEM 数据。

二、地形起伏度计算方法

高程和地势起伏度是地貌形态分类的两个重要指标，对高程和地形起伏度的有效划分是建立地貌类型的关键。根据得到的东海区海岸带高程数据，并结合计算得到的地形起伏度进行研究区宏观地貌的划分。

地势起伏度是描述某一确定范围内最大高程与最小高程差值的指数（曹伟超等，2011），能够直观体现出一个地区相对高度的有效指标，直观反映地表形态，因此成为了度量区域地形宏观特征的重要因子。其计算公式如下：

$$T_f = H_{max} - H_{min}$$ （公式 4.1）

式中 H 代表邻域内每一个像元的高程值，H_{max} 代表邻域内所有像元的高程值的最大值，H_{min} 代表邻域内所有像元的高程值的最小值，T_f 为该邻域范围内的高差。

提取地形起伏度的关键是确定最佳分析窗口，因此本节选取窗口分析法来提取研究区地形起伏度。基于 ArcGIS10.2 的空间分析模块，利于领域分析工具，依次分别计算矩形窗口 n×n （n=3，5，7，…，79，81）下的范围值 range （即最大值 max 与最小值 min 之差），即可得到该窗口下的地形起伏度值，然后利用栅格统计工具计算 n×n 窗口下地形起伏度栅格数据的平均起伏度值。

本书根据实验结果进行调整，最终选取从 3×3 窗口开始，窗口移动步距为 2，逐步递增至最大窗口 81×81，最终得到窗口面积大小与平均地形起伏度的对应关系（表 4.1）。

根据已有研究（王玲等，2009）及窗口面积大小与平均地形起伏度关系可知，地形起伏度随窗口面积的变化呈现 logarithmic 曲线。利用 Excel 软件对分析结果进行对数拟合，得到拟合方程 $y = 41.033 \ln(x) + 168.41$，决定系数 $R^2 = 0.9615$ （图 4.1），拟合效果良好。显然，随着窗口增大，东海区海岸带平均起伏度也逐渐增大。当窗口面积达到一定阈值后，增速逐渐变小，曲线变缓，该阈值就是最佳分析窗口的大小。

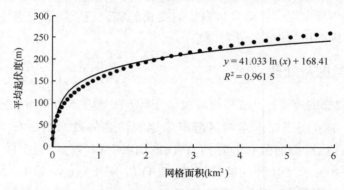

图 4.1　网格面积与平均地形起伏度对应关系拟合曲线

三、最佳统计窗口分析

在统计学上的均值变点分析法对上述这种恰有一个拐点的验证已被许多学者应用到研究地形起伏度的最佳窗口大小中（韩海辉等，2012），因此为了避免目视解译带来的主观性，沿用均值变点分析法来计算出曲线上的拐点位置，即最佳窗口大小。具体计算过程如下（王让虎等，2016）：

表 4.1　东海区海岸带网格单元大小与平均地形起伏度的对应关系

网格大小	面积（km²）	平均起伏度（m）	网格大小	面积（km²）	平均起伏度（m）	网格大小	面积（km²）	平均起伏度（m）	网格大小	面积（km²）	平均起伏度（m）
3×3	0.008 1	18.296 7	23×23	0.476 1	122.871 2	43×43	1.664 1	183.392 3	63×63	3.572 1	227.107 0
5×5	0.022 5	33.715 0	25×25	0.562 5	130.042 1	45×45	1.822 5	188.332 9	65×65	3.802 5	230.745 9
7×7	0.044 1	47.244 8	27×27	0.656 1	136.821 2	47×47	1.988 1	193.162 5	67×67	4.040 1	235.686 1
9×9	0.072 9	59.364 4	29×29	0.756 9	143.590 4	49×49	2.160 9	197.929 3	69×69	4.284 9	238.797 0
11×11	0.108 9	70.405 7	31×31	0.864 9	150.013 4	51×51	2.340 9	201.798 6	71×71	4.536 9	241.886 7
13×13	0.152 1	80.606 0	33×33	0.980 1	156.150 3	53×53	2.528 1	207.053 7	73×73	4.796 1	245.589 1
15×15	0.202 5	90.111 4	35×35	1.102 5	161.792 4	55×55	2.722 5	210.834 1	75×75	5.062 5	249.344 9
17×17	0.260 1	99.018 2	37×37	1.232 1	167.173 1	57×57	2.924 1	215.346 3	77×77	5.336 1	252.714 4
19×19	0.324 9	107.378 5	39×39	1.368 9	172.646 1	59×59	3.132 9	218.738 7	79×79	5.616 9	255.456 1
21×21	0.396 9	115.401 3	41×41	1.512 9	178.286 2	61×61	3.348 9	223.107 9	81×81	5.904 9	258.660 5

（1）首先计算单位面积上的平均地势起伏度 T_n，得到序列 T：

$$T_n = t_n / s_n \quad (n = 3, 5, 7, \cdots, 79, 81) \qquad (公式4.2)$$

式中：T_n 表示分析窗口下的单位地势起伏度，t_n 为平均地势起伏度、s_n 则是窗口面积。

（2）计算序列 X，其中 $X = \mathrm{In}$（T），得到的序列 X 为 $\{x_i, i = 1, 2, 3, \cdots, 40\}$

（3）令 $i = 2, \cdots, I$（I 为此次实验的样本总数 20），对于每一个 i 将样本序列分成两段：$x_1, x_2, \cdots, x_{i-1}$ 和 $x_i, x_{i+1}, \cdots, x_N$。然后计算每段样本序列的算数平均值（$\overline{X_{i1}}$）和（$\overline{X_{i2}}$）以及两段样本的离差平方和之和 S_i：

$$S_i = \sum_{t=1}^{i-1} (x_t - \overline{X_{i1}})^2 + \sum_{t=i}^{I} (x_t - \overline{X_{i2}})^2 \qquad (公式4.3)$$

（4）计算序列 X 的算数平均值 $\overline{X}$ 和离差平方和 S：

$$S = \sum_{t=1}^{I} (x_t - \overline{X})^2 \qquad (公式4.4)$$

（5）对于每个 i 值，计算 $S - S_i$ 的值，变点的存在使得 i 取某个值时，$S - S_i$ 的值最大，对应的 s_n 即为所求的最佳分析窗口面积。

根据上述方法对图 4.1 中的曲线上的拐点进行识别，根据公式计算出序列 X 的算术平均值 $\overline{X} = 5.0071$，$S = 41.6740$，S_i 和 $S - S_i$ 的值见下表 4.2，并利用 Excel 做出了 $S - S_i$ 的拟合变化曲线（图 4.2）。

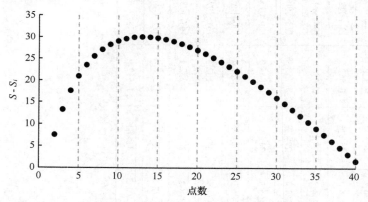

图 4.2　S 和 S_i 差值与点数的关系曲线

由表 4.2 和图 4.2 可以明显看出，在第 13 个点 S 和 S_i 的差值达到最大值 30.0302，该点即为所要求的由陡变缓的拐点，进而得到 27×27 的窗口长度（窗口面积为 0.6561 km²）是基于 ASTER GDEMV2 数据提取东海区海岸带地形起伏度的最佳窗口单元大小。

表 4.2 均值变点分析的统计结果

i	S_i	$S-S_i$	i	S_i	$S-S_i$	i	S_i	$S-S_i$	i	S_i	$S-S_i$
1	-	-	11	12.071 8	29.602 2	21	15.612 3	26.061 7	31	27.078 6	14.595 5
2	34.111 0	7.563 0	12	11.756 7	29.917 3	22	16.524 1	25.149 9	32	28.439 8	13.234 3
3	28.407 6	13.266 4	13	11.643 8	30.030 2	23	17.500 9	24.173 1	33	29.830 3	11.843 7
4	24.066 2	17.607 8	14	11.709 1	29.964 9	24	18.536 2	23.137 8	34	31.232 1	10.441 9
5	20.719 7	20.954 3	15	11.923 5	29.750 6	25	19.623 8	22.050 2	35	32.663 7	9.010 3
6	18.126 7	23.547 3	16	12.271 6	29.402 4	26	20.770 6	20.903 4	36	34.122 3	7.551 7
7	16.122 2	25.551 8	17	12.739 6	28.934 4	27	21.950 1	19.724 0	37	35.598 6	6.075 4
8	14.589 7	27.084 3	18	13.320 2	28.353 8	28	23.178 2	18.495 8	38	37.090 1	4.583 9
9	13.444 3	28.229 7	19	14.002 9	27.671 2	29	24.440 0	17.234 0	39	38.598 8	3.075 2
10	12.623 0	29.051 0	20	14.771 8	26.902 3	30	25.745 7	15.928 3	40	40.128 9	1.545 1

四、地貌类型分类原则

本书参照中国 1∶100 万地貌制图规范（中国科学院地理研究所等，1987），结合东海区海岸带地形起伏度及高程数据的实际情况和划分原则。由于考虑到研究区内最高高程值为 1 803 m，通过栅格计算分析，其中低海拔区域（<1 000 m）占 99.54%，中海拔区域（1 000~2 000 m）仅 0.46%。因此为了便于分析，除去高程值因素，以地形起伏度（最大值为 709 m）为主要因素进行东海区海岸带地貌类型分级（表 4.3）。

表 4.3　东海区海岸带地貌基本形态类型分类

地貌形态类型	地形起伏度（m）
平原	<30
台地	30–50
丘陵	50–200
小起伏山地	200–500
中起伏山地	500–1000

第二节　海岸带景观信息提取

一、海岸带景观分类系统

参考土地利用现状分类标准（GB/T 21010-2007），结合东海区海岸带土地开发利用的特点，建立东海区海岸带景观分类系统，将海岸带景观划分为 7 种一级景观类型：L1 耕地、L2 林地、L3 草地、L4 水域、L5 建设用地和 L6 未利用地。一级分类下有具体的二级分类（详见表 4.4），但受到 30 m 分辨率的限制，无法准确解译二级景观类型，因此为了保证数据的准确性，本书仅采用一级分类数据。

表 4.4　东海区海岸带景观分类系统

编号	一级类型	二级类型	备注
L1	耕地	水田、旱地、菜地等	指种植农作物的土地，包括熟耕地、新开荒地、休闲地、轮歇地、草田轮作地；以种植农作物为主的农果、农桑、农林用地；耕种三年以上的滩地和滩涂

编号	一级类型	二级类型	备注
L2	林地	有林地、灌木林、疏林地、果园等其他林园地	指生长乔木、灌木、竹类等林业用地以及采集果、叶等园林地
L3	草地	高覆盖度草地、中覆盖度草地以及低覆盖度草地	指以生长草本植物为主，覆盖率在 5% 以上的各类草地，包括以牧为主的灌丛草地和郁闭度在 10% 以下的疏林草地
L4	水域	河渠、湖泊、水库坑塘、滩涂、滩地等	指天然陆地水域和水利建设用地，包括已垦滩涂中用于养殖的水域
L5	建设用地	城镇用地、农村居民点及其他建设用地	指城乡居民点及县镇以外的工矿、交通用地
L6	未利用地	沙地、裸土地、裸岩石砾地及空闲地等	目前还未利用的土地、包括难利用的土地

二、海岸带景观提取方法

　　遥感数据覆盖范围大、获得信息量丰富而且成本较低，因此选取遥感数据作为东海区海岸带景观研究基础数据，准确解译遥感数据是后期景观研究的基础和保障。本书海岸带景观信息提取流程如下图 4.3 所示，包括预处理、样本选取、基于样本分类、人机交互核查及精度验证等部分组成。

　　经过所述的遥感影像预处理步骤之后，利用 eCognition Developer 8.7 软件采取基于样本的分类方法进行景观分类。根据各地物的光谱及形状特征，对东海区海岸带每一种景观类型至少选取了 50 个样本单元区，用于对 1990—2015 年 6 期的东海区海岸带遥感影像进行景观初步分类。为了保证分类结果的精度，在初步分类的基础上，通过人机交互解译方法，借助 ArcGIS 软件对初步分类的结果进行校对、更正等人机交互核查，以此最终得到 6 期东海区海岸带景观类型遥感解译数据。在此基础上，对照各省市 1:25 万地理背景数据及 Google Earth，对于研究区每期景观分类矢量数据进行分类精度检验，每期随机选择近 200 个样本区，得到的精度指数均达到了允许的判别精度要求（Lucas F. J. 等，1994）。

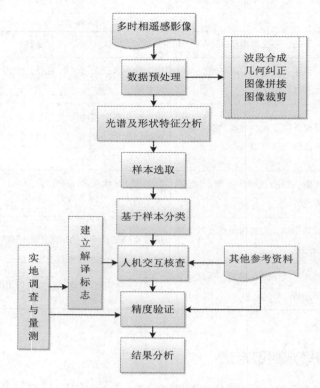

图 4.3   遥感数据处理流程图

第三节   地貌特征及海岸带景观动态分析

一、东海区海岸带地貌特征分析

基于上述地貌信息的提取方法，对研究区海岸带的地貌背景进行了分类提取，分布得到相应的海岸带地貌类型空间分布图（图 4.4）。

图 4.4a 和图 4.4b 分别反映了东海区海岸带地区宏观地貌形态类型的空间分布和各地貌类型面积占东海区海岸带总面积的百分比。结果显示，东海区海岸带地区丘陵面积最大，占东海区海岸带总面积的 32.85%，在研究区内除杭州湾及附近区域外，均有大量分布；其次是小起伏山地和平原，面积分别占 29.98% 和 29.46%，小起伏山地分布范围较广，一般均分布在海岸带内侧地带，而平原大量分布在杭州湾周围海岸带区域；台地的地势高于平原，低于丘陵，一般分布于平原与丘陵地貌之间，在西南部沿岸的山前丘陵和平原过渡区较为密集，部分零星分布于中部和东北部，占总面积的 7.43%；中起伏山地占总面积的比例仅为 0.27%，分布范围极小。

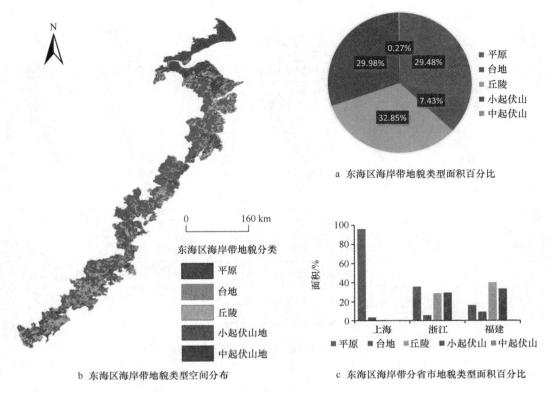

a　东海区海岸带地貌类型面积百分比

b　东海区海岸带地貌类型空间分布

c　东海区海岸带分省市地貌类型面积百分比

图 4.4　东海区海岸带地形分级与面积统计

图 4.4c 反映了上海、浙江和福建海岸带各宏观地貌形态的面积占东海区海岸带总面积的比重。其中浙江海岸带区域平原地貌区所占比例最大，平原面积占 35.68%。其次是丘陵和小起伏山地，由此可见浙江省整体地貌类型较为丰富。而上海海岸带的平原面积高达 96.12%，上海市海岸带没有中起伏和小起伏山地，台地和丘陵也极少。相较于浙江省和上海市，福建省地形起伏度大大增加，主要地貌区为丘陵和小起伏山地，两者所占比例更大，分别占 40.16% 和 33.60%，其次为平原地貌，占 16.47%。

二、海岸带景观现状及动态特征分析

基于东海区海岸带景观解译数据对东海区海岸带景观现状进行了分析，在此基础上，得到相应的各时期海岸带景观类型解译图（图 4.5）及 2015 年东海区海岸带景观类型数据（表 4.5）。

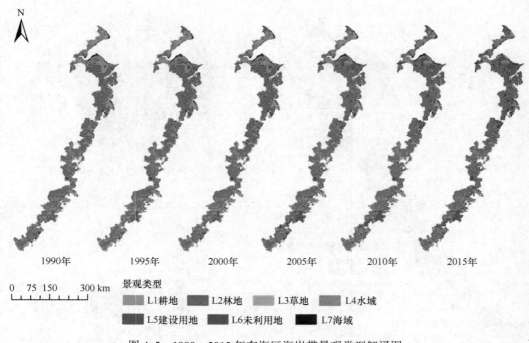

1990年　1995年　2000年　2005年　2010年　2015年

0　75　150　300 km

景观类型
L1耕地　L2林地　L3草地　L4水域
L5建设用地　L6未利用地　L7海域

图 4.5　1990—2015 年东海区海岸带景观类型解译图

表 4.5　2015 年东海区海岸带景观面积　　　　　　　　　　（km²）

景观类型	上海市		浙江省		福建省		东海区	
	面积	百分比	面积	百分比	面积	百分比	面积	百分比
L1 耕地	1 613.58	60.23%	8 594.47	33.32%	6 512.98	24.16%	16 721.02	30.17%
L2 林地	30.03	1.12%	11 096.31	43.03%	12 414.74	46.05%	23 541.07	42.47%
L3 草地	46.04	1.72%	703.79	2.73%	3 788.32	14.05%	4 538.16	8.19%
L4 水域	91.75	3.43%	1 295.01	5.02%	1 138.35	4.22%	2 525.11	4.56%
L5 建设用地	871.30	32.52%	3 769.79	14.62%	2 694.26	9.99%	7 335.35	13.23%
L6 未利用地	20.93	0.78%	7.45	0.03%	35.43	0.13%	63.81	0.12%
L7 海域	5.25	0.20%	323.28	1.25%	374.29	1.39%	702.82	1.27%

从 2015 年海岸带景观数据来分析东海区海岸带景观现状：从景观类型结构上来看，整个研究区内景观以林地（42.47%）为主，为 23 541.07 km²，占研究区总面积的 42.47%；其次是耕地，约占 30.17%；此外，建设用地占总面积的比例为 13.23%。从研究区各省市来看，上海市各景观类型中耕地（60.23%）所占比例最大，其次为建设

用地（32.52%）；浙江省和福建省海岸带景观类型均以耕地和林地为主，浙江省其次为建设用地（14.62%），而福建省其次则为草地（14.05%）。

从各景观类型的空间分布来看，不同的景观类型在东海区海岸带的分布有着明显的空间差异（图4.5）。林地和草地广泛分布在研究区各个区域，主要包括浙江省和福建省海岸带的西部地区，林地主要分布在山地地区，而草地多分布在地势低缓地区。耕地和建设用地也多分布在海岸带地势较为低平的区域，其中杭州湾平原区域耕地分布范围最广。水域虽然所占面积比重不大，但广泛分布于研究区各个区域，有着不可替代的重要作用，主要包括河流、水库、湖泊等。

通过ArcGIS软件，计算出各时期景观类型的面积百分比（图4.6）及相应的面积变化量（表4.6），由此分析东海区海岸带景观类型的面积演化规律。

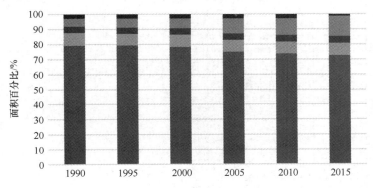

图4.6　东海区海岸带景观类型结构变化

耕地呈现出逐渐减少的趋势，25年间，东海区海岸带耕地面积净减少量达到3 620 km²，至2015年减少至16 721.02 km²，减少速度为144.80 km²/a，远远高于其他类型的减少速度。林地作为东海区海岸带所占面积最广的景观类型，主要分布在山区，故其变化相对不大，25年间，前5年面积有所增长，之后逐渐减少，面积年均变化量仅为−1.16 km²。东海区海岸带草地面积在研究期间不断波动，1990—2015年减少了430.23 km²，为研究期间减少速度最快的时期，到后期面积变化幅度有所放缓。研究期间水域除前期有所减少外，面积整体上有所增加，增加速度为7.62 km²/a，主要为人工水域面积的增加。建设用地呈现出快速增长趋势，且增长速度在所有景观类型中是最快的，从1990年的2 871.42 km²增长到2015年的7 335.35 km²，面积平均年增长178.56 km²。未利用地所占比例较小，且面积整体变化不大，而海域由于被大量开发利用为其他人工景观，因此研究期间面积减少幅度较大。

表 4.6　东海区海岸带景观面积变化

| 景观类型 | 面积（km²） | | | | | | 面积变化量（km²） | | | | | 面积年变化量（km²/a） |
	1990	1995	2000	2005	2010	2015	1990—1995	1995—2000	2000—2005	2005—2010	2010—2015	
L1 耕地	20 341.01	19 456.53	19 425.01	17 786.79	17 228.92	16 721.02	-884.48	-31.52	-1 638.22	-557.87	-507.90	-144.80
L2 林地	23 570.03	24 506.35	23 957.53	23 790.12	23 683.32	23 541.07	936.32	-548.83	-167.41	-106.81	-142.24	-1.16
L3 草地	4 671.50	4 241.27	4 526.57	4 371.25	4 357.32	4 538.16	-430.23	285.30	-155.33	-13.93	180.84	-5.33
L4 水域	2 334.59	2 284.11	2 319.03	2 350.07	2 448.58	2 525.11	-50.49	34.92	31.05	98.51	76.53	7.62
L5 建设用地	2 871.42	3 332.74	3 577.96	5 510.02	6 080.74	7 335.35	461.32	245.22	1 932.06	570.72	1 254.62	178.56
L6 未利用地	57.52	28.37	39.98	37.69	40.08	63.81	-29.15	11.61	-2.29	2.40	23.72	0.25
L7 海域	1 568.80	1 565.51	1 568.79	1 568.93	1 588.38	702.82	-3.29	3.28	0.14	19.45	-885.56	-34.64

三、地貌特征对景观类型动态变化的影响

地貌特征对区域的人类活动强度、景观类型分布及景观格局的时空演化具有重要的影响（Galicia L. 等，2008），除人为因素外，在不同的地貌特征影响下，东海区海岸带景观类型的结构也会有较大的差异，因此会形成不同的景观类型格局，在研究景观类型的动态变化时，应考虑地貌本底的影响，探讨地貌特征对景观动态变化的影响（表4.7）。

表 4.7　东海区海岸带景观面积变化　　　　　　　　　　　　（km²）

地貌类型	东海区	上海市	浙江省	福建省
平原	4 129.85	764.25	2 632.679	732.92
台地	945.00	48.62	427.239 1	468.753 1
丘陵	1 477.44	3.23	707.411 2	766.793 2
小起伏山地	614.45	0.00	212.917 4	401.529 3
中起伏山地	3.75	0.00	0.407 442	3.344 549

从25年间不同地貌类型下的景观类型转化面积（图4.7、图4.8）可以看出，东海区海岸带各景观类型的转化存在两个较活跃的地段，分别是平原地貌区和丘陵地貌区，平原区域的转化面积占总转化面积的57.60%，这一区域是海岸带地区开展围填海活动和开发人工养殖的集中区域。丘陵地区则占20.61%，是研究区内城镇扩张的主要集中区。研究期间，快速城镇化导致大量的林地和耕地在海岸带被转化为城镇用地。从整体上看，景观类型的转化主要发生在海岸带低海拔地区，山地区所占比例较小。

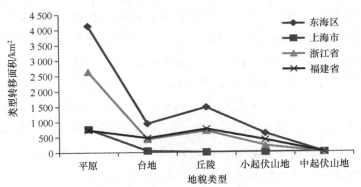

图 4.7　地貌对各景观类型转化面积的影响

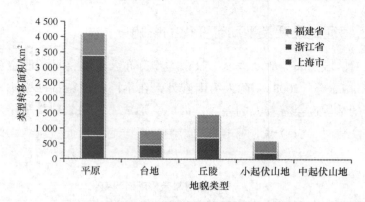

图 4.8   基于地貌的省域尺度景观转化面积

从省域尺度来看，浙江省海岸带景观转化面积占比最大，达到 55.52%，其中转化最多的地区是在平原区，占浙江省总体转化量的 66.11%。上海市由于地貌类型的限制，小起伏山地和中起伏山地未发生转移，其内部景观类型转化更集中于平原区，达到了 93.65%。福建省由于地貌类型中，丘陵和小起伏山地所占比例较大，平原地貌仅占 16.47%，因此在三个省市当中，景观类型转化的面积相对少于浙江省。

图 4.9 是研究期间不同地貌基底上的主要的景观变化类型和面积。可以看出，研究期间，研究区主要转化发生在平原、台地、丘陵和小起伏山地区。其中，建设用地在平原地貌区呈增长趋势，主要由耕地和水域转化而来，其中耕地转建设用地的面积最大，达到了 2 435.21 km^2。可见平原区城市扩张过程中最大的土地来源是耕地。在台地地貌区，耕地、林地和水域均呈现减少趋势，主要被转变为建设用地。其中耕地转建设用地面积也占最多，达到了 541 km^2。在丘陵区也是相似的趋势，耕地和林地大面积的被转化为建设用地，其次还有草地和林地之间的相互转化。可见，研究期间，由于快速的经济发展和城市化，各个类型转化为建设用地在各个地貌区均比较明显。在小起伏山地和中起伏山地地貌区，景观类型的转化最多发生在草地和林地之间，其次是林地转建设用地，耕地转建设用地，林地转草地这些转化类型。

从各省域尺度看，上海市的景观类型转移主要集中于平原区（图 4.10），而转化类型当中，耕地转建设用地所占比例最大，达 510.50 km^2。说明上海市城市的扩展是以牺牲大量耕地为代价的。其次，海域转耕地的面积达到 65.08 km^2，对海域的围填仍然是扩大陆地可利用面积的主要方式。台地地貌下，最多的转移类型仍为耕地转建设用地。台地和丘陵地貌总体面积不大，因此转移的面积也相对较少。

浙江省景观转移区域也较为集中（图 4.11），主要集中在平原、台地和丘陵区，在上述这些地貌区中，转移面积最大的类型均为耕地转建设用地，且平原区的耕地转建设用地面积达到了 1 511.36 km^2。在平原和台地地形区，海域转水域为第二大转移类

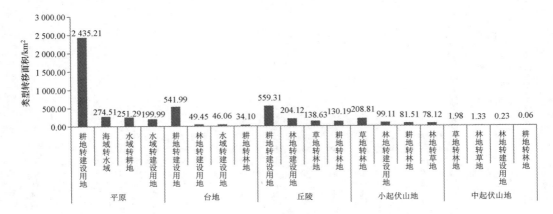

图 4.9 1990—2015 年不同地貌基底上的主要景观变化

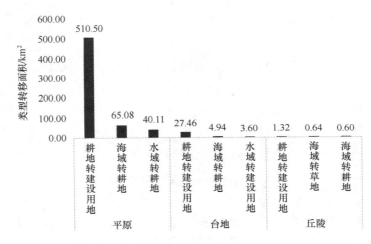

图 4.10 1990—2015 年上海市不同地貌基底上的主要景观变化

型，而在丘陵地貌区，第二转移类型为耕地转林地，也从侧面体现了浙江省在城镇化发展进程中兼顾林地的保护，对海岸带丘陵地区进行了退耕还林，以保护植被、保持水土。整体来看，浙江省各地貌区的景观转化类型以转化为建设用地为主，反映出浙江省城镇化建设的快速发展。

由图 4.12 可知，福建省在丘陵和小起伏山地地貌区的景观转化面积明显大于其他两省，这与其本身以丘陵、小起伏山地为主的地貌基底有直接的联系。在平原、台地地貌区，景观的转化较为集中，主要体现在耕地向建设用地的转化。在丘陵地貌区，转化类型分布较为分散，主要有耕地转建设用地、草地转林地和林地转建设用地，分别为 258.63 km²，135.07 km²，117.20 km²。小起伏山地地貌区，林地与草地之间的相互转化面积最大，草地向林地的转化类型面积为 202.15 km²，林地转草地面积为

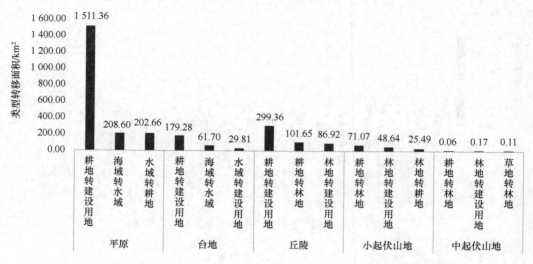

图 4.11　1990—2015 年浙江省不同地貌基底上的主要景观变化

65.71 km²。其次是林地转建设用地，主要用于城市边缘区的用地扩张。

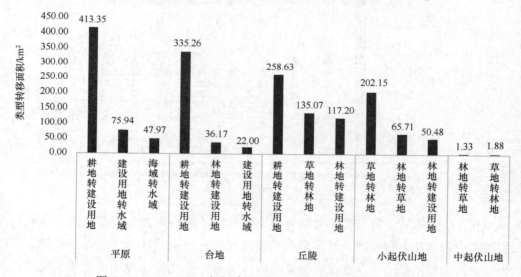

图 4.12　1990—2015 年福建省不同地貌基底上的主要景观变化

第五章 东海区海岸带景观格局演化分析

本章主要以东海区海岸带为研究区域，以景观类型数据为基础，利用 RS 和 GIS 等相关技术，对东海区及上海、浙江、福建三省海岸带的 1990—2015 年六个时期的景观演化分别进行空间分析，来揭示东海区海岸带景观格局空间演变分异特征，以此探讨其变化对东海区及区域内三省市海岸带的生态环境效应，对指导区域景观规划具有重要的现实意义。

第一节 景观格局演化分析方法及指标选取

随着景观生态学中一些用于描述景观演化的各类指标的形成和不断完善，形成了许多具有代表性的指标（肖笃宁等，2001；Hargis C. D. 等，1998；Ritters K. H. 等，1995）。本节根据东海区实际情况，从类型和景观两个方面选取了用于评价景观演化的7 个常用指标（表 5.1），借助景观指数计算软件 Fragstats 3.4 对东海区及上海、浙江、福建三省海岸带 1990—2015 年共 6 期的景观格局变化特征进行定量分析（林增等，2009；陆元昌等，2005）：

表 5.1 景观格局分析指标及其含义

景观指数指标	计算公式	生态含义
斑块数量 （NP）	NP（个）	描述景观的异质性和破碎度，NP 值越大，破碎度越高，反之越低
斑块密度 （PD）	$PD = \dfrac{NP}{A}$ NP 为区域内总（或某一类）景观的斑块个数（个），A 为区域内所有（或某一类）景观面积（ha），PD≥0	表征景观破碎化程度的指标，斑块密度越大，景观破碎化程度越高，反之则越低

景观指数指标	计算公式	生态含义
最大斑块指数（LPI）	$LPI = \dfrac{Max(a_1, \cdots, a_n)}{A}(100)$ a_n 为某一类景观的面积（ha），A 为景观总面积（ha）	表征了某一类型的最大斑块在整个景观中所占的比例
边界密度（ED）	$ED = \dfrac{E}{A}$ E 为斑块边界总长度（km），A 为景观总面积（ha），$ED \geqslant 0$	指景观中单位面积的边缘长度，是表征景观破碎化程度的指标，边界密度越大，景观越破碎，反之则越完整
形态指数（LSI）	$LSI = \dfrac{0.25E}{\sqrt{A}}$ E 为斑块边界总长度（km），A 为景观总面积（ha），$LSI \geqslant 0$	反映斑块形态的复杂程度，当景观类型中所有斑块均为正方形时，LSI＝1；当景观中斑块形状不规则或偏离正方形时，LSI 值增大
Shannon 多样性指数（SHDI）	$SHDI = -\sum_{i=1}^{m} P_i \times \ln(P_i)$ m 为斑块类型总数；P_i 为第 i 类斑块类型所占景观总面积的比例，$SHDI \geqslant 0$	表征景观类型的多少以及各类型所占总景观面积比例的变化，同时能够体现不同景观类型的异质性，对景观中各类型非均衡分布状况较为敏感，强调稀有的景观类型对总体信息的贡献度
Shannon 均匀度指数（SHEI）	$SHEI = -\dfrac{\sum_{i}^{m} P_i \times \ln(P_i)}{\ln(m)}$ m 为斑块类型总数；P_i 为第 i 类斑块类型所占景观总面积的比例	表征景观中不同景观类型的分配均匀程度。SHEI＝0，表明景观仅有一类斑块组成，无多样性；SHEI＝1 表明各类斑块类型均匀分布，有最大的多样性

第二节　景观水平的空间格局变化分析

一、海岸带景观类型斑块数量分析

由图 5.1-a、表 5.2 可知，近 25 年来，东海区海岸带景观格局变化较大，所有类型景观的斑块总数呈现不断增加的趋势，从 1990 年的 39 164 个增加到 2015 年的 42 407 个，增加数量近 8.2%。具体景观类型中，耕地、林地、草地、水域、建设用地等类型斑块数量增加，而未利用地和海域的斑块数量波动下降。其中，建设用地的景观数量所占比例最大，研究期间，呈现波动增长趋势。其次是耕地和草地，耕地在 1990—

2000 年间变化不显著，2005 年之后，耕地数量迅速上升，直至 2015 年，数量达到最大。林地和草地变化趋势较为一致。在 1990—1995 年间，两者数量均急剧下降，1995—2000 年间，数量有所回升，到 2000 年之后，其斑块数量处于动态平衡状态。水域呈低幅度波动增长。2010 年之前，海域斑块数量变化不明显，在 2010—2015 年这一时期，人类活动将大量的海岸带地区沿岸海域进行围填，因此海域面积有所减少。

研究期间，上海市海岸带景观格局特征显著（图 5.1-b），其中建设用地斑块数量占比最高，但其总数在波动下降。而其他景观类型的斑块数量变化十分微弱，2010 年之前，上海海岸带土地利用类型中不存在未利用地，在 2015 年末才发生斑块数量的微弱增加。浙江省各景观类型斑块数量总数大，增长水平各有不同，总体上未利用地和海域数量减少，而其他类型的斑块数均有不同程度的增长。其中建设用地的斑块数量总体占比最高，且斑块总数有明显的波动变化，在 1990—1995 年间迅速增加，1995—2005 年间持续下降，2005 年之后斑块数量又再次实现逐年增长。全省海岸带景观格局中，耕地的斑块数量一直可观，其数量也在逐年增长。另外，福建省各景观类型斑块数量及增长的分异特征十分明显，除未利用地和海域斑块数量略有下降外，其他类型整体上均呈现波动增长态势。其中，草地和建设用地斑块数量最多，耕地、林地、水域等景观斑块数量随之呈阶梯状递降。全省海岸带景观类型比例适宜，区分度十分明显，海岸带草地景观丰富。

二、海岸带景观空间格局分析

在社会经济和自然因素的综合作用下，东海区海岸带景观尺度的格局发生了较大的变化。研究期间，东海区海岸带斑块密度由 1990 年的 0.69 个/hm^2 提高到 2015 年的 0.76 个/hm^2，表现了景观破碎化程度的增加。从斑块个数和最大斑块指数的减小也正好验证了这一点。

此外，景观的边界密度和斑块形态指数也是表示景观破碎程度的重要指标。景观边界密度呈现出不断增加的趋势，由 1990 年的 27.084 6，上升至 2015 年的 29.217 6，增加了 7.88%。1990 年至 2015 年景观形态指数也在不断增加，由 1990 年的 168.635 7 增加到 2015 年的 181.192 1。说明人类作用于景观上的活动使得斑块趋于复杂化，各斑块的几何形状变得越来越复杂，斑块形态有向多样化变化的趋势。

景观的多样性指标也能够反映出景观尺度的格局变化。东海区海岸带景观总体类型数量没有发生变化，仍为 6 类。从景观的多样性各指标来看，海岸带景观的多样性水平在不断提高，多样性指数从 0.675 2 增加到 0.865 8。同时，均匀度指数也从 0.376 8 增加到 0.444 9（表 5.2）。

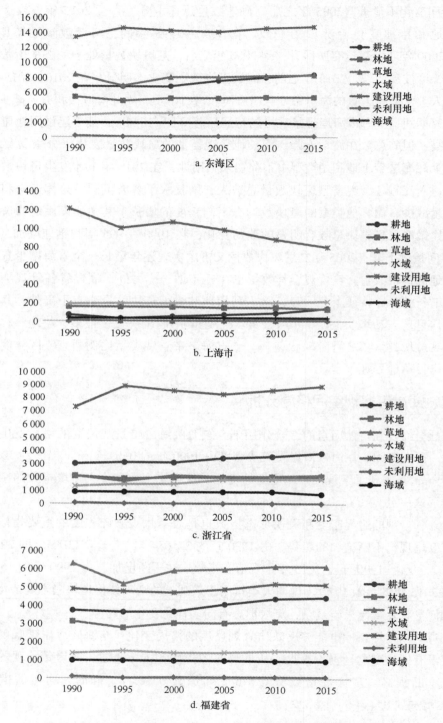

图 5.1　东海区及各省海岸带景观类型斑块数量变化

表 5.2　1990—2015 年东海区海岸带景观空间格局分析指标（景观尺度）

年份	斑块数量（NP）	斑块密度（PD）	最大斑块指数（LPI）	边界密度（ED）	形态指数（LSI）	多样性指数（SHDI）	均匀度指数（SHEI）
1990	39 164	0.690 9	4.515 6	27.084 6	168.635 7	1.334 8	0.685 9
1995	38 556	0.680 2	4.486 9	26.668 4	166.184 8	1.330 1	0.683 5
2000	39 760	0.701 9	4.440 8	27.421 1	170.615 8	1.350 4	0.694
2005	40 600	0.716 8	4.384 6	28.477 6	176.833 1	1.397 5	0.718 2
2010	41 884	0.745 5	4.349 2	28.995 9	179.887 5	1.413	0.726 1
2015	42 407	0.761 3	4.345 0	29.217 6	181.192 1	1.401 1	0.72

从上海市海岸带景观空间格局来看，研究期间，海岸带斑块密度由 1990 年的 0.67 个/hm²下降到 2015 年的 0.53 个/hm²，斑块数量和最大斑块指数持续下降，表明近 25 年间，海岸带景观整合度进一步增强。此外，景观边界密度总体提高近 3 个单位，形态指数也实现了近 3.7 个单位的增长，景观破碎度下降，景观的多样性和均匀度则得到提升。

表 5.3　1990—2015 年东海区上海市海岸带景观空间格局分析指标（景观尺度）

年份	斑块数量（NP）	斑块密度（PD）	最大斑块指数（LPI）	边界密度（ED）	形态指数（LSI）	多样性指数（SHDI）	均匀度指数（SHEI）
1990	1 672	0.671 1	28.751 5	17.042 2	23.581 1	0.675 2	0.376 8
1995	1 425	0.572	25.580 9	17.227 9	23.812 8	0.741 8	0.41 4
2000	1 516	0.608 5	25.402 4	17.854 8	24.59 5	0.762 2	0.425 4
2005	1 446	0.580 4	24.047 7	19.164 8	26.229 4	0.80 4	0.448 7
2010	1 358	0.545 1	22.526 9	19.540 9	26.698 8	0.864 8	0.482 7
2015	1 338	0.537 1	21.086 4	19.998 5	27.269 7	0.865 8	0.444 9

从浙江省海岸带景观空间格局来看，研究期间，海岸带斑块密度由 1990 年的 0.69 个/hm²增长到 2015 年的 0.79 个/hm²，增长幅度较低，并且随着斑块数量的增加，最大斑块指数持续降低，结合浙江省海岸带景观空间格局的边界密度和形态指数增长结果，可以看出近 25 年间，浙江省海岸带景观斑块的破碎程度有所增加，海岸带景观整合度需要加强。多样性指数和均匀度指数的小幅增长则表明，尽管研究期间浙江省海岸带景观空间格局整体得到一定优化，但是变化力度较弱。

表5.4　1990—2015年东海区浙江省海岸带景观空间格局分析指标（景观尺度）

年份	斑块数量 （NP）	斑块密度 （PD）	最大斑块 指数（LPI）	边界密度 （ED）	形态指数 （LSI）	多样性指数 （SHDI）	均匀度指数 （SHEI）
1990	16 897	0. 685 2	8. 096 6	24. 521 7	103. 064 1	1. 118 8	0. 574 9
1995	18 131	0. 735 2	7. 915 9	25. 12	105. 412 8	1. 131	0. 581 2
2000	18 324	0. 743 1	8. 026 9	25. 676 7	107. 59 8	1. 151 7	0. 591 9
2005	18 572	0. 753 1	7. 797 9	27. 254 8	113. 793 6	1. 221 1	0. 627 5
2010	19 067	0. 773 2	7. 790 5	27. 734 3	115. 676 2	1. 229 5	0. 631 9
2015	19 615	0. 795 4	7. 732 1	27. 939 5	116. 481 7	1. 238 7	0. 636 6

从福建省海岸带景观空间格局来看，研究期间，各项景观格局指标均实现增长，1990—1995年间，各项指标数值发生下降，1995年之后其数值又逐渐增加。其中，斑块密度由0.80个/hm²增长到0.83个/hm²，最大斑块指数由8.66增长到9.34，形态指数增长了3.61个单位，多样性指数和均匀度则平稳增长。说明上世纪90年代初各项人类活动对福建省海岸带景观格局影响较大。随后随着时间推移，景观斑块数量再次陆续增长，景观破碎度得到有效提升，斑块形态和海岸景观多样性均得到优化。

表5.5　1990—2015年东海区福建省海岸带景观空间格局分析指标（景观尺度）

年份	斑块数量 （NP）	斑块密度 （PD）	最大斑块 指数（LPI）	边界密度 （ED）	形态指数 （LSI）	多样性指数 （SHDI）	均匀度指数 （SHEI）
1990	20 595	0. 800 5	8. 657 5	31. 523 6	134. 652 3	1. 263 2	0. 649 1
1995	19 000	0. 738 5	9. 251	30. 042 2	128. 711	1. 245 1	0. 639 8
2000	19 920	0. 774 2	8. 674 3	31. 061 9	132. 800 6	1. 263 8	0. 649 4
2005	20 582	0. 799 9	9. 420 1	31. 654 7	135. 177 7	1. 304 1	0. 670 2
2010	21 459	0. 833 6	9. 345 5	32. 361 2	138. 015 4	1. 324 5	0. 680 7
2015	21 454	0. 833 4	9. 335 8	32. 423 7	138. 265 6	1. 328 6	0. 682 8

第三节　类型水平的景观空间格局变化分析

利用Fragstats3.4软件，对东海区及上海、浙江和福建三省海岸带1990—2015年6期各景观类型的景观指数进行计算，结果如下。

表 5.6　1990—2015 年东海区海岸带各类景观空间格局分析指标（类型尺度）

	年份	耕地	林地	草地	水域	建设用地	未利用地	海域
总面积（CA）	1990	2007358	2347873	462722	163859	268888	5602	31801
	1995	1918634	2441122	419567	160286	314206	2722	31566
	2000	1915674	2386383	448227	163815	338322	3881	31800
	2005	1751308	2369898	432309	171648	527457	3675	31807
	2010	1697710	2359306	431226	178821	586580	3692	31991
	2015	1634474	2346348	434356	159060	687740	5322	22024
斑块数量（NP）	1990	6843	5410	8449	2919	13419	187	1937
	1995	6830	4880	6927	3210	14701	73	1935
	2000	6873	5241	8096	3155	14342	116	1937
	2005	7604	5225	8086	3480	14144	123	1938
	2010	8040	5339	8253	3581	14638	123	1910
	2015	8418	5348	8342	3596	14844	126	1733
斑块密度（PD）	1990	0.1205	0.0958	0.1526	0.0462	0.2402	0.0033	0.0322
	1995	0.1202	0.0863	0.1251	0.0514	0.2636	0.0013	0.0322
	2000	0.1209	0.0928	0.1461	0.0505	0.2573	0.0021	0.0322
	2005	0.1339	0.0926	0.1460	0.0569	0.2531	0.0022	0.0322
	2010	0.1443	0.0953	0.1498	0.0583	0.2629	0.0022	0.0326
	2015	0.1505	0.0958	0.1514	0.0597	0.2656	0.0023	0.0360
最大斑块指数（LPI）	1990	4.5156	4.0249	0.2138	0.4394	0.1161	0.0095	0.5103
	1995	4.4869	4.3076	0.2085	0.3559	0.1746	0.0053	0.5103
	2000	4.4408	4.0326	0.2051	0.3787	0.1886	0.0058	0.5103
	2005	3.4772	4.3846	0.2014	0.4484	0.4456	0.0056	0.5103
	2010	3.3683	4.3492	0.1487	0.4498	0.4453	0.0056	0.4580
	2015	3.1448	4.3450	0.1487	0.2089	0.6198	0.0253	0.1182

续表

	年份	耕地	林地	草地	水域	建设用地	未利用地	海域
边界密度 （ED）	1990	18.8826	17.3201	8.0233	2.5508	6.4626	0.1245	0.8053
	1995	19.0338	16.8734	7.1429	2.6117	6.8174	0.0575	0.8001
	2000	19.2499	17.1724	7.7419	2.6636	7.1258	0.0835	0.8052
	2005	19.7206	17.1419	7.6002	2.8865	8.7201	0.0819	0.8041
	2010	19.9224	17.2334	7.6478	2.9805	9.3342	0.0853	0.7883
	2015	19.7430	17.2736	7.7481	2.9437	9.9392	0.0996	0.6882
形态指数 （LSI）	1990	18.8826	17.3201	8.0233	2.5508	6.4626	0.1245	0.8053
	1995	19.0338	16.8734	7.1429	2.6117	6.8174	0.0575	0.8001
	2000	19.2499	17.1724	7.7419	2.6636	7.1258	0.0835	0.8052
	2005	19.7206	17.1419	7.6002	2.8865	8.7201	0.0819	0.8041
	2010	19.9224	17.2334	7.6478	2.9805	9.3342	0.0853	0.7883
	2015	19.7430	17.2736	7.7481	2.9437	9.9392	0.0996	0.6882

表 5.7 1990—2015 年上海市海岸带各类景观空间格局分析指标（类型尺度）

	年份	耕地	林地	草地	水域	建设用地	未利用地	海域
总面积 （CA）	1990	204329	3505	818	10941	25969	–	3574
	1995	194554	3505	306	11321	35877	–	3574
	2000	191346	3422	351	11186	39259	–	3574
	2005	180514	3248	524	7984	53294	–	3574
	2010	165722	3238	524	7819	68261	–	3574
	2015	154153	2846	1530	5846	83201	1546	14
斑块数量 （NP）	1990	68	156	11	188	1215	–	34
	1995	31	156	4	195	1004	–	35
	2000	53	155	5	198	1070	–	35
	2005	70	146	9	201	985	–	35
	2010	87	147	9	201	879	–	35
	2015	138	130	20	214	798	4	34

续表

	年份	耕地	林地	草地	水域	建设用地	未利用地	海域
斑块密度 （PD）	1990	0.0273	0.0626	0.0044	0.0755	0.4877	–	0.0136
	1995	0.0124	0.0626	0.0016	0.0783	0.403	–	0.014
	2000	0.0213	0.0622	0.002	0.0795	0.4295	–	0.014
	2005	0.0281	0.0586	0.0036	0.0807	0.3954	–	0.014
	2010	0.0349	0.059	0.0036	0.0807	0.3528	–	0.014
	2015	0.0554	0.0522	0.008	0.0859	0.3203	0.0016	0.0136
最大斑块指数 （LPI）	1990	28.7515	0.1108	0.1136	2.1717	1.1928	–	1.2798
	1995	25.5809	0.1108	0.0794	2.2908	3.8825	–	1.2798
	2000	25.4024	0.1107	0.0795	2.226	4.2004	–	1.2798
	2005	24.0477	0.1107	0.0769	0.9778	5.8008	–	1.2799
	2010	22.5269	0.1107	0.0769	0.9178	8.9365	–	1.2799
	2015	21.0864	0.1107	0.1876	0.2416	13.7935	0.5639	0.0008
边界密度 （ED）	1990	16.1397	1.7564	0.3219	2.7192	12.9655	–	0.1817
	1995	16.2678	1.7564	0.1204	2.7656	13.364	–	0.1816
	2000	16.8084	1.735	0.1378	2.8098	14.0371	–	0.1816
	2005	18.0289	1.6664	0.1688	2.7178	15.566	–	0.1816
	2010	18.2433	1.6664	0.1688	2.7456	16.0761	–	0.1816
	2015	18.5467	1.4647	0.4016	2.8657	16.5042	0.1911	0.0231
形态指数 （LSI）	1990	23.4041	18.7722	7.0524	19.4499	51.0186	–	3.807
	1995	24.1326	18.7722	4.2735	19.407	44.8124	–	3.8045
	2000	25.1035	18.7846	4.576	19.738	44.975	–	3.8045
	2005	27.6926	18.5184	5.2941	22.052	42.7974	–	3.8045
	2010	29.1595	18.5184	5.2941	22.4542	39.1739	–	3.8045
	2015	30.6673	17.382	7.2146	27.4765	36.6105	3.1711	7.1538

表 5.8　1990—2015 年浙江省海岸带各类景观空间格局分析指标（类型尺度）

	年份	耕地	林地	草地	水域	建设用地	未利用地	海域
总面积 （CA）	1990	1062805	1112363	52611	100009	119865	799	17587
	1995	995671	1161443	50577	95268	144557	1170	17353
	2000	1002152	1131952	54676	99199	159876	597	17587
	2005	903411	1121895	54377	106965	261334	464	17593
	2010	889832	1119426	54856	107083	276786	464	17592
	2015	848689	1107170	57493	89612	351338	549	11188
斑块数量 （NP）	1990	3031	2112	2119	1346	7291	81	917
	1995	3133	1919	1729	1493	8905	36	916
	2000	3120	2018	2157	1535	8542	35	917
	2005	3449	2013	2069	1838	8252	34	917
	2010	3565	2046	2079	1871	8555	34	917
	2015	3824	2082	2169	1882	8884	33	741
斑块密度 （PD）	1990	0.1229	0.0856	0.0859	0.0546	0.2957	0.0033	0.0372
	1995	0.1270	0.0778	0.0701	0.0605	0.3611	0.0015	0.0371
	2000	0.1265	0.0818	0.0875	0.0622	0.3464	0.0014	0.0372
	2005	0.1399	0.0816	0.0839	0.0745	0.3346	0.0014	0.0372
	2010	0.1446	0.083	0.0843	0.0759	0.3469	0.0014	0.0372
	2015	0.1551	0.0844	0.088	0.0763	0.3603	0.0013	0.03
最大斑块指数 （LPI）	1990	8.0966	7.7945	0.1763	0.7864	0.0993	0.0042	0.0337
	1995	6.8969	7.9159	0.0428	0.6056	0.1208	0.012	0.0337
	2000	8.0269	7.9117	0.1762	0.6569	0.1378	0.0059	0.0337
	2005	6.9353	7.7979	0.1762	0.833	0.7295	0.0042	0.0337
	2010	6.8209	7.7905	0.1762	0.8467	0.7492	0.0042	0.0337
	2015	6.3545	7.7321	0.1723	0.2086	0.8559	0.0042	0.0141

续表

	年份	耕地	林地	草地	水域	建设用地	未利用地	海域
边界密度 （ED）	1990	20.5952	15.4526	2.7103	2.4306	7.2596	0.0572	0.5379
	1995	21.1054	15.4473	2.4941	2.5516	8.0715	0.0452	0.5249
	2000	21.4521	15.3894	2.784	2.6785	8.4787	0.0327	0.5379
	2005	22.3565	15.426	2.7372	3.0713	10.3522	0.03	0.5365
	2010	22.6636	15.5094	2.7576	3.0959	10.8759	0.03	0.5364
	2015	22.2287	15.6661	2.8245	2.9669	11.7417	0.0306	0.4205
形态指数 （LSI）	1990	125.0065	92.8999	74.1627	54.5107	130.1317	12.5344	48.8395
	1995	132.2573	90.9379	69.8153	58.2026	131.6963	8.3275	48.4209
	2000	133.9407	91.7739	74.7793	59.5343	131.5788	8.5399	48.8395
	2005	146.7879	92.3675	73.6566	64.7281	125.8451	8.5556	48.7808
	2010	149.8941	92.944	73.8367	65.1682	128.5034	8.5556	48.7751
	2015	150.5837	94.2456	74.6504	67.5561	124.6769	8.2803	47.6601

表 5.9 1990—2015 年福建省海岸带各类景观空间格局分析指标（类型尺度）

	年份	耕地	林地	草地	水域	建设用地	未利用地	海域
总面积 （CA）	1990	740224	1232004	409292	52909	123054	4802	10641
	1995	728409	1276174	368684	53697	133772	1552	10639
	2000	722175	1251010	393200	53431	139187	3284	10640
	2005	667383	1244755	377408	56700	212829	3211	10640
	2010	642156	1236642	375846	63919	241534	3228	10825
	2015	631632	1236332	375333	63602	253201	3227	10821
斑块数量 （NP）	1990	3744	3142	6319	1385	4913	106	986
	1995	3666	2805	5194	1522	4792	37	984
	2000	3700	3068	5934	1422	4730	81	985
	2005	4085	3066	6008	1441	4907	89	986
	2010	4388	3146	6165	1509	5204	89	958
	2015	4456	3136	6153	1500	5162	89	958

续表

	年份	耕地	林地	草地	水域	建设用地	未利用地	海域
斑块密度 （PD）	1990	0.1455	0.1221	0.2456	0.0538	0.1909	0.0041	0.0383
	1995	0.1425	0.109	0.2019	0.0592	0.1862	0.0014	0.0382
	2000	0.1438	0.1192	0.2306	0.0553	0.1838	0.0031	0.0383
	2005	0.1588	0.1192	0.2335	0.056	0.1907	0.0035	0.0383
	2010	0.1705	0.1222	0.2395	0.0586	0.2022	0.0035	0.0372
	2015	0.1731	0.1218	0.239	0.0583	0.2005	0.0035	0.0372
最大斑块指数 （LPI）	1990	5.1273	8.6575	0.3295	0.2711	0.2499	0.0188	0.0491
	1995	4.7096	9.251	0.3354	0.2714	0.247	0.0108	0.0491
	2000	4.6194	8.6743	0.3268	0.27	0.2499	0.0125	0.0491
	2005	3.2974	9.4201	0.3233	0.2701	0.8287	0.0121	0.0491
	2010	2.944	9.3455	0.2801	0.2699	0.9444	0.0122	0.0492
	2015	2.8133	9.3358	0.2801	0.2698	0.9464	0.0122	0.0492
边界密度 （ED）	1990	18.6938	22.0358	14.4926	1.8499	5.3764	0.2047	0.3941
	1995	18.5321	21.0677	12.8169	1.8931	5.3063	0.0745	0.3939
	2000	18.6028	21.7719	13.8362	1.8722	5.5037	0.1431	0.3939
	2005	18.6313	21.6817	13.5721	1.9815	6.9055	0.1432	0.394
	2010	18.8128	21.8603	13.6957	2.126	7.6908	0.1439	0.393
	2015	18.7841	21.8367	13.6727	2.108	7.909	0.1439	0.3931
形态指数 （LSI）	1990	143.0413	130.9603	148.5881	59.7784	101.4036	19.4372	44.2456
	1995	142.9531	123.3398	138.5519	60.3424	96.1279	12.7034	44.2267
	2000	144.0612	128.5589	144.6759	59.9377	97.7617	16.4047	44.2238
	2005	149.8513	128.3759	144.7854	61.1215	99.1827	16.6296	44.2369
	2010	154.1567	129.7397	146.3892	62.7556	103.2157	16.7309	43.7378
	2015	155.1213	129.6083	146.2286	62.4138	103.8086	16.7256	43.7608

一、斑块密度

从景观类型角度来看，各景观类型中耕地、水域、未利用地的斑块密度不断增大，其值分别从 1990 年的 0.137 2 个/hm²、0.054 9 个/hm²、0.003 4 个/hm²增加到 2015 年的 0.165 7 个/hm²、0.067 4 个/hm²、0.033 8 个/hm² (图 5.2)。而林地和草地景观整体性较强，破碎度比较低，因此斑块密度变化不大。从各省来看，上海市草地、水域的斑块密度呈上升趋势，未利用地和海域基本上没有变化，其他景观类型的斑块密度下降。除建设用地景观的斑块密度变化明显外，其他景观类型变化幅度较小。浙江省林地、未利用地、海域斑块密度上升，其他景观类型斑块密度下降，建设用地斑块密度变化最大，增加了 0.064 6 个/hm²，其次为耕地，上升了 0.032 2 个/hm²，其他景观类型斑块密度变化不明显。福建省耕地、水域、建设用地斑块面积上升，其他景观斑块密度下降，其中耕地的斑块密度变化最大，上升了 0.027 6 个/hm²。

二、最大斑块指数

最大斑块指数可以反映出景观类型的整体性大小。由图 5.3 可知，25 年间，东海区海岸带的景观最大斑块指数约为 7%，呈现出波动变化的趋势。从景观类型上看，东海区海岸带景观最大斑块指数类型是林地，2015 年为 7.36%，整体性最好，其次是耕地，最大斑块指数为 4.10%，其余景观类型的最大斑块指数均小于 1%。可以看出东海区海岸带整体景观类型的斑块较为破碎，因此最大斑块指数并不高。省域上，上海区域草地、建设用地最大斑块指数上升，其他景观类型下降，其中建设用地变化最大，上升了 12.60 个单位，其次为耕地，减少了 7.67 个单位，斑块破碎化加深。浙江省区域除建设用地最大斑块指数上升、未利用地无变化外，其他景观类型的最大斑块指数下降，其中耕地减少了 1.74 个单位，变化幅度最大。福建省区域林地、建设用地、海域的最大斑块指数上升，其他景观类型最大斑块指数下降，耕地变化幅度最大，下降了 2.34 个单位，其次是建设用地，上升了 0.70 个单位。

三、边界密度

东海区海岸带的景观边界密度不断增大 (表 5.3)，从景观类型尺度来看，研究期间，除海域外其余景观类型的边界密度均呈现出不断增加的趋势。其中，耕地和建设用地的边界密度增加较多 (图 5.4)，由于耕地多分布于沿海平原区，而城镇建设用地、工业仓储用地往往集中分布于此，大量增长的建设用地占用了耕地，使得原先规则且连片的耕地等景观类型趋于破碎化，导致边界密度大大增加。此外，林地的边界密度的变化较小，2015 年仅为 16.06。省域上，上海和浙江省区域，林地和海域边界密度减少，其他景观类型边界密度增加。随着城市化的扩张，建设用地的边界密度大幅上升，增加了 3.54 个单位，而耕地的破碎化增加也导致了边界密度的上升，增加了 2.41 个单位。而福建省区域耕地、水域和建设用地边界密度增加，建设用地上升幅度较大，增加了 2.53 个单位，其他景观类型变化较少。

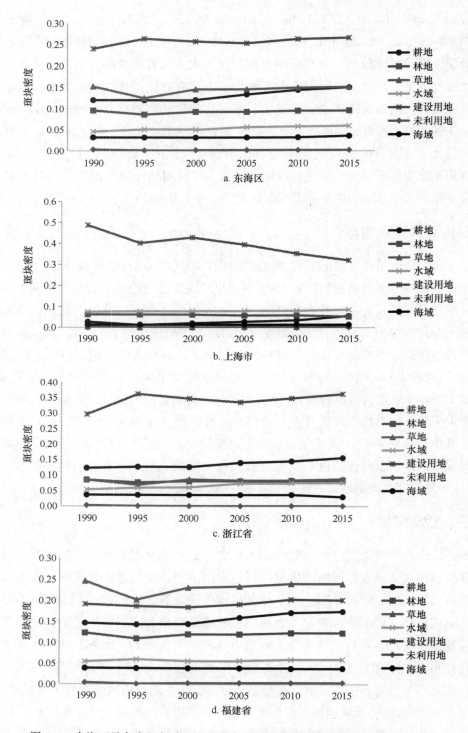

图 5.2　东海区及各省级行政区海岸带各景观类型斑块密度变化（1990—2015）

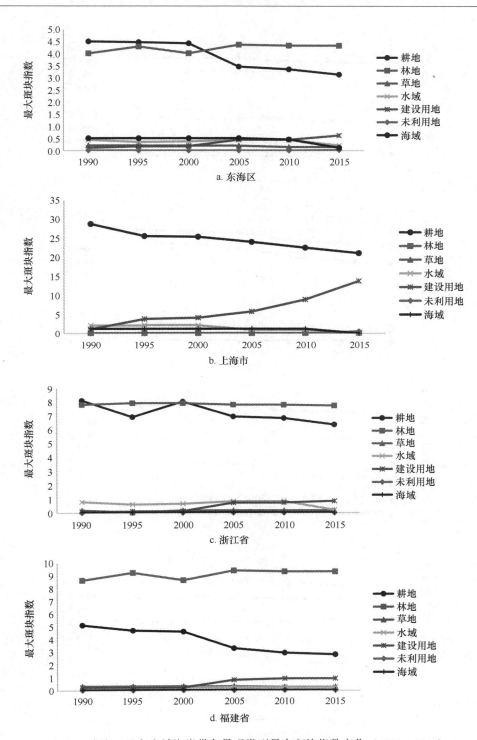

图 5.3　东海区及各省域海岸带各景观类型最大斑块指数变化（1990—2015）

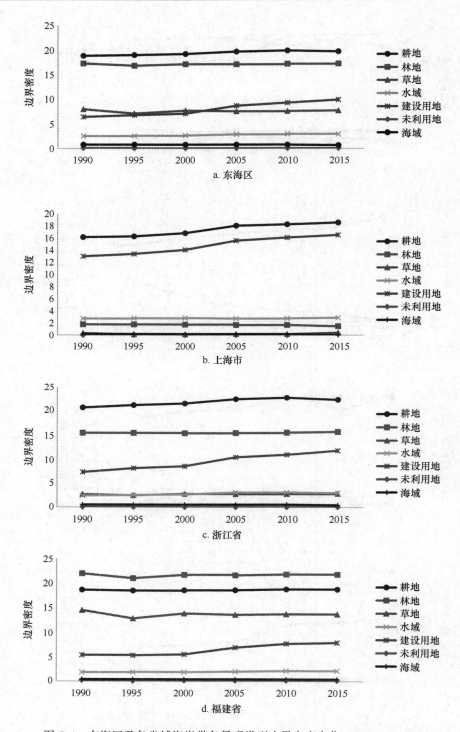

图 5.4　东海区及各省域海岸带各景观类型边界密度变化（1990—2015）

四、形态指数

25 年来，东海区海岸带整体形态指数有所增加，从 1990 年的 156.765 7 增加到 2015 年的 168.737 5。从各景观类型来看，东海区海岸带除了耕地的形态指数变化较大之外，其余景观类型的变化不是很大（图 5.5）。林地、水域和未利用地的形态指数变化较小。其中，耕地的形态指数由 1990 年的 171.31 增加到 2015 年的 197.44，增加量在所有景观类型当中最大，为 26.13 个单位，这主要与城市用地面积不断扩展及交通运输条件不断完善有关，大片的耕地被占用，导致斑块形状趋于不规则化。省域上，上海区域林地和建设用地形态指数减少，其斑块的复杂程度下降，主要是城市规划建设实施，使建设用地的斑块更趋于规整。其他景观的形态指数增加，斑块形态复杂化。浙江省区域，建设用地、未利用地和海域形态指数下降，其他景观形态指数上升，其中耕地和水域变化最大，分别增加了 25.58、13.05 个单位。福建省区域耕地、水域、建设用地的形态指数上升，其他景观类型形态指数下降。其中耕地变化受城市化和工业化扩张影响明显，上升了 12.08 个单位，其他景观类型变化较小。

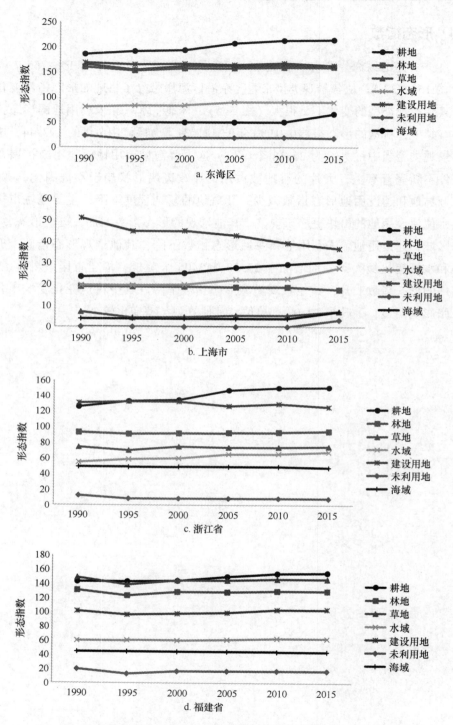

图 5.5　东海区及各省域海岸带各景观类型形态指数变化（1990—2015）

第六章　东海区海岸带景观格局变化对生态系统服务价值的影响

生态系统服务是指生态系统所形成的，为维持人类生存所提供的基本效用（王洪翠等，2006），包括食物、水资源及其他生产原料，支撑地球生命系统，维持生物化学循环与水文循环，维持生物物种遗传多样性，净化环境，维持大气化学的平衡与稳定等功能（肖寒等，2000）。

1997 年，生态系统服务价值（ESV）的评估最先是由 Costanza 等进行的（Costanza R. 等，1998）。之后，这一领域才逐渐被国内外学者广泛关注，研究进展较快并不断深入（李加林等，2005）。国内对各区域的 ESV 进行的评估，大多参考谢高地等得出的 ESV 当量因子（谢高地等，2008；叶长盛等，2010；王原等，2014）。其中，有较多学者选择了海岸带这特殊的区域作为研究对象对海岸带的 ESV 进行估算，以期为维护生态系统稳定、经济持续发展提供科学性的建议（徐冉等，2011；苗海南等，2014）。

东海区海岸带景观格局演化剧烈，其内部的服务功能结构也随之发生变化，产生了较多负面的生态环境效应。因此对基于景观演化的 ESV 损益评价，能够促进海岸带资源合理开发和利用，实现海岸带地区城镇经济、社会、生态的可持续发展。为此，本章以 1995、2005、2015 年 3 个时期遥感解译数据为基础，定量分析了景观演化基础下东海区海岸带 ESV 的损益情况。

第一节　海岸带生态系统服务价值估算方法

一、数据选取与处理

选取了 1995、2005、2015 年 3 个时期东海区海岸带景观类型分类数据。基于景观类型演变，将景观类型与相应的生态系统类型联系起来，尝试构建东海区海岸带 ESV 损益评估模型，分析东海区海岸带 ESV 损益及各单项服务功能的价值变化，结合地统计学以及 ArcGIS 的 Geostatistical Analyst 模块，分析研究区 ESV 的时空变化。

根据东海区海岸带景观及生态系统类型，利用与每种景观类型最接近的生态系统当量进行估算：如将耕地与农田生态系统对应；林地与森林生态系统对应；水域、海域与水域生态系统对应；将水域中的二级类型滩涂重新解译提取出来，并与湿地生态系统对应；未利用地与荒漠生态系统对应；将建设用地作为人工生态系统，假设其 ESV 当量为零（叶长盛等，2010）。

二、生态系统服务价值估算模型

以谢高地等对 Costanza 的 ESV 当量修订后建立的中国 ESV 评估模型为基础（李加林等，2016）。由于谢高地等建立的评估模型仅适用于全国尺度，本研究区尺度较小，直接应用误差较大。因此，对中国生态系统单位面积 ESV 系数根据研究区实际情况进行修订，以构建东海区海岸带 ESV 估算模型。

ESV 当量系数是等于每年每公顷粮食价值的 1/7，表示生态系统潜在服务价值，是一个相对的贡献率（刘桂林等，2014），因此通过对耕地的食物生产服务价值的系数进行修正，来修正全国尺度的 ESV 计算模型。根据浙江省、上海市以及福建省年鉴资料，研究区 1990—2015 年平均粮食单产为 8 342.95 kg/hm^2，2015 年研究区粮食均价为 2.4 元/kg，计算得研究区单位面积耕地的食物生产服务价值因子为 2 860.44 元/hm^2，得到土地利用类型的 ESV 系数如表 6.1。

表 6.1　东海区海岸带 ESV 系数

生态系统服务与功能		ESV 系数/元·hm^{-2}·a^{-1}						
		耕地	林地	草地	滩涂	水域	未利用地	建设用地
供给服务	食物生产	2860.44	943.73	1229.97	1029.53	1515.69	57.20	0
	原材料生产	1115.32	8522.18	1029.55	686.35	1000.92	114.39	0
调节服务	气体调节	2059.05	12354.31	4289.71	6892.10	1458.49	171.59	0
	气候调节	2774.01	11639.35	4461.33	38750.19	5891.17	371.77	0
	水文调节	2202.05	11696.54	4346.90	38435.62	53678.31	200.18	0
	废物处理	3975.11	4918.84	3774.94	41181.02	42467.92	743.55	0
支持服务	保持土壤	4203.89	11496.37	6405.94	5690.98	1172.51	486.16	0
	维持生物多样性	2916.99	12897.66	5347.86	10552.64	9809.09	1143.92	0
文化服务	提供美学景观	486.16	5948.37	2488.05	13412.43	12697.49	686.35	0
合计	合计	22593.01	80417.35	33374.25	156630.85	129691.60	3975.11	0

东海区海岸带 ESV 具体计算公式如下：

$$ESV = \sum_{k=1}^{n} (A_k \times VC_K) \qquad （公式 6.1）$$

式中：A_k 是第 k 种景观类型面积；VC_k 是第 k 种景观类型的 ESV 系数。

三、生态系统敏感性分析

敏感性指数（CS）表示由于自变量的变化引起的因变量的变化程度大小，用来研究一系列参考变量和比较变量的相互关系（毛健，2014）。对于景观类型的 ESV 系数来说，是表示系数变化对 ESV 总量变化的影响强弱。利用敏感性指数分析 ESV 总量的变化对 ESV 系数的依赖程度，以此分析计算 ESV 的当量设置是否合理。具体 ESV 敏感性指数计算公式如下：

$$CS = \left| \frac{(ESV_j - ESV_i) / ESV_i}{(VC_{jk} - VC_{ik}) / VC_{ik}} \right| \qquad （公式6.2）$$

式中：VC、k 的含义同前，ESV_i 代表 ESV 初始值和 ESV_j 代表价值系数调整后的 ESV 总量。$CS>1$，系数敏感性较强，则系数选取不当；$CS<1$，系数敏感性适中，则系数选取合适。

第二节 海岸带生态系统服务价值时空变化分析

一、生态系统服务总价值变化

根据研究区 ESV 评估模型，计算出 1995—2015 年各时期研究区 ESV 总量和各土地利用类型的 ESV（表6.2）。

表 6.2 东海区海岸带 1995—2015 年 ESV 的变化

景观类型	ESV/亿元			1995—2005		2005—2015		1995—2015	
	1995	2005	2015	ESV 变化/亿元	变化率/%	ESV 变化/亿元	变化率/%	ESV 变化/亿元	变化率/%
耕地	439.58	401.86	377.78	-37.72	-8.58	-24.08	-5.99	-61.80	-14.06
林地	1970.74	1913.14	1893.11	-57.60	-2.92	-20.03	-1.05	-77.63	-3.94
草地	141.55	145.89	151.46	4.34	3.06	5.57	3.82	9.91	7.00
滩涂	118.61	93.59	100.55	-25.03	-21.10	6.96	7.44	-18.07	-15.23
水体	401.05	430.77	335.38	29.72	7.41	-95.39	-22.14	-65.67	-16.37
未利用地	0.11	0.15	0.25	0.04	32.85	0.10	69.30	0.14	124.92

续表

景观类型	ESV/亿元			1995—2005		2005—2015		1995—2015	
	1995	2005	2015	ESV 变化/亿元	变化率/%	ESV 变化/亿元	变化率/%	ESV 变化/亿元	变化率/%
建设用地	0.00	0.00	0.00	0.00	0.00	0.00	0.00	0.00	0.00
合计	3071.64	2985.39	2858.53	-86.25	-2.81	-126.86	-4.25	-213.11	-6.94

由表 6.2 可知,3 个时期东海区海岸带总 ESV 分别为 3 071.64、2 985.39、2 858.53亿元。各地类中,林地对 ESV 总量贡献最大,其贡献率在 64%~66%之间;除建设用地外,未利用地对 ESV 总量贡献率最小,约为 0.005%左右。1995—2015 年间,研究区 ESV 总量从 3 071.64 亿元降至 2 858.53 亿元,降幅为 6.94%。生态系统服务价值系数最高的滩涂和水体的 ESV 也呈现波动减少的趋势。

从省域角度上看,研究区内上海区域(表 6.3)的总 ESV 分别是 290.73、274.95、216.41 亿元,呈下降趋势,且下降速度增加,滩涂在各类景观中对 ESV 的贡献最大。其中耕地、林地、滩涂的 ESV 下降,滩涂的 ESV 下降明显,减少了 78.83;草地、水体、未利用地的 ESV 增加,水体的变化最大,增加了 6.69。研究区浙江省区域(表 6.4)的总 ESV 分别为 1 327.65、1 289.84、1 233.79,林地对 ESV 的总贡献量最大,三年的贡献率分别为 70.32%、69.92%、72.13%,这也表明林地景观对生态系统的重要性。其中耕地、林地、水体、未利用地的 ESV 减少,分别下降了 33.20、43.65、23.93、0.02,由于森林砍伐导致林地的 ESV 下降最大;草地、滩涂的 ESV 上升,分别增加了 2.30、4.64。研究区福建省区域(表 6.5)的总 ESV 分别为 1 453.26、1 420.60、1 408.33,ESV 逐年下降,林地对福建省区 ESV 的总贡献量最大,贡献率达到 70%以上。耕地、林地、水体 ESV 下降,草地、滩涂、未利用地 ESV 上升,林地 ESV 受林地面积影响而大幅下降,减少了 32.19。而随着对环境的重视,滩涂的 ESV 增加,上升了 8.52。

表 6.3　东海区上海市海岸带 1995—2015 年 ESV 的变化

景观类型	ESV/亿元			1995—2005		2005—2015		1995—2015	
	1995	2005	2015	ESV 变化/亿元	变化率/%	ESV 变化/亿元	变化率/%	ESV 变化/亿元	变化率/%
耕地	45.41	42.74	39.36	-2.68	-5.89	-3.37	-7.89	-6.05	-13.32
林地	6.58	6.17	4.79	-0.41	-6.28	-1.38	-22.33	-1.79	-27.20
草地	0.48	0.73	6.04	0.25	53.41	5.31	724.92	5.56	1165.49

续表

景观类型	ESV/亿元			1995—2005		2005—2015		1995—2015	
	1995	2005	2015	ESV变化/亿元	变化率/%	ESV变化/亿元	变化率/%	ESV变化/亿元	变化率/%
滩涂	190.73	189.80	111.90	-0.93	-0.49	-77.90	-41.04	-78.83	-41.33
水体	47.53	35.51	54.22	-12.02	-25.29	18.71	52.69	6.69	14.08
建设用地	0.00	0.00	0.00	0.00	0.00	0.00	0.00	0.00	0.00
未利用地	0.00	0.00	0.09	0.00	-155.62	0.09	0.00	0.09	0.00
合计	290.73	274.95	216.41	-15.78	-5.43	-58.55	-21.29	-74.33	-25.57

表 6.4　东海区浙江省海岸带 1995—2015 年 ESV 的变化

景观类型	ESV/亿元			1995—2005		2005—2015		1995—2015	
	1995	2005	2015	ESV变化/亿元	变化率/%	ESV变化/亿元	变化率/%	ESV变化/亿元	变化率/%
耕地	224.89	204.06	191.69	-20.83	-9.26	-12.37	-6.06	-33.20	-14.76
林地	933.61	901.81	889.97	-31.80	-3.41	-11.85	-1.31	-43.65	-4.67
草地	16.86	18.13	19.16	1.27	7.54	1.03	5.70	2.30	13.67
滩涂	113.90	138.60	118.54	24.71	21.69	-20.06	-14.48	4.64	4.08
水体	38.34	27.22	14.41	-11.12	-29.01	-12.81	-47.07	-23.93	-62.42
建设用地	0.00	0.00	0.00	0.00	0.00	0.00	0.00%	0.00	0.00
未利用地	0.05	0.02	0.02	-0.03	-60.12	0.00	18.24%	-0.02	-52.85
合计	1327.65	1289.84	1233.79	-37.80	-2.85	-56.05	-4.35	-93.85	-7.07

表 6.5　东海区福建省海岸带 1995—2015 年 ESV 的变化

景观类型	ESV/亿元			1995—2005		2005—2015		1995—2015	
	1995	2005	2015	ESV变化/亿元	变化率/%	ESV变化/亿元	变化率/%	ESV变化/亿元	变化率/%
耕地	169.27	155.06	146.72	-14.21	-8.40	-8.34	-5.38	-22.55	-13.32
林地	1030.54	1005.16	998.35	-25.39	-2.46	-6.81	-0.68	-32.19	-3.12
草地	124.21	127.03	126.26	2.81	2.27	-0.77	-0.61	2.04	1.64

景观类型	ESV/亿元			1995—2005		2005—2015		1995—2015	
	1995	2005	2015	ESV变化/亿元	变化率/%	ESV变化/亿元	变化率/%	ESV变化/亿元	变化率/%
滩涂	96.42	102.36	104.94	5.94	6.16	2.57	2.52	8.52	8.83
水体	32.74	30.86	31.92	-1.88	-5.74	1.06	3.44	-0.82	-2.50
建设用地	0.00	0.00	0.00	0.00	0.00	0.00	0.00	0.00	0.00
未利用地	0.06	0.13	0.14	0.07	101.77	0.01	7.28	0.08	116.45
合计	1453.26	1420.60	1408.33	-32.66	-2.25	-12.27	-0.86	-44.93	-3.09

二、单项生态系统服务功能价值变化

根据价值评估模型，计算出 3 个时期研究区各单项生态系统服务功能价值变化（表 6.6）。1995—2015 年各单项生态系统服务功能价值均处于下降趋势，其中食物生产和废物处理服务价值变化较大，变幅均高于 10.00%。气体调节和气候调节生产服务价值变化最为缓慢，变化率约为 5%。

从生态系统服务功能价值构成上分析，水文调节、气候调节和维持生物多样性是研究区最主要的生态系统服务功能，研究期内上述功能占比均较高。研究区位于东南沿海，水网密布且水量充沛，故水文调节功能价值最高，各时期所占比例均超过 20%。

表 6.6　**1995—2015 年东海区海岸带 ESV 的结构变化**

生态系统服务功能	单项生态系统功能价值/亿元			1995—2005 年		2005—2015 年		1995—2015 年	
	1995 年	2005 年	2015 年	功能价值变化/亿元	变化率/%	功能价值变化/亿元	变化率/%	功能价值变化/亿元	变化率/%
食物生产	89.47	84.36	80.21	-5.11	-5.71	-4.15	-4.91	-9.25	-10.34
原材料生产	238.53	230.82	226.98	-7.71	-3.23	-3.84	-1.66	-11.55	-4.84
气体调节	370.75	358.25	352.94	-12.49	-3.37	-5.32	-1.48	-17.81	-4.80
气候调节	405.71	388.48	380.77	-17.23	-4.25	-7.71	-1.99	-24.94	-6.15
水文调节	543.02	537.70	495.39	-5.33	-0.98	-42.30	-7.87	-47.63	-8.77
废物处理	376.43	369.92	335.70	-6.51	-1.73	-34.22	-9.25	-40.73	-10.82
保持土壤	398.65	383.59	376.72	-15.06	-3.78	-6.87	-1.79	-21.93	-5.50

续表

生态系统服务功能	单项生态系统功能价值/亿元			1995—2005 年		2005—2015 年		1995—2015 年	
	1995 年	2005 年	2015 年	功能价值变化/亿元	变化率/%	功能价值变化/亿元	变化率/%	功能价值变化/亿元	变化率/%
维持生物多样性	433.87	421.03	408.88	−12.84	−2.96	−12.14	−2.88	−24.99	−5.76
提供美学景观	215.23	211.25	200.94	−3.98	−1.85	−10.31	−4.88	−14.29	−6.64

　　省域上看，研究区上海区域（表6.7）水文调节、废物处理、维持生物多样性、气候调节是研究区最主要的生态系统服务功能。除提供美学景观外，其他各项生态系统服务功能都呈下降趋势，其中维持生物多样性、水文调节、废物处理的下降幅度最大，分别减少了108.76、31.11、24.59。研究区浙江省区域（表6.8）水文调节、提供美学景观、原材料生产、保持土壤、气体调节、气候调节、废物处理是研究区最主要的生态系统服务功能。除维持生物多样性外，各项生态系统服务功能都呈下降趋势，提供美学景观的生态系统服务功能下降幅度最大，减少了108.46。研究区福建省区域（表6.9）的生态服务功能以水文调节、维持生物多样性、保持土壤为主导，随着城市化和工业化的不断发展，各项生态系统服务功能都呈下降趋势，保持土壤下降最大，为8.35。

表 6.7　1995—2015 年东海区上海市海岸带 ESV 的结构变化

生态系统服务功能	单项生态系统功能价值/亿元			1995—2005 年		2005—2015 年		1995—2015 年	
	1995 年	2005 年	2015 年	功能价值变化/亿元	变化率/%	功能价值变化/亿元	变化率/%	功能价值变化/亿元	变化率/%
食物生产	8.39	7.96	6.93	−0.43	−5.08	−1.04	−13.03	−1.46	−17.45
原材料生产	4.63	4.41	3.74	−0.23	−4.89	−0.66	−15.05	−0.89	−19.21
气体调节	9.45	8.63	8.75	−0.82	−8.68	0.12	1.42	−0.70	−7.39
气候调节	27.02	23.64	24.84	−3.38	−12.49	1.20	5.06	−2.18	−8.06
水文调节	96.05	92.43	64.94	−3.62	−3.76	−27.49	−29.74	−31.11	−32.39
废物处理	83.40	79.47	58.82	−3.93	−4.72	−20.65	−25.99	−24.59	−29.48
保持土壤	12.94	11.98	12.16	−0.96	−7.40	0.18	1.52	−0.77	−5.99

生态系统服务功能	单项生态系统功能价值/亿元			1995—2005 年		2005—2015 年		1995—2015 年	
	1995 年	2005 年	2015 年	功能价值变化/亿元	变化率/%	功能价值变化/亿元	变化率/%	功能价值变化/亿元	变化率/%
维持生物多样性	127.71	23.37	18.96	-104.34	-81.70	-4.42	-18.89	-108.76	-85.16
提供美学景观	-78.84	23.05	17.27	101.89	-129.24	-5.79	-25.11	96.11	-121.90

表 6.8   1995—2015 年东海区浙江省海岸带区域 ESV 的结构变化

生态系统服务功能	单项生态系统功能价值/亿元			1995—2005 年		2005—2015 年		1995—2015 年	
	1995 年	2005 年	2015 年	功能价值变化/亿元	变化率/%	功能价值变化/亿元	变化率/%	功能价值变化/亿元	变化率/%
食物生产	41.63	38.89	36.90	-2.75	-6.60	-1.99	-5.11	-4.73	-11.37
原材料生产	111.61	107.39	105.35	-4.22	-3.78	-2.04	-1.90	-6.26	-5.61
气体调节	169.06	162.23	158.62	-6.83	-4.04	-3.60	-2.22	-10.44	-6.17
气候调节	179.66	171.04	163.86	-8.62	-4.80	-7.17	-4.20	-15.80	-8.79
水文调节	216.46	217.46	203.22	1.01	0.46	-14.24	-6.55	-13.24	-6.11
废物处理	145.97	145.66	132.94	-0.31	-0.21	-12.72	-8.73	-13.03	-8.92
保持土壤	180.98	172.62	168.17	-8.36	-4.62	-4.44	-2.57	-12.81	-7.08
维持生物多样性	89.60	186.21	180.50	96.61	107.83	-5.71	-3.07	90.90	101.46
提供美学景观	192.68	88.35	84.23	-104.33	-54.15	-4.13	-4.67	-108.46	-56.29

表 6.9   1995—2015 年东海区福建省海岸带区域 ESV 的结构变化

生态系统服务功能	单项生态系统功能价值/亿元			1995—2005 年		2005—2015 年		1995—2015 年	
	1995 年	2005 年	2015 年	功能价值变化/亿元	变化率/%	功能价值变化/亿元	变化率/%	功能价值变化/亿元	变化率/%
食物生产	39.45	37.51	36.38	-1.94	-4.91	-1.13	-3.00	-3.06	-7.76

续表

生态系统服务功能	单项生态系统功能价值/亿元			1995—2005 年		2005—2015 年		1995—2015 年	
	1995 年	2005 年	2015 年	功能价值变化/亿元	变化率/%	功能价值变化/亿元	变化率/%	功能价值变化/亿元	变化率/%
原材料生产	122.29	119.02	117.89	-3.27	-2.67	-1.13	-0.95	-4.40	-3.60
气体调节	192.24	187.39	185.56	-4.85	-2.52	-1.83	-0.98	-6.68	-3.47
气候调节	199.03	193.80	192.07	-5.23	-2.63	-1.73	-0.89	-6.96	-3.50
水文调节	230.51	227.80	227.23	-2.71	-1.18	-0.58	-0.25	-3.29	-1.43
废物处理	147.06	144.79	143.94	-2.27	-1.54	-0.85	-0.59	-3.12	-2.12
保持土壤	204.73	198.99	196.38	-5.74	-2.80	-2.61	-1.31	-8.35	-4.08
维持生物多样性	216.56	211.45	209.42	-5.11	-2.36	-2.02	-0.96	-7.14	-3.30
提供美学景观	101.39	99.84	99.45	-1.54	-1.52	-0.40	-0.40	-1.94	-1.91

三、生态系统服务价值的空间分布变化

运用 ArcGIS10.2 构建 240 km×240 km 的渔网，将研究区分成了 1149 个研究小区。运用 ArcGIS 空间分析功能，计算了各研究小区单位面积 ESV，并对结果进行分级：小于 3 万元/hm² 为极低，3~6 万元/hm² 为低，6~9 万元/hm² 为中，9~12 万元/hm² 为高，大于 12 万元/hm² 为极高，从而得到各期研究区单位面积 ESV 空间分布差异图（图 6.1）。

研究期间，东海区海岸带各研究小区的单位面积 ESV 价值不断转低。其中，ESV 高、极高区域主要为水体生态系统，包括沿岸的水域和海域，多分布于海岸带沿岸区域。区域内沿海的一些小区的单位面积 ESV 从高值区域转为极高值区域，主要是由于海岸滩涂不断向海发育，提高了生态系统服务功能。但随着沿岸区域人类活动强度的不断增强，围填海工程不断加快，单位面积 ESV 又有转低的趋势。东海区海岸带范围内，单位面积 ESV 值为中的区域分布最广，其分布范围大致与林地景观吻合，但随着林地的开发破坏，单位面积 ESV 值为中的小区逐渐减少，转为低或极低价值区域。单位面积 ESV 为低的小区多与耕地景观分布的范围吻合，而单位价值极低的小区往往分布较多的建设用地。随着城镇化进程不断加快，单位 ESV 价值为低的小区个数在不断增加。

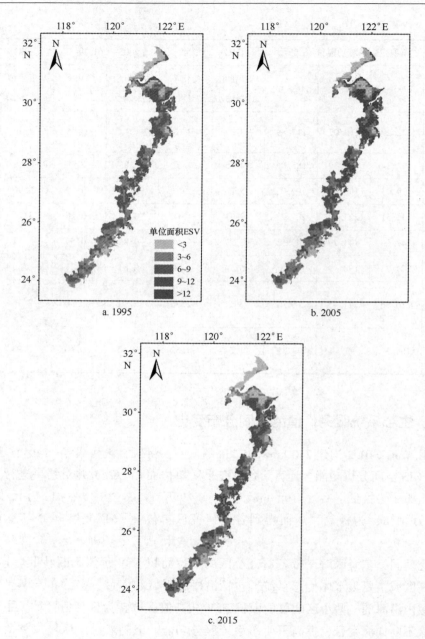

图 6.1　1995—2015 年东海区海岸带 ESV 空间分布

　　省域上，计算研究区涉及的上海市、浙江省、福建省海岸带的单位面积 ESV，对其进行空间插值，并对结果按照自然断点法进行分类，主要分为极低、低、中、高、极高五类，再分析其省域的 ESV 空间分布特征。上海市海岸带（图 6.2）ESV 的极高和高值区明显减少，极低和低值区明显增加，1995 年高值和极高值区在沿海滩涂附近分布，而后 2005 年减少，到 2015 年极高值区完全消失，生态服务价值大幅下降。浙江省海岸带（图 6.3）生态服务价值的空间差异明显，北部宁波—杭州湾附近以极低、低的生态服务价值为主，由内陆地区向沿海地区生态服务价值呈圈层状下降，高值和极高值区主要分布在山地丘陵地带。1995—2015 年生态服务价值下降，高值区范围减少，低值区范围上升。福建省海岸带（图 6.4）生态服务价值下降，生态服务高值和极高值范围明显减少，沿海地区的生态服务价值以极低和低为主，高和极高值区主要分布在内陆一侧，地形以山地丘陵为主，林地面积较大。

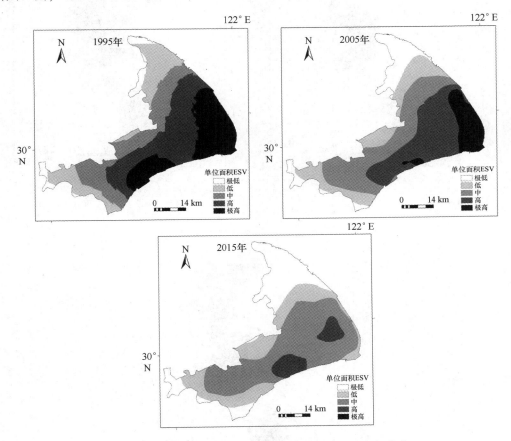

图 6.2　1995—2015 年东海区海岸带上海区 ESV 空间分布

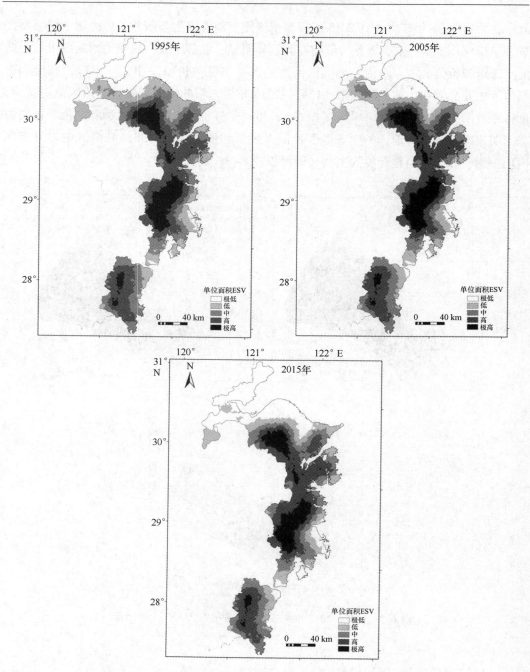

图 6.3　1995—2015 年东海区海岸带浙江省区 ESV 空间分布

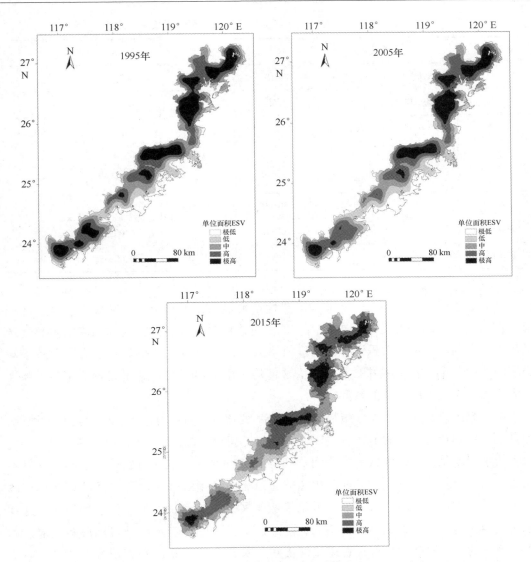

图 6.4　1995—2015 年东海区海岸带福建省区 ESV 空间分布

四、敏感性分析

将各用地类型的 ESV 系数提高 50%，分析了 ESV 变化及其对价值系数的敏感程度（表 6.10）。

表 6.10   生态系统服务价值系数敏感性指数

土地利用类型	价值系数调整后的 ESV/亿元			CS		
	1990 年	2000 年	2010 年	1990 年	2000 年	2010 年
耕地	659.37	602.79	566.67	0.13	0.13	0.12
林地	2956.11	2869.71	2839.665	0.45	0.44	0.48
草地	212.325	218.835	227.19	0.30	0.29	0.32
滩涂	177.915	140.385	150.825	0.15	0.17	0.15
水体	601.575	646.155	503.07	0.28	0.26	0.25
未利用地	0.165	0.225	0.375	0.00	0.00	0.00
建设用地	0	0	0	0.00	0.00	0.00

从表 6.4 可以看出，由于林地的敏感性指数最高，因其价值系数较大、覆盖面积最广，因此对当地 ESV 影响程度最高，其次是水体和草地，而耕地和滩涂的敏感性指数较小。未利用地景观面积较小，且价值系数较低，故敏感性指数几乎为零。各景观类型的 ESV 系数的敏感性指数差异较大，但均小于 1.00，价值总量对价值系数的弹性不大，可知研究采用的价值系数较为合适。

将研究区景观演化空间分布与研究区 ESV 变化进行对比可发现，两者具有一致性，即景观变化率较高区域的 ESV 减损率也较高，说明景观类型的演化对 ESV 影响显著。地表的景观演化会引起区域景观、面积和空间位置变化，不同的景观类型能够提供不同的生态系统服务。其次，景观演化能够通过影响各生态系统服务之间的相互作用改变海岸带的 ESV。东海区海岸带城镇化快速发展，人口增长，工业化进程加快，这些变化直接影响了地表景观类型的格局，随之影响海岸带生态系统的各项服务功能。如生态系统的一些服务功能与景观斑块的面积相关，因此景观斑块面积减少会导致对应的生态服务消失。

在城市发展过程中，科学把握海岸带开发的方式和速度，为景观优化布局提供科学依据，不仅能有效保护海岸带生态系统服务价值，还能重建生态环境，促进海岸带社会经济可持续发展。

第七章 东海区海岸带景观生态风险评价

海岸带是海陆作用的交互地带，也是人类活动最活跃和最集中的地带（张慧霞等，2010）。在经济活动向海岸带快速推进的同时，海岸带生态系统危机也逐渐加深。当前以海岸带为中心的研究受到国内外专家学者的广泛关注（Connell S. D. 等，2008）（李加林等，2016）。生态风险评价是在某生态系统及其组成部分在受到外界干扰的情况下，对其可能产生的不利影响进行评估的方法（巩杰等，2014；Chen S. 等，2014）。所以在人类活动高强度利用的海岸带区域，生态风险评价对海岸带生态系统可能出现的结果进行评价，更有利于海岸带生态环境的保护。

生态风险评价的方法主要有景观生态学方法（彭建等，2015）、风险源和风险受体法（刘晓等，2012）、城市扩展动态模拟压力法（马金卫等，2012）等。因为景观是人类经济活动的资源和开发利用的对象，在人类活动对景观的开发利用中，其后果具有区域性和累积性，更直接的作用于区域生态系统，所以景观生态学方法的生态风险评价具有科学性和可行性（李谢辉等，2009；肖琳等，2014）。目前生态风险评价的对象主要集中于城市、流域、自然保护区等（杜宇飞等，2012；许妍等，2012；杨俊等，2014）尺度，对大尺度海岸带区域的生态风险评价研究较少。东海区海岸带经济十分活跃和发达，沿海港口众多，国内外贸易频繁、交通便利，工业化和城市化水平高，景观格局发生较大变化，也引起了生态系统的相应变化。研究分析东海区海岸带景观格局的动态变化，以及对景观变化引起的生态风险进行评价，以期为东海区海岸带生态环境的保护和治理提供一定的理论依据。

本章主要以东海区海岸带为研究区域，借助东海区海岸带景观类型等信息，构建景观生态风险指数，对1990—2015年期间6期东海区及各省海岸带的景观进行生态风险格局演化分析，以此来揭示研究区生态风险的时空变化特征及转化趋势。

第一节 景观生态学生态风险评价方法

一、景观指数法

景观指数法通过景观指标的定量化，能清楚反映景观格局的动态变化。景观干扰度指数表示各种景观受到外界干扰的程度（高宾等，2011；黄日鹏等，2017）。表达式：

$$E_i = a C_i + b N_i + c D_i \qquad （公式 7.1）$$

其中：E_i 为景观干扰度指数、C_i 为景观破碎度指数、N_i 为景观分离度指数、D_i 为景观优势度指数，a、b、c 分别是其对应的权重，借鉴已有成果（殷贺等，2009；魏伟等，2014），分别采用 0.5、0.3、0.2。

景观脆弱度指数（F_i）表示景观的生态系统结构的脆弱性，即值越高，生态系统越不稳定。借鉴已有成果，将 6 种景观类型按抵抗外界影响能力分级，由低到高分别是未利用地、海域、水域、耕地、草地、林地、建设用地，并通过归一化计算出景观脆弱度指数（徐兰等，2015；卢宏玮等，2003）。

景观损失度（R_i）反映不同景观受到外界影响时其自身的损失程度（卢宏玮等，2003；王涛等，2017）。其公式为：

$$R_i = E_i \times F_i \qquad （公式 7.2）$$

式中：E_i 为景观干扰度指数；F_i 为景观脆弱度指数。

二、景观生态风险指数

基于研究区范围和实际，在 ArcGIS10.3 里面采用 8 km×8 km 的渔网对研究区进行采样，并得到 1203 个渔网区作为景观生态风险小区。本书引入景观干扰度指数、脆弱度指数和损失度指数来构建东海区海岸带生态风险评价指数（赵卫权等，2017；许妍等，2013）。景观生态风险指数表达式：

$$ERI_i = \sum_{i=1}^{N} \frac{A_{ki}}{A_k} R_i \qquad （公式 7.3）$$

式中：ERI_i 为第 i 个样本的景观生态风险指数，A_{Ki} 为第 k 个样本区内景观类型 i 的面积，A_K 为第 k 个样本的面积。

三、空间分析方法

在软件 ArcGIS10.3 中将 1203 个风险小区的景观生态风险指数赋值给渔网中心点，借助地统计学里的半方差变异函数，函数公式见文献（周汝佳等，2016），对数据进行优化，通过克里金插值生成生态风险图（谢花林等，2008；谢余初等，2014；胡和兵等，2011）。为了更好地识别各期景观生态风险变化，基于自然断点法，统一间隔为0.002，分为 5 个生态风险等级，低生态风险区（ERI<0.007 5），较低生态风险区（0.007 5≤ERI<0.009 5），中生态风险区（0.009 5≤ERI<0.011 5），较高生态风险区（0.011 5≤ERI<0.013 5），高生态风险区（ERI≥0.013 5）。

第二节　东海区海岸带景观生态风险评价

一、景观格局指数分析

通过 ArcGIS10.3 和 Fragstats4.3 及相关计算，得到东海区海岸带六个时期不同景观类型的景观格局指数，并对其特征分析（表 7.1）。25 年期间，未利用地分散，破碎度和分离度较大；建设用地面积随着工业化和城市化扩张而增加，破碎度下降，分布日益聚集，优势度增长，受人类活动的干扰程度上升，干扰度增加；耕地、草地、海域面积减少，破碎度和分离度增加，干扰度也逐渐增加，导致损失度上升；林地占地面积大，为研究区域的主导景观类型，破碎度和分离度较小，随着经济活动不断增加，对林地的破环和占用上升，林地的损失度也增加。

表 7.1　1990—2015 年东海区海岸带景观格局指数

年份	景观类型	破碎度	分离度	优势度	干扰度	脆弱度	损失度
1990	水域	0.0130	0.2783	0.2191	0.1338	0.1786	0.0239
	林地	0.0020	0.0346	0.4696	0.1053	0.0714	0.0075
	建设用地	0.0466	0.4745	0.3106	0.2278	0.0357	0.0081
	耕地	0.0037	0.0504	0.4586	0.1087	0.1429	0.0155
	草地	0.0178	0.2296	0.2676	0.1313	0.1071	0.0141
	海域	0.0106	0.3060	0.1057	0.1182	0.2143	0.0253
	未利用地	0.0324	2.7942	0.0300	0.8604	0.2500	0.2151
1995	水域	0.0146	0.2975	0.2215	0.1408	0.1786	0.0252
	林地	0.0017	0.0310	0.4739	0.1049	0.0714	0.0075
	建设用地	0.0433	0.4244	0.3233	0.2136	0.0357	0.0076
	耕地	0.0040	0.0532	0.4760	0.1131	0.1429	0.0162
	草地	0.0162	0.2304	0.2661	0.1305	0.1071	0.0140
	海域	0.0106	0.3061	0.2443	0.1460	0.2143	0.0313
	未利用地	0.0246	3.4663	0.0121	1.0546	0.2500	0.2637

续表

年份	景观类型	破碎度	分离度	优势度	干扰度	脆弱度	损失度
2000	水域	0.0141	0.2907	0.2217	0.1386	0.1786	0.0248
	林地	0.0019	0.0333	0.4708	0.1051	0.0714	0.0075
	建设用地	0.0392	0.3899	0.3220	0.2010	0.0357	0.0072
	耕地	0.0040	0.0533	0.4833	0.1146	0.1429	0.0164
	草地	0.0176	0.2321	0.2844	0.1353	0.1071	0.0145
	海域	0.0106	0.3061	0.3324	0.1636	0.2143	0.0351
	未利用地	0.0280	3.1087	0.0179	0.9502	0.2500	0.2375
2005	水域	0.0154	0.3013	0.2287	0.1439	0.1786	0.0257
	林地	0.0019	0.0337	0.4805	0.1072	0.0714	0.0077
	建设用地	0.0247	0.2493	0.4935	0.1859	0.0357	0.0066
	耕地	0.0048	0.0609	0.4861	0.1179	0.1429	0.0168
	草地	0.0182	0.2405	0.2816	0.1376	0.1071	0.0147
	海域	0.0106	0.3062	0.4073	0.1786	0.2143	0.0383
	未利用地	0.0317	3.4101	0.0185	1.0426	0.2500	0.2607
2010	水域	0.0144	0.2805	0.2683	0.1450	0.1786	0.0259
	林地	0.0020	0.0343	0.4782	0.1069	0.0714	0.0076
	建设用地	0.0231	0.2295	0.3547	0.1513	0.0357	0.0054
	耕地	0.0051	0.0643	0.4810	0.1181	0.1429	0.0169
	草地	0.0187	0.2437	0.2808	0.1386	0.1071	0.0149
	海域	0.0116	0.3260	0.5581	0.2152	0.2143	0.0461
	未利用地	0.0325	3.3504	0.0188	1.0251	0.2500	0.2563
2015	水域	0.0147	0.2824	0.3270	0.1574	0.1786	0.0281
	林地	0.0020	0.0346	0.4861	0.1086	0.0714	0.0078
	建设用地	0.0193	0.1908	0.3725	0.1414	0.0357	0.0050
	耕地	0.0055	0.0675	0.5032	0.1236	0.1429	0.0177
	草地	0.0181	0.2351	0.3087	0.1413	0.1071	0.0151
	海域	0.0275	0.7486	0.0954	0.2574	0.2143	0.0552
	未利用地	0.0211	2.1327	0.0205	0.6544	0.2500	0.1636

二、景观生态风险时空分异

通过 ArcGIS10.3 空间分析里的克里金插值，将生态风险指数空间化，得到 1990—2015 年六期东海区海岸带生态风险面积变化及空间分布图（图 7.1、图 7.2），发现东海区海岸带生态风险时空分异显著。总体来看，时间上，研究区生态风险呈加深趋势，低、较低、中生态风险区面积逐渐减少，分别下降了 269 781.8 hm²、642 544.76 hm²、514 479.86 hm²，减幅为 41.22%、44.53%、25.32%，且下降速度加快，在 2010—2015 年，下降速度分别为 27.42%、34.83%、19.04%。较高生态风险区面积大幅上升，增加了 800 928.77 hm²，增长率为 76.57%，在 2000—2015 年里，较高生态风险区增长速度加快，增加了 643 482.71 hm²，其增长率为 53.47%。高生态风险区面积也大幅增加，研究期间增加了 626 783.06 hm²，增长率达到 176.49%，也表明研究区生态风险的加重，在 2010—2015 年增长速度最快，达到了 90.41%，增加了 466 231.56 hm²。1990—2000 年间，生态风险区以中生态风险区为主，其次是较低生态风险区和较高生态风险区，2005—2010 年间，生态风险区以中生态风险区为主，较高生态风险区上升超过较低生态风险区面积，而 2015 年，较高生态风险区占主导，其次是较高、高、较低、低生态风险区。这都表明东海区海岸带生态风险的上升，需要采取相关的措施来应对生态风险的加深。

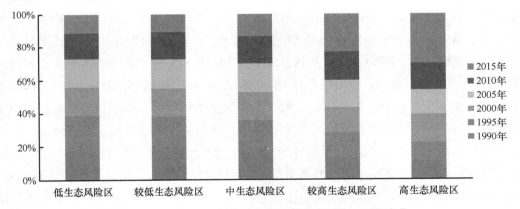

图 7.1 1990—2015 年东海区海岸带生态风险区面积变化

空间上，东海区海岸带生态风险呈现出向沿海地区加深的趋势。1990—2010 年较高、高生态风险区主要有四个极值中心，上海区、宁波杭州湾、宁波石浦港、福建厦门泉州区域。2015 年，生态风险的空间变化更为显著，随着人类活动对沿海地区的开发强度越来越大，高值生态风险区向沿海区域推进，沿海城市的生态风险大幅上升。此外港口区域的生态风险也增加，如宁波象山港、石浦港、福建宁德港、福建莆田港等港口。生态风险的增加主要是因为区域经济发达，人类活动程度高，经济活动密集，港口运输、商业贸易等活动频繁，导致了对当地景观的破坏，工业活动、城市建设等人类活动占用了耕地、林地、草地、水域、海域和未利用地，各景观类型变化较大，也引起生态环境的相应变化。高生态风险区向沿海地区的蔓延，表明当前沿海地区经济活动的空前剧烈，沿海地区由于地理位置便利而拥有经济发展的各种优势，但快速工业化和城市化也更需要对生态环境的保护，促进经济社会与生态环境的可持续发展。

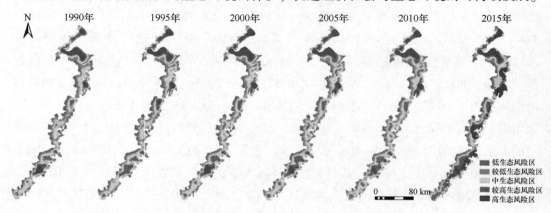

图 7.2　1990—2015 年东海区海岸带生态风险空间分布

　　省域尺度上看，通过对东海区三个省份的生态风险区面积进行整理发现（表 7.2）：东海区福建省区域低、较低、中生态风险区减少，较高、高生态风险区面积增加，其中较高、高生态风险区分别增加了 532 123.62 hm^2，322 456.94 hm^2，增长率分别为139.9%，489.31%。1990—2010 年间，以中生态风险区为主，2015 年上升为以较高生态风险区为主导，2010—2015 年生态风险区面积发生较大变化，分别增加了313 085.99 hm^2，334 691.72 hm^2，表明了福建省生态风险的急剧增加。东海区上海市区域生态风险区以较高生态风险区为主导类型，生态风险等级较高，随着经济发展程度的提高和环境保护力度加深，生态风险呈下降趋势，低、较低生态风险区面积上升，中、较高生态风险区面积下降，但高生态风险区面积依然上升，增加了 48 156.04 hm^2，上升速度较缓慢，但依然需要加大对生态环境的保护。浙江省低、较低、中生态风险区面积下降，分别减少了 81 117.49 hm^2，299 318.24 hm^2，105 334.46 hm^2，较低生态风险区面积下降幅度最大，减少了 47.8%。而较高、高生态风险区面积上升，分别增加了 283 490.53 hm^2，202 312.12 hm^2，上升幅度分别为 58.91%，82.31%。在 1990—2010 年，东海区浙江省区域以中生态风险区为主，2015 年上升为以较高生态风险区为主，也表明浙江省生态风险在经济发展中加深。

表 7.2　1990—2015 年东海区海岸带省域生态风险区面积变化　　　（hm²）

省（市）	生态风险等级	1990	1995	2000	2005	2010	2015
福建	低生态风险区	364 958.15	388 139.88	331 610.34	324 055.20	294 789.87	183 328.20
	较低生态风险区	750 886.72	719 098.38	662 224.67	653 399.91	646 156.26	446 279.96
	中生态风险区	1 064 892.98	1 082 895.31	1 037 609.00	1 037 600.53	1 033 965.25	697 513.78
	较高生态风险区	380 372.30	443 609.14	514 939.02	551 373.83	599 409.93	912 495.92
	高生态风险区	65 900.79	3 042.17	80 697.57	60 620.92	53 666.02	388 357.74
上海	低生态风险区	731.32	731.32	731.32	731.32	8 455.71	8 593.83
	较低生态风险区	11 159.75	14 950.18	15 676.77	19 125.06	14 572.19	16 664.58
	中生态风险区	64 637.43	41 959.93	39 085.21	39 796.06	44 517.07	41 703.39
	较高生态风险区	137 614.35	119 719.96	107 021.81	107 041.88	103 119.84	99 148.34
	高生态风险区	37 995.73	74 888.24	89 740.78	85 565.02	81 626.16	86 151.77
浙江	低生态风险区	271 812.97	250 023.06	243 933.67	228 824.45	219 839.10	190 695.49
	较低生态风险区	626 188.28	574 627.63	555 209.95	558 727.42	531 798.35	326 870.03
	中生态风险区	836 410.28	784 639.63	778 426.31	766 984.78	742 043.34	731 075.82
	较高生态风险区	481 207.47	598 368.86	539 522.62	608 001.60	640 416.23	764 698.00
	高生态风险区	245 786.60	253 762.73	344 320.72	298 878.23	327 316.80	448 098.73

　　省域空间上看，福建省生态风险空间分布以厦门市和泉州市为中心向南北侧和沿海侧扩展。1990—2010 年，生态风险的极值区主要都集中在厦门市附近，但生态风险范围逐渐扩大，到 2015 年，生态风险高值区向沿海推进，其中宁德港、莆田港等港口区域的生态风险快速升高。上海市开发历史悠久，经济活动强度一直都处于较高状态，其区域以较高生态风险等级区为主，高生态风险区增加，集中在沿海城市附近，但随着生态环境保护的重视，生态风险也处于降低趋势。浙江省生态风险极值区主要以宁波-杭州湾为中心，这里经济活动强度大，人类活动程度高，生态风险集聚。其次是石浦港附近，在 2015 年，生态风险高值区扩散到象山港区域。省域生态风险高值区主要集中分布在沿海港口城市，并逐渐向周围扩散，生态风险正在加深。

　　东海区市域角度来看，整理东海区地级市（含上海）的生态风险值发现（表 7.3、图 7.3）：上海市生态风险值先增加后缓慢减少，1990—2000 年生态风险值上升了0.022 6，2000—2015 年减少了 0.036 8。杭州市生态风险值先快速增加再处于较稳定状态后下降，1990—2005 年上升了 0.015 1，2005—2015 年减少了 0.008 3。嘉兴市、宁波市、绍兴市生态风险值先增加后下降，变化幅度较小。温州市、临海市、宁德市生态风险值处于总体上升趋势，生态风险程度增加。莆田市、泉州市、厦门市、漳州市生态风险值波动变化，但呈上升趋势。福州市生态风险值逐渐上升，生态风险加剧。其中宁德市生态风险值变化最大，上升了 0.293 9，增长率为 25.47%，其次是温州市，上升了 0.212 5，增长率为 20.47%，福州增加了 0.199 3，增长率为 19.56%，而上海市生态风险值下降了 0.014 1。

表 7.3　1990—2015 年东海区海岸带地级市（含上海市）生态风险值变化

地级市	1990	1995	2000	2005	2010	2015
上海市	0.7796	0.8003	0.8022	0.7905	0.7671	0.7654
杭州市	0.3475	0.3566	0.3619	0.3627	0.3623	0.3544
嘉兴市	0.5675	0.5858	0.5897	0.5827	0.5782	0.5794
宁波市	1.6684	1.6814	1.7190	1.6789	1.6925	1.8549
绍兴市	0.2798	0.2829	0.2842	0.2868	0.2863	0.2851
温州市	1.0381	1.0927	1.0782	1.0739	1.0894	1.2507
临海市	1.1670	1.1850	1.2045	1.2057	1.2309	1.3180
宁德市	1.1535	1.1669	1.1887	1.1996	1.2120	1.4474
莆田市	0.7295	0.7282	0.7499	0.7601	0.7558	0.7969
泉州市	0.9277	0.9051	0.9492	0.9286	0.9328	1.0078
厦门市	0.3025	0.3130	0.3148	0.3022	0.2948	0.3365
漳州市	1.0725	1.0484	1.0734	1.0771	1.1074	1.1965
福州市	1.0190	1.0344	1.0483	1.0527	1.0553	1.2183

三、景观生态风险转移

通过建立 1990—2015 年生态风险转移矩阵来反映研究区生态风险区不同时期的转换情况（表 7.4），发现：低、较低、中、较高生态风险区主要向较低、中、较高、高生态风险区转移，其中中生态风险向较高生态风险转移面积最大，为 765 663.33 hm^2。中生态风险区发生转移面积最大，为 1 169 351.06 hm^2、转移概率为 57.57%，其次是较低生态风险区，发生转移面积为 842 601.28 hm^2，低、较高、高生态风险区发生转移面积分别为 282 725.88 hm^2、303 179.40 hm^2、97 219.40 hm^2。生态风险等级区由低到高等级方向发生转移面积为 2 487 865.93 hm^2，由高向低等级方向发生转移面积为

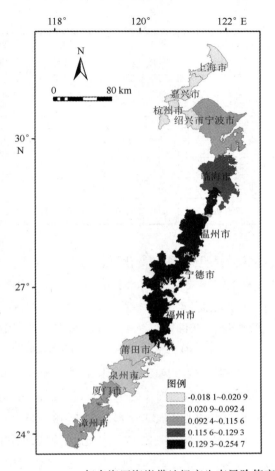

图 7.3　1990—2015 年东海区海岸带地级市生态风险值变化率

207 211.09 hm², 由低到高等级方向转移是由高到低等级方向转移面积的 12.01 倍, 高等级的生态风险区面积上升。生态风险等级区发生转换剧烈, 共转移了 2 695 077.01 hm², 占整个研究区面积的 48.76%, 发生转移的热点区域主要是研究区的沿海城市附近区域, 受人类活动影响强度大, 经济开发历史悠久, 经济发展程度高。

表 7.4　1990—2015 年东海区海岸带生态风险转移矩阵　　　　　　　　　（hm²）

生态风险类型	低生态风险区	较低生态风险区	中生态风险区	较高生态风险区	高生态风险区	总计
低生态风险区	–	166 264.12	84 465.78	26 037.95	5 958.02	653 713.94
较低生态风险区	13 480.04	–	507 934.65	214 128.35	107 058.23	1 441 845.95

生态风险类型	低生态风险区	较低生态风险区	中生态风险区	较高生态风险区	高生态风险区	总计
中生态风险区	5.54	34 466.04	–	765 663.33	369 216.15	2 031 085.98
较高生态风险区	0.00	5.67	62034.38	–	241 139.34	1 045 721.75
高生态风险区	0.00	1.76	50.35	97 167.29	–	355 132.43
总计	384 473.65	799 982.26	1516220.10	184 5539.26	981 284.77	552 7500.04

对六期生态风险区之间的相互转移和变化进行分析（表 7.5），发现生态风险区之间转换方向共达 19 种，发生转移复杂。5 个时间段的生态风险等级由高向低转换包括较低–低，中–低，中–较低，较高–较低，较高–中，高–低，高–较低，高–中，高–较高等 9 种方向，生态风险等级由低向高转换包括低–较低、低–中，低–较高，低–高，较低–中，较低–较高，较低–高，中–较高，中–高，较高–高等 10 种方向。其中五个时间段生态风险等级由低到高等级方向发生转移面积为 605 313.47 hm²、645 823.76 hm²、251 974.57 hm²、332 215.01 hm²、1 934 966.13 hm²，由高到低等级方向发生转移面积为 343 398.76 hm²、62 188.33 hm²、227 487.86 hm²、84 261.87 hm²、226 481.65 hm²，1995—2000 年、2010—2015 年生态风险等级由低到高等级方向转移面积是由高到低等级方向转移面积的 10.38 倍、8.54 倍。说明生态风险等级由低到高等级方向转移面积较大，生态风险程度加重。

表 7.5　1990—2015 年东海区海岸带生态风险等级转移方向　　　　　（hm²）

转移方向	1990—1995 年	1995—2000 年	2000—2005 年	2005—2010 年	2010—2015 年
低–较低	55 628.41	65 891.29	38 674.43	43 249.02	112 912.86
低–中	10.42	1.44	2.52	5.40	28 158.79
低–较高	0.12	0.00	0.12	1.59	7 523.47
低–高	0.87	0.00	0.00	0.00	32.20
较低–低	50 837.56	3 807.31	15 276.90	9 678.21	3578.04
较低–中	189 556.06	151 259.23	81 085.58	93 396.09	413 755.74
较低–较高	58.92	42.11	7.93	16.03	111 289.52
较低–高	8.63	12.88	2.90	3.38	22 887.95

续表

转移方向	1990—1995 年	1995—2000 年	2000—2005 年	2005—2010 年	2010—2015 年
中-低	2.37	1.54	1.62	1.68	1.02
中-较低	96 197.99	10 249.07	53 138.47	17 340.38	11 020.26
中-较高	239 030.97	220 687.11	110 276.34	140 653.20	637 020.49
中-高	54.15	3 439.56	12.41	13.20	215 583.45
较高-较低	27.16	19.83	8.08	4.24	217.67
较高-中	76 413.53	33 473.18	71 644.30	33657.47	53 158.85
较高-高	120 964.91	204 490.14	21 912.35	54877.08	38 5801.68
高-低	0.00	0.00	1.77	0.00	0.00
高-较低	17.46	2.87	7.59	1.88	0.00
高-中	1 762.27	5.80	19.41	8.79	11 939.07
高-较高	118 140.42	14 628.72	87 389.73	23 569.22	146 566.73

　　从东海区海岸带生态风险等级年均转换速率来看（表7.6），生态风险等级由低向高等级方向的转移速率呈上升趋势，其中中-较高等级方向的年均转移速率最大，上升了 79 597.9 hm²/a，其次是较高-高等级方向的年均转移速率，上升了 52 967.35 hm²/a。除中-较低、高-较高等级方向的转移外，生态风险等级由低向高等级方向的转移速率都呈下降趋势，其中-较低等级方向的年均转移速率减少了 17 035.55 hm²/a。生态风险区各等级之间转换速率较快，但主要以低-高等级方向转移为主，表明研究区生态风险日益加剧的现状，迫切需要采取相关措施来应对生态风险的增加，合理利用和规划土地利用资源，协调生态环境与经济开发之间的冲突，缓解人类活动对生态环境造成的巨大压力。

表 7.6　1990—2015 年东海区海岸带生态风险等级年均转换速率　　（hm²/a）

转移方向	1990—1995 年	1995—2000 年	2000—2005 年	2005—2010 年	2010—2015 年
低-较低	11 125.68	13 178.26	7 734.89	8 649.80	22 582.57
低-中	2.08	0.29	0.50	1.08	5 631.76
低-较高	0.02	0.00	0.02	0.32	1 504.69
低-高	0.17	0.00	0.00	0.00	6.44
较低-低	10 167.51	761.46	3 055.38	1 935.64	715.61

续表

转移方向	1990—1995 年	1995—2000 年	2000—2005 年	2005—2010 年	2010—2015 年
较低-中	37 911. 21	30 251. 85	16 217. 12	18 679. 22	82 751. 15
较低-较高	11. 78	8. 42	1. 59	3. 21	22 257. 90
较低-高	1. 73	2. 58	0. 58	0. 68	4 577. 59
中-低	0. 47	0. 31	0. 32	0. 34	0. 20
中-较低	19 239. 60	2 049. 81	10 627. 69	3 468. 08	2 204. 05
中-较高	47 806. 19	44 137. 42	22 055. 27	28 130. 64	127 404. 10
中-高	10. 83	687. 91	2. 48	2. 64	43116. 69
较高-较低	5. 43	3. 97	1. 62	0. 85	43. 53
较高-中	15 282. 71	6 694. 64	14 328. 86	6 731. 49	10 631. 77
较高-高	24 192. 98	40 898. 03	4 382. 47	10 975. 42	77 160. 34
高-低	0. 00	0. 00	0. 35	0. 00	0. 00
高-较低	3. 49	0. 57	1. 52	0. 38	0. 00
高-中	352. 45	1. 16	3. 88	1. 76	2 387. 81
高-较高	23 628. 08	2 925. 74	17 477. 95	4 713. 84	29 313. 35

四、小结

（1）东海区海岸带景观格局变化显著。研究期内，东海区海岸带以林地和耕地为主导，占总面积的 70% 以上，其次分别是草地、建设用地、水域、海域和未利用地。耕地斑块面积急剧减少，减少了 362 477 hm^2，海域面积减少了 88 924 hm^2，而建设用地增加了 446 336 hm^2。

（2）东海区海岸带生态风险时间差异显著。研究区生态风险呈加深趋势，低、较低、中生态风险区面积逐渐减少，分别下降了 269 781. 8 hm^2、642 544. 76 hm^2、514 479. 86 hm^2，较高生态风险区面积大幅上升，增加了 800 928. 77 hm^2。高生态风险区面积也大幅增加，研究期间增加了 626 783. 06 hm^2，增长率达到 176. 49%。1990—2000 年间，生态风险区以中生态风险区为主，其次是较低生态风险区和较高生态风险区，2005—2010 年间，生态风险区以中生态风险区为主，较高生态风险区面积上升超过较低生态风险区面积，而 2015 年，较高生态风险区占主导，其次是较高、高、较低、低生态风险区。

（3）东海区海岸带生态风险空间差异显著。生态风险呈现出向沿海地区加深的趋势，1990—2010 年较高、高生态风险区主要有四个极值中心，上海区、宁波杭州湾、宁波石浦港、福建厦门区域。2015 年，生态风险的空间变化更为显著，高值生态风险区向沿海区域推进，沿海城市的生态风险大幅上升。此外港口区域的生态风险也增加，如宁波象山港、石浦港、福建宁德港、福建莆田港等港口。

（4）海区省域和地级市尺度的生态风险差异较大。东海区福建省区域低、较低、中生态风险区减少，较高、高生态风险区面积增加。1990—2010 年间，以中生态风险区为主，2015 年上升为以较高生态风险区为主导。东海区上海市区域生态风险区以较高生态风险区为主导类型，生态风险呈下降趋势。在 1990—2010 年，东海区浙江省区域以中生态风险区为主，2015 年上升为以较高生态风险区为主，也表明浙江省生态风险在经济发展中加深。宁德市生态风险值变化最大，其次是温州市和福州市，上海市生态风险值下降，其他地级市生态风险值都呈上升趋势。

（5）东海区海岸带生态风险区间转换复杂。低、较低、中、较高生态风险区主要向较低、中、较高、高生态风险区转移。中生态风险区发生转移面积最大，为 1 169 351.06 hm²、转移概率为 57.57%，其次是较低生态风险区，发生转移面积为 842 601.28 hm²。由低到高等级方向转移是由高到低等级方向转移面积的 12.01 倍，高等级的生态风险区面积上升。生态风险区之间转换方向共达 19 种，生态风险区各等级之间转换速率较快，但主要以低-高等级方向转移为主。

第八章　快速城市化背景下的典型区海岸带演化及生态响应
——宁波北仑区案例

第一节　快速城市化背景下的宁波北仑区沿海景观格局及其生态风险演化

生态风险是生态系统及其组分在自然或人类活动的干扰下所承受的风险，指一定区域内具有不确定性的事故或灾害对生态系统的结构和功能可能产生的不利影响（阳文锐等，2007；Wayne G. 等，2003）。科学的生态风险评价及风险格局演化分析对建立生态风险预警机制、降低生态风险概率、促进区域可持续发展具有重要的意义（刘晓等，2012）。随着生态风险研究的深入，研究尺度从初期全球环境、个人健康等极端尺度渐渐转向区域尺度（彭建等，2015），从对单一压力源对单一受体的风险评价走向区域生态风险评价（颜磊等，2010），其尺度效应、空间异质性和等级理论等概念与景观学共通，并由 Hunsaker 等最早明确提出将生态风险评价应用到区域景观尺度（Hunsaker C. T. 等，1990；吴莉等，2014）。自景观生态风险概念提出以来，中国学者高度关注景观生态风险评价理论与方法的探讨，目前已初步形成了具有一定国际引领意义的景观生态风险评价研究框架，在流域（李谢辉等，2008；陈鹏等，2003；许妍等，2013）、城市（刘焱序等，2015；张小飞等，2011；蒙晓等，2012）、工矿开采区（吴健生等，2013；李保杰，2014；郭美楠等，2014）、自然保护区（Gaines K. F. 等，2004；张莹等，2012；刘梦琪，2016）等区域做了许多研究并取得了丰硕的成果。近些年来，随着海岸带的经济发展与生态环境恶化，海岸带地区生态风险研究渐渐受到研究者的关注（李加林等，2016；马金卫等，2012）。本书以宁波北仑为例进行基于景观时空格局演变的海岸带生态风险评价研究，以求揭示研究区生态风险的时空变化特征，为东南地区海岸带生态风险管理提供理论、技术支持及决策依据。

一、研究区概况

北仑区位于浙江省宁波市中心城北部，中国海岸线中部，是中国重点沿海港口城

市之一。地理坐标为东经 121°27′40″—122°10′22″，北纬 29°41′44″—29°58′48″（图
8.1）。北仑区境处宁绍平原东端，地形以丘陵和平原为主，总面积约 823 km²。冬长夏
短，年平均气温 10℃～22℃，属亚热带季风气候，雨量充沛，年平均雨量约为 1 316.80
mm，降水主要集中在梅汛期和台汛期。北仑区共有 7 个街道、2 个镇、1 个乡，213 个
村民委员会（其中大榭 9 个）和 46 个社区居委会，截至 2015 年底，北仑区总人口达
39.55×10⁴ 人，其中农村人口 30.64×10⁴ 人，农村从业人员 18.36×10⁴ 人，年末地区人
均 GDP 达到 28.88×10⁴ 元。北仑区拥有南北两条可供超大型船舶自由进出的深水航道，
20 世纪 70 年代始开发北仑港，区域内已建成北仑港区、大榭港区、穿山港区和梅山港
区 4 个港区。全港区开发利用可建造各类生产性泊位 285 个，其中万吨级以上 152 个。
此外，北仑区域内有宁波经济技术开发区、宁波保税区、大榭开发区、宁波出口加工
区、梅山保税港区等五个国家级开发区。优越的区位与快速发展的经济使其在长三角
地区的战略地位不断提高。

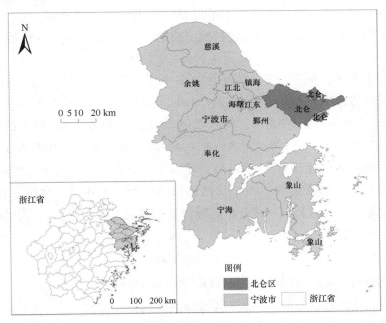

图 8.1 研究区区位

二、研究数据与研究方法

（一）数据来源及处理

本研究数据主要来源于宁波北仑区 1990、1995、2000、2005、2010、2015 年 6 期

Landsat TM/OLI 遥感影像，轨道号为 118-39。采用 ENVI4.7 遥感影像处理软件对遥感数据进行大气校正、几何精校正、假彩色合成和图像拼接等数据预处理，用北仑区域界线进行影像裁剪，得到研究区影像数据。对 6 期遥感影像进行土地利用类型的目视解译和人机交互解译，得到不同时期的北仑景观类型矢量数据，6 年解译精度均达 0.9 以上，符合研究判别的精度要求。本研究主要参考《土地利用现状分类》（GB/T 21010 -2007）分类办法，同时充分考虑研究区土地实际利用现状，将景观分为建设用地、耕地、水体、林地、草地、未利用地等六种类型。

（二）景观格局指数与生态风险指数

采用 ArcGIS 10.2 将研究区景观类型矢量数据转换为栅格数据，再采用 Fragstats3.4 对栅格数据进行分析，得到 6 期研究区的景观格局指数。本书参照前人的研究成果，从类型与景观两个层次选取指标，以此对北仑区景观格局进行量化描述分析。类型层次主要采用斑块数量（NP）、斑块类型平均面积（MPS）、边界密度（ED）、形态指数（LSI）；景观层次采用 Shannon 多样性指数（SHDI）、Shannon 均匀度指数（SHEI）两个指标。

不同的景观类型在保护物种、维护生物多样性、完善整体结构与功能、促进景观结构自然演替等方面的作用是有差别的，同时，不同的景观类型对外界干扰的抵抗能力也是不同的（许学工等，2001）。以景观格局指数为基础，计算景观的破碎度指数（Ci）、分离度指数（Ni）、优势度指数（Di），并加权叠加得到景观干扰度指数（Ei），具体公式参照参考文献（高宾等，2011）。综合考虑前人的研究与研究区的实际情况，将六类景观格局的脆弱度分为六级，从高向低依次为未利用地、水域、草地、耕地、建设用地、林地，对此进行归一化处理后即得景观脆弱度指数（Fi），再结合景观干扰度指数可得出景观损失度（Ri）：

$$Ri = \sqrt{Ei \times Fi}$$

（公式 8.1）

人类活动导致的海岸带的景观生态风险格局演变分析可以表示为海岸带景观的生态脆弱性和风险受体对风险源（人类对景观的利用活动）的响应程度函数式。不同的景观类型对风险源的暴露—响应程度各不相同，区域中生态系统的细微变化首先表现在景观结构组分的空间结构、相互作用及功能的变化上。故生态风险指数与景观损失度呈一定程度的相关，具体计算方式详见文献（邬建国，2007）。

（三）风险小区划分与空间分析法

为表现出生态风险的空间分布，将研究区进行风险小区的划分。总结前人对生态风险小区划分的经验（曾辉等，1999），考虑到研究中北仑区实际情况，本书采用等间距采样法，将研究区划分为 1027 个 800 m×800 m 的风险小区，计算各风险小区的生态风险指数（ERI），作为各小区中心质点的生态风险值。

生态风险指数作为一种空间变量，在空间变化上具有结构性和异质性的特征，而地统计学方法主要用来检测、模拟和估计一系列变量在空间上的相关关系和分布格局的统计方法。为此，区域的生态风险指数空间分析可采用地统计学中的半方差分析方法。在本书的研究过程中，主要借助地统计学分析方法中的半方差变异函数的不同模型对采样点数据进行最优拟合，通过克里金（Kriging）插值获得区域生态风险的空间分异。

三、景观格局分析

从1990—2015年，随着北仑区内人类建设活动的开展与对自然景观的干预，其土地利用情况与景观格局发生了很大的变化。1990年北仑区内耕地与林地是主要景观类型，两者面积约占区域总面积的三分之二，其次为建设用地，水域、草地、未利用地面积相对较小。从1990—2015年内，林地面积变化不大，耕地面积持续减少，减少了100.8 km²，变化量最大，其中减幅最为明显在2000—2005年与2010—2015年，分别减少了37.8 km²与33.4 km²。大部分的耕地是因为人类的开发活动而被建设用地占用。建设用地面积从1990年的35.3 km²增加至2015年148 km²，增加419%，单单2000—2005年内就增加了43.6 km²。草地与水域面积有不同程度的增加，这是因为建设用地占用了一部分的耕地，一些被割裂开的小耕地块转换为了草地或开发成了水域。

北仑区不同地类景观的变化在景观格局指数上也有所反映。由表8.1、表8.2可知，从1990—2015年，在城镇化推动下，最初以林地与耕地为主景观类型的北仑地区内，建设用地、草地、水域面积持续增加，使得均匀度（SHEI）持续增长，伴随着多种景观类型的扩张延伸，不同景观类型相互侵占割裂，增大了景观的破碎度、复杂度，边界密度（ED）在1990—2010年内持续增大，在2010—2015年稍有下降，人类活动干扰越来越强，表征这点的形态指数（LSI）在前20年内持续增大，后5年有所下降，而整体的景观空间格局则趋向多样（SHDI增大）。斑块数量、破碎度、分离度都是对景观破碎程度的描述，三者变化趋势相近，可分为两个阶段解读：1990—1995年为快速城镇化初期，建设用地在区域内多处分散地生长、扩大，使得斑块数量快速增加，破碎度与分离度增大；1995—2015年阶段，一方面各个区域持续开发建设，规模都较小，建设用地零散生长，但随着城镇化进程，各个街道的建设用地之间连通形成大块的建设用地，且合并了周边的破碎用地，使得斑块数量增加得以缓解，破碎度与分离度呈现波动上升。

表 8.1　1990—2015 年北仑区景观尺度景观空间格局分析指标

年份	斑块数量 （NP）	边界密度 （ED）	形态指数 （LSI）	多样性指数 （SHDI）	均匀度指数 （SHEI）	破碎度 （F）	分离度 （N）
1990	400	19.8306	14.4824	0.9683	0.5404	0.709597	0.42119
1995	607	23.9442	16.9373	1.0306	0.5752	1.076356	0.51863
2000	522	23.9473	16.9215	1.0464	0.584	0.926074	0.48118
2005	513	25.5807	17.8922	1.1172	0.6235	0.910059	0.47698
2010	522	26.3797	18.3626	1.1217	0.626	0.92609	0.48118
2015	536	25.7548	18.0093	1.1467	0.64	0.95086	0.48756

表 8.2　1990—2015 年北仑区类型尺度景观空间格局分析指标

景观类型	年份	斑块面积 （CA）	斑块数量 （NP）	边界密度 （ED）	平均斑块面积 （MPS）	形态指数 （LSI）
耕地	1990	24912	88	17.6632	283.1	17.1832
	1995	22352	109	20.7974	205.1	21.0034
	2000	22376	96	20.9831	233.1	21.118
	2005	18594	111	21.3173	167.5	23.3456
	2010	18179	115	21.7695	158.1	24.1091
	2015	14830	136	19.7453	109.0	23.8826
林地	1990	26940	59	13.8411	456.6	13.3683
	1995	27579	61	14.4965	452.1	13.8399
	2000	27009	62	14.4462	435.6	13.8597
	2005	26468	55	15.3114	481.2	14.6358
	2010	26403	61	15.5673	432.8	14.864
	2015	25651	58	15.5643	442.3	14.8831

续表

景观类型	年份	斑块面积（CA）	斑块数量（NP）	边界密度（ED）	平均斑块面积（MPS）	形态指数（LSI）
草地	1990	120	12	0.333	10	4.4783
	1995	97	8	0.2511	12.1	3.85
	2000	93	10	0.2598	9.3	4.1
	2005	193	13	0.4472	14.8	4.7143
	2010	184	13	0.4411	14.2	4.7857
	2015	193	14	0.4558	13.8	4.7241
水域	1990	801	47	1.4455	17.0	9.8621
	1995	828	80	1.7951	10.4	11.1207
	2000	873	56	1.6425	15.6	10.3443
	2005	886	61	1.803	14.5	10.9167
	2010	892	67	1.9058	13.3	11.4262
	2015	875	72	1.9648	12.2	12.0833
建设用地	1990	3536	190	6.2841	18.6	16.4463
	1995	5375	346	10.3738	15.5	21.3014
	2000	5856	295	10.4096	19.9	20.5321
	2005	10215	271	12.2327	37.7	18.5594
	2010	10697	264	13.0338	40.5	19.237
	2015	14809	254	13.734	58.3	17.9153
未利用地	1990	61	4	0.0942	15.3	2.0625
	1995	163	3	0.1745	54.3	2.4231
	2000	160	3	0.1534	53.3	2.1923
	2005	14	2	0.0499	7	1.75
	2010	11	2	0.0418	5.5	1.7143
	2015	12	2	0.0454	6	1.8571

此外，从类型层面分析，1990—2015年，耕地、水域、建设用地三者的斑块数量（NP）有不同程度的增加，分别增加了55%、53%、34%，这从另一方面体现了建设用

地对耕地的占用割裂。建设用地斑块数量在 1990—1995 年间陡增了 82%，耕地斑块也随之增加了 24%，两者平均斑块面积分别减少 17%、28%，这是快速城镇化初期建设用地在区域内多处零星的生长、扩大的体现。在平均斑块面积（MPS）这一指标变化上也能体现人类活动的影响：林地平均斑块面积最大，但其面积变化较小；其次是耕地，其平均斑块面积逐年下降，25 年间减少了 61%；建设用地平均斑块面积则呈现增大的趋势。边界密度（ED）指景观中单位面积的边缘长度，边界密度越大表征景观的破碎程度越大；形态指数（LSI）反映斑块形态的复杂程度，形态指数越大表示斑块越不规则，受人类干扰程度越大。从 1990—2010 年，除了未利用地外，其余景观类型的边界密度与形态指数都是持续增加，其中最为显著的是建设用地 20 年内边界密度增大了 105%、耕地形态指数增加了 40%。这表明：1990—2010 年北仑区不断开发、建设用地不断扩张使得整个区域的景观格局趋于破碎化，建设用地与其他景观的边界愈加偏离规则而曲折复杂，各景观受人类活动干扰的程度进一步增加，而其中耕地受其影响最大。2010—2015 年保持平稳或微降是土地开发规整化与细碎景观整合重组互相作用的结果。

四、景观生态风险时空分异

根据生态景观指数与生态风险指数的计算公式，可计算出各个时期北仑区 1027 个风险小区中心质点的生态风险指数，统一采用高斯模型与相关参数设置对其变异函数进行拟合，通过 ArcGIS 10.2 软件进行克里金插值分析，并对得到的景观生态风险趋势面，进行地向导统计与重分类。进行重分类划分生态风险区时，通过比较多种分类方案划分后数据的均衡性与区分度，采用自然间断点分级法与相等间隔法相结合的办法，将 ERI 值小于等于 0.22 的区域定义为低生态风险区，以 0.05 为间隔等距划分，由此得到五个等级：低生态风险区（ERI≤0.22）、较低生态风险区（0.22<ERI≤0.27）、中生态风险区（0.27<ERI≤0.32）、较高生态风险区（0.32<ERI≤0.37）、高生态风险区（ERI>0.37），得到图 8.2，并对面积进行统计，得图 8.3。土地覆被重心迁移模型可以很好地描述各景观类型在空间上的时空演变过程，揭示其空间变化特征及驱动机制，计算 6 个年份各景观类型的重心，得表 8.3。

结合图 8.2、图 8.3 可得，随着北仑土地景观的变化，区内各生态风险区的面积随之改变。总体来讲，从 1990—2015 年，研究区内低生态风险区面积最大且减幅最大，减少了 29%，25 年内共有 104 km² 低生态风险区向风险等级更高的风险区转换。转变为较低生态风险区的面积与较低生态风险区转出量相当，25 年内较低生态风险区面积减少 21 平方千米，年均减少 0.7%，面积较为稳定。中生态风险区、较高生态风险区、高生态风险区在 1990—1995 年内面积骤增，1995—2015 年中生态风险区、较高生态风险区以较低的速度持续扩大面积，高生态风险区在 1995—2010 年内面积在 30 km² 左右

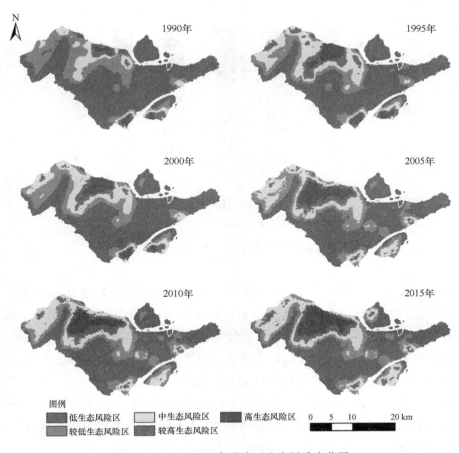

图 8.2　1990—2015 年北仑区生态风险变化图

波动，最大差值不超过 7 km²，但在 2010—2015 年内面积从 30 km² 骤增至 51 km²，总体来说，这三类风险区在 25 年内面积分别增大了 116%、130%、429%。

随着人类社会发展的需要，北仑区的建设用地不断扩展，改变了其生态风险区的时空分异与演化。1990 年，北仑区内以低生态风险区为主，其面积为 355 km²，占全区总面积的 63%，分布于灵峰山及其山麓、天台山余脉及其山麓、大榭街道与梅山街道北部，这些地区主要为林地，故生态风险较低。较低生态风险区、中生态风险区面积分别为 125 km²、48 km²，占全区总面积的 22%、9%。较低生态风险区、中生态风险区广泛分布于小港街道、戚家山街道、大碶街道、新碶街道、霞浦街道、柴桥街道与白峰镇地区，当时这些区域以大面积耕地为主，建设用地零星分散于耕地之内，生态风险相对较小。较高生态风险区、高生态风险区集中分布于新碶街道西北部、春晓镇东部、梅山乡南部，面积分别为 22 km²、10 km²，其中新碶街道为依托北仑港最早开发的城区，城镇及工业交通用地集中分布，故生态风险高。

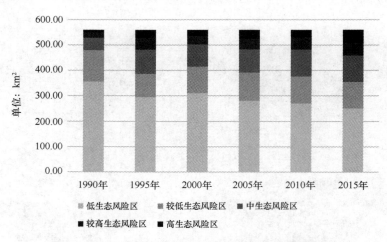

图 8.3   1990—2015 年北仑区各生态风险区面积变化

1990—2000 年，灵峰山以西的小港街道、戚家山街道平原内建设用地骤增，且分布较为分散，破碎度大，使这些区域内大量较低生态风险区转变为了中生态风险区。北部平原地区一方面新碶街道城镇向着大碶街道、霞浦街道扩张，高生态风险区与较高生态风险区面积分别增大了 120%、208%，向着西南方向延伸，高生态风险区重心向西南移动了 5.6 km，较高生态风险区重心向西南移动了 4.9 km。另一方面，北部平原也涌现了大量分散的小块建设用地，大大增大了景观分离度与破碎度，使得低生态风险区边界朝山麓方向后退，出现大量的低生态风险区转变为较低生态风险区、较低生态风险区转变为中生态风险区，其中中生态风险区面积增大了 97.5%，成为大碶街道、霞浦街道、柴桥街道的最主要的风险区。

2000—2010 年期间，小港街道建设用地自西向东扩张、戚家山街道建设用地自东向西扩张，使得灵峰山以西地区较低风险区持续转变为中生态风险区，中生态风险区面积增大了 19 km²，重心向西北移动了 1.3 km。北部平原区域，建设用地的扩张从原来的西南方向转向东西两侧。在新碶街道、大碶街道西部与霞浦街道的北部，人类活动大面积的开发占用此区域耕地，虽然整合了零散的建设用地，降低了景观破碎程度，但建设用地的高风险值使得较高生态风险区、高生态风险区持续扩大，面积分别增加 41.8%、27.3%，而两者重心分别朝西南方向移动了 4.5 km、4.6 km。白峰镇位于北仑区东北部，地处穿山半岛的蜂腰地带，缺少大面积的平原，人们依山麓而居。10 年间，迫于发展需要，人们占用、改造了部分山地、山麓地带，使得北仑东部部分低生态风险区转变为了较低生态风险区，10 年间较低生态风险区重心向东南移动了 5.7 km。

表 8.3　1990—2015 年北仑景观生态风险区重心移动

重心差值（m）	1990—1995 年		1995—2000 年		2000—2005 年		2005—2010 年		2010—2015 年		1990—2015 年	
	x	y	x	y	x	y	x	y	x	y	x	y
低生态风险区	1.429	-344	-450	-79	185	-132	-26	-26	61	-272	1.199	-854
较低生态风险区	2.090	-2090	-1323	926	3519	-1640	1693	-794	220	257	6.200	-3.341
中生态风险区	-2.963	741	1508	-212	-661	-1058	-503	318	1146	-431	-1.473	-642
较高生态风险区	-6.509	3678	1984	-1667	-2143	3069	-741	529	326	-1304	-7.082	4.305
高生态风险区	-2.037	2619	-1323	1905	-3545	2381	-344	79	326	45	-6.924	7.030

注：其中 x 为正值代表风险区重心向东移动，为负值即向西移动；y 为正值代表向北移动，为负值代表向南移动

2010—2015 年，人类建设活动强度加剧，北仑区生态风险进一步升高。西北部的小港街道、戚家山街道形成沿甬江分布的建设用地带，沿江区域的中生态风险区逐渐转变为了较高生态风险区。北部平原区域，新碶街道、大碶街道、霞浦街道的建设用地相互连通，此区高生态风险区扩大了 21.5 km² 的范围，增大了 72%。2013 年大榭二桥试运营使大榭街道交通条件改善，榭西榭北工业区快速发展，与此同时，榭西榭北也出现了低生态风险区转变为了较高生态风险区、中生态风险区，生态风险大幅上升，开发利用中如何找到经济价值与生态价值的平衡点仍是一个值得思考的问题。

五、景观生态风险等级转移分析

因为同一时段同时存在着其他等级生态风险区转入与此等级生态风险区转出，故单纯从生态风险区的净变化量无法确定其实际的生态风险区转换情况。利用 ArcGIS 10.2 的叠加分析功能得到各时期生态风险区转移矩阵，并用矩阵 A_{ij}、B_{ij}、C_{ij}、D_{ij}、E_{ij}、Z_{ij} 分别表示 1990—1995 年、1995—2000 年、2000—2005 年、2005—2010 年、2010—2015 年、1990—2015 年，其中 i、j 分别等于 1（表示低等级生态风险区）、2（表示较低等级生态风险区）、3（表示中等级生态风险区）、4（表示较高等级生态风险区）、5（表示高等级生态风险区），并统计主要的生态风险转移量，得表 8.4。

$$A_{ij} = \begin{bmatrix} 293 & 59 & 3 & 0 & 0 \\ 1 & 30 & 77 & 15 & 0 \\ 0 & 2 & 14 & 24 & 8 \\ 0 & 0 & 1 & 8 & 13 \\ 0 & 0 & 0 & 0 & 10 \end{bmatrix} \quad B_{ij} = \begin{bmatrix} 289 & 5 & 0 & 0 & 0 \\ 21 & 67 & 5 & 0 & 0 \\ 0 & 33 & 58 & 4 & 0 \\ 0 & 0 & 24 & 21 & 3 \\ 0 & 0 & 0 & 9 & 21 \end{bmatrix}$$

$$C_{ij} = \begin{bmatrix} 273 & 35 & 2 & 0 & 0 \\ 7 & 62 & 31 & 4 & 0 \\ 1 & 11 & 44 & 20 & 12 \\ 0 & 3 & 10 & 12 & 10 \\ 0 & 1 & 5 & 5 & 12 \end{bmatrix} \quad D_{ij} = \begin{bmatrix} 262 & 18 & 0 & 0 & 0 \\ 8 & 81 & 22 & 0 & 0 \\ 0 & 7 & 76 & 8 & 0 \\ 0 & 0 & 7 & 32 & 1 \\ 0 & 0 & 0 & 7 & 28 \end{bmatrix}$$

$$Z_{ij} = \begin{bmatrix} 251 & 77 & 23 & 3 & 0 \\ 0 & 18 & 55 & 30 & 22 \\ 0 & 7 & 14 & 8 & 19 \\ 0 & 1 & 10 & 4 & 7 \\ 0 & 0 & 2 & 4 & 3 \end{bmatrix} \quad E_{ij} = \begin{bmatrix} 247 & 18 & 3 & 0 & 0 \\ 4 & 82 & 19 & 2 & 0 \\ 0 & 3 & 79 & 21 & 3 \\ 0 & 0 & 3 & 26 & 18 \\ 0 & 0 & 0 & 0 & 30 \end{bmatrix}$$

对各时间段生态风险转化量进行分析，1990—2015 年的 25 年间，研究区内由低等级的生态风险区转向高等级的生态风险区的面积为 238 km²，占研究区总面积的

42.5%，大量分布于小港街道、戚家山街道、新碶街道、大碶街道、霞浦街道、柴桥街道、白峰镇、大榭街道，其中变化最为显著的是低生态风险区转换为较低生态风险区，面积减少了77 km²，这些区域的分布环绕着灵峰山、天台山余脉。因为人类持续开发山麓低坡地带，过程中生态风险较高的建设用地占用风险值较低的林地、耕地，提高了这一地带的生态风险。此外，由较低生态风险区转变为中生态风险区的面积也达到55 km²，集中分布于小港街道、戚家山街道、柴桥街道、梅山街道中央平原地区，少量分布于大碶街道南部，这些年北仑城市发展迅速，这些区域虽然不是中心城区，但是开发活动也十分强烈，大量建设用地占用耕地、水体，使这些区域生态风险上升。而在25年间，生态风险由高转向低的区域面积仅有25 km²，占区域总面积的4.4%。

表8.4　1990—2015年北仑区主要生态风险等级转化量

面积（km²）	1990—1995年	1995—2000年	2000—2005年	2005—2010年	2010—2015年	1990—2015年
1~2	59	5	35	18	18	77
1~3	3	0	2	0	3	23
2~1	1	21	7	8	4	0
2~3	77	5	31	22	19	55
2~4	15	0	4	0	2	30
3~2	2	33	11	7	3	7
3~4	24	4	20	8	21	8
3~5	8	0	12	0	3	19
4~3	1	24	10	7	3	10
4~5	13	3	10	1	18	7
5~4	0	9	5	7	0	4

　　分阶段来看，1990—1995年生态风险的上升十分显著，由低生态风险区转变为较低生态风险区的面积达59 km²，由较低等级的生态风险区转变为中生态风险区面积达77 km²，分布于山麓地带及其周边2.5 km之内，这5年的变化是1990—2015年25年间变化的缩影。1995—2000年与2000—2005年同样有大量低生态风险区转变为较低生态风险区、较低生态风险区转变为中生态风险区，但在后一阶段中出现了中生态风险区、较高生态风险区转变为更高危等级的生态风险区，此类区域面积达到41 km²，占风险升高区域总面积的36%，这说明2000—2005年研究区内中、较高生态风险区域不仅有横向面积的增大，还有纵向风险值上升的趋势。这些区域主要分布于新碶街道与

大碶街道的中心城区部分，此区域是经济发展的重心地区，周边农村居民不断涌入，居住用地、港口码头、交通用地与基础设施的建设需占用大量周围的耕地，加速了环境的恶化，区域生态风险上升。2005—2015 年，生态风险升高的区域面积分别为 50 km^2、85 km^2，整体相对前 15 年有所放缓，但其中中生态风险区转变为较高生态风险区面积年均达 2.9 km^2，且均分布于 10 年内城区拓展部分，这是研究区城市化过程中城区持续向外扩张的体现。研究区三面环山，适宜建城的平原面积有限，今后的发展需要更多地转向产业结构优化、高新技术引进等纵向的发展，以此来调整依赖土地的经济发展模式。

面对不断上升的区域环境生态风险和社会经济发展的需求，人们一方面在开发过程中要开始重视城镇建设、生态环境和社会经济发展之间的关系进行耦合研究和综合评价，制定适合区域发展的规划，保护生态环境，提高土地利用效率，切实做到以人为本的科学可持续发展；另一方面，对增强区域生态风险管理的意识，把握整体，依据不同的风险级别采用相应的管理对策，高危区域重点管理，并在今后的建设中因地制宜、合理规划。

六、结论

（1）1990—2015 年，林地与耕地是研究区主要景观类型，1990 年两者占总面积的三分之二，景观类型的转变主要体现在建设用地面积增加，耕地面积减少；研究区景观破碎化愈加明显，边界密度、多样性、均匀度不断增加；其中破碎化最为显著的类型是建设用地与耕地，25 年内建设用地边界密度增加了 117%，耕地平均斑块面积减少了 61%。

（2）25 年间，研究区内低生态风险区大量减少，而中、较高和高生态风险区面积显著增加；高生态风险区主要分布于北部平原地区，重心向西南方向移动，这与建设用地扩张的趋势一致；在灵峰山、天台山余脉的山麓地带，人类开发活动使大量低生态风险区转变为较低生态风险区。

（3）在研究时段内，研究区内由低等级生态风险区转向高等级生态风险区的面积为 238 km^2，占研究区总面积的 42.5%，而生态风险由高转向低的区域面积仅占总面积的 4.4%；研究时段前期以低生态风险区、较低生态风险区转向中生态风险区为主，后阶段中生态风险区转向较高生态风险区、高生态风险区的情况也有所增加；1990—1995 年、2000—2005 年、2010—2015 年三个时间段生态风险转换面积较大，表征人类开发活动较为剧烈。

第二节 快速城镇化背景下的宁波北仑区农村
居民点时空变化特征及驱动力分析

随着我国农村现代化建设的加快,农村建设与发展愈发得到各方面重视。截至 2015 年末,中国仍有 6.03 亿农村人口(占全国人口比重 43.90%),农村聚落仍为我国必不可少的聚居形式(Zhou et al.,2013)。农村居民点由于其自身扩张和城市"挤压",用地规模增加缓慢,但将其同农村人口的过缓慢增加甚至急剧缩减相结合,则发现农村聚落出现了"减人不减地"的奇特现象(冯长春等,2012)。我国农村居民点用地长期以来存在着规模小、数量多、空间布局松散无序等粗放低效利用的现象,严重影响着农村产业化、城镇化和现代化进程(王彬武等,2011)。近年来,农村居民点的研究主要可分为以下 3 个方面:研究技术手段多样,主要有遥感动态监测(刘芳等,2009),GIS 与 RS 综合(任平等,2014;刘晓清等,2011)及空间统计相关(陈阳等,2014)等。研究尺度丰富,包括国家层面(冯长春等,2012)、省域(刘芳等,2010)、市域(海贝贝等,2013;李玉华等,2014)、县域(龙英等,2012;张佰林等,2016)和村域(闵婕,2014)等。研究内容广泛,主要集中在时空变化特征(李君等,2009;冯应斌,2014;刘芳,2010),驱动因素分析(宋开山等,2008;王介勇等,2010),景观格局时空分异(刘进超等,2009;谭雪兰等,2015;师满江等,2016),时空格局演变(张佰林等,2016;李全林等,2012;姜婵婵,2015)及土地集约节约利用(周跃云等,2010)等方面。当前,中国快速城镇化进程使得农村居民点用地在形态、结构、分布上发生着剧烈的变化。进行农村居民点用地时空变化研究,探索其驱动因素,对提高农村土地资源集约利用、农村居民点科学规划具有重要理论和实践价值。宁波市北仑区处于东南沿海,经济发达,本书拟基于遥感和 GIS 技术,结合景观生态学等方法,对北仑区 1990—2015 年农村居民点时空变化特征及驱动因素进行分析,以期为北仑区农村居民点合理布局提供科学参考。

一、数据来源与处理

研究数据源包括 1990 年、1995 年、2000 年、2005 年、2010 年和 2015 年共 6 期的 Landsat TM/OLI 遥感影像,均来源于美国地质调查局(USGS)官方网站(http://glovis.usgs.gov/),空间分辨率为 30 m。为保证居民点信息的较准确提取,选择云量少于 10%且主要为春秋季节的影像(表 8.5)。此外研究数据还包括北仑区 1990 年和 2015 年土地利用现状图(1:50 000)、行政区划图(1:50 000)等数据。首先,利用 ENVI 5.1 遥感影像处理软件对获取数据进行包括大气校正、几何精校正、假彩色合成等前期预处理,运用 2015 年宁波市北仑区行政边界进行影像裁剪,得到研究区影像数据。然后，在参考杨存建等（2000）基于 Landsat 数据居民点信息提取方法的基础上，结合北仑区 1990 年和 2015 年土地利用现状图（1：50 000）及影像实际，将北仑区土地利用类型划分为 8 类：农村居民点、城镇用地、其他建设用地、耕地、林地、草地、水域和未利用地。之后，借助 ENVI 5.1 和 ArcGIS 10.2 软件，采用监督分类法并结合目视解译提取地物信息。根据实际制图经验，发现在进行遥感影像解译时，所识别 8 类土地利用类型中，比较难分离的主要有居民点与城镇用地、耕地与草地，故选取这四类土地类型进行精度检验。参考任平等（2015）精度检验采样 3.98 个/km²，本书 4.12 个/km²，共 200 个样点。其中居民点、城镇用地各选取 65 个，耕地和草地则相对较少，选取各 35 个。通过原始影像的目视判读结合实地调查，发现 88% 的地类能被正确识别，其中农村居民点识别 86.9%，可继续进行研究。实地调研时间为 2016 年 9 月至 2016 年 12 月，8 人共分为 4 组进行实地考察。最终，得到宁波市北仑区 6 期农村居民点用地分布图（图 8.3）。

表 8.5　卫星遥感数据表

年份	传感器	条带号	行列号	成像时间	分辨率	波段	遥感卫星
1990	TM	118	039	0307	30 m	7	Land sat5
1995	TM	118	039	0305	30 m	7	Land sat5
2000	TM	118	039	0606	30 m	7	Land sat5
2005	TM	118	039	1127	30 m	7	Land sat5
2010	TM	118	039	1109	30 m	7	Land sat5
2015	OLI	118	039	0803	30 m	11	Land sat8

二、研究方法

（一）土地利用动态度

研究各类型土地面积的数量和速度变化，可以得到研究时段内不同土地类型的总量变化态势和结构演变趋势等（张安定等，2007）。本研究采用单一土地利用类型动态度来研究农村居民点数量的变化，刘纪远等（2000）、王思远等（2001）提出了可行性的土地利用动态度模型，其表达式为：

$$K = (U_b - U_a) / U_a \times 1/T \times 100\% \qquad （公式 8.2）$$

式中：K 为研究时段内某一土地利用类型动态度；U_a、U_b 分别是研究期初和研究期末某一土地利用类型的数量；T 为研究时段长。

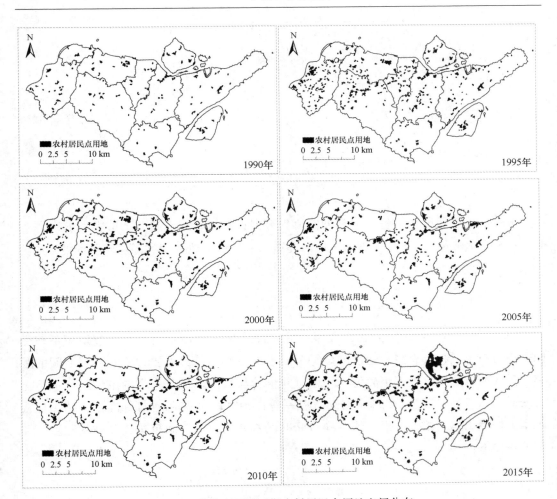

图8.4　北仑区不同时期农村居民点用地空间分布

（二）土地利用流转模型

土地利用转换矩阵可以反映研究时段始末各土地类型面积之间的相互转化关系，不仅具有详实的各时段静态土地利用类型面积，还隐含着不同时段的动态变化信息，便于了解各类型土地面积增加和减少的来源出处（刘艳芬，2007）。其表达式为：

$$
T_1 \begin{array}{|ccccc}
 & & T_2 & & \\
S_{11} & S_{12} & S_{13} & \cdots & S_{1n} \\
S_{21} & S_{22} & S_{23} & \cdots & S_{2n} \\
S_{31} & S_{32} & S_{33} & \cdots & S_{3n} \\
\cdots & \cdots & \cdots & \cdots & \cdots \\
S_{n1} & S_{n2} & S_{n3} & \cdots & S_{nn}
\end{array}
\qquad \text{(公式 8.3)}
$$

式中：T_1 为研究初期各土地类型的流失方向；T_2 为研究末期各土地类型的来源与构成；S 表示转移的面积；n 表示土地的类型；S_{ij} 表示土地利用类型从转移前的 i 地类转成转移后的 j 地类的面积。

（三）平均最邻近指数

Clark 和 Evans 于 1954 年提出最邻近指数法，1969 年 King 将其引入城镇聚落的空间分布分析。其核心思想是通过测量每个要素的质心与其最近要素质心位置之间的距离，计算所有这些最近邻距离的平均值，并将其与假设随机分布中的平均距离进行比较从而判断研究要素是否为聚集分布（任平等，2014），并通过计算标准化 Z 值，比较观测平均距离与期望平均距离的差异与标准误差来确定二者间聚集或分散的程度。计算公式如下：

$$
ANN = \frac{\bar{D}_o}{\bar{D}_e} = \frac{\sum_{i=1}^{n} d_i / n}{\sqrt{n/A}/2} = \frac{2\sqrt{\lambda}}{n}\sum_{i=1}^{n} d_i
\qquad \text{(公式 8.4)}
$$

$$
SE_r = \frac{0.26136}{\sqrt{n^2/A}}
\qquad \text{(公式 8.5)}
$$

$$
Z = \frac{\bar{D}_o - \bar{D}_e}{SE_r}
\qquad \text{(公式 8.6)}
$$

式中，$\bar{D}_o$ 是每个居名点斑块质心与其最邻近斑块质心的观测平均距离；$\bar{D}_e$ 是假设随机模式下斑块质心的期望平均距离；n 为斑块总数；d 为距离；A 为研究区面积。如果 $ANN < 1$ 则观测模式比随机模式聚集；反之，则表明观测模式比随机模式分散。当显著性水平为 α 时，Z 的置信区间为 $-Z_\alpha \leqslant Z \leqslant Z_\alpha$。如果 $Z < -Z_\alpha$ 或 $Z > Z_\alpha$，就可以认为在显著性水平 α 下，所计算出的观测模式与随机模式之间的差值具有统计显著性；反之，如果 $-Z_\alpha < Z < Z_\alpha$，则认为尽管观测模式看上去更加聚集或更加分散，但显著

性不高。

（四）核密度估计

核密度估计（KDE）是一种非参数的表面密度计算方法，根据输入的要素数据集计算整个区域的数据聚集状况，从而产生一个连续的密度表面。核密度估计值越高，农村居民点的分布密度越大（海贝贝等，2013）。其表达式为：

$$f(x, y) = \frac{1}{nh^2} \sum_{i=1}^{n} k\left(\frac{d_i}{n}\right) \qquad (公式8.7)$$

式中：$f(x, y)$ 为位于 (x, y) 位置的密度估计；n 为观测数量；h 为宽带；k 为核函数；d_i 为位置距第 i 个观测位置的距离。

（五）景观格局指数

景观指数是指能够高度浓缩景观格局信息，反映其结构组成和空间配置某方面特征的简单定量指标。景观生态学方法可以很好地描述农村居民点矢量数据斑块的大小、形状及分布情况（Tian，2012）。因此，本书选择以下指标：斑块总面积（CA），斑块数（NP），平均斑块面积（MPS），最大斑块指数（LPI）和斑块面积标准差（PSSD），来揭示北仑区农村居民点斑块规模的变化趋势、原因及居民点斑块规模大小差异的变化趋势。其中，平均斑块面积（MPS）可以表征区域内农村居民点斑块的平均用地规模大小；斑块面积标准差（PSSD）可反映农村居民点分布规模间的大小差异程度；LPI 指区域中农村居民点最大斑块面积比例，可反映斑块形态的复杂程度。此外，还可通过将斑块总面积（CA），斑块数（NP）及平均斑块面积（MPS）结合，一起分析三者间的相互影响关系。

三、农村居民点用地规模与结构变化特征

利用土地利用类型单一动态度和景观格局指数共同探析北仑区农村居民点的用地规模变化特征。土地利用类型单一动态度可以反映居民点用地面积各个时段的变化速度，体现土地利用过程的演变态势，而景观格局指数（部分指标）在补充说明速度变化外，还可以对居民点用地的平均斑块规模、斑块数量和斑块总面积变化及三者之间的相互关系进行表征，显现居民点斑块规模差异。二者可以从数量和景观两个不同角度，共同反映居民点用地的规模变化。

（一）用地规模速度变化

根据北仑区农村居民点面积统计数据，利用公式（1）得到 1990—2015 年 5 个时段居民点用地的动态度变化结果（图 8.4）。研究期内，除 1995—2000 年时段动态度处

于零值以下外，其余时段均为正值，北仑区农村居民点用地处于不断扩张的动态变化中。从各时段变化分析看，1990—1995 年，动态度变化值最大，为 25.99%，此时段面积增速为最大；而 1995—2000 年和 2000—2005 年动态度值在零值附近波动，农村居民点用地面积基本处于负增长或不增长状态，变化微弱；到 2005—2010 年和 2010—2015 年时段，动态度开始增加，截至最末时段，动态度达到 7.57%，北仑区农村居民点用地新的扩张趋势明显。

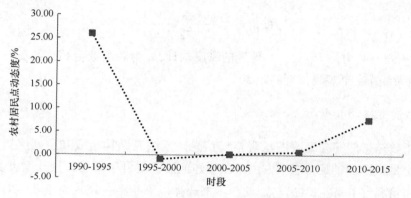

图 8.5　1990—2015 年农村居民点动态度

（二）用地规模差异变化

从表 8.6 可以看出，北仑区农村居民点用地斑块面积 CA 呈现出"先增—后减—再增"的变化趋势，由初期 1990 年的 967 hm^2 增至 1995 年的 2 249 hm^2，到 2000 年减至 2 138 hm^2，此后持续增加，至 2015 年达 3 064 hm^2。这基本与居民点动态度相吻合，首末两时段增长趋势较为明显，其余时段小幅度变动。斑块平均规模 MPS 表现为"小幅减少—大幅增加"变化趋势，从 1990 年的初值 7.50 hm^2 略微下降为 1995 年的 7.37 hm^2 后，经过四年不同幅度的增长，至 2015 年增为 13.93 hm^2。斑块总数 NP "先增—后减—再增"，由 1990 年的 129 个大幅增至 1995 年的 305 个，2000 年至 2010 年持续下降至 212 个，到 2015 年增为 220 个。斑块平均规模 MPS 增加显著，而斑块总数 NP 在前 15 年变动较为剧烈。各时段分析，1990—1995 年，CA 与 NP 同时增加，但 MPS 减少，1995—2000 年则相反，CA 与 NP 同时减少，而 MPS 增加，说明这两时段 MPS 变化主要受 NP 影响。2000—2005 年和 2005—2010 年时段，都为 CA 增加 NP 减少，MPS 增加，MPS 变化由 CA 和 NP 共同影响。2010—2015 年，CA 与 NP 都为增加，MPS 也增加，此时段 CA 对 MPS 的影响居主要地位。此外，25 年间最大斑块指数 LPI 持续增加，由初期 0.0641 增至末期 1.2107，扩张速度为 18.89 倍，斑块面积标准差 PSSD 由 1990 年的 85.54 上升至 2015 年的 360.23，增幅为 321.12%，二者共同说明 25

年来北仑区斑块规模大小差异越来越显著。

表 8.6　北仑区农村居民点用地规模指数动态变化

年份	CA	NP	MPS	LPI	PSSD
1990	967	129	7.50	0.0641	85.54
1995	2249	305	7.37	0.1420	129.05
2000	2138	249	8.59	0.2304	149.05
2005	2142	213	10.06	0.2685	155.28
2010	2213	212	10.44	0.2685	153.14
2015	3064	220	13.93	1.2107	360.23

注：CA 为斑块总面积（单位：hm^2），NP 为斑块个数，MPS 为平均斑块面积（单位：hm^2），LPI 为最大斑块指数，PSSD 为斑块面积标准差。

（三）农村居民点结构变化特征

利用 ArcGIS 10.2 软件，得到北仑区 1990—2015 年农村居民地用地面积转移矩阵（表 8.7）。各研究时段中，农村居民点与耕地和林地之间的转换最为频繁，其中耕地为主体。1990—1995 年和 2010—2015 年时段居民点面积的转入较为剧烈，面积分别为 13.02 km^2 和 9.39 km^2；而 1995—2000 年和 2000—2005 年虽然面积流转幅度较小，转入转出幅度基本相当，但是参与居民点土地增减变化的土地类型较为丰富，城镇用地进入居民点用地流转过程；2005—2010 年时段较为特殊，除耕地的小面积转入外，无其他任何用地类型的转出入变化，居民点面积变动微小。北仑区居民点用地的扩张，主要是建立在占用耕地的基础上，而对于以往研究中城市化建设占用大量居民点用地的情况在北仑区则没有较为明显的体现。

表 8.7　1990—2015 年农村居民点转移矩阵　　　　　　　　　　（km^2）

研究时段	转换类型	耕地	林地	水域	城镇用地	其他建设用地	合计
1990—1995 年	转入	12.39	0.63	0	—	—	13.02
	转出	0.32	0.09	—	—	0	0.41
1995—2000 年	转入	1.00	0.12	0.01	0.43	0	1.56
	转出	2.15	0.39	0	0.01	0	2.55

研究时段	转换类型	耕地	林地	水域	城镇用地	其他建设用地	合计
2000—2005 年	转入	2.86	0.55	—	—	0	3.41
	转出	0.14	0.01	—	3.08	0	3.23
2005—2010 年	转入	0.71	—	—	0	0	0.71
	转出	0	0	0	0	0	0
2010—2015 年	转入	7.52	1.26	0.61	0	0	9.39
	转出	0.14	0.01	—	0	0.85	1

（说明：表中"—"表示无面积转化，"0"表示变化面积微小，可忽略不计）

四、农村居民点空间分布特征

核密度估计和平均最邻近指数两种指标模型，本质都可用来刻画居民点的空间集聚效应，其中平均最邻近指数对于区域各年份的整体聚集特征和长时间序列的聚集比较有很好的说明，而核密度估计则更为细致，可对区域各个部分的居民点聚集态势进行直观的体现，是分析居民点空间集聚特征分异的有效手段之一。

（一）区域居民点聚集特征

在 ArcGIS 10.2 中，利用 Near 工具，计算各年份北仑区农村居民点质心及各农村居民点之间的最近距离，根据公式 8.4、8.5 计算各年份农村居民点最近邻点平均距离的观测值和期望值及相应的 ANN 统计量，并通过公式 8.6 得到标准化 Z 值，结果如表 8.8 所示。表中数据显示，1990 年 ANN 值大于 1，而其余年份则均小于 1，表明 1990 年居民点的空间分布比随机模式分散，其余年份则都比随机模式聚集；标准化 Z 值除 1990 年外，均小于 -1.96，说明在显著性水平 0.05 水平下，居民点空间分布聚集态势均比较明显；对比各年份 ANN 值发现，1995 年居民点分布最为集聚，2005 年则聚集程度最低（1995 年 ANN 值更趋近于 0，趋于完全集聚分布）。

表 8.8　1990—2015 年农村居民点分布最邻近指数

年份	居民点总数（个）	最近邻点平均距离（观测）/m	最近邻点平均距离（期望）/m	ANN	标准化 Z 值	P
1990	120	1121.10	1096.68	1.02	0.466650	0.640750

年份	居民点总数（个）	最近邻点平均距离（观测）/m	最近邻点平均距离（期望）/m	ANN	标准化Z值	P
1995	301	695.71	1003.43	0.69	-10.178540	0
2000	246	742.450	1102.52	0.67	-9.797957	0
2005	209	827.27	1107.63	0.75	-7.000399	0
2010	212	816.096	1097.98	0.74	-7.151112	0
2015	237	732.42	1040.700	0.70	-8.724257	0

（二）区域居民点集聚分异

在 ArcGIS 10.2 中，利用 Kernel Density 工具制作核密度图时，搜索半径 h 的选择对于最终生成结果影响很大，半径过小，空间上点密度的变化可能光滑效果不佳，而 h 过大，光滑效果虽较好，但是却会影响密度结果的真实性（蔡雪娇等，2012）。本研究在参考前人成果的基础上，经过多次试验，确定采用 3 km 的搜索半径来进行农村居民点空间分布的核密度估计，以期生成较好效果的北仑区农村居民点核密度分布图，结果如图 8.5 所示。可以看出：① 1990 年核密度最高值为 0.600 3 个/km^2，1995 年为 1.784 4 个/km^2，区内居民点数量增加明显，2000 年最高值下降为 1.266 5 个/km^2，2005 年持续下降为 1.097 3 个/km^2，2010 年维持 2005 年原状，3 个年份中居民点数量的单位面积变化较小，2015 年基本恢复到 2000 年水平。北仑区农村居民点单位面积分布波动变化，单位面积分布均在 2 个/km^2 内。② 北仑区居民点核密度分布呈现西部集聚成片、中部双核互动和东部零散错落布局。西部为高密度集聚区，主要原因来自于区位优势，靠近市区，发展机遇良好；中部的密度集聚区由 1990 年的零散分布发展为 2010 年、2015 年明显的双核模式，居民点之间联系愈发紧密；东部密度值持续为较低，位于象山港湾区，属生态型港湾，而《宁波市白峰镇总体规划》中强调力争做好生态、岸线、港口物流等三类用地的留足、留好目标，在一定程度上限制了该区居民点扩张。③ 比较明显的变化在于北部岛屿（大榭）附近于 2015 年出现一个较为明显的高密度区，这与大榭岛屿开发建设密切相关，在未来此区域的农村居民点发展将较为活跃。

五、居民点变化驱动因素分析

北仑区农村居民点的变化受多重因素影响，为地形、人口、交通及政策的综合作

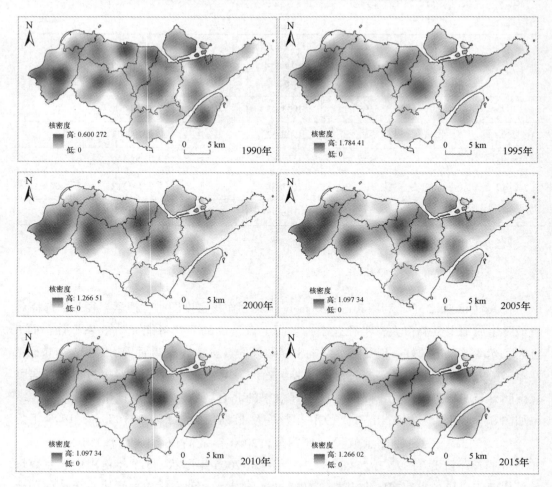

图 8.6　1990—2015 年北仑区农村居民点用地核密度分布图

用效应。人口是一地发展的动力与活力，人类对于住房、交通、公服等设施的需求刺激着居民点用地的变化。整体而言（图 8.6），北仑区人口在所研究的 6 个年份中交替增减，但增幅远大于减幅，整体人口处于增长状态，增长人口对于生存设施的需求使得北仑区居民点面积相应增加。分时段来看，1990—1995 年、2010—2015 年，居民点面积、农村人口及人均居民点面积三者同时增加；1995—2000 年，居民点面积和农村人口二者同时下降，人均居民点用地面积小幅上涨；2000—2005 年，居民点面积略微增加，农村人口大幅增加，居民点人均量下降明显；2005—2010 年，居民点面积增加，农村人口减少，人均居民点占有量增加。可知，首末两时段人均居民点用地变化主要受居民点面积增减变化影响，而 1995—2000 年、2000—2005 年受人口影响突出，2005—2010 年为面积与人口共同控制。农村人口对于居民点用地的影响，在 1995—2000 年和 2000—2005 年最为明显。

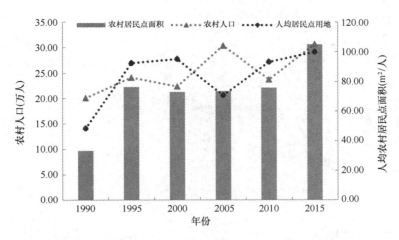

图 8.7　北仑区 1990—2015 年农村居民点用地变化趋势图

　　居民点的分布与交通线路的走向相互影响，居民点毗邻交通，生产和生活活动便捷，同时居民点的发展需求也会促进交通线路的增设、改建等。以 25 年北仑区基本交通线路布局为基础（图 8.7），分析居民点布局与道路之间的相互影响关系。1990 年北仑区农村居民点数量少且分布比较均匀，道路和居民点分布没有明显的影响关系。至 1995 年，北仑区居民点数量和面积迅速扩张，分别增为原来的 2.5 倍和 2.3 倍。区内国道（G329）建设全部完成，修建与改建数十条各级公路，实现了区内"一半以上乡镇通公交车"。这一时期居民点紧邻 G329 国道分布，尤其以大碶街道境内为突出。北仑区居民点分布格局初步形成，之后相当一段时间内的居民点演变均在该布局基础上变动。2000 年，居民点数量有所减少，其中小港街道减少最明显，其基本布局承继 1995 年。该时期区内交通发展主要为对外，如镇（海）大（碶）线改建、沿海大通道——同三线宁波路段开工建设以及北仑至大朱家段沿海高速公路的建设等，主要为对外交通的建设和改建。此外，区内大榭岛和穿山半岛交通条件大幅改善，包括跨海大桥的修建和与相关公路的对接，尤其是大榭岛，与区内联系紧密。2005 年，居民点数量继续大幅减少，减少 37 个，主要发生在新碶街道、大碶街道和霞浦街道。虽数量减少，但居民点面积比之 2000 年，变化不大，主要为居民点合并，部分居民点规模增大，2005 年平均斑块面积 MPS 增加 17.11%。该时期的交通发展主要为大榭开发区和北仑港的加深，区内重点在于文化、旅游等的建设，如瑞岩禅寺迁建、金鸡山瞭望台本体维护、迎恩寺大雄宝殿奠基等。2010—2015 年，宁波城际绕城高速西段北仑境内于 2009 年开通，道路沿线居民点分布密集。2012 年穿山疏港高速公路建成通车，实现区内高速交通的东西贯通，服务范围基本辐射周边，附近居民点分布规模较大，2015 年平均斑块面积 MPS 增幅为 33.43%。北仑区地势起伏较大的南部地区，交通发展主要以县、村级道路为主，居民点沿道路串珠状分布趋势显著。

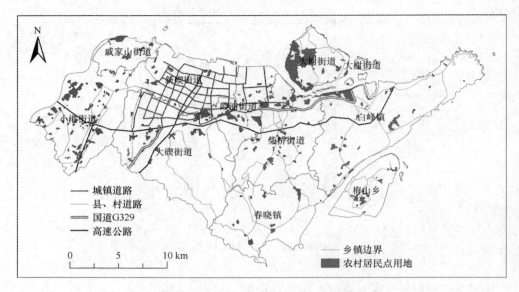

图 8.8　北仑区 2015 年基本交通线路图

　　除人类局部的挖填堆建活动会引起地形的较小起伏外，一地的地貌通常较为稳定，而地形作为聚落形成的最初始基础，对其分布影响重大，并长期作用于后续的发展当中。将北仑区依据高程分为 DEM<100 m（Ⅰ）、100 m≤DEM<300 m（Ⅱ）、300 m≤DEM<500 m（Ⅲ）、DEM>500 m（Ⅳ）四区（图 8.8）。北仑区境处宁绍平原东端，平均 DEM 为 70 m，最大高程 662 m。西北的戚家山、小港街道和中部的新碶、霞浦街道为灵峰山间隔的丘陵和平原地区，大部分地区 DEM<100 m，地形较为平坦，适宜居民点发展。其中，小港街道同大碶街道交界的东南部主要为高程大于 100 m 的Ⅱ区，该地区 25 年来极少有居民点发展，且其周边居民点均向 DEM 低值地区扩展。区内地形起伏较大的街道主要有大碶、春晓和白峰，丛山连绵，属天台山余脉。大碶街道约 1/3 地区地面高程大于 100 m，所划分四类高程在此区域内均有分布，且Ⅱ、Ⅲ、Ⅳ区分布较广。1990 年大碶街道内居民点数量为 16 个，至 2015 年增至 36 个，面积由 1.41 km² 提升至 8.43 km²，居民点主要分布在街道中部地区，且主要沿 G329 聚集，地形的限制在一定程度上可以被交通等外部条件的建立所稀释。白峰镇小山峰众多，但环海山间有峡谷平原，较宽广的山间谷地为居民点发展提供了条件。镇内居民点经过 25 年的发展，不减反增，山区适宜发展花卉等产业，观赏价值大且经济效益高，为居民点发展提供了经济动力。此外，区内养殖基地的建设和部分围填海工程的实施，为渔业发展和旅游开发提供了基础，在一定程度上带动了周边居民点的发展。总体而言，北仑区居民点主要分布在Ⅰ区，极少部分分布于Ⅱ区，Ⅲ、Ⅳ两区则一直无居民点发展。广阔的山间谷地，地势低平，县级交通条件发展较好，居民点扩展演化。

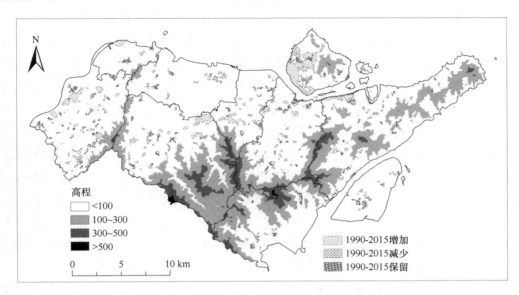

图 8.9　北仑区不同高程分区居民点面积变化分布图

在城乡发展差距日益严重的今天，国家及区域政府对于农村的关注前所未有，对农村发展的政策性导向，正是改变这一弊端的捷径之一。实施已有 12 年的"撤村并点"国家政策及北仑区 2007 年开始实施至今的"成片连线"新农村建设规划，引导区内新农村建设资源共享、整体规划，大碶街道九峰山区域七村连片规划试点效果突出，实现了土地资源、公共设施的有效调配与配置，农村废弃、闲置土地的合理利用和复垦。其良好效益在一定程度上引导着北仑地区农村居民点由规模小、分散零乱发展为规模大、分布规律格局。北仑区共发生两次大规模的行政变动，一次为 1992 年的扩镇并乡：将部分乡并入小港、大碶、新碶、柴桥、白峰、郭巨等镇，对区内居民点合理布局与发展起到了一定的引导作用。另一次为 2003 年，省政府撤销新碶镇、小港镇、大碶镇、霞浦镇、柴桥镇建制，设立街道办事处，由北仑区政府直辖，以原柴桥镇上刘、上车门、邹溪、燕湾、桂池、干岙 6 个行政村和三山乡合并设立春晓镇；撤销郭巨镇、白峰镇建制。奠定了 2005 年乃至至今的北仑区农村居民点布局形态。1993 年，国务院批复同意开发大榭岛，之后大榭岛对外交通不断发展，并与梅山保税区、北仑港等建立密切联系，其快速发展政策性领导起到重要作用，出现北仑区农村居民点新的核密度集聚区。

六、结论

（1）北仑区农村居民点用地规模在数量和景观水平上变化趋势一致，均为首末两时段变化显著，其余时段变化不大。其中每 5 年时段中动态度基本处于正值，居民点

用地规模在不断扩张。居民点空间平均规模 MPS 增长趋势明显，年平均增速为
25.72%，影响 MPS 变化的因素在 2000 年前以斑块总数 NP 为主，2000—2010 年为斑
块总数 NP 和总体居民点规模 CA 同时影响，2010 年后则以总体居民点规模 CA 为主。
最大斑块指数 LPI 和斑块面积标准差 PSSD 的持续增长，说明斑块规模大小的差异性有
所增加。参与居民点土地流转的用地类型主要为耕地和林地，其中以耕地为主，且始
末两时段转入最明显，转出幅度则均较小。

（2）北仑区农村居民点单位面积分布波动变化，但均在 2 个/km² 内；农村居民点
空间布局分异呈西部集聚成片、中部双核互动和东部零散错落格局，造成这种格局的
主要因素分别为区位、居民点间联系以及区域发展规划；2015 年北部岛屿（大榭）附
近出现一个较为明显的高密度区，未来该区域农村居民点发展将较为活跃；居民点区
域整体分布模式由分散转变为集聚，聚落间聚拢分布，并且集聚程度不断增加。农村
居民点的适当集聚成群，可使彼此间资源共享、优势互补，共同谋求快速发展。

（3）地形、人口、道路、政策及自身发展需求是其居民点用地发展变化的主要驱
动因素。其中在 1995—2000 年和 2000—2005 年受人口影响效果突出；1995 年和 2010
年前后区内国道 G329、绕城高速及穿山疏港高速的建成通车，显著体现了居民点发展
同交通线路走向之间的相互作用关系；2005 年开始居民点布局明显区别于之前，省级
对于区内乡镇行政范围的重调促使北仑区布局发生新的转变，并奠定未来布局基础；
截至 2015 年，大榭开发区建设成熟，基础设施完备，临港工业发达，区域居民点发展
迅速。农村居民点的合理科学规划，能够使居民点充分借助带动其发展的优势条件如
道路、区位等，实现农村自身的现代化快速发展。

第三节　快速城市化背景下宁波北仑绿地
系统演化及生态服务响应

近 30 年来，城市化的快速发展导致土地资源日趋紧张，人类对土地资源的高强
度、不合理利用，引起了生态系统景观格局的变化，导致严重的水土流失、地力衰减、
生态环境恶化和农林牧生产质量降低等环境问题。生态系统服务是指生态系统通过其
结构、过程和功能直接或间接得到的生命支持产品和服务（Costanza R. 等，1997）。生
态系统服务价值的变化实质就是景观格局动态变化的定量化反映和具体表现（魏伟等，
2013）。景观空间格局是指大小和形状不一的景观斑块在空间上的排列形式，它是景观
异质性的重要表现（邬建国，2007）。将生态服务价值与景观的集聚和均匀程度联系起
来是近期研究热点。自 1935 年 Tansley 提出生态系统概念以来，Daily 等（邬建国，
2007）众多学者从注重生态系统结构转向对生态系统功能的研究，Costanza 等人对全球
生态系统服务功能进行了划分和评估，之后其他学者从不同的角度对生态系统的服务

功能及其价值评估进行了研究（Bolund P.，等，1999；Bjorklund J. 等，1999；Holmund C. M. 等，1999）。国内现有的研究有谢高地等（2015）、李志等（2007）、彭建等（2004）、杨述河等（2004）、王耀宗等（2010）总结出的生态价值相关量表，进行区域生态服务价值估算。

随着城市生态环境的恶化，针对城市绿地生态系统服务的研究也日益增多。目前对城市绿地生态服务价值的研究以定性分析为主，量化研究较少。张绪良等（2012）、荆克晶等（2005）、段彦博等（2016）利用市场价值法、生产成本法、替代费用法等依据不同的评估体系分别对青岛、长春、郑州的城市绿地生态系统服务功能价值进行评估；李想等（2014）、胡忠秀等（2013）、李园园等（2006）结合景观生态学与生态系统服务功能评价模型分别分析了大连、西安、乌鲁木齐绿地系统生态服务价值时空分异。这些研究中对城市绿地的评估体系和计算方法没有统一的标准，侧重点和选取指标因子也有差异。本书在参考前人的研究基础上进行北仑区绿地景观动态及其生态价值变化定量化研究，对促进适宜人居环境建设以及城市经济可持续发展具有重要意义。

一、数据处理方法

以浙江省1990、1995、2000、2005、2010和2015年6期土地利用现状数据为基本信息源，依据《土地利用现状分类标准》（GB/T21010-2007），利用ArcGIS将北仑区土地利用景观归并为耕地、林地、草地、水域、城乡工矿居民用地、未利用地等6类，其中绿地景观又进一步分为2类：林地和草地，林地又分为有林地、灌木林、疏林地和其他林地，草地又分为高覆盖度、中覆盖度和低覆盖度草地，对绿地景观类型进行矢量赋值，并通过属性计算得出绿地系统各类景观的面积。粮食作物的数据来自《宁波市统计年鉴》。

（一）景观格局评价指标

利用马尔科夫转移矩阵和Fragstats软件进行绿地景观格局变化研究。马尔科夫矩阵可以反映景观类型之间的相互转换情况（TERRY R. E.，1996）。景观指数可以定量地描述和监测景观结构特征随时间的变化。根据研究目标及数据精度限制，从绿地景观斑块类型的景观镶嵌体层次上选取斑块数量（NP）、斑块密度（PD）、平均斑块面积（MPS）、斑块边界密度（ED）、斑块形态指数（LSI）、景观多样性指数（SHDI）、景观均匀度（SHEI）、聚集度（CONT）等指标进行绿地景观格局动态变化分析（徐谅慧等，2015）。

（二）北仑区绿地系统单位面积生态服务价值

生态服务价值系数即单位面积生态服务价值，指 $1hm^2$ 全国平均产量的农田每年自然粮食产量的经济价值。没有人力投入的自然生态系统提供的经济价值是现有单位面积农田提供的食物生产服务经济价值的1/7。其他生态系统服务价值是指相对于农田食物生产服务的贡献大小（谢高地等，2008）。参考谢高地等（2003，2005，2015）对生态价值的区域修正系数对北仑区单位面积绿地生态服务价值做出调整。每种绿地类型与单位面积生态系统服务价值当量中的二级地类相对应。以北仑区1990—2015年平均粮食产量4 862 kg·hm^{-2}为基准单位产量，通过北仑区1990—2015年平均粮食作物总产值和粮食作物产量得出平均粮食单价，计算出北仑区农田自然粮食产量的经济价值为2 524元·hm^{-2}，最后测算出北仑区绿地各景观类型单位面积生态服务价值（表8.9）。

（三）绿地景观生态系统服务功能价值评价

生态系统服务是人类从生态系统中获得的效益，是生产与形成生物资源价值的环境的价值量化。将绿地生态系统服务功能分为供给服务、调节服务、支持服务、文化服务4个一级类型，一级类别下细分为食物生产、原料生产、水资源供给、气体调节、气候调节、净化环境、水文调节、土壤保持、维持养分循环、生物多样性、美学景观等11个二级类型（Costanza R.，1997；MA（millennium Ecosystem Assessment），2005）。根据各类绿地景观面积和北仑区绿地系统单位面积生态服务价值测算绿地景观生态服务价值以及绿地系统单项生态服务功能价值（谢高地等，2008）。

$$ESV = \sum_{i=1}^{n} A_i V C_i, \quad T V_i = A_i V C_i \qquad (公式8.8)$$

式中 ESV 为研究区内所有绿地景观的生态系统服务总价值；EV_i 为每种绿地景观的生态服务价值；A_i 为研究区第 i 种绿地景观类型的面积；VC_i 为绿地景观生态价值系数，即单位面积第 i 种绿地景观类型的生态服务价值；n 为生态系统服务类型总数。

绿地生态贡献指数是指某一种绿地类型变化所导致的区域生态质量的改变（杨述河等，2004），根据绿地景观转移矩阵和绿地相对生态服务价值系数测算绿地生态服务价值的转移方向。

$$LEI = (C_j - C_i) L A_{i-j}/LA \qquad (公式8.9)$$

式中 LEI 为绿地生态贡献指数；C_i，C_j分别为第 i，j 种绿地景观类型所具有的相对生态价值；LA_{i-j}为研究时段内由第 i 种绿地景观类型变化为第 j 种景观类型的面积；LA 为研究区总面积。

表 8.9　北仑区绿地系统单位面积生态服务价值

（元·hm⁻²）

生态服务价值分类		林地				草地			
一级分类	二级分类	有林地	灌木林	疏林地	其他林地	高覆盖度草地	低覆盖度草地	低覆盖度草地	低盖度草地
供给服务	食物生产	555. 28	479. 56	731. 96	782. 44	252. 40	959. 12	555. 28
	原料生产	1 312. 48	1 085. 32	1 665. 84	1 792. 04	353. 36	1 413. 44	832. 92
	水资源供给	681. 48	555. 28	858. 16	933. 88	201. 92	782. 44	454. 32
调节服务	气体调节	4 290. 80	3 558. 84	5 477. 08	5 931. 40	1 287. 24	4 972. 28	2 877. 36
	气候调节	12 796. 68	10 676. 52	16 406. 00	17 743. 72	3 382. 16	13 150. 04	7 622. 48
	净化环境	3 760. 76	3 230. 72	4 871. 32	5 022. 76	1 110. 56	4 341. 28	2 524. 00
	水文调节	8 430. 16	8 455. 40	11 963. 76	8 859. 24	2 473. 52	9 641. 68	5 578. 04
支持服务	土壤保持	5 199. 44	4 341. 28	6 688. 60	7 218. 64	1 564. 88	6 057. 60	3 508. 36
	维持养分循环	403. 84	328. 12	504. 80	555. 28	126. 20	454. 32	277. 64
	生物多样性	4 745. 12	3 962. 68	6 082. 84	6 562. 40	1 413. 44	5 502. 32	3 205. 48
文化服务	美学景观	2 069. 68	1 741. 56	2 675. 44	2 877. 36	631. 00	2 423. 04	1 413. 44

二、宁波北仑区绿地景观动态演变特征

(一) 绿地规模动态分析

受快速城市化的影响，人类活动对自然资源的利用加强，随之对生态的干扰程度也加剧。绿地是北仑区最具代表性的土地利用类型，绿地的变化趋势可反映人类活动对自然景观的影响程度。通过 ArcGIS 空间矢量化处理得到北仑区各类绿地景观面积（表 8.10）。由表 8.10 可知，北仑区绿地面积呈减少趋势，1990、2015 年的绿地面积分别为 27 549.15、26 261.86 hm²，减少 1 287.29 hm²，占 5%。北仑区的绿地构成以林地为主，研究期间比例均大于 97%，草地所占比重较小，占比均不到 1%。在所划分的 7 小类绿地景观中，以有林地分布面积最广，且以北仑区林场和九峰山为中心，从西到东跨度最大。截至研究期末，有林地面积为 39 461.51 hm²，占全区面积的 86.24%，相比起始年 1990 年面积增加了 7.25%，其景观动态度为 0.29%。除有林地外，灌木林、疏林地、其他林地等林地类型面积都有显著减少，分别减少了 157.57 hm²、3 722.44 hm²、183.70 hm²，减少量为 1990 年的 35.32%、78.19% 和 35.06%。

(二) 北仑区绿地景观转换

为进一步研究景观类型间的转换关系、探索景观格局变化规律，采用转移矩阵方法进行分析（苏雷等，2014）。由表 8.11 可知，25 年来北仑区绿地景观同其他景观的相互转化在各阶段具有不同特征。1990—1995 年绿地面积增加 556.64 hm²，主要由耕地转换而来，可见退耕还林是绿地增加的主要原因。1995—2000 年绿地面积减少 509.34 hm²，其中 474.07 hm² 转为耕地，占减少量的 77.98%。2000—2005 年绿地面积减少了 523.34 hm²，其中 410.20 hm² 主要转化为建设用地，占减少量的 76.01%，说明快速城市化是绿地减少的主要原因。2005—2010 年绿地的转入转出基本平衡，此阶段人类开发对绿地的损害较低，只有少量绿地转化为建设用地。2010—2015 年绿地面积减少 808.04 hm²，绿地转为建设用地的转移比重为 97.83%，此阶段北仑区城市化水平加快，城市用地开发需求再次大幅增加，导致大量绿地被用于城乡建设用地。

表 8.10　北仑区绿地景观面积变化

（hm²）

年份	有林地	灌木林	疏林地	其他林地	高覆盖度草地	中覆盖度草地	低覆盖度草地	总计
1990	36 795.65	446.09	4 760.62	524.00	121.99	0.00	18.92	42 667.27
1995	41 624.91	299.60	1 499.58	668.66	100.34	0.00	0.00	44 193.09
2000	40 949.91	298.54	1 067.16	652.72	96.49	3.01	12.79	43 080.62
2005	40 117.04	288.52	1 067.59	617.57	96.49	3.01	104.64	42 294.86
2010	40 039.44	288.52	1 109.15	652.45	96.49	3.01	104.64	42 293.70
2015	39 461.51	288.52	1 038.18	340.30	96.49	3.01	104.64	41 332.65

表 8.11　1990—2015 年北仑区绿地景观转移矩阵　　　　　　（hm²）

年份	绿地	耕地	水域	建设用地	未利用地	总计
1990—1995	转出	170.28	40.51	140.61	6.88	358.28
	转入	891.44	10.45	13.03	—	914.92
1995—2000	转出	474.07	24.23	109.63	—	607.93
	转入	15.98	37.81	44.80	—	98.59
2000—2005	转出	105.47	23.97	410.20	—	539.64
	转入	13.51	1.27	1.52	—	16.30
2005—2010	转出	0.02	20.81	15.29	—	36.12
	转入	34.97	0.00	0.00	—	34.97
2010—2015	转出	59.73	1.33	790.53	—	851.59
	转入	42.62	0.02	0.91	—	43.55

注：—表示未发生转换

三、北仑区绿地景观空间格局变化

借助 Arcgis10.2 将 6 个时期的北仑区绿地景观类型矢量图转换为栅格图，采用 Fragstats3.4 可得到绿地景观水平指数（表 8.12）。在研究期内的 25 年间，北仑区绿地景观格局发生了很大的变化。北仑区绿地景观斑块数量明显减少，由 1990 年的 302 个减少到 2015 年的 125 个，减少了近 59%，与此同时斑块平均面积不断增加，由 1990 年的 91.146 hm²到 2015 年的 209.924 hm²，此外斑块密度减少了 16%。由此说明北仑区绿地的景观破碎度逐渐降低，景观朝着粗粒化发展。

表 8.12　1990-2015 年北仑区绿地景观水平格局指数

年份	NP	PD	MPS	ED	LSI	SHDI	SHEI	CONTAG	COHESION
1990	302	1.097	91.146	47.286	19.608	0.661	0.369	69.122	98.698
1995	114	0.406	246.474	36.589	15.301	0.398	0.247	78.970	99.415
2000	119	0.432	231.768	36.515	15.126	0.361	0.185	82.820	99.435
2005	123	0.455	219.895	38.942	16.016	0.381	0.196	81.804	99.455
2010	126	0.466	214.643	39.263	16.146	0.390	0.200	81.515	99.444
2015	125	0.476	209.924	39.855	16.101	0.344	0.177	82.582	99.490

边界密度和斑块形态指数呈现先减少后增加的趋势，但总体上还是减少趋势，说明斑块的破碎度降低导致斑块形状不断朝着规则化发展。绿地景观聚集度（CONTAG）、凝聚度（COHESION）增加表明各种绿地的斑块逐渐集中，空间连接性不断增强，不同类型间的绿地相邻排列，同一类型绿地景观之间的连通性增强。此外，Shannon 均匀度（SHEI）、Shannon 多样性（SHDI）越来越小，表明景观异质性不断减弱，个别类别的绿地景观斑块优势度上升，由上文可知是有林地的规模一直在增大，而其他绿地面积逐渐减少的原因。

景观格局指数呈现明显的阶段性，1990—1995 年绿地景观斑块数量下降了 62%，景观动态度即年变化速度为 12%，之后斑块数量基本保持不变，斑块密度从 1990 年的 1.097 减少到 1995 年的 0.406，之后密度一直增加。主要原因是 1990—1995 年为快速城市化初期，建设用地在北仑区不同区域快速扩张，散乱分布导致绿地格局剧烈变化，破碎化增强。1995—2015 年区域持续开发利用，合理规划下建设用地逐渐合并扩散，对绿地的影响减轻，导致 1995 年后的绿地景观破碎度降低。

四、绿地景观生态服务价值时空演化分析

（一）绿地景观生态服务价值变化特征

由表 8.13 可知，近 25 年来北仑区绿地生态系统服务总价值由 1990 年的 19.54 亿元下降到 2015 年的 18.41 亿元，减少了 6%，林地在整个绿地生态系统中贡献率达 98%。在林地面积减少、草地面积增加的情况下，总价值的下降主要由林地的规模决定，其中有林地起决定作用。研究期末有林地生态价值增加 11 795.32 万元，疏林地、灌木林、其他林地生态价值分别减少 21 562.50 万元、605.33 万元、1 070.58 万元。此外，林地、耕地、水域、未利用地面积分别减少 597.22 hm^2、10 045.27 hm^2、79.91 hm^2、70.98 hm^2，只有建设面积增加 11 483.12 hm^2，说明建设面积占用大量林地是北仑区绿地生态系统服务价值减少的主要原因。

表 8.13　1990—2015 年绿地景观生态系统服务价值变化

(10⁴元·a⁻¹)

年份	有林地 TVᵢ	灌木林 TVᵢ	疏林地 TVᵢ	其他林地 TVᵢ	高覆盖度草地 TVᵢ	中覆盖度草地 TVᵢ	低覆盖度草地 TVᵢ	所有绿地 ESV
1990	162 804.96	1 713.68	27 576.25	3 053.81	156.10	0.00	54.58	195 359.39
1995	184 172.41	1 150.93	8 686.45	3 896.87	128.40	14.96	36.90	198 086.92
2000	181 185.83	1 146.87	6 181.59	3 804.00	123.48	14.96	36.90	192 493.62
2005	177 500.73	1 108.34	6 181.59	3 599.16	123.48	14.96	301.89	188 830.14
2010	177 157.39	1 108.34	6 424.86	3 802.42	123.48	14.96	301.89	188 933.34
2015	174 600.28	1 108.34	6 013.75	1 983.23	123.48	14.96	301.89	184 145.93

（二）绿地景观生态服务价值构成的变化分析

由图8.9、图8.10可以看出，1990—2015年北仑区绿地景观一级生态系统服务类型中，各类生态系统服务价值呈减少趋势，可见生态系统提供的环境支撑能力处于下降趋势。其中调节服务价值变化率最大，降低了5.84%，供给服务价值、支持服务价值、文化服务价值分别降低了5.49%、5.54%、5.62%。

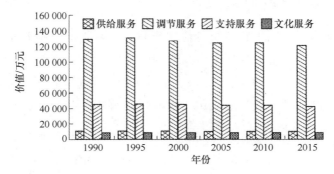

图8.10　北仑区绿地景观一级服务类型价值演变

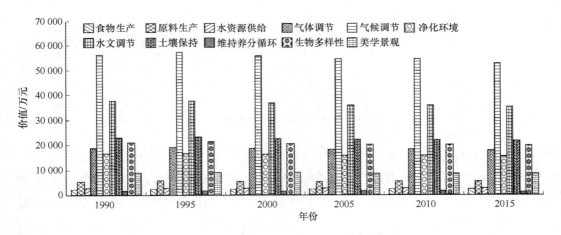

图8.11　北仑区绿地景观二级服务类型价值演变

绿地二级生态系统服务价值也呈下降趋势，其中气候调节、水文调节、土壤保持价值损失最多，分别减少3 129.12万元、2 457.63万元、1 276.79万元。而水文调节、食物生产、净化环境价值下降最快，减少率分别为6.54%、5.78%、5.63%。维持养分循环价值减少最少，为93.43万元，减少率为5.27%。11项绿地生态系统服务中气候调节、水文调节、土壤保持、生物多样性、气体调节产生的生态价值持续占主要成分，且生态价值比重一直保持在70%以上，其中仅气候调节就达30%。北仑区湿润多雨，绿地在一定程度上可以调节高温、空气湿度，在某种程度上还能起到调控气流的作用，使城市的气候保持在一个温和湿润的状态，因此气候调节是北仑区最主要的生态系统服务功能。北仑区紧靠东海，在水循环中绿地不仅能控制地表径流，在生物大循环中起到很好的连接作用，而且绿地在气、水、土壤方面也有很好的净化作用，大量动植物选择依附在此，绿地在维持生物多样性方面起着重要作用。

（三）北仑区绿地生态价值流分析

在 Costanza 等人对不同生态系统价值功能测算的基础上，参考谢高地对中国陆地生态系统单位面积生态价值的评估（谢高地等，2003）、彭建等对不同土地利用类型的相对生态价值赋值方法（彭建等，2004），结合东南沿海实际资源状况对各景观类型相对生态价值进行模糊赋值。通过北仑区土地利用转移矩阵与公式 2 建立绿地景观类型的生态贡献指数表（表 8.14）。

表 8.14　北仑绿地景观生态贡献指数　　　　　　　　　　　（%）

年份	耕地	水域	建设用地	未利用地
1990—1995	−0.212	−0.015	−0.240	−96.500
1995—2000	−0.591	−0.009	−0.187	−96.500
2000—2005	−0.132	−0.009	−0.700	−96.500
2005—2010	−	0.008	0.026	−96.500
2010—2015	−0.074	−	−1.349	−96.500

注：—表示未形成贡献

由表 8.14 可知，绿地转为未利用地生态价值损失贡献率最大，达 95% 以上，未利用地包括沙地、盐碱地、沼泽地、裸土地等，这类土地再利用难度大，无法转换为绿地。其次是绿地转换为建设用地对生态价值的损失贡献率较大，由 1990—1995 年的 0.24% 增加到 2010—2015 年的 1.35%，可见绿地转移对生态的损害呈加重趋势。其中 1995—2000 年的生态损害较前期有所减少，主要是此阶段有 44.80 hm² 的建设用地转化为绿地。2000—2005 年损失贡献率出现大幅增加，主要是此阶段城市化进程加快，大量绿地转化为建设用地，居民点建设及各类基础设施不断完善，人类活动影响下的人工地貌建设破坏了自然生态系统的原有的价值。2005—2010 年绿地转移对生态的贡献为正，主要是退耕还林政策下大量耕地转换为绿地。2010—2015 年绿地损失贡献率最大，主要是 2010 年北仑区首次作为全域城市化试点区，有 790.53 hm² 的绿地转为建设用地被用于新型城市化转型。

北仑区绿地主要转为耕地和建设用地，由于耕地单位生态价值比较高，转为耕地对生态价值的损失贡献指数极低，且逐渐降低。绿地转换为水域的贡献指数由研究初期对生态价值的负贡献转变为研究末期的正贡献，逐渐好转。

五、绿地生态服务价值的空间变化

运用 ArcGIS 空间分析功能对北仑区绿地景观的生态服务价值进行克里金空间插值形成生态趋势面，并分级赋值表示：小于 1 万元·hm^{-2} 为极低、1~2 万元·hm^{-2} 为低、2~3 万元·hm^{-2} 为中、3~4 万元·hm^{-2} 为高、大于 4 万元·hm^{-2} 为极高，最后得到绿地生态系统服务价值空间分布图（图 8.11）。

由图 8.11 可得，北仑区生态服务价值等级呈现不规则环状，由核心向外围生态价值逐渐降低。生态服务价值极高、高区域多为内陆地区，对应的绿地景观类型多为有林地、疏林地，多分布于南部九峰山、北仑区林场附近，向东分布在天万山、长坑山等区域。生态服务价值极低、低区域多为竺山公园、小山公园、大榭街道等建设用地分布较多的区域，对应的绿地景观类型多为草地。建设用地逐渐向南扩展延伸以及城市基础设施绿化带的增加，导致生态价值极高区域逐渐变为高、中价值区，且高价值区转变为中、低价值区域。可见北仑区生态价值的降低主要源于快速城市化。北仑区生态服务价值贡献偏低的区域多与北部的人类活动最频繁的区域相连接，因此生态价值高低的空间分布可以在一定程度上反映北仑区各片区社会经济发展现状，经济发展水平越高的区域生态服务价值反而越低。

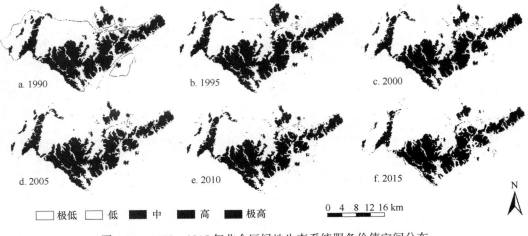

a. 1990　　　b. 1995　　　c. 2000

d. 2005　　　e. 2010　　　f. 2015

□极低　□低　■中　■高　■极高　　0　4　8　12　16 km　　N

图 8.12　1990—2015 年北仑区绿地生态系统服务价值空间分布

六、结论

参考谢高地等人对生态价值方面的研究成果，构建宁波北仑区绿地生态系统服务价值评价模型是本书的关键所在。结合 GIS 与景观生态学原理建立绿地景观格局与生态环境质量的关联，揭示北仑区绿地系统生态价值的变化趋势：

（1）绿地是北仑区的主要景观类型，各类绿地景观面积差异较大，中、低覆盖度的草地最少，有林地最大且持续增长，以北仑区林场和九峰山为中心向四周延伸。绿地总面积下降 5%，主要转换为建设用地，分布在北仑区北面，并不断向南延伸，人类活动区和生态保护区形成了明显界限。北仑区城市化的推进致使绿地景观异质性减弱，斑块分布越来越集中，有林地作为最大的绿地景观优势度更加明显，各类绿地斑块的形状越来越规则化。

（2）北仑区绿地景观系统提供的生态服务功能总价值减少了 1.13 亿元。各类绿地景观的生态服务贡献差异较大，有林地的贡献率最大，中覆盖度草地的最小。北仑区绿地景观发生转移时生态价值形成流动，转为未利用地和建设用地对生态的损害最大。从生态系统服务功能构成来看，水文调节、土壤保持、生物多样性、气体调节单项生态系统服务功能是绿地生态系统的主要功能。

（3）受绿地景观格局时空变化的影响，绿地提供的生态服务价值也呈明显的空间分异。生态价值由高价值区到低价值区以不规则环状向外分布，极高价值区的面积从中心持续减少，其中生态价值较高地区多与有林地、疏林地等景观相对应，生态价值较低的区域多与草地相对应，且邻近建设用地。可见 25 年来北仑区绿地景观类型变化和生态价值变化保持空间一致性，今后的城市化发展中我们要从绿地景观生态价值的流动方向入手，进行绿地生态系统的合理布局。

下篇　东海主要海湾演化
及其生态环境效应

第九章　下篇引言

第一节　选题背景及意义

一、选题背景

海湾是深入陆地形成明显水曲的海域，可依成因分为原生湾和次生湾两大类，其中原生湾约占我国海湾总量的三分之二（中国海湾志编纂委员会，1992）。完整的海湾应包括水域和陆域部分，即由海水、水盆、周围和空域共同组成的自然综合体（中国海湾志编纂委员会，1992）。海湾位于海陆交界处，形态半封闭，在海陆经年累月的影响下，形成了独特的自然和人文景观，兼具资源、环境、区位等诸多优势。海湾是海岸带综合开发利用的主要场所，这从我国24个海港城市中有17个依托海湾发展而成，14个沿海开放城市几乎全部位于海湾与河口地区便可见一斑（陈则实等，2007）。随着现代海洋开发的迅速兴起，我国海洋经济蓬勃发展，海湾的开发利用渐成体系，一般对大型海湾进行复合式开发，并依托沿海开放城市形成经济发达的城市连绵区；对较小的海湾，则利用其具备的某种资源优势进行有针对性的开发利用。海湾、河口地区俨然已成为我国对外交流与开放、现代海洋开发与海洋经济发展的重要基地。

进入21世纪，我国工业化、城市化和人口在海岸带地区的超强度集聚，造成海岸带地区用地矛盾尖锐化，并成为制约其经济可持续发展的重要因素（张明慧等，2012）。围填海造地作为增加土地资源供给的有效手段，广泛应用于全世界沿海国家与城市，主要通过人工修筑堤坝、填埋土石方等工程措施将天然海域空间改变成陆地的人类活动，用来建设工业开发区、滨海旅游区、新城镇和大型基础设施，以缓解沿海地区用地矛盾、实现耕地占补平衡（张明慧等，2012）。然而，海湾生态环境敏感而脆弱，围填海作为一种彻底改变海域自然属性的用海方式，在产生巨大社会经济效益的同时也造成了显著的负面影响。最基本也最直观的就是海湾形态的变化，包括海湾面积减少、形状改变、海湾岸线构成以及海湾位置摆动的变化。而这种变化对海湾水环境及其海陆两地生态系统具有直接、显著、长期且不可逆转的影响（侯西勇等，2016），比如改变海湾景观格局演变速度与方向（陈希等，2016；梁发超等，2015）、改变海湾近岸海域水动力条件（刘明等，2013；陆荣华等，2010）、引发围填海附近海域生物多样性降低、优势种演替和群落结构变化（胡知渊等，2008；李加林等，2007）以及水质恶化（吴英海等，2005；潘少明等，2000）等，影响海湾生态系统正常向人类及其他生物提供生境、调节、生产和信息等生态系统服务（于格等，2009）。

我国东海区沿岸主要包括上海市、浙江省和福建省，沿岸优良海湾众多，经济发达。随着社会经济与科学技术的发展，东海区一众海湾人工海岸建设及资源开发强度持续加大，围填海活动不断涌现，为人类生存和经济发展提供了更多的资源和动力，但也存在一些盲目的围填海活动，造成海湾资源浪费、环境破坏与生态系统退化。围填海作为人类开发利用海岸带资源的重要方式，受到国内外许多学者的关注。而海湾生态环境的敏感性及其对经济的重要性，已成为我国生态环境效应研究热点地区和国际生态研究计划的重点关注对象。如"海岸带陆海相互作用（LOICZ Ⅱ）"重点由生物地球循环转向人文因素视角，将人类活动对海岸带生态系统的影响列为重要研究内容（孙永光，2014）。可见，探究围填海影响下的海湾生态环境效应意义重大。同时，新兴的技术发展如 GIS、RS 和 GPS 技术，大大提升了研究数据的可获得性，为长时期、全方位动态监测海湾生态环境演变提供了可能性。因此，本书将探讨围填海等人类活动影响下，东海区主要海湾的形态、景观格局和生态系统服务价值的变化，并通过相关性分析法揭示围填海与海湾的形态、景观格局和生态系统服务价值的变化之间的关系。

二、选题意义

海湾资源丰富，区位优势显著，为缓解土地资源的供给矛盾，通过围填海开发利用海湾空间资源的行为普遍存在于世界沿海地区。当今，人类活动对海湾地区的影响远非自然营力可比拟，改变海湾形态与景观格局，破坏海湾生态平衡，使海湾的生态系统服务发生不可逆的变化。海湾地区在经济建设取得巨大成就的同时，也付出了沉重的环境代价，如何协调经济发展与生态环境保护之间的关系成为政府和科研部门亟待解决的科学问题。

（一）理论意义

目前关于海湾形态变化、景观格局演变以及生态系统服务评估三方面已有一定数量的研究成果，并形成了相对成熟的研究方法，由于受到数据可获得性和操作难度的影响，多选择三者中的一种或两种进行研究，且研究多以单学科为主，多学科角度切入，将三者相结合且探讨围填海开发利用强度与三者之间的内在联系的研究相对较少。本研究拟结合多学科理论对围填海影响下的海湾形态、景观格局及生态服务价值变化进行研究和评估，有助于推动海湾开发与生态评价的深入，丰富海湾开发与评价的理论体系。其次，已有研究较少从流域的角度综合评价海湾的岸线和湾面形态，多描述海湾向海一侧岸线的变化，评价内容较单一，本研究可以丰富海湾形态变化的内容。再次，前人成果多为某个海湾或某两个海湾的对比研究，且多集中在围填海开发利用强度大、岸线变化明显的海湾，如胶州湾、杭州湾和莱州湾等，研究区域较小，本书以东海区主要海湾为研究对象，能从宏观与微观结合的角度，相对连续地描述海湾变化并对比东海沿岸省际海湾变化的异同，能够丰富地球科学研究的区域典型案例。最后，已有研究成果多直接采用 Costanza 等和谢高地等提出的当量法评估海湾生态系统服务价值，可能产生较大误差，本研究拟根据研究区实际情况建立评估指标体系，并对各指标的价值系数进行修正，根据修正结果评价生态系统服务价值的变化，为海湾流域生态系统价值评估提供理论参考。

（二）现实意义

东海区气候条件适宜，渔业资源丰富，在我国四大海域中生产力最高。此外，东海区岸线绵长，优良海湾众多，沿岸省市经济发达，是我国进行海洋科学开发的重要基地，也是我国守卫国防安全的重要战略空间。然而，沿岸省市高强度的人类活动使得东海区资源环境长期超负荷运行，对其资源环境与生态环境造成了较大的破坏，深刻影响了东海区海湾形态、景观格局以及海湾生态系统。各种人类活动中，尤以围填海活动对海湾生态环境的影响最为剧烈，将直接改变海湾的形态与景观格局，破坏其生态系统平衡，导致海湾生态系统及其服务的衰退，甚至丧失。海湾变化中，海湾形态变化与景观格局变化最为直观，进而造成海湾水环境与生态系统的变化，甚至产生更深层次的影响，如海湾过程与局地气候的变化。景观格局是资源及环境构成与分布的外在表现，能反映生态系统的空间变异程度，且其变化深刻影响生态系统的结构、功能和过程，因此分析景观格局演变的时空分异规律可有效预测景观的演变趋势，同时也是生态服务价值货币化评估的重要基础。由于多数生态系统服务不具备常规市场价格，且多作为免费的公共物品，使用者无需支付代价，难以引起海湾开发主体的重视，出现牺牲生态效益换取经济与社会效益的不良现象。然而功能完善的生态系统是区域经济系统健康运行的重要保障，故而有必要评估海湾生态系统服务价值，使之由抽象转具象化，同时便于纳入围填海实际效益的计算，为围填海后海湾生态补偿的制定以及合理开发利用海湾资源提供重要参考。在研究人类影响下海湾形态变化和景观格局演变的基础上评估海湾生态系统服务价值，并深入探讨海湾形态、景观格局以及生态系统服务变化与围填海开发利用强度之间的内在联系，对我国更好地维持和保育生态系统服务功能，科学进行海湾开发建设，以及实施海洋强国战略有着重要的现实意义。

三、选题依据

(一) 海湾研究在地球系统科学研究中具有重要地位

地球系统科学主要研究地球有机整体的演化机理、各构成部分之间的相互联系及其相互作用机制，是全球变化研究的科学基础。丰富的陆地资源和海洋资源，使得海湾和入海河口成为全球经济总量和人口最为密集的区域，国际上出现了若干著名湾区（由众多海湾、港口和沿岸城镇构成的区域），如东京湾区的经济总量约占全国的三分之一（刘艳霞，2014）。在我国，海湾以及海湾城市为中心的海岸带土地面积占比不到 13%，集聚着全国一半以上的大城市，养育了 40% 以上的人口，创造出 70% 以上的国内生产总值，且数值处于上升趋势（陈则实等，2007）。如此，海湾（包括河口）成为地球表层变化最为剧烈的地区，海湾研究对地球系统科学研究以及全球变化研究有重要意义，尤其是在人类活动影响下海湾岸线变化、景观格局演变以及生态系统演化等方面。

然而，海湾开发过程中对科学认知的欠缺，以及海湾本身的半封闭条件使得海湾成为海洋污染的重灾区，造成海洋生境退化、海洋资源丰度锐减，进而制约经济发展。因此，国际上对此给予了重点关注。20 世纪 70 年代，美国自然基金会组织开展了美国岸线调查研究，为当时海岸带管理的众多问题的解决提供了科学依据（VIMS，1976）。我国也随后开展了全国性的海岸带和海涂资源综合调查，明晰了我国岸线、滩涂资源的拥有量以及开发程度，有利于海岸带相关研究和开发工作的开展（全国海岸带和海涂资源综合调查成果编委会）。2012 年，耗时 8 年多、由国家海洋局负责实施的 908 专项通过总验收，更新了我国近海海洋资源的基础数据和图件，为国家海洋综合管理与科学技术研究等提供了重要支撑（国家海洋局，2012）。海岸带调查工作为海湾研究提供了大量的基础数据与资料，对地球系统研究意义重大。

(二) 生态系统服务研究是中国地理科学未来重大研究领域之一

生态系统服务是指生态系统为人类提供的自然环境条件与效用（Daily G. C. 等，1997），其类型、数量和质量受人类活动影响。历史证明，对自然生态系统合理地利用和改造，极大地促进了人类社会的发展与进步。虽然，人类对生态系统及其服务的科学认识尚浅，但高速发展的社会经济、不断进步的科技水平促使人类对自然生态系统的控制能力不断提升，人类对生态系统服务的需求不断升级，首先是物质方面由满足生存转向稀缺性，进而转向精神愉悦，如美学欣赏等。在此背景下，人类对自然生态系统的干预程度不断加深，使大量自然生态系统向半人工或人工生态系统转变，其提供的物质产品被过度消费。

千年生态系统评估报告显示，自然状态下，地球生态系统每年可提供约 15 亿英镑的产品，但可提供上述产品且未受人类活动破坏的生态系统仅约 1/3，地球上 60% 以上的生态系统正在持续恶化，并且这种趋势还在不断加剧（Millennium Ecosystem Assessment, 2005）。生态系统退化将严重影响当代以及后代人类的福祉。鉴于其重要性，生态系统服务在英国科学家和决策者提出的关于生态问题的 14 个主题，及其随后确定的有关保护全球生物多样性的 100 个重要问题中均列于首位（Sutherland W. J. 等，2010）。作为发展中国家，我国国内生产总值的增长无可避免地包含着生境破坏的代价，即使我国幅员辽阔，但适宜生存以及能够提供优良生态系统产品的国土面积并不算多，加之巨大的人口压力，我国对生态系统提供的产品已经出现供不应求的现象。我国对生态系统服务的社会需求极大，这会大大刺激相关研究的发展。而生态系统服务还有诸多科学问题尚需深入研究，因此生态系统服务研究必将成为中国地理学未来重大研究领域之一。

（三）蓝色经济空间是国家"一带一路"与海洋经济发展的战略选择

自党的十八大提出发展海洋经济、建设海洋强国战略以来，党中央相继出台若干文件涉及海洋经济发展部署，并于"十三五"规划纲要中列专章提出拓展蓝色经济空间，海洋的地位与作用更加凸显。2016 年，海洋生产总值占国内生产总值的 9.5%，同比增长 6.8%（国家海洋局，2017），海洋经济已然成为国民经济增长的新动力。东海区岸线绵长，沿海海湾众多，是我国进行海洋科学开发的重要基地，且其沿岸省市经济发达，是蓝色经济空间拓展的优良点位。海洋资源环境保护是蓝色经济空间的三大发展重点之一，提出实施以海洋生态系统为基础的综合管理，严格控制围填海规模，加强海岸带保护与修复，自然岸线保有率不低于 35%（蓝色经济空间，2016）。可见，国家愈加重视经济与资源环境的协调发展，生态经济型海湾的建设是拓展蓝色经济空间的重要基础。2014 年，《推动共建丝绸之路经济带和 21 世纪海上丝绸之路的愿景与行动》发布，浙江作为中国境内海上丝绸之路的重要节点得到高度关注，更需良好的生态环境为其保驾护航。为此，本书的研究能够为蓝色经济空间拓展甚至国家海湾管理、流域土地的科学利用提供理论依据和合理的数据参考。

四、研究区选择

东海区海湾类型丰富，在中国四大海域中海湾数量最多。本研究中，东海区包括上海市、浙江省和福建省，范围较大，故在本研究中根据行政区划将研究区划分为两个区域，分别是东海北部海湾和东海南部海湾。东海北部海湾包括浙江省和上海市的海湾，主要是考虑到上海市面积较小，没有单独的海湾，该区域有 14 个海湾被收录至《中国海湾志》。东海南部海湾是指福建省的海湾，该区域有 15 个海湾被收录至《中国海湾志》。受限于研究时间，本研究尚未囊括东海区的全部海湾，而是主要以面积为标准（大于 100 km²），在两个区域内各选了 6 个主要的海湾，东海北部海湾面积相比东海南部海湾而言总体较大。东海北部海湾包括杭州湾、象山港、三门湾、台州湾、乐清湾和温州湾，宁波-舟山深水港和隘顽湾面积大于 100 km²但不作为研究对象，是考虑到宁波-舟山深水港的主要功能为港口，而隘顽湾为开敞型海湾在研究期间变化较小。东海南部海湾包括三沙湾、罗源湾、湄洲湾、泉州湾、厦门湾和兴化湾，其中厦门湾合并了与厦门港空间上相连的小海湾。

第二节　国内外研究进展

一、海湾形态变化国内外研究进展

海湾形态变化是具有长期性、累积性和动态性特征，主要包括海湾岸线变化和湾面形态变化，尤其是海湾岸线作为海陆分界线，对于国家安全和海洋科学研究意义重大。国内外学者改进传统研究手段的同时借鉴其他学科的研究手段和研究方法，对海湾形态变化进行深入研究，成果显著。

（一）海湾的概念及分类

海湾是深入陆地形成明显水曲的海域，其向海一侧的分界线是湾口两个对应岬角的连线。海湾是海洋的重要组成部分，但同时又被陆地环抱，且陆地较海洋对海湾的影响更大。海湾形成条件与背景的差异性，造就了今天丰富多样的海湾。夏东兴与刘振夏（夏东兴，1990）开创了我国海湾分类研究的先河，将海湾按照成因分为原生海湾和次生海湾，再分成若干亚类。吴桑云与王文海在其基础上开展深入研究，根据海湾水域率、形态系数、开长度和动力参数量化了海湾分类原则（吴桑云等，2000）。海湾成因分类有助于研究海湾的形成原因、演化过程与未来的发展趋势，符合研究所需，故本书海湾分类采用成因分类法。原生湾包括基岩侵蚀湾、火山口湾、构造湾和河口湾，次生湾包括潟湖湾、连岛坝湾、三角洲湾和环礁湾。

（二）海湾形态变化研究

海湾形态变化主要包括海湾岸线变化和湾面形态变化，其中海湾岸线变化是研究重点和热点，相关研究成果也集中在岸线变化方面。国际上对海湾变化的研究多以地球信息科学技术为支撑，具有起步早、周期长、多学科交叉、综合性强等特点，关于海湾变化的现象分析和机理分析已相对成熟，研究重点逐渐转向海湾变化对周边环境的效应。

由于淤泥质海岸的岸线变化明显，拥有此类岸线的海湾（包括河口湾）也成为国内外学者最常选取的研究对象，如三角洲河口，杭州湾等。限制于数据可获得性，岸线变化研究时期一般以十年和百年为主，千年周期的研究成果相对较少。Ryabchuk D 等（2012）利用 1975—1976 及 1989—1990 年间的卫星和航拍影像研究了芬兰东部海湾岸线长期及短期变化特征，结果表明研究区北部海岸侵蚀严重，风暴波是主要自然因素，而人类活动加剧了侵蚀程度。Pendleton E. A. 等（2010）引入沿海脆弱性指数（CVI）用于评估海平面上升和海岸变化对墨西哥湾脆弱性的影响特征，发现脆弱性极高值区域有着最高的海平面上升率、海岸线变化率和土地面积损失率。Misra A. 等（2015）以 1990、2001、2014 年 Landsat TM/OLI 影像为数据源，编制了印度古吉拉特邦海岸带土地利用分类图，并研究了土地利用变化和岸线变化对海湾的影响特征。孙晓宇等（2014）分析了 2000—2010 年渤海湾岸线变迁情况，并探讨了海岸线变迁的主要驱动力，认为围垦养殖以及工业园区和港口的建设等人类活动是岸线变迁的主要驱动力。毋亭等（2015）基于地形图和遥感影像，揭示了胶州湾 1944—2012 年间海湾岸线变化的特征，并认为社会经济发展是岸线变化的重要推动力。

通过波谱分析区域地形图与多时相的遥感影像，能有效提取海岸线，是岸线提取的经典方法。由于遥感影像只能体现瞬时水边线，且不同时相的影像的瞬时水边线可能不同，直接影响岸线监测的精确度。为了避免这缺陷，国内外许多学者提出了不同的岸线提取方法，主要可归为以下几类：1）通过阈值分割法、面向对象法和边缘检测法等方法提取高潮位遥感影像瞬时水边线作为海岸线。如黎良财等（2015）通过对阈值分割得到的"水边线"记性潮位矫正后顺利获取北部湾岸线信息。于杰等（2009）在经典遥感影像处理的基础上，通过边缘检测法获取大亚湾 1987—2005 年间的岸线变化信息。2）基于水边线方法，根据实测数据和潮汐数据进行修正，从而推算海岸线。如刘艳霞等（2012）综合遥感影像、固定断面和水深实测数据，提出了潮间带地形校正法，并据此获得海岸线。陈玮彤等（2017）改进了水边线法，并利用潮间带实测坡度资料对结果进行校正后得到海岸线。3）采用人机交互方式结合目视解译法进行岸线信息提取。单纯目视解译准确率高但耗时长、效率低，结合人机交互的人工智能模式识别技术可在保证解译准确率的同时大大提高效率。如陈晓英等（2015）和孙丽娥等（2013）均采用人机交互方式分别提取了三门湾和杭州湾多时相的岸线信息。

二、景观格局演变国内外研究进展

1939 年，景观生态学的概念问世后在国际上得到了长足的发展。20 世纪 80 年代初，我国学者林超、黄锡畴、陈昌笃等发表了一系列文献将景观生态学的相关内容引入国内，景观格局作为其核心内容引起广泛关注（李晓航等，2014）。景观格局主要是指构成景观的生态系统在空间上变异程度的外在表现，是景观生态学研究的核心之一，与生态过程相互作用,并具有尺度依赖性(傅伯杰等,2011)。分析景观异质性和景观动态演变是景观格局研究的两个重点,能反映一定尺度上土地利用和景观的结构、分布及其变化,并可据此结合数理模型有效预测土地利用趋势,对维护区域安全、保障资源高效利用以及生态保护意义重大。

(一)景观分类

景观是由不同生态系统组成的地理综合体,在一定尺度上,不同景观间具有空间异质性,同一景观内部具有均质性。景观分类即是将空间异质性表现显著的部分列为不同的景观类型,而均质性表现显著的部分则归为相同的景观类型。国内外学者基于各自的研究对象和目的,提出了不同的景观分类模式,目前主要的景观分类流派有三种:1)是欧洲为制定全洲统一的景观分类图而提出的适用于大尺度的景观分类系统,易于操作和更新,但限于尺度问题,该分类体系精度不够,难以与地方尺度的分类体系衔接。其代表为 Mucher 等(2010)完成的欧洲景观分类图(LANMAP),按照土地的固有性质(气候、地形、土壤母质和海拔)将欧洲景观分成 4 个层级,第一层依据气候划分为 8 类,第二层在第一层上叠加地形因素划分为 31 类,第三层在第二层上叠加母质因素划分出 76 类,第四层在第三层上叠加海拔因素划分为 350 类。2)是综合遥感影像与景观格局指数的定量分类模式,将景观分类从定性转向定量,能有效反映景观演变和空间关系,但缺乏景观属性特征的定性描述。MUFIC 分类体系是该模式的代表,利用景观格局指数量化了景观格局,并基于此进行景观分类。3)是将景观空间异质性和景观过程综合起来的景观生态分类系统,可从功能性和结构性进行分类,这也是当前主流的景观分类流派,如湿地、森林和农业等景观生态系统。刘世梁等(2017)在进行湿地景观格局分析时将广西滨海湿地划分为阔叶林、草本湿地、旱地、水库坑塘、园地等 14 类。在森林景观生态系统的研究中,胡美娟等根据植被覆盖类型将庐山森林景观分为五类,分别是常绿阔叶林、落叶阔叶林、松类、杉类和竹类(胡美娟等,2015)。叶伟等(2015)在研究永安市城市森林景观时,将之分为公共城市森林、附属城市森林、道路城市森林、生产城市森林、防护城市森林、其他城市森林等 6 类。可见,不同景观分类服务于不同的研究目的与对象,景观分类的精度将深刻影响研究结果的可靠性,因此进行案例具体分析时,应根据研究区实际选择合适的分类。

(二)景观格局分析方法

景观格局分析方法是指用于某区域景观构成与空间布局情况分析的方法。景观格局分析通常在景观水平和类型水平上开展。统计分析法是基于景观水平的主要分析方法,即对一定时期一定研究区域内各景观的面积和比例等进行数理统计,以描述静态的景观格局特征,这也是进行景观格局演变分析的基础。类型水平上主要刻画景观动态演变的特征与规律，主要包括转移矩阵分析法、景观指数分析法与空间分析模型法（如趋势面分析、元胞自动机、分形几何分析等）。转移矩阵分析法可将两个不同时期的景观类型放在同一个矩阵中，既可反映两个时期不同景观类型的总量，也可反映两个时期内不同景观类型间的相互转化情况，明确景观的"源"和"汇"，为区域景观格局优化提供数据参考。如陈希等（2016）通过建立景观转移矩阵，分析了湘江流域景观类型的转换关系。空间分析模型法借鉴于对数、理、化等学科中一些成熟或新兴的方法，可用于景观空间格局分析，如趋势面分析在格局梯度特征分析中的应用，分形几何分析在景观尺度变化中的应用，元胞自动机在分析景观局域相互作用及局部因果关系中的应用。元胞自动机是模拟地理空间变化的热点方法，如刘耀彬等基于元胞自动机改良模型，根据环鄱阳湖区 2005—2010 年的情况模拟了该区 2015 年土地利用景观格局（刘耀彬等，2015）。景观格局指数法在景观格局演变研究中应用广泛，是指选取一些可以反映景观构成和空间分布特征的可量化指标来构建景观格局指数，用于景观在时、空双维度上的变化（Turner M. G.，2005）和趋势分析。景观格局指数包括景观单元特征指数和景观整体特征指数两部分，前者用于描述景观要素，包括板块面积、周长和斑块数等特征指标，后者包括多样性指数、镶嵌度指数、距离指数及生境破碎度指数等（傅伯杰等，2011）。地信技术在近几十年来进展迅猛，新的景观格局指数不断涌现，景观分析软件也逐渐增多，大大提升了研究的精度和可操作性（陈利顶等，2008）。如邹月等利用 Fragstats 软件对根据研究需要选取的 11 个景观指数进行计算，并据此研究西安市景观格局演变（邹月等，2017）。

三、生态系统服务国内外研究进展

生态系统服务是指生态系统为人类提供的自然环境条件与效用（Daily G. C. 等，1997），其类型、数量和质量受人类活动影响，且人类社会越发展影响越大。由于人类对生态系统及其服务的科学认识不够，出现以破坏生态为代价谋求经济发展的现象。工业革命之后，全球生态系统的衰退程度明显加剧，严重降低了其服务的数量与质量。为此，有学者提出采用经济学的手段来干预人类开发活动，即对生态系统服务进行价值评估。鉴于生态系统服务对于人类生存与发展的重要性，生态系统服务及其价值评估的研究逐渐成为相关学科的研究热点。

（一）　生态系统服务分类

生态系统服务分类时对其进行价值评估的基础，直接影响评估结果的精确度。目前，学者们根据不同的研究需要提出了多种分类方案，但尚未出现普适性的方案。1997 年，Daily（1997）和 Costanza 等（1997）提出分类方案在 21 世纪之交最具权威的分类系统，在生态系统服务分类研究中具有里程碑式的意义。Daily 在其 1997 年的出版著作《Nature's Services：Societal Dependence on Natural Ecosystems》中，将生态系统服务归为17类，并首次系统论述了生态系统服务的相关内容，包括概念、研究历史、价值评估以及不同生态系统类型和区域的服务功能等。同年，Costanza 等发表于 Nature 的文献 The value of the world's ecosystem services and natural capital 将生态系统服务分为17类，并为每类生态系统服务构建了相应的价值评估算法，最终核算出全球生态系统服务的年度价值。De Groot（De Groot R. S.，2002）等建立了清晰的分类框架，将生态系统服务归为调节、提供生境、供给和信息4大类，共23亚类，与后来千年生态系统评估（MA）提出的方案十分接近。2001—2005年实施的 MA 计划对生态系统服务研究的影响深远，其提出的分类方案在目前生态系统服务价值的评价与估算研究中应用最为广泛。MA 认为生态系统服务是"人类从生态系统获得的效益"，并重点关注人类福祉与生态系统之间的关联，把生态系统服务分为供给、调节、文化和支持四大类，共24亚类（Millennium Ecosystem Assessment，2005）。上述分类方案虽然在生态系统服务应用研究中的使用频率很高，但仍有不足之处。有学者提出（Wallace K. J.，2007）上述分类系统并未区分生态系统服务本身与获得服务的过程，在价值核算中可能造成重复计算。随后，Fisher 等基于服务与人类福祉的不同关联程度提出将服务划分为中间服务、最终服务和收益（Fisher B. 等，2009）。张彪等基于人类需求将服务分为物质产品、生态安全维护功能和景观文化承载功能等3类12项（张彪等，2010）。李琰等基于多层次人类福祉视角，并按照终端生态服务所实现的收益将生态系统服务分为福祉构建、福祉维护和福祉提升等3类（李琰等，2013）。欧洲环境署基于前人研究，试图建立相对全面的分类方案，提出了满足人类福祉的通用国际生态服务分类方案。由于生态系统组分和过程的复杂性，不同学者对此存在认知差异性，很难确定一个普适性的分类方案（李双成，2004），相关研究仍将继续。

（二）生态系统服务价值评价

Constanza 等和 Daily 的研究成果虽存在不完善和有争议之处，但两者将生态系统服务的价值评估研究推向了生态经济学研究的前沿。随后，国内生态系统服务价值的理论和实践研究进入快速发展阶段。从研究尺度上来看，主要包括：全国尺度的生态系统服务价值评估，区域尺度的生态系统价值评估、流域和地理单元的生态系统价值评估、单个生态系统的价值评估及单项生态系统功能的价值评估。生态系统服务价值评估方法主要包括经济学评价法（王衍等，2015）、参数法（陈希等，2016）、能值分析法（李琳等，2016）和模型法（黄博强等，2015）四种，其中参数法最常被采用。

参数法是将前人估算或基于前人研究结果进行修正的各项生态系统单位面积服务价值参数，直接应用于研究区生态系统服务价值量计算中。只需研究区各类型土地利用面积乘以其单位面积生态系统服务的价值参数即可，且 Costanza 等（1997）和谢高地通过专家咨询获得的中国生态系统服务价值当量因子的使用率最高（谢高地等，2003；谢高地等，2008）。该方法能实现一定区域生态系统服务价值的快速评估，在相关研究中被广泛应用。

经济学评价法是指针对不同的生态系统服务，应用经济学方法设计相应的简要算法以确定其量值的评价方式（王衍等，2015），从某种程度上来说更能反映人们对生态系统服务的需求程度，且其能够定量辨识空间单元生态系统服务提供能力的强弱，满足空间区划和规划任务的需求。但同时，生态系统提供的很多服务都没有市场价格，而人类对生态系统服务的支付意愿主观性较强，易受被调查者所处的社会、经济和环境状况等因素的影响，影响评价结果的真实性。

能值分析法是指先将生态系统为人类提供的各项服务统一成太阳能值，再利用能值与货币的转换率将能值转换为货币值，有利于衡量不同服务的真实价值与贡献（李琳等，2016）。但能值分析法不能反映生态系统服务的稀缺性，且其应用的关键能值转换率计算极其复杂，难度系数很高，且有些物质与太阳能关系很弱，难以转化为太阳能值。

模型法是一种利用模型模拟生态系统服务机制并对其进行价值量化的一种综合性的生态系统服务评估方法，生态系统服务和交易的综合评估模型（InVEST）被广泛认可并推广（马凤娇等，2013）。综合评估模型从理论上照顾到了生态系统服务的部分内在机制，但在利用模型进行生态系统服务评估和模拟时仍然需要众多参数，而这些参数在实际运用中很难充分获得（吕一河等，2013）。

四、围填海影响下海湾变化的国内外研究进展

（一）围填海的概念及分类

国家海洋局发布的《海域使用分类体系》规定了我国的用海方式，该文本将围海和填海造地分为两种不同的用海方式，并对其定义进行了较为全面的阐述，"围海是指通过筑堤或其他手段，以全部或部分闭合形式围割海域进行海洋开发的用海方式，填海造地是指筑堤围割海域填成土地，并形成有效岸线的用海方式"（国海管字〔2008〕273号）（国家海洋局，2008）。

据此，从利用方式上来看，围填海可分为围海和填海两种类型。围海工程可分为顺岸围割和离岸围割两大类，根据地形地貌，可将顺岸围割进一步划分为平直海岸围割、河口围割和海湾围割，离岸围割可分为海岛围割和人工岛围割等（中国水利学会，2000）。其中，海湾围割是指湾口或湾内适宜部分筑堤围海，多分布在杭州湾以南，着眼于资源综合开发利用。而填海则是指利用吹填方式或其他人工搬运方式对海洋进行土地填埋，形成人工岸线的利用海洋方式，包括先围割后填充和直接填充两种形式

（穆雪男，2014）。根据围填海以后形成的岸线类型，可将围填海分为大陆岸线形成和海岛岸线形成两种类型。前者主要包括以大陆岸线为依托，沿海岸带进行的所有围海和填海活动，如建造围堤等，后者是指远离海岸，直接在海水中进行土地掩埋或依托岛屿岸线进行的围填海活动。

（二）围填海对海湾形态和景观格局的影响

围填海活动通过直接或间接作用深刻影响海湾岸线的构成、形态、位置以及湾面形状，使近岸海域环境剧烈变动，人为加速了海湾地区景观格局的演变。围填海对海湾形态研究主要集中在围填海面积变化，及其海洋工程之一造成的海湾岸线变迁的现象、成因和机理分析。研究主要借助地球科学信息技术手段，如 3S 技术，分析围填海面积变化及其导致的海湾岸线变化，如张晓浩（张晓浩等，2016）等基于多时相遥感影像，综合 RS 和 GIS 技术提取了珠江口 1973—2015 年期间的岸线信息和围填海信息，得出研究期间珠江口海域岸线和围填海面积增长率呈现出先增后降的特征，合计增加约273 km^2。Heuvel T 等提出围填海使自然岸线转变为堤坝等人工岸线，改变了海岸线的长度与曲折度，如为节省围填成本，对天然海湾进行截湾取直，使海湾岸线平直，长度明显缩短（Heuvel T. 等，1995）。

进行海湾围填海活动时，一则需要劈山取土，为了节约运输成本，一般就近取材，导致近岸山体地貌改变，容易发生山体滑坡、塌陷等地质灾害，改变海湾陆域景观格局；二则在湾口或湾内进行围填时，改变了海湾泥沙和水动力环境，导致河道堵塞、泥沙淤积（邱惠燕，2009），导致近海海岛、沙坝、潟湖等自然景观的消失和人工岛的出现，引起海湾景观的剧变（KONDO T.，1995）。如黄勇等提取了黄渤海地区 2000、2010 和 2015 年三个时期的土地利用信息，据此进行景观格局动态演变及其驱动机制研究，认为围填海是引发研究区"海域"向"人工表面"转变的主要原因（黄勇等，2015）。Wu T. 等（2011）提取并分析了 1984—2008 年间大洋河河口湿地土地覆盖信息，基于此利用景观格局指数法对研究区景观格局演变进行研究，得出围海养殖是造成湿地退化的主要原因之一，制定严格的围海养殖监管制度是进行湿地保护的重要措施。

上述研究对围填海引起的海湾形态、地貌、景观变化的现象性描述较为清晰，且多从各自学科出发展开研究，缺乏多学科理论，尤其对围填海导致的海湾形态和景观变化的生态效应研究数量还相对较少。

（三）围填海对海湾生态系统的影响

作为一种彻底改变海域自然属性的用海方式（侯西勇等，2016），围填海将对海岸带生态系统产生深刻影响，如改变近岸海域水动力条件（陈希等，2016；梁发超等，

2015)、加速沿海滩涂湿地生态系统功能退化（孙永光，2014；王等，2015），引发围填海附近海域生物多样性降低、优势种演替和群落结构变化（胡知渊等，2008；李加林等，2007）以及水质恶化（吴英海等，2005；潘少明等，2000）等，影响其正常提供生境、调节、生产和信息等生态系统服务（于格等，2009）。目前，学界对围填海影响下海湾生态系统变化的现象和成因分析相对较成熟，已逐渐转向围填海与生态系统变化的机理分析，围填海的生态效应分析也取得了一定的进展，但仍需深入探究。相较而言国际上对围填海的生态效应研究，尤其是对滨海湿地生态过程和生物多样性的影响方面更加广泛和细致。日本 Isahaya 湾填海后，湿地动物多样性和数量明显下降，底栖动物优势种发生更替；湿地表层富营养化严重，形成"赤潮（Sato S. 等，2004）"。西班牙（Cendrero A. 等，1981）桑坦德湾在大规模围填海活动下，海湾自然岸线仅剩 17%，湾内鱼类和贝类资源锐减。

有学者构建模型以探究围填海活动与生态系统健康之间的关联，如 Jin Y. 等（2016）构建了压力-状态-响应模型，并基于此评估了黄河三角洲 1950 到 2010 年填海造地活动对海岸带湿地生态系统的影响，结果表明，研究期间海涂围垦活动压力不断增强，湿地健康指数从 0.64 到 0.52，严重威胁生态系统健康，应减轻围垦压力。评估围填海影响下海湾生态系统服务的价值量变化是研究围填海生态影响的重要手段。彭本荣等构建了围填海生态损害的价值评估模型，据此计算出厦门围填海生态损害为 279元/m^2（彭本荣等，2005）。李晓炜等（2016）根据莱州湾海岸带 2000、2005、2010 和 2014 年的土地覆被信息，探究土地利用变化引起的生态失衡，研究显示生态系统服务多样性降低呈向海性，围填海造成生态价值损失高达 162 亿美元。也有学者基于生态系统价值评估进行生态补偿制定，如 Lian P. T. 等（2012）估算了为台海引起的厦门大嶝的生态系统服务价值损失，并提出了围填海生态补偿标准，以 2%和 4.5%的贴现率计算补偿标准分别是 209.6 元/m^2 和 93.2 元/m^2。

第三节　研究内容和方法

一、研究目的

由于围填海活动直接或间接作用于海湾生态系统，迫使其面积缩减、形态变化、周遭环境恶化，造成生态系统结构单一化和功能衰退，生态系统服务稀缺性不断增强。如何协调海湾开发与生态保护，提高生态系统服务供给，已成为全球沿海国家和地区共同面临的挑战。生态系统服务是生态系统形成和维持的人类赖以生存和发展的环境条件与效用，是人类生存和发展的物质基础和动力之源。然而海湾生态系统有其脆弱性，在各种人类活动的强烈干扰下，可能产生功能衰退、稳定性下降，甚至丧失等现象。绝大部分生态系统服务不具有常规市场价格，人类对生态系统服务的巨大价值认知尚浅，而围填海产生的巨大社会经济效益是当前生态系统服务价值未得到足够重视的重要因素。因此，有必要将海湾生态系统提供的服务价值货币化，可促使人们深入认识海湾生态系统在提供人类生存的物质基础、休闲娱乐和发展动力方面的重大作用，有助于政府决策部门合理规划海湾开发利用方向、开发商重视围填海项目实施过程中的生态环境保护、市民自发保护海湾生态环境，并为制定海湾生态补偿机制、实施海湾生态修复提供科学依据。

我国东海区沿岸主要包括上海市、浙江省和福建省，经济发达，沿岸海湾众多且围填海活动活跃，在许多港湾地区，人为因素对海湾的影响已远超过自然营力，成为海湾生态系统演变的主要推动力。由于东海区沿岸两省一市的自然条件、海湾类型、人口规模、社会经济发展水平和围填海开发利用强度等方面各具特性，因此围填海活动对上述区域的海湾生态系统的影响表现出差异性。因此，拟通过比较分析东海区主要海湾不同围填海开发利用强度下以及同种开发强度下不同海湾类型的形态、景观格局和生态系统服务价值的变化，以期深入理解围填海开发利用强度与海湾形态、景观格局及其生态系统服务价值的内在关联，为海湾保护和合理开发利用提供科学借鉴。

二、研究内容

（一）围填海影响下海湾形态变化

基于 1990—2015 年每隔五年共 6 期东海区主要海湾遥感提取结果，可获得 6 个年份东海区主要海湾的面积、位置、岸线长度和岸线类型等。可从海湾岸线和湾面形态两方面综合描述海湾形态特征及其变化，前者取结构、位置和开发强度 3 个指标，后者取面积、形状指数和重心迁移 3 个指标。其中，岸线结构通过人工岸线或自然岸线的比例来反映；岸线位置摆动主要判断岸线是否背离陆地向海移动，或相反；海湾面积可通过 ArcGIS 空间分析获得；海湾形状指数即为海湾周长与等面积圆周长之比；海湾重心用海湾几何重心表示，利用其空间位移的方向、路径及距离反映海湾形态变化。同时，选取海湾人工化强度指数来表示人类活动对于海湾流域的压力程度，并采用 ArcGIS10.2 字段计算功能求得各海湾的人工化强度并分析其时空变化。在此基础上，利用最小二乘法拟合函数曲线探讨围填海开发利用强度与海湾形态变化的关系。

（二）围填海影响下海湾景观格局演化分析

主要包括景观类型分析、景观格局演变分析和围填海开发利用强度与景观演变的关联度分析三部分。景观类型分析是在景观分类的基础上，从景观类型的空间分布、数量和结构变动以及景观中心迁移情况等方面分析海湾的景观类型。景观格局演变分析，可采取景观格局指数法和空间统计法，从景观和类型两种水平进行分析。景观格局指数法使用的关键是指标的选取，故应根据研究区实际选取几种有代表性的监测指标用于研究。在类型水平上，主要选取斑块数量、平均斑块面积、斑块密度、边界密度、形态指数和破碎度指数等 6 个指标；在景观水平上，除选取类型水平上的几个指标外，还选取了 Shannon 多样性指数、Shannon 均匀度指数两个指标。在构建海湾景观人工干扰强度指数的基础上，分析海湾景观人工干扰强度的时空变化，并利用 Arc-GIS10.2 空间分析模块工具获得景观人工干扰强度分级图，并从景观的空间构型、景观多样性和景观破碎度三方面探讨海湾景观演变对人类活动的响应。

（三）围填海影响下的海湾生态效应研究

围填海活动是海湾地区的典型人类活动，对海湾生态系统的过程、结构和功能影响深刻。本模块在评估围填海活动对东海区主要海湾生态系统服务功能价值损益的基础上，重点分析东海区主要海湾流域生态系统服务价值时间变化与空间异质性，研究围填海影响下海湾流域生态系统服务价值的演化过程及演化特征，试图揭示围填海活动与海湾生态系统服务价值变化之间的相关性及其内在联系。主要步骤包括：构建海湾生态系统服务价值评价指标体系，并根据各类生态系统服务价值评估方法的对比结果，选择经济学方法构建海湾生态系统服务价值的评价模型，据此核算 1990—2015 年间每隔五年东海区主要海湾的生态系统服务价值。在 ArcGIS 10.2 运行环境下，选择地统计模块（Geostatistical Analyst）中 Kringing 空间插值法下属的普通克里金法进行空间插值，得到生态系统服务价值空间分布趋势图。最后，以地处象山港与三门湾区域的象山县及杭州湾南岸为例，探讨了快速城市化背景下的典型海湾区域土地利用变化及生态服务响应。

三、研究方法

（1）文献研究法：围填海影响下的海湾变化直观体现在海湾形态与景观格局方面，进而影响海湾生态系统过程与服务，因此可利用文献研究法大量收集并梳理近年来国内外相关文献，总结以上三块内容的研究方法、技术以及研究重点、热点与不足，并据此对研究内容进行查漏补缺。

（2）3S 技术分析法：RS、GIS 和 GPS 技术的出现，实现了长时期、全方位动态监测围填海影响下的海湾演变。以通过 RS 获得的遥感影像和 DEM 数据为主要数据源，辅以地形图等图件资料，并利用 GIS 进行数理统计、空间分析和过程模拟，最终建立数据库。

（3）系统分析法：围填海影响下的海湾变化具有综合性和学科交叉性，需要综合运用多学科理论，主要包括海洋学、地理学、地貌学、生态经济学、景观生态学等。

综合运用相关理论，有助于系统分析围填海活动对海湾形态、景观格局以及生态系统服务的影响。

（4）实证研究法：选择东海区典型海湾进行实证研究，并据此检验研究成果，基于检验结果对研究成果加以修改、补充。

四、技术路线

本书以美国地质勘探局提供的 1980—2015 年东海区 Landsat TM/OLI 遥感影像（30 m 分辨率），浙江省、福建省和上海市县级行政边界矢量图、土地利用图和交通专题图，地理空间数据云提供的 DEM 高程数据（水平精度为 30m）等为主要数据源。首先以 DEM 高程数据为原始资料，利用 ArcGIS10.2 软件中的 ArcHydro Tools 插件，提取东海区主要海湾无河网数据的流域边界；其次分别对遥感影像进行目视判读和实地勘探，提取海湾流域地貌专题信息，包括海湾岸线长度、海湾面积、海湾岸线类型、海湾景观等。在此基础上分析海湾岸线形态时空分异特征及景观格局演化过程，最后基于海湾景观分类对海湾生态系统服务价值进行评价、研究其时空变化并探讨围填海活动与海湾流域生态系统服务价值变化的关联。具体技术路线见图 9.1：

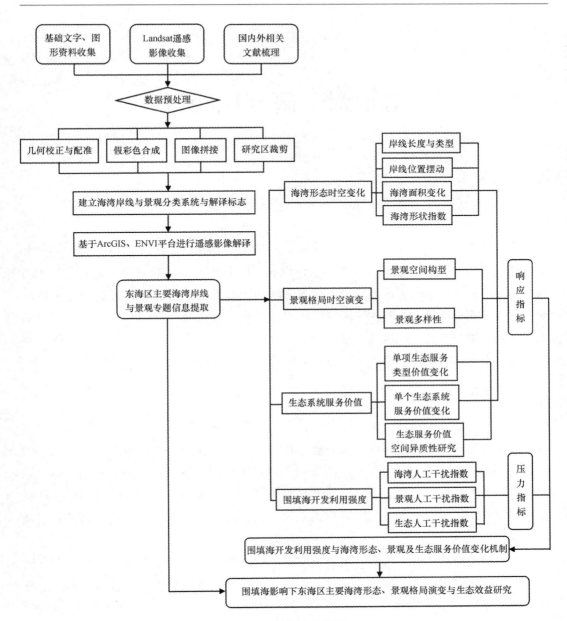

图 9.1　具体技术路线

第十章　研究区概况

第一节　东海北部海湾概况

东海北部海湾包括杭州湾、象山港、三门湾、台州湾、乐清湾和温州湾。东海北部海湾属于浙江省和上海市，地处长三角南翼，以亚热带季风气候为主，海域生产力水平高，海洋资源丰富。区内海湾多淤泥质岸线，滩涂面积广大，尤以杭州湾南岸岸段滩涂淤涨最为明显。此外，该区域经济水平较高，城市化发展迅速，近年来人类活动尤其是围填海活动对区域的干扰远超过自然营力，带来东海北部海湾岸线、景观格局以及生态价值的剧烈变动，对海湾生态环境产生了深刻影响。

一、杭州湾

杭州湾位于我国东部沿海的中段，其范围东起上海市南汇县芦潮港至镇海区甬江口；西接钱塘江河口区，其界限从海盐县澉浦长山至慈溪、余姚两地交界处的西三闸（杨义菊等，2005）。其北岸为长江三角洲和杭嘉湖平原，南岸是宁波和三北平原，东部有舟山群岛间各水道沟通东海，西部和钱塘江河口区连为一体，和国内外的交通联系条件较好。杭州湾是典型的喇叭形强潮河口湾，对湾内潮流运动、泥沙淤积和岸滩演变影响巨大。

杭州湾地跨浙江、上海两省市，上海市、杭州市与宁波市分别位于湾口两翼和湾顶之西。沿岸经济发达，城镇化水平高，人口密度高，且综合素质较强。杭州湾地处中纬度北亚热带季风气候区，气候条件较好，有利于农业发展，水动力强，泥沙多，既有利于土地资源的扩大，又有较多的海洋能源蕴藏，但却造成岸滩不稳定，港口建设、海岸防护、航道开发难度大，对海洋生物生长不利。杭州湾南岸的庵东浅滩前缘及北岸的南汇咀滩地前缘活动泥沙多，再加上人工促淤措施，此两处滩涂淤涨速度最快，因此湾内可供利用的海涂资源丰富，围海造地和垦殖利用的潜力很大（中国海湾志编纂委员会，1992），但同时也增加了港口和航道的开发利用的难度。杭州湾海洋资源虽丰富，但近年来由于过度捕捞，渔业资源出现大幅度衰减。此外，杭州湾地区能源匮乏，缺少大型骨干工业，且海陆航运枢纽未能建立，陆路交通偏紧，将影响经济的进一步发展。

二、象山港

象山港处于浙江北部沿海，北面紧靠杭州湾，南邻三门湾，东侧为舟山群岛，地理坐标 121°10′00.0″E 至 121°23′00.0″E，29°24′00.0″N 至 29°53′00.0″N（韩松林等，2014）。从地质上看，象山港为一狭长型的半封闭海湾，自东北向西南倾斜而深入内陆，东北出口与舟山海域和东海相连。

象山港隶属于宁波市，其海岸曲折、海底地形复杂，港、湾交错分布，港内水深浪静，泥沙回淤少，有西沪港、黄墩港、铁港三大支港（张荣保等，2014）。象山港海洋资源丰富，主要有港口、滩涂、水产和旅游资源等，开发利用价值较高。港内地势起伏较大，溪流密布，为潮间带提供充足的养料，有利于水产养殖。加之市委、市政府的政策引导和扶持，象山港区域水产养殖发展迅速，养殖面积和产量已有相当规模。受地形庇护，象山港较少受风浪的影响，且港内水深大，是天然的避风良港，加之其地势险要、淤积少，也是优良的军港。象山港周边地区劳动力充足，形成了农业为主，渔业和盐业为辅的生产格局。但受限于农民的低文化水平以及区域匮乏的科技力量，象山港沿海区域的经济水平总体欠佳，仍在发展中。

三、三门湾

三门湾是我国大陆岸线的中点，也是东海北部海湾海岸中段，衔接甬、台两市，北靠象山港，南接台州湾，东滨猫头洋，地理坐标介于 28°57′—29°22′N，121°25′—121°58′E（中国海湾志编纂委员会，1992）。三门湾以基岩海岸为主，沿岸多低山丘陵，湾内舌状滩地与潮汐汊道相向排列，港口与滩涂资源丰富。其虽为半封闭性海湾，但湾内水动力条件好，水体交换迅速，自净能力强。但由于进行海湾开发利用时不重视生态环境的保护，同时围填海活动影响了海湾水体交换的速率，该区域环境污染仍比较严重。

同时，陆地溪流淡水与海洋咸水交汇为海洋生物提供了丰富的养料，因此湾内水产资源蕴藏量丰富，水产养殖业发达。在季风气候影响下，天气变化复杂，时有灾害性天气发生（姚炎明等，2015）。三门湾涉及宁波与台州地区的象山、宁海、三门 3 个县，区内主要经济生产活动以第一产业为主，产业结构层次仍待优化，且其处于交通末端，远离宁波、台州等中心城市，加之当地人口文化基础差，经济发展水平和城镇化水平总体较低，有待进一步发展。

四、台州湾

台州湾位于东海北部海湾中部，为椒江河口湾，包括椒江河口外以及黄琅以南的浅海海域，地理坐标介于 121°24′30.0″—121°27′00.0″E，28°20′57.0″—28°47′21.0″N（中国海湾志编纂委员会，1993）。台州湾湾面呈喇叭形向外延伸，海域开阔但水深较浅，近海平原广布，河网密布，西北多山，地势较高（郭琳等，2007）。台州湾岸线曲折，人工岸线较长，淤泥质岸线所占比重也相对较大，且处于不断淤涨之中，加之河水带来的丰富营养盐，使得土质肥沃。在亚热带季风气候的影响下，雨热均匀，有利于作物生长，但也时常发生台风、暴雨、干旱等灾害性天气。

台州湾隶属台州地区，包括临海、椒江、路桥、温岭四个市（区），北边紧靠宁波，南边与温州接壤，由于温州、宁波均为沿海开放城市，为台州湾地区经济发展提供了助力。相对而言，台州湾地区经济较内地发达，但工业基础薄弱，且人口密集、土地供求不相称，造成劳动力大量剩余。随着经济的发展和城市化进程的不断推进，劳动力不断从第一产业转移到第二、第三产业，但劳动力素质仍有待提升。

五、乐清湾

乐清湾为东北-西南走向，向东北延伸至内陆，三面环陆，仅西南开口，地理坐标120°57′55.0″—121°17′09.0″E，27°59′09.0″—28°11′50.0″N（中国海湾志编纂委员会，1993）。乐清湾海涂资源丰富，开发前景好，主要用于农业、水产养殖和盐业，也可作为城市发展所需之建设用地（金建君等，2009）。乐清湾三面环山，海湾隐蔽，加之湾口有岛屿作为屏障，是天然的避风港。且其地势起伏大，便于水体交换，季风气候下水热均匀，水温与盐度适中、营养盐丰富，有利于浮游植物和底栖生物繁衍。

乐清湾行政范围跨越温州市和台州市，沿湾地区乡镇级行政建制较多，由乐清县、玉环县、温岭县和洞头区共同管辖。但乐清湾地区城市化进程较慢，农村人口的比例仍较高，劳动力文化水平偏低的问题比较严重，尤其是乐清县和玉环县最为突出，为求谋生大量劳动力向外输出，造成该区人才匮乏，经济发展迟缓的局面。为促进城市发展，区内建设用地与日俱增的同时，带来的是人均土地占有量越来越少，因此围填海以获得新的土地是乐清湾地区开发利用海湾的重要方式。

六、温州湾

温州湾地处浙东南沿海，为瓯江、飞云江、鳌江的河口湾，无明显完整的湾形，地理坐标介于 120°35′50.0″—121°11′30.0″E，27°27′55.0″—27°59′09.0″N（中国海湾志编纂委员会，1993）。由于温州湾由三江河口浅海海域组成，因此水域开阔，面积较大，岸线也相对平直。各类型岸线中，淤泥质岸线以及人工岸线所占比例最高，尤其是河口两侧连片滩涂处于缓慢淤涨、不断增加的状态，为台州湾地区城市发展与产业发展提供了充足的后备土地资源。

在亚热带季风气候的影响下，温州湾地区雨热同期，水体温度与盐度适中，三江带来丰富的淡水、泥沙和营养盐，加之温州湾滩涂平坦而开阔，使温州湾成为资源禀赋较高的海湾，走上了"种、养、加、贸、工"综合发展的道路，渔业尤其是水产养殖业非常发达。此外，温州湾港口航道资源与旅游资源亦很丰富。故，温州湾地区商品出口便利，商品化程度高，经济较发达，但仍存在人多地少、缺乏大型骨干企业的问题。

第二节 东海南部海湾概况

东海南部海湾包括三沙湾、罗源湾、湄洲湾、兴化湾、泉州湾和厦门湾。东海南部海湾主要位于福建省，以亚热带季风气候为主，但由于纬度较低，因此海水温度较高，更适宜浮游植物的生长，海洋资源丰富。海湾陆域森林覆盖率高，岸线绵延曲折，多基岩岸线，旅游资源丰富，但受地形限制耕地面积相对较小。海湾地区经济发达，且发展速度与程度均高于内陆地区，是福建省经济发展的主要构成部分（刘容子，2008）。同时，由于高强度的开发利用，海湾地区也成为福建省几十年来变化最大的区域，海湾形态、景观格局以及生态价值均发生深刻变化。

一、三沙湾

三沙湾位于福建省东北部，是由东冲半岛和鉴江半岛合抱而成的半封闭型海湾，口门窄小宽仅 2.88km，越往内陆延伸湾面越宽，地理坐标 119°31′26.19″—120°05′15.82″E，26°31′01.9″—26°57′52.14″N（中国海湾志编纂委员会，1994）。三沙湾多小港湾，含一澳、三港、三洋等次一级海湾，海湾西北边有大小溪流注入，是天然的深水港湾。

三沙湾涉及宁德市下辖之霞浦、福安和蕉城等县（市、区），以及福州市的罗源县等行政范围，有着丰富的港口、生物、滩涂及旅游资源。三沙湾内多天然深水航道和锚地，借海湾地形之利可避风浪，蕴藏巨大深水港口资源的开发潜力，宜建集装箱码头。三沙湾河溪密布，营养盐丰富，湾内滩涂宽阔，利于海洋生物生长与繁殖，故湾内渔业资源丰富，且海水养殖发展迅速，已成为当地支柱产业（郑守专，2013）。主要养殖品种有缢蛏、牡蛎、对虾、海带及紫菜。三沙湾地形多变，兼得山水与滨海之美，是度假旅游之胜地。但该地区经济欠发达，存在基础设施不完善、过度捕捞、水产养殖密度过大引起水体污染等问题。

二、罗源湾

罗源湾紧靠三沙湾，湾体两边环绕有鉴江、黄岐两个半岛，湾面状似倒葫芦，地理坐标介于 119°33′25.20″—119°50′15.74″E，26°18′52.24″—26°30′12.86″N（中国海湾志编纂委员会，1994）。罗源湾属窄口形海湾，仅东北角一窄口（可门口），过可门水道通向东海。海湾面积较小，但岬角与岛屿众多，岸线曲折度大。

　　罗源湾涉及罗源县与连江县境内的七个乡镇。该湾水深大，港口资源丰富，湾内有若干港区，如碧里作业区和可门作业区，多重量级码头。上世纪 90 年代以来，海洋经济发展加速，水产养殖业迅速发展，大面积滩涂被围垦，不少浅海区也被划为水产养殖用地，渔业资源十分丰富。罗源湾的旅游资源已有初步规模，主要包括碧岩风景区和水上运动娱乐中心等，天堂山山谷生物多样性丰富，山麓设有狩猎俱乐部，吃住行等基本配套设施完善。此外，罗源湾花岗岩石材丰富，兼有高岭土、贝壳和建筑用砂等建筑材料，可用于矿产资源开发（于正，2012）。由于海湾面积较小，港口、临海工业开发与水产养殖业发展矛盾突出，如何在保护海湾生态的同时实现水产业的转业转产需要慎重考虑。

三、湄洲湾

　　湄洲湾地处福建中部沿海，濒临台湾海峡，三面环陆，湾面东南-西北走向，东南两边均有口门，地理坐标 118°50′27.0″—119°09′18.92″E，24°57′27.24″—25°17′50.37″N（中国海湾志编纂委员会，1994）。湄洲湾岸线曲折，湾内岛屿众多，以基岩岸线为主，局部有淤泥质岸线和砂砾质岸线。湄洲湾湾口有湄洲岛，湾内岛屿众多，主航道南侧和湾口水域较深，是福建沿海优良港湾之一。

　　湄洲湾涉及莆田市和泉州市所辖的 19 个乡镇的行政范围，人口达百万级，多侨属侨眷。湄洲湾水深大，最深达 52 米，宜建港区，有南北两大港区。该海湾海域天然饵料丰富，渔业资源丰绕，但因过度捕捞造成严重衰退。同时，湾内多晴朗大风天气，纬度较低海水盐度较高，蒸发量大，宜建盐场，其中山腰盐场是福建省第二大盐场（赵宗泽，2013）。湄洲湾独特的妈祖文化、潮音海蚀地貌以及数百米长的黄金沙滩是其旅游资源开发的重点对象。港口和临海工业是湄洲湾主要发展方向，但协调养殖业与港口、临海工业之间的矛盾，水体污染治理和围填海强度控制仍是今后湄洲湾发展要解决的问题。

四、兴化湾

　　兴化湾处于福建省岸段中部，呈西北-东南走向，湾面状似长方形，地理坐标 119°06′28.26″—119°30′56.82″E，26°25°15′49.56″—25°36′1.03″N（中国海湾志编纂委员会，1993）。兴化湾属于淤积型的构造基岩海湾，深入内陆，湾内海岛、岬角众多，岸线曲折绵长，湾顶多河流，南北两岸丘陵、平原交错分布，是福建省最大的天然海湾。

　　兴化湾隶属于福州市，行政区域涉及 18 个建制镇，人口达百万级。港口资源是兴化湾最为重要且主要的资源，湾内潮流动力强，含沙量小，水深且稳定，宜建深水港口，其中江阴港区已成为福州市重要的外港。加之对临港产业的引进，兴化湾已成为福建省重点发展的对象（陈伟，2010）。渔业资源是兴化湾第二大资源类型，水产养殖面积规模大，经济种类达 200 多种，同时也是重要的天然苗种基地。由于兴化湾岛礁遍布，海岛地貌景观独特，湾内设有铁路和快速路出入口，交通便捷，具备开展休闲旅游业的有利条件，主要开发利用方向为海岛度假区、海上乐园以及海滨沙滩等。

五、泉州湾

泉州湾位于福建省海岸线中部，湾口北边起点是惠安县浮山岛的南端（24°51′30.85″N，118°49′52.50″E），万口南边的分界点至石狮市祥芝角（24°46′32.62″N，118°46′41.40″E）（周娟等，2011），两者连线作为湾口与外部海域的分界线。泉州湾属于开敞型海湾，湾内岸线曲折度大，曾有大面积滩涂发育。泉州湾水深条件较好，作为港口开发使用的历史悠久，自古代起发挥着重要的通航与货运作用。自 20 世纪 50 年代起，湾内有大面积滩涂被围垦为农田，或用于水产养殖，造成湾内泥沙淤积加重，作为港口的优势下降。

泉州湾周边泉州、石狮、晋江三市与惠安县接壤，周边人口达百万以上，人口密集、区位优势明显，经济相对发达（中国海湾志编纂委员会，1993）。尤其是泉州市作为福建省三大中心城市之一，近几十年来十分重视交通建设和城市发展，逐步完善泉州的快速交通网，如泉州湾跨海大桥的建立，未来将和晋江大桥、后渚大桥相连，并保留区内的历史文化特色，建设泉州湾新城，将之打造为生态海湾型城市。

六、厦门湾

厦门地处福建省南部海域，本研究中厦门湾囊括了厦门港及其周边的小海湾以及部分海域，主要包括九龙江河口湾、南部海域、同安湾、大嶝海域、安海湾、围头湾等，地理坐标介于 117°48′55.18″—118°34′46.77″E，24°14′33.23″—24°42′23.7″N（中国海湾志编纂委员会，1993）。厦门湾总面积在东海南部海湾中最大，岸线曲折绵长，湾内大小海岛 180 个。

厦门湾涉及厦门市所辖的思明、海沧区等 6 个区，龙海市下辖 6 个镇，以及晋江市管辖的 4 个镇，人口密度较大。厦门湾有着丰富的港口资源、生物资源以及旅游资源。厦门湾生物多样性丰富，还有中华白海豚、白鹭和文昌鱼等珍稀物种以及特殊物种红树林（颜利等，2015）。旅游资源包括沙滩、浴场、海岛等自然景观以及音乐、建筑与宗教等人文景观，厦门湾南部和东部有着绵延的沙滩和宽阔的海域，自然景观保存完好，被誉为"黄金海岸"。鼓浪屿是厦门音乐、建筑与宗教等人文景观的汇集地，享誉中外。大嶝海域海岛众多，岛礁形态各异，虽总量有限，但特色分明，是独特的生态旅游资源。厦门湾海域水深较深，但出现局部淤积，如九龙江河口湾海域，同时该海域因海水养殖、工业及生活废水排放赤潮频发，不利于生态旅游的发展。

第十一章　数据来源与数据预处理

第一节　数据来源

一、遥感影像数据

本研究收集了东海区沿岸 6 个时期的遥感影像数据，分别是 1990 年、1995 年、2000 年、2005 年、2010 年和 2015 年的 TM、OLI 遥感影像数据，空间分辨率均为 30 米。本研究采用的 Landsat 影像数据均由美国地质调查局（USGS）网站、地理空间数据云免费提供，其中 TM 影像为美国陆地卫星 Landsat-5 拍摄的影像，共 7 个波段，OLI 影像为 2013 年最新发射的美国陆地卫星 Landsat-8 所获取，共 9 个波段。具体卫星遥感数据详见表 11.1。

二、其他数据和资料

本研究数据还包括东海区沿岸 2015 年的 DEM 高程数据，空间分辨率均为 30 米。影像解译还需用到 1∶50 000 地形图。海湾分析还用到《东海北部海湾海洋环境资源基本现状》上下册，《上海市海洋环境资源基本现状》，《福建省海洋环境与资源基本现状》，《东海北部海湾统计年鉴》1990—2015，《福建省统计年鉴》1990—2015，《上海市统计年鉴》1990—2015 等。本研究的遥感图像处理主要采用 ENVI5.2 软件，东海区主要海湾流域边界矢量数据提取主要采用 ArcGIS10.2 软件中的 Arc hydro tool 插件，景观分类提取主要采用 eCognition Developer8.7 软件，景观格局指数计算软件主要采用 Fragstats4.2 软件，地理信息的处理以及专题图的绘制主要采用 ArcGIS10.2 软件。

表 11.1 遥感影像数据

卫星	传感器	轨道号	日期	卫星	传感器	轨道号	日期
Landsat 5	TM	118-39	1990-03-07	Landsat 5	TM	119-41	1990-07-20
	TM		1995-03-05		TM		1995-12-25
	TM		2000-06-06		TM		2000-06-29
	TM		2005-11-27		TM		2005-10-01
	TM		2010-12-27		TM		2010-05-24
	OLI		2015-08-03	Landsat 8	OLI		2015-08-03
Landsat 5	TM	118-40	1990-12-04	Landsat 5	TM	119-42	1990-07-20
	TM		1995-05-08		TM		1995-01-07
	TM		2000-02-15		TM		2001-01-07
	TM		2005-11-27		TM		2004-10-30
	TM		2010-11-09		TM		2010-10-31
Landsat 8	OLI		2015-08-03	Landsat 8	OLI		2015-09-27
Landsat 5	TM	118-41	1990-05-10	Landsat 5	TM	119-43	1990-12-11
	TM		1995-08-12		TM		1995-07-18
	TM		2001-03-21		TM		2000-03-25
	TM		2005-06-04		TM		2005-07-13
	TM		2010-12-27		TM		2010-05-24
Landsat 8	OLI		2015-08-03	Landsat 8	OLI		2015-10-13
Landsat 5	TM	118-42	1991-02-22	Landsat 5	TM	120-43	1989-11-29
	TM		1995-10-31		TM		1995-09-27
	TM		2000-08-09		TM		2000-04-17
	TM		2004-12-10		TM		2005-10-24
	TM		2010-05-01		TM		2010-05-24
Landsat 8	OLI		2015-04-13	Landsat 8	OLI		2014-12-20

第二节 遥感数据预处理

　　遥感影像的形成，受时空、波普、传感器以及人为因素的干扰，导致用户获取的遥感影像在亮度与对比度等方面存在不同程度的误差，降低了遥感数据质量和图像分析的精度（吴学军，2007）。对遥感影像进行预处理是图像分析基础，主要包括波段合成、几何校正与配准、假彩色合成、影像镶嵌和裁剪等。

一、配准与几何精校正

由于每一景遥感影像都包含对应某一波段的数幅影像，需进行波段合成方可提取信息。利用 ENVI5.2 遥感软件的 Layer Stacking 工具即可完成，获得初始多光谱影像数据。

在遥感成像过程中，可能会受到传感器成像方式、传感器外方位元素变化、地球曲率、大气折射、地形起伏和地球自转等因素的影响，造成影像变形。通常，在传感器的设计和制作中会校正可以预测的一些误差，即完成了几何粗校正，因此本研究中只需对图像进行几何精校正，以获得尽可能真实的影像。本研究选用的东海区 13 个海湾地形图统一为 UTM（墨卡托投影），借助 ENVI5.2 遥感图像处理软件，选取控制点对地形图进行配准。并根据配准完毕的地形图，分别对 1990—2015 年每隔五年共 6 时期的影像，采用三次多项式模型进行几何精校正。为保证校正精度，控制点宜选取 10 个以上、易识别、变化小的标志性地物，在每景影像上均匀分布；重采样方式宜选择双线性内插，校正结果的总均方根误差（RMSE）应小于 0.5 个像元（刘蓉蓉 deng1，2007）。

二、假彩色合成

TM、OLI 影像通过波段合成以后成为初始多光谱遥感数据，包含用途各异的多波段信息，而不同波段组合后可以增强显示具有某一类特征的地物，因此可根据研究需要选择最佳波段组合，可提高影像解译的速度和精度。目视解译仍然是当前遥感图像解译最常用且精度相对较高的方法，而人眼对于彩色相对于灰度而言的识别度更高，因此利用包含丰富地物信息的彩色合成影像用于判读显然更优。学者们进行了大量针对特定波段组合的主要用途（杨立君等，2012；金宝石等，2012；晁增福等，2017）的研究，为后来的目视解译提供了便利条件。TM 影像共 7 个波段，4、3、2 波段组合为标准假彩色图像，其地物信息丰富，层次分明，植被显示为红色；4、5、3 波段组合为非标准假彩色图像，水体边界清晰，有利于海岸及滩涂的调查；5、4、3 组合近似于自然彩色合成图像，较符合人们的视觉习惯，且信息量丰富，能充分表现地物特征（ENVI-IDL 技术殿堂，2013）。OIL 影像包括 9 个波段，波段组合类型更加丰富。5、6、4 波段组合为假彩色合成，能有效区分水体和陆地；5、4、3 波段组合影像中，植被显示为红色且可以区分植被种类，常用于植被、农作物和湿地监测（ENVI-IDL 技术殿堂，2015）。

三、影像镶嵌与裁剪

由于幅宽等因素的限制，传感器一次成像的区域覆盖面积有限，研究范围往往包含多幅影像，因此有必要将研究区涉及的同一时相的影像进行拼接，才能得到完整的研究区域遥感影像。这一过程即为遥感影像镶嵌。研究区各海湾流域所属轨道号见表11.2。由表11.2可知，本研究中的12个海湾绝大部分位于同一幅遥感影像中，因此只需按照海湾边界对影像进行裁剪即可，这部分海湾包括杭州湾、三门湾、台州湾、温州湾、三沙湾、罗源湾、兴化湾、泉州湾和厦门湾。象山港、乐清湾和湄洲湾均跨越两幅影像，因此需要对各海湾涉及的影像进行镶嵌，然后按照海湾边界对镶嵌后的影像进行裁剪。具体步骤是：首先，统一各影像的坐标系，拼接前，分别对每幅影像进行辐射校正和色调调整，消除色彩差异，最后导入各时期影像数据，使用 ENVI5.2 软件 Map 模块下的 Mosaic 工具，进行基于地理坐标的影像镶嵌。

表 11.2　东海区主要海湾影像行列号

流域名称	轨道号	流域名称	轨道号
杭州湾	118-39	三沙湾	119-41
象山港	118-39、118-40	罗源湾	119-42
三门湾	118-40	兴化湾	119-42
台州湾	118-40	湄洲湾	119-42、119-43
乐清湾	118-40、118-41	泉州湾	119-43
温州湾	118-41	厦门湾	119-43

本次海湾研究范围的确定详见第三节研究区边界的确定。以研究区边界矢量数据作为掩膜，利用 ArcGIS10.2 软件空间分析模块下的按掩膜提取工具，对 1990、1995、2000、2005、2010、2015 年 6 个时期的遥感影像进行栅格影像提取后得到本研究的研究区范围影像。

第三节　海湾边界的确定

根据《中国海湾志》，海湾除《联合国海洋法公约》规定的水域部分以外，还应包括水域周围的陆域部分，本研究以此定义研究范围。这就涉及研究区域向海和向陆一侧的边界确定。

一、向海一侧的边界

《中国海湾志》明确说明海湾向海一侧的边界，应为湾口两个对应岬角的连线（中国海湾志编纂委员会，1992）。考虑到部分海湾海域面积较大，海岛数量较多，海岛可能会出现在两岬角之间，这种情况下将海岛向海一侧的岸线与两岬角之间的连线相接，以此作为整个海湾向海一侧的边界。本研究基于上述定义并结合了《中国海湾志》以及东海区的 12 个海湾的相关文献中提供的海湾边界的地理经纬度坐标，在 ArcGIS10.2 环境下，确定了各海湾与海的边界。

二、向陆一侧的边界

考虑到陆域部分在地形地势的影响下，会出现同海湾半封闭形态走向基本吻合的流域水系，因此在本研究中将海湾周围陆域部分所在流域的分水岭作为海湾的陆域分界线。具体操作步骤如下：

首先，利用 ArcGIS10.2 数据管理功能下的 Mosaic 工具对研究区域覆盖的 DEM 高程影像进行图像拼接以获得无缝 DEM 高程影像，便于海湾陆域部分的流域边界提取。其次，采用 FillSilks 方法，填充原始 DEM 中的洼地，并根据 D8 算法，生成河流流向栅格图后使用 Flow Accumulation 方法，生成汇流累积栅格图，再采用 Stream Definition 和 Stream Sementation 方法，得到河流栅格图，并建立栅格河段上下游拓扑关系，然后使用 Catchment Grid Delineation、Catchment Poigon Processing 工具，生成各海湾流域整体边界矢量数据。再次，提取河网中的分水岭同 DEM 进行比对，验证河网提取的合理性，在保证精度的前提下，利用其进行海湾向海一侧边界的提取。

接下来，在 DEM 高程数据生成的整体流域边界上叠加各海湾所在行政区的交通专题图，在分水岭生成明显的山地采用 ArcGIS10.2 中跟踪工具进行流域刻画，人类活动强度剧烈、地势低平的沿海地区使用交通图中的国道、省、高速公路等作为边界，获得修正以后的海湾陆地流域边界。最后，将流域边界同海湾向海一侧的边界闭合，即可生成符合研究需要的东海区 12 个海湾范围。

第十二章　围填海影响下东海区主要海湾形态时空变化

第一节　海岸线分类系统及岸线提取

一、研究范围

本章从海湾岸线和湾面形态两方面描述海湾形态变化，因此本章节的海湾范围仅包括整个海湾区域的水域部分，不包括陆域部分，即以海湾岸线与海湾向海一侧边界连接起来的闭合曲线为本章研究范围。

二、海岸线的分类系统及解译标志

（一）海岸线分类系统

根据《全国海洋功能区划（2011—2020 年）》（关道明等，2013），以及《海岛海岸带航空遥感调查技术规程》，海岸线可分为自然岸线和人工岸线两大类。综合东海区 13 个海湾的实际情况，可将自然岸线进一步划分为基岩岸线、砂砾质岸线、河口岸线、淤泥质岸线和生物岸线；人工岸线可分为养殖岸线、港口码头岸线、建设岸线和防护岸线（表 12.1）。

随着人类干扰强度的增大，未受人类活动影响的区域依然很少，故自然岸线是指自然状态或受人类干扰程度较少的情况下生成的海岸线。基岩岸线由基岩构成，地形起伏度较大，且所在处多海岬和海湾，岸线曲折度较大，基岩与水体的交界明显，可将之作为基岩岸线。沙砾质岸段是海水搬运堆积出与岸平行的条带状砂砾质沉积（滩脊）（侯西勇等，2014），岸线相对平直，可将滩脊作为砂砾质岸线。河口岸线受人类活动影响大，可以最靠近河口的人工建筑物（如桥梁或防潮闸）作为分界线；也可以河口突然展宽处的突出点连线作为分界线（侯西勇等，2014）。淤泥质岸线向陆一侧植被覆盖度较高，因此可将植被覆盖度出现明显变化的分界线作为此类岸线所在处。另外在人工岸线外侧，在海水动力作用下常发育出新的淤泥质滩涂，且表面覆盖有植被，与淤泥质海岸生态功能非常相像，故在本研究中将岸线位置确定在淤泥植被明显变化处。

由自然岸线上建造的各种建筑物或构筑物形成的岸线叫做人工岸线，服务于人类的生产生活活动。而这些人工构筑物的反射率强，在遥感图像上的辨识度高，同时平均大潮高潮时海水只能抵达其向海一侧的分界线，故而可将之确定为海岸线。对处于施工初期的围填区域，若开口较大则仍视为原岸线类型，若处于施工末期，接近完成且区域内已有人类活动迹象的则视为新岸线。

表 12.1　海岸线分类体系

分类标准	岸线类型	说明
自然岸线	基岩岸线	由基岩组成的海岸线
	砂砾质岸线	由砂砾堆积而成的海岸线
	河口岸线	入海河口与海洋的分界线
	淤泥质岸线	包括主要由粉砂和黏土组成的淤泥光滩以及生长有芦苇、红树林等生物的淤泥滩
人工岸线	养殖岸线	用于养殖的人工建筑物
	港口码头岸线	港口与码头形成的岸线
	建设岸线	内部为工业或住宅等建筑用地的堤坝
	防护岸线	用于防潮护岸形成的岸线

（二）解译标志

不同的地物的反射波的差异性，决定了其在特定波段组合的遥感影像上的特征差异性，因此由不同物质构成的海岸线解译标志有所不同，解译标志的准确度将直接决定岸线提取的精度。前人已对岸线提取解译标志做了大量研究（侯西勇等，2014；苏奋振等，2015），目前对各类型岸线的解译标志有了一定共识。本书基于前人研究成果，根据实地考察获得研究区实际情况，辅以研究区地形图、潮汐数据等资料，确定了 5-4-3 波段组合显示的 TM 影像和 6-5-4 波段组合显示的 OLI 影像上各类型岸线的解译标志（表 12.2）。

表 12.2　海岸线提取解译标志

分类标准	岸线类型	解译标志	范例
自然岸线	基岩岸线	基岩岸线凹凸感强，植被呈绿色，植被覆盖度较高的山体呈鲜绿色，覆盖度较低的山体则呈现浅褐色。基岩与水体分界线则为基岩岸线。	
	砂砾质岸线	此类岸段多呈条带状，亮度不高，纹理均匀，呈土黄色或白色，潮水淹没区颜色较暗，岸线位置可取亮度或纹理变化之处。	
	河口岸线	海岸线在河流入海处被径流切断，可以最靠近河口的道路桥梁或防潮闸作为分界线；也可以河口突然展宽处的突出点连线作为分界线。	
	淤泥质岸线	该岸段植被覆盖度较高，呈鲜绿色或墨绿色，植被与海水之间多裸露潮滩，呈暗褐色，两种颜色交界处即为淤泥质岸线所在处。在人工围垦区外围重新发育的淤泥滩若没有植被覆盖，则将人工垦区外边界视为淤泥岸线。	

分类标准	岸线类型	解译标志	范例
人工岸线	养殖岸线	养殖岸线主要是人工修筑的堤坝，在遥感影像上呈亮白色，内部为形状规则的田字形养殖池或耕地，颜色呈蓝黑色或绿色，堤坝所在处即为岸线。	
	港口码头岸线	港口码头在影像上呈亮白色的规则条带状，并向海一侧延伸，原则上应以其外部形状为岸线。但受影响分辨率限制，本研究中以其与陆域部分相接处的连线为海岸线。	
	建设岸线	此类岸线是工业或住宅等建筑用地外围的堤坝，在影像上呈紫红或淡粉色，形状较不规则，但与海水界限明显，其边界即为海岸线。	
	防护岸线	此类岸线是防潮护岸的海堤，一类是在影像上呈亮白色的条带状，向海一侧多发育有暗褐色的滩涂，一类是围填区域向海一侧的海堤已经闭合，但内部仍为海水（或围垦面积有限），则将海堤视为岸线。	

三、海岸线信息提取与精度验证

由于遥感影像具有瞬时性，而自然海岸线具有动态性，基于遥感影像提取的海岸线实际上是海陆瞬时水边线，不能完全真实地反映现实世界的海岸线，为解决此问题，学者们提出应采用平均大潮高潮线、瞬时高潮线、低潮线和干湿分界线等作为水陆边界的指示（Boak E. H. 等，2005），其中平均大潮高潮线在国际上的认可度最高且广泛应用于自然海岸线的提取。本研究基于 Landsat TM/OLI 影像，利用阈值法（李猷等，2009），结合岸线解译标志提取岸线信息，并根据实地调查数据进行局部修正，最后得到研究区 1990—2015 年每个 5 年共 6 个时期的海岸线位置、长度和类型等信息。

在 ArcGIS10.2 环境中，在 6 期影像中随机选取像元，并找出自动提取的海岸线上的对应像元，统计发生位移的像元个数并计算比例即可确定提取精度。在各景影像中分别对每种岸线选取 80 个像元点（李猷等，2009）进行精度验证，结果表明，研究自然岸线除淤泥质岸线（>80%）外提取精度均大于 95%，人工岸线除河口岸线（>80%）外各类型提取精度均大于 90%，结果总体准确可靠。

第二节　海湾形态变化时空分析指标

一、岸线结构

根据本书海湾岸线解译结果，统计出研究时段内各海湾岸线长度及其变化量（表12.3），并据此绘制和海湾各时期岸线长度对比图（图 12.1）以及各类型海湾岸线变化对比图（图 12.2）。由此可知，1990—2015 年间东海沿岸 13 个海湾大陆岸线总体变化较大，且变化速度逐渐加快。

由表 12.3 及图 12.1 可知，2015 年本研究涉及的 12 个海湾大陆岸线总长度为 2 848.79 km，整个研究期间，除 1990—1995 年间海岸线有所减少以外，随后 20 年间均有不同程度的增长，呈波动增长趋势，25 年间累计增长了 66.65 km。其中，2005—2010 年间岸线增长量最高，达 38 km，可见该阶段是研究期间海湾岸线开发利用相对活跃的时期，岸线年均变化量显著高于其他时段。在该时段内，台州湾是岸线动态变化量最大的海湾，岸线增量达 19.95 km，三门湾次之，岸线增量为 19.01 km，罗源湾的动态变量最小，岸线缩短了 0.69 km。1990—2000 年间，前 5 五年岸线减少量与后 5 年岸线增长量相近，故研究区海湾岸线总量变化不大，仅增加了 0.18 km。其中，1990—1995 年，罗源湾岸线变化量最大，岸线缩减 20.35 km；1995—2000 年，兴化湾变化量最大，岸线增量达 42.84 km。2000—2005 年研究区岸线总量在各时段内变化量最小，仅增长了 3.55 km，但三门湾和乐清湾变化量较大，且呈相向变化，前者增长21.47 km，后者减少 22.77 km。2010—2015 年间，三沙湾岸线变化量最大，累计增加 22.11 km。

表 12.3　各时期各海湾海岸线长度及其变化量表

海湾	海岸线长度（km）						海岸线长度变化量（km）					
	1990	1995	2000	2005	2010	2015	1990—1995	1995—2000	2000—2005	2005—2010	2015—2010	25 年
杭州湾	380.05	366.24	374.03	379.07	368.20	359.91	-13.81	7.79	5.04	-10.87	-8.29	-20.14
象山港	279.40	278.68	273.16	272.01	267.53	267.48	-0.72	-5.52	-1.15	-4.48	-0.05	-11.93
三门湾	347.46	336.14	324.21	345.68	364.68	363.42	-11.31	-11.94	21.47	19.01	-1.27	15.96
台州湾	122.38	122.14	124.63	129.95	149.90	151.14	-0.24	2.49	5.32	19.95	1.24	28.76
乐清湾	187.07	188.02	188.42	165.65	167.84	162.32	0.95	0.40	-22.77	2.19	-5.52	-24.75
温州湾	129.64	129.87	135.74	136.15	142.54	143.16	0.23	5.87	0.42	6.39	0.61	13.52
三沙湾	440.52	444.28	433.66	429.98	432.17	454.28	3.76	-10.62	-3.68	2.20	22.11	13.77
罗源湾	139.71	119.35	116.99	115.20	114.51	113.96	-20.35	-2.36	-1.79	-0.69	-0.55	-25.75
兴化湾	182.41	182.97	225.82	225.97	232.98	236.94	0.56	42.84	0.15	7.01	3.96	54.53
湄洲湾	187.91	189.22	184.92	185.18	180.25	188.52	1.31	-4.30	0.27	-4.93	8.27	0.61
泉州湾	101.00	101.82	102.98	108.19	104.30	109.83	0.82	1.16	5.21	-3.89	5.53	8.83
厦门湾	284.60	295.63	297.79	292.85	298.96	297.85	11.03	2.16	-4.94	6.12	-1.12	13.25
合计	2782.14	2754.37	2782.32	2785.87	2823.87	2848.79	-27.77	27.95	3.55	38.00	24.93	66.65

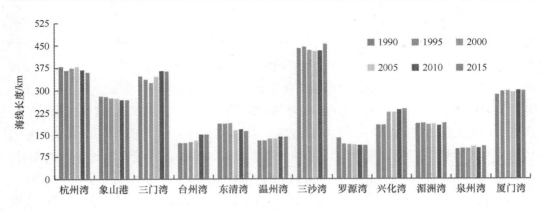

图 12.1 各时期各海湾岸线长度对比

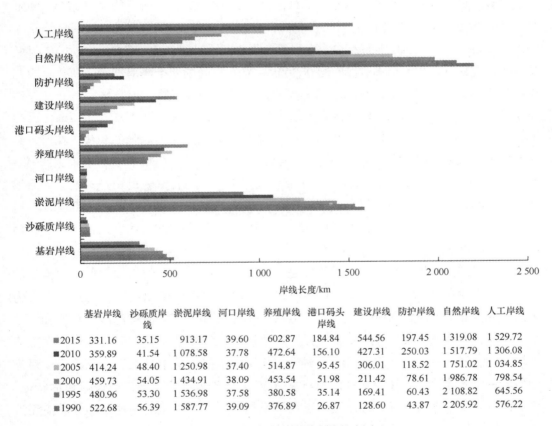

	基岩岸线	沙砾质岸线	淤泥岸线	河口岸线	养殖岸线	港口码头岸线	建设岸线	防护岸线	自然岸线	人工岸线
2015	331.16	35.15	913.17	39.60	602.87	184.84	544.56	197.45	1 319.08	1 529.72
2010	359.89	41.54	1 078.58	37.78	472.64	156.10	427.31	250.03	1 517.79	1 306.08
2005	414.24	48.40	1 250.98	37.40	514.87	95.45	306.01	118.52	1 751.02	1 034.85
2000	459.73	54.05	1 434.91	38.09	453.54	51.98	211.42	78.61	1 986.78	798.54
1995	480.96	53.30	1 536.98	37.58	380.58	35.14	169.41	60.43	2 108.82	645.56
1990	522.68	56.39	1 587.77	39.09	376.89	26.87	128.60	43.87	2 205.92	576.22

图 12.2 各时期各类型海湾岸线长度对比

从空间上来看，1990—2015 年间，东海沿岸 12 个海湾岸线长度大致可分为三级阶梯。位于第一级阶梯的海湾岸线总长度大于 300 km，包括杭州湾、三门湾和三沙湾，其中三沙湾岸线总长度最大；岸线长度在 150 km 至 300 km 之间的海湾属于第二级阶梯，包括象山港、乐清湾、兴化湾、湄洲湾和围头-厦门湾，其中围头-厦门湾岸线拥有量十分接近 300 km；岸线拥有量小于 150 km 的海湾属于第三级阶梯，台州湾（2015年稍大于 150 km）、温州湾、罗源湾和泉州湾皆属此列，其中泉州湾的岸线总长度最小。25 年间，杭州湾、象山港、乐清湾和罗源湾岸线总长度呈负增长，其中，象山港和罗源湾岸线总量持续缩减，除象山港岸线缩减量为 11.93 km 以外，其他三个海湾岸线减少量均大于 20 km，其中罗源湾岸线减少最为剧烈，达 25.75 km。其余海湾岸线总量均呈增长趋势，其中温州湾和兴化湾岸线总量持续增加，其他海湾均呈波动增长，且兴化湾增长最为显著，达 54.53 km，湄洲湾增长量最少，仅 0.61 km。

图 12.2 显示，25 年间，东海沿岸 12 个海湾的自然岸线与人工岸线变化呈现出此消彼长的趋势，且自然岸线持续缩减、人工岸线持续增加，逐步追平最终总长度超过自然岸线。研究之初，研究区自然岸线总长度为 2 205.92 km，占岸线总量的 79.29%，25 年间研究区各海湾均进行了不同程度的开发利用，到 2015 年，自然岸线已减少至 1 319.08 km，仅为 1990 年的 60%，在岸线总量中的占比减少至 46.3%。以 5 年为限，将整个研究期分割成 5 个小阶段，则在 2005—2010 年间的四个小时期中，研究区自然岸线年均减少量逐年增加，在此后的一个阶段中虽有小幅下降，但总体而言自然岸线总量剧烈衰减。与之相反，研究区人工岸线急剧增长，从 1990 年的 576.22 km 上升至 2015 年的 1 529.72 km，增长率约 165%。且其增长速度呈先增后降的趋势，在研究最初 5 年中，人工岸线增长速度为 13.87 km/a，并在随后的 15 年中不断增大，2005—2010 年增速已达 54.25 km/a，是整个研究期间人工岸线增长最快的一个时期，此后增速有所下降，在 2010—2015 年间平均每年增加 44.73 km。由此可见，1990—2015 年间，东海沿岸主要海湾的开发程度总体加深，在 2010 年之前开发速度加速增长，在随后 5 年中有所减缓。

从岸线的具体类型来看，淤泥岸线是东海沿岸各海湾主要的岸线类型，占绝对优势，河口岸线在总量中占比最少。自然岸线中，河口岸线的变动最小，在自然和人为因素（主要是海湾填湾式的开发利用方式）的双重影响下，海湾的泥沙含量增加，水动力减弱，海湾泥沙淤积程度显著加强，导致河口岸线变窄，自然河口减少，人工河口增加。淤泥岸线、砂砾质岸线与基岩岸线均逐年下降，其中淤泥岸线衰减程度最为剧烈，主要向养殖岸线转变，且以 2000—2005 年阶段为界，呈现出先慢后快的特征。前期淤泥岸线减缓速度较慢与此期间岸线开发加速增长并不矛盾，这是部分海湾泥沙淤积速度较快，甚至大于滩涂围垦速度的缘故，而后期滩涂存量低于前期，且泥沙淤积速度已逐渐赶不上开发速度，岸线缩减加快。其次为基岩岸线，25 年间累计减少 191.52 km，被大量用于港口码头、城市住宅、工业与交通用地。与此相对应的是港口码头岸线与建设岸线的逐年增长。当然，这两类岸线的增长来源不仅于此，养殖岸线也是重要来源之一。研究期间，养殖岸线呈现出先增后减再增的趋势，说明人类对围垦区的利用方式逐渐由农业向工商业和城市建设转移。在海洋经济越来越受到重视的背景下，港口码头岸线以 23.5% 的超高年均增长率在 25 年间急速增长，这种增长趋势在进入新世纪后越发明显。

二、岸线位置摆动

分析 1990—2015 期间东海区 12 个主要海湾的岸线变动情况，可以定性判断其空间变迁特征。从结果来看，研究区 12 个海湾岸线在 25 年间均表现出整体或局部向海持续推进，少部分海湾岸线虽有小幅向陆撤退，但所占比例极小，对岸线向海一侧迁移的趋势未能构成显著影响。其中，在各时段内局部相同区域或若干不同区域向海推进是最常见的形式。

本研究引进了海湾岸线平均变化距离，可用于定量估算各海湾在各时段内的大陆岸线向海推进的平均距离，从而有利于从定量水平上研究岸线位置摆动的空间变化特征。具体如公式 12.1 所示。

$$\bar{D} = \sum_{i=1}^{n} S_i / \sum_{i=1}^{n} l_i \qquad （公式 12.1）$$

公式 12.1 中，$\bar{D}$ 表示某海湾岸线平均向海推进距离；S_i 表示该海湾第 i 年开始的某一时期内因岸线变化而增加的图斑面积，l_i 表示该海湾第 i 年开始的某一时期内发生变迁的岸线长度；n 表示发生变迁的岸线的段数。

以 5 年为界，将整个研究时段划分为 5 个阶段，并在软件 ArcGIS10.2 的运行环境下借助其中的空间分析模块可得到每个小阶段中发生变迁的海湾岸线长度及其相应的图斑面积。基于此，根据公式 12.1 可得各时期东海 12 个海湾岸线的平均向海推进距离（表 12.4），并绘制 1990—2015 年东海北部海湾岸线向海推进平均距离图（图 12.3）和各时期各海湾岸线向海推进平均距离图（图 12.4）。

表 12.4 各时期各海湾岸线平均推进距离 （km）

	1990—1995 年		1995—2000 年		2000—2005 年		2005—2010 年		2010—2015 年		总计
	距离（km）	占比	距离（km）	占比	距离（km）	占比	距离（km）	占比	距离（km）	占比	距离（km）
杭州湾	0.74	25.09%	1.16	16.32%	0.86	19.44%	0.87	10.88%	1.30	29.27%	4.93
象山港	0.08	2.78%	0.16	2.21%	0.23	5.27%	0.41	5.15%	0.12	2.70%	1.00
三门湾	0.15	5.15%	0.14	1.98%	0.45	10.15%	1.47	18.31%	0.21	4.65%	2.41
台州湾	0.08	2.62%	0.39	5.43%	1.08	24.47%	1.85	23.14%	0.16	3.59%	3.55
乐清湾	0.27	9.09%	0.08	1.17%	0.87	19.78%	0.53	6.65%	0.40	9.03%	2.16

	1990—1995 年		1995—2000 年		2000—2005 年		2005—2010 年		2010—2015 年		总计
	距离（km）	占比	距离（km）	占比	距离（km）	占比	距离（km）	占比	距离（km）	占比	距离（km）
温州湾	0.08	2.78%	0.30	4.17%	0.16	3.60%	0.79	9.85%	0.95	21.47%	2.28
东海北部海湾	1.41	47.51%	2.22	31.29%	3.65	82.72%	5.92	73.97%	3.14	70.71%	16.34
三沙湾	0.14	4.85%	0.13	1.87%	0.14	3.21%	0.24	2.98%	0.37	8.27%	1.02
罗源湾	0.69	23.11%	0.35	4.92%	0.15	3.34%	0.13	1.56%	0.12	2.75%	1.43
兴化湾	0.27	8.99%	3.12	43.97%	0.12	2.71%	0.46	5.80%	0.18	4.03%	4.15
湄洲湾	0.21	7.04%	0.19	2.67%	0.16	3.52%	0.89	11.15%	0.37	8.30%	1.82
泉州湾	0.17	5.58%	0.99	13.92%	0.09	1.96%	0.22	2.74%	0.15	3.38%	1.61
厦门湾	0.09	2.92%	0.10	1.37%	0.11	2.53%	0.14	1.79%	0.11	2.56%	0.55
东海南部海湾	1.56	52.49%	4.88	68.71%	0.76	17.28%	0.08	26.03%	1.30	29.29%	10.58
总计	2.97	100%	7.10	100%	4.41	100%	8.00	100%	4.44	100%	26.93

表 12.4 表明，整体来看，1990—2015 年间，研究区海湾岸线平均向海推进共约 26.93 km，合 1.08 km/a。但研究区每 5 年海湾岸线向海推进的平均距离有明显的波动，分别在 1995—2000 年和 2005—2010 年间产生两个峰值，依次达到了 7.10 km 和 8.00 km；最低值出现在 1990—1995 年期间，平均向海推进了 2.97 km。研究初期，研究区海湾岸线向海推进的平均距离普遍较小，除杭州湾和罗源湾以外的其他海湾均小于 0.3 km，且最大差值不超过 0.7 km。1995—2000 年间，研究区岸线向海推进平均距离出现了第一次跃迁，最大差值大于 3 km，主要源于兴化湾岸线在该时期向海推进的平均距离骤升（占总量的 43.97%）。这是因为在此期间，原为孤岛的福建江阴镇通过筑造海堤与大陆相连成为半岛（福建第一大岛），故原岛屿岸线转为大陆岸线，岸线自然显著向海推进。第二次跃迁出现在 2005—2010 年间，该阶段研究区有约 58.3% 的海湾岸线向海推进平均距离较前几个时期有明显增长，且各海湾之间的差距有所缩小，最大差值小于 2 km，使其成为整个研究期间岸线向海推进平均距离最大的一个阶段。

图 12.3 显示，从大行政区间来看，东海南部海湾岸线在各个小阶段向海推进的平均距离呈双峰型波浪曲线，而东海北部海湾则表现为单峰型曲线。若除去福建省在 1995—2000 年期间连岛成陆的江阴半岛，则东海南部海湾岸线在近 25 年来波动较为平

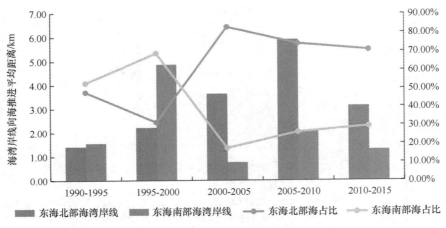

图 12.3　1990—2015 年东海区海湾岸线向海推进平均距离

缓，约以 1.5 km 为中心线上下波动；相较而言，东海北部海湾的波动则较为剧烈，1990—2010 年期间持续上升，且相邻 5 年间的增长率也不断上升，在 2005—2010 年期间达到峰值 5.92 km，在随后的 5 年中则明显下降至 3.14 km。而两部海湾岸线向海迁移的均距占总量的比例呈明显的轴对称关系。在研究区的前 5 年中，东海南部海湾和东海北部海湾的岸线向海迁移量总体相近，福建省略高于东海北部海湾；随后的 5 年中，福建省有较为明显的增长，而东海北部海湾向海推进的总量则有所下滑；2000—2005 年中，福建省呈下降趋势，东海北部海湾呈上升趋势，在某一年两者达到对等关系；2005 年后，东海北部海湾占比略有下降，但仍高于 70%，东海南部海湾占比稍有上升，但仍低于 30%。

图 12.4 显示，就单个海湾而言，25 年间海湾岸线向海迁移均距大于 3 km 的海湾有杭州湾、兴化湾和台州湾。迁移最大的海湾是杭州湾，达 4.93 km。杭州湾是开敞性海域，湾内海陆相互作用复杂，两岸陆域部分是我国经济发达的长三角经济群落，人类生产和生活活动十分活跃，故而海湾岸线迁移显著。杭州湾北岸受冲刷作用，深槽发育，岸线本应向后蚀退，但受人类围海造地影响，岸线不退反进，但幅度相对较小，而杭州湾南岸为淤涨型滩涂海岸，在研究区诸海湾中滩涂淤涨速率最快，自古以来围海造地活动频繁，进入新世纪以后，受政策影响，南岸围海造地规模进一步扩大，在自然和人为因素的双重影响下，杭州湾南岸向海推进规模及速率显著高于北岸以及研究区内的其他海湾。其次是兴化湾，迁移总量达 4.15 km，主要是 1995—2000 年间连陆岛带来的岸线推进，其他时段内的岸线迁移量明显小于该时段。台州湾岸线的迁移量位列第三，25 年间迁移均距为 3.55 km，主要集中在 2000—2005 年和 2005—2010 年十年间，分别为 1.08 km 和 1.85 km。台州湾南北两岸滩涂资源丰富，早期用海以大规模的围海养殖为主，兼具渔港码头，2006 年《东海北部海湾海洋功能区划》获批

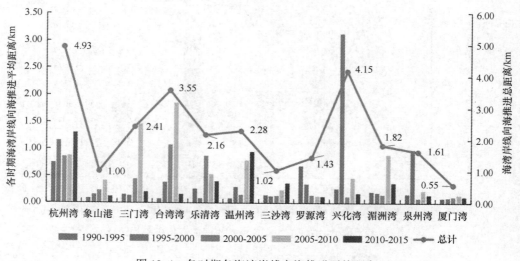

图 12.4　各时期各海湾岸线向海推进平均距离

后，椒江口临港产业区和港口海运建设迅速发展，逐渐从围海养殖转为工业填海造地，岸线迅速向海推进，在上述两个时期内均在研究区 12 个海湾中同时期岸线推进规模最大。

三门湾、乐清湾和温州湾在 1990—2015 年间海湾岸线的平均向海推移量均在 2 ～ 3 km 之间。三门湾岸线向海推移量在 1990—2000 年期间相对较小，2000—2010 年期间为保障宁波市耕地占补平衡和区域发展进行了大规模滩涂开发，海湾岸线明显向海一侧推进；乐清湾和温州湾均有丰富的滩涂资源和优质的港口条件，岸线向海推进主要源于水产养殖和港口建设，是以两者岸线在各时段内向海迁移量相对较小。象山港、三沙湾、罗源湾、湄洲湾和泉州湾在同时期的迁移量均在 1～2km 之间。象山港是狭长型的半封闭海湾，港内环境较稳定，自然营力对岸线变化影响较小。受《东海北部海湾海洋功能区划》和《宁波市象山港海洋环境和渔业资源保护条例》等规划和法律条例的限制，象山港开发的生态限制较重，故岸线向海推移量较小。三沙湾、罗源湾、湄洲湾和泉州湾均有丰富的港口资源，其中前两者还有丰富的滩涂资源，后两者则拥有滨海旅游资源，岸线相对稳定，向海推移量较少。围头-厦门湾在研究区所有海湾中的迁移量最小，仅 0.55 km。围头-厦门湾的岸线向海推移规模在整个研究期间均比较小，除 2005—2010 年间达 0.14 km 外，其他几个时段均处于 0.1±0.01 km。这与厦门市海洋开发时间较早，港口海运业已颇具规模，以及自然条件优越，滨海旅游业发达有关。

三、海湾面积

利用 ArcGIS10.2 空间分析模块可得研究区诸海湾在各时相的面积及其变化（图

12.5)，并据此计算各海湾相邻 5 年间的面积变化率，以及 25 年间面积总变化率（表12.5)。

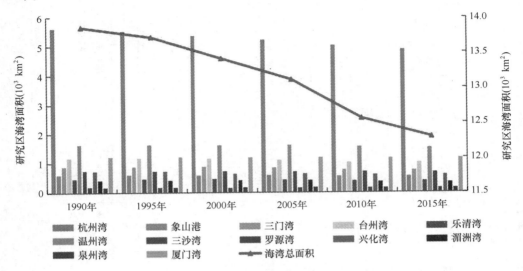

图 12.5　1990—2015 年东海沿岸海湾面积变化

　　总体而言，东海区沿岸海湾在我国大陆岸线的四大海区中较为丰富，但南北方向存在差异性。图 12.5 和表 12.5 显示，从行政区来看，研究区中属于福建省的海湾面积远远小于东海北部海湾，且其海湾面积缩减总量（0.326 km²）也远小于东海北部海湾（1.228 km²），但两者海湾面积减少率的差距却小于面积缩减量的差距。这主要是因为海湾面积的差异在一定程度上缩小了两省之间海湾面积减少率的差距，海湾面积与各行政区中不同类型的海湾数量分布有关，东海北部海湾中开敞型海湾所占的比例高，海湾面积相对较大，同等面积减少量下面积减少率小，而东海南部海湾中封闭或半封闭型的海湾占比高，则海湾面积相对较小，同等面积减少量下面积减少率大。观察1990—2015 年间东海沿岸 12 个海湾总面积的变化，可以发现，整个研究期间其面积从1990 年的 13.71 km²减少至 2015 年的 12.29 km²，呈现出不断萎缩的趋势，且其相邻 5年间的面积减少率在 2005—2010 年期间之前（包括在内）加速增长至-4.21%，虽在2010—2015 年间迅速减缓为-2.10%，但仍处于下降趋势，25 年间累计减少 11.23%。

表 12.5　1990—2015 年东海沿岸海湾面积减少及其比例

	1990—1995 年		1995—2000 年		2000—2005 年		2005—2010 年		2010—2015 年		总计	
	面积/km²	减少率	面积/km²	减少率	面积/km²	减少率	面积/km²	减少率	面积/km²	减少率	面积/km²	减少率
杭州湾	-0.086	-1.53%	-0.164	-2.96%	-0.133	-2.47%	-0.191	-3.64%	-0.153	-3.04%	-0.726	-12.93%
象山港	-0.001	-0.16%	-0.003	-0.48%	-0.009	-1.57%	-0.024	-4.12%	-0.003	-0.51%	-0.04	-6.73%
三门湾	-0.005	-0.62%	-0.005	-0.61%	-0.03	-3.42%	-0.066	-7.79%	-0.013	-1.60%	-0.12	-13.44%
台州湾	-0.001	-0.07%	-0.004	-0.38%	-0.053	-4.57%	-0.095	-8.56%	-0.001	-0.08%	-0.155	-13.20%
乐清湾	-0.007	-1.40%	-0.001	-0.20%	-0.039	-8.39%	-0.02	-4.69%	-0.015	-3.73%	-0.082	-17.27%
温州湾	-0.002	-0.12%	-0.014	-0.87%	-0.008	-0.47%	-0.054	-3.36%	-0.028	-1.78%	-0.106	-6.46%
东海北部海湾	-0.102	-0.98%	-0.192	-1.86%	-0.272	-2.70%	-0.451	-4.59%	-0.212	-2.26%	-1.228	-11.82%
三沙湾	-0.005	-0.73%	-0.007	-0.90%	-0.008	-1.13%	-0.009	-1.24%	-0.015	-2.16%	-0.045	-6.03%
罗源湾	-0.02	-10.78%	-0.009	-5.23%	-0.002	-1.38%	-0.003	-1.89%	-0.002	-1.41%	-0.036	-19.34%
兴化湾	-0.001	-0.17%	-0.084	-11.68%	-0.001	-0.13%	-0.021	-3.34%	-0.005	-0.81%	-0.112	-15.57%
湄洲湾	-0.002	-0.39%	-0.004	-0.88%	-0.004	-1.05%	-0.049	-12.05%	-0.019	-5.15%	-0.078	-18.49%
泉州湾	-0.003	-1.59%	-0.002	-1.10%	-0.002	-1.44%	-0.007	-4.43%	-0.003	-1.69%	-0.017	-9.88%
厦门湾	-0.005	-0.42%	-0.006	-0.47%	-0.008	-0.66%	-0.012	-0.98%	-0.008	-0.66%	-0.038	-3.15%
福建省	-0.036	-1.05%	-0.111	-3.24%	-0.026	-0.78%	-0.102	-3.09%	-0.052	-1.62%	-0.326	-9.43%
总计	-0.138	-1.00%	-0.303	-2.21%	-0.298	-2.22%	-0.552	-4.21%	-0.264	-2.10%	-1.555	-11.23%

相较而言，25 年间，东海北部海湾的海湾面积总体缩减率为 11.82%，大于福建省（-9.43%），且东海北部海湾的海湾面积缩减率在这 25 年间的波动趋势与研究区海湾总面积相符。福建省则表现出更大的波动性，在 1995—2000 年间和 2005—2010 年间出现两个峰区，分别为-3.24%和-3.09%；同时在 2000—2005 年间出现一谷区，此期间海湾面积缩减率减小为-0.78%。对研究区海湾总面积以及东海北部海湾和福建省的海湾面积变化进行线性拟合，得到三条曲线的趋势线以及拟合方程，方程显示上述三者的拟合度分别达到了 0.97、0.96 和 0.98，表明所绘趋势线结果可靠。其中东海北部海湾和东海南部海湾面积变化拟合方程的斜率分别为-0.2616 和-0.0678，整个研究区的拟合方程斜率则为-0.3295，进一步说明了研究区海湾面积正不断萎缩，且未来将继续缩减，也说明了研究区海湾面积萎缩在南北空间上的差异性，显然东海北部海湾面积的缩减程度较福建省更剧烈，后者相对稳定，因而东海北部海湾面积变动主导了研究区整体海湾面积变动趋势。

从表 12.5 和图 12.5 中，可以看出，1990—2015 年间东海区 12 个海湾面积均表现出不断萎缩的趋势，但不同海湾间面积衰减的幅度和速率有所不同。从海湾面积减少总量来看，25 年间研究区约 41.7%的海湾面积减少超过 0.1 km²，其中属于东海北部海湾的占了 80%。这些海湾中面积减少最大的是杭州湾，达 0.726 km²，远超其他海湾，占整个研究区面积减少总量的 46.69%（东海北部海湾的 59.12%），是福建省全部海湾面积减少之和的 2 倍有余。其次为台州湾、三门湾、兴化湾和温州湾，面积减少量均在 0.1~0.16 km² 之间。乐清湾和湄洲湾的面积缩减量分别为 0.082 km² 和 0.078 km²，与 0.1 km² 较为接近。三沙湾、象山港、围头-厦门湾、罗源湾和泉州湾面积减少量均低于 0.05 km²，其中泉州湾仅减少了 0.017 km²，在全部海湾中面积缩减最小。从海湾面积减少率来看，情况则完全不同。研究区诸海湾面积减少率均小于 20%，大于 15%（>10%）的海湾有罗源湾（19.34%）、湄洲湾（18.49%）、乐清湾（17.27%）和兴化湾（15.27%），属于福建省的海湾占 75%（42.8%）。面积减少率最小的海湾是围头-厦门湾，为 3.15%。前文已述，海湾面积差异是此矛盾现象产生的主要原因，按照当前趋势，未来研究区诸海湾中面积缩减比例较大的海湾数量将进一步增大。

四、海湾形状指数

海湾形状指数是定量描述海湾形态变化的有效指标，它利用海湾形状与圆的相似程度来判断海湾的形状的复杂程度，可用海湾周长与等面积的圆周长之比来表示，且海湾形状的复杂程度随计算结果的增大而增大（计算结果越小则表明海湾与圆的相似程度越高，形状越简单）（侯西勇等，2016）。利用 ArcGIS10.2 空间分析模块下的相关工具可得 1990—2015 年研究区各海湾的周长，并据此计算出各时相各海湾的形状指数及其变化量（表 12.6），在此基础上对该指数及其变化量进行分级统计（图 12.6）；进一步按海湾成因类型分类统计各时相海湾形状指数及其变化量的大、小极值和平均值（表 12.7）。

表 12.6　1990—2015 年东海区各海湾形状指数及其平均值

东海区海湾	1990 年	1995 年	2000 年	2005 年	2010 年	2015 年	平均值
杭州湾	1.79	1.77	1.82	1.86	1.85	1.85	1.82
象山港	3.53	3.52	3.47	3.48	3.46	3.51	3.49
三门湾	3.90	3.80	3.70	3.98	4.33	4.36	4.01
台州湾	1.63	1.63	1.65	1.73	1.99	2.00	1.77
乐清湾	2.68	2.72	2.72	2.53	2.62	2.59	2.65
温州湾	1.83	1.84	1.89	1.89	1.97	1.99	1.90
三沙湾	4.61	4.66	4.57	4.56	4.61	4.90	4.65
罗源湾	2.91	2.64	2.66	2.64	2.65	2.65	2.69
兴化湾	2.07	2.08	2.70	2.70	2.83	2.88	2.54
湄洲湾	2.93	2.95	2.90	2.92	3.04	3.25	3.00
泉州湾	2.40	2.43	2.47	2.60	2.57	2.72	2.53
厦门湾	2.81	2.90	2.93	2.90	2.96	2.96	2.91
东海北部海湾平均值	2.56	2.54	2.54	2.58	2.70	2.72	2.61
东海南部海湾平均值	2.95	2.94	3.04	3.05	3.11	3.23	3.05
全部海湾平均值	2.76	2.74	2.79	2.82	2.91	2.97	2.83

　　由于海岸带地形地貌是海湾形成的重要自然地理基础，因此海湾形状指数的分布与海岸带地质构造的分布在一定程度上吻合。受板块运动影响，我国大陆构造活动从新生代开始变化巨大，东部沿海地区的地质构造以杭州湾为界产生了明显的南北分异，北部沉降区平原广袤，南部隆起区丘陵遍布。我国东海区沿岸主要位于南部隆起区，本研究中涉及的 12 个海湾除杭州湾属于苏北-杭州湾沉降带以外，其他海湾全部位于浙东-桂南隆起带及其次级沉降带。表 12.5 显示，1990—2015 年间各年份东海区海湾形状指数平均值均介于 2.5—3 之间，与侯西勇等学者（2016 年）研究中国大陆岸线后得出的东海区海湾形状指数居全国四大海区第二的结果比较接近，且 12 个海湾中仅有 3 个海湾的形状指数平均值低于但均接近 2，综上可以认为东海沿岸各海湾的形状指数在我国各海区总体较高。

　　当然，海湾形状指数在东海区内部也存在分异。从本研究的结果来看，东海南部海湾 25 年间的海湾形状指数介于 2.9—3.3 之间，最大值为 3.23，最小值为 2.94，平均值为 3.05；而东海北部海湾则介于 2.5—2.8 之间，最大值为 2.72，最小值为 2.54，平均值为 2.61，可以看出东海南部海湾形状复杂的海湾居多，且多于东海北部海湾。本研究中属于东海北部海湾在沉降带和隆起带中分布较为均匀，而东海南部海湾则多分布于隆起带，故东海南部海湾的形状较北部更为复杂。

　　表 12.6 显示，近 25 年间，东海区大多数海湾的形状指数均呈现出持续增大的趋势，数值明显增大，说明东海区海湾的形状不断向复杂化演变。象山港、乐清湾和罗源湾是在 1990—2015 年期间海湾形状指数发生下降的海湾，其中象山港变化量最小且各年份之间相对比较稳定，仅为 -0.02；温州湾次之为 -0.09，25 年间指数波动性较强；罗源湾变化量较大 -0.26，主要集中在 1990—1995 年间，其他年份相对比较稳定。除上述 3 个海湾以外的其他 9 个海湾形状指数变量均为正值，增量大于 0.3 的海湾有 5 个，其中兴化湾的增长量最大，达 0.81，远超过其他海湾，其次是三门湾，增量达 0.46；剩余 4 个增长量小于 0.3 的海湾中，最大的是三沙湾（0.29），最小的是杭州湾，仅 0.06。从几个海湾形状指数的平均值来看，数值最大的是三沙湾，达 4.65，其次是三门湾，为 4.01。虽然两者海湾形状指数均很高，但其成因有较大区别，三沙湾位于地质隆起带，岬湾相间，海湾形状复杂，而三门湾内淤泥遍布，潮汐汊道众多，增加了海湾形状的复杂程度。海湾形状指数平均值最小的海湾是台州湾，主要是因为台州湾位于地质沉降带，且为开敞型海域，海湾总体复杂程度较小。

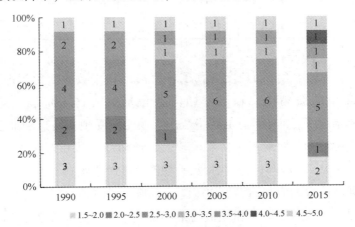

图 12.6　近 25 年间东海海湾形状指数分级统计图

　　图 12.6 显示，从整个研究期来看，东海区海湾形状指数主要落在 2.5—3 等级区间，其次是 1.5—2 区间，但前者随时间的推移数量总体增长，而后者则从稳定走向下降。从各个小时间段来看，1990—1995 年间，各海湾形状指数较为稳定，2000 年之后出现处于低等级区间的海湾不断向等级高于自身的区间迁移的普遍趋势，维持所在等

级区间的海湾形状指数总体增加。1990 年，研究区中海湾形状指数高于 2.5 的海湾为 7 个，2015 年达到了 9 个，比例由 58.3%上升至 75%。故而 25 年间东海海湾形状指数平均值持续增大，处于较高等级区间的海湾所占比例显著升高。此外，海湾形状指数变化量为负值的 3 个海湾（占总量的 25%）在研究之初的指数值均较大，说明初期海湾形状较为复杂但在研究期间受到以围填海为主的人类活动的影响，对岸线"截弯取直"，导致局部岸线曲折度降低，海湾形状去复杂化。

表 12.7　不同成因类型的海湾形状指数的变化

	海湾类型	1990	1995	2000	2005	2010	2015	1990—2015 年变化
平均值	河口湾	1.75	1.74	1.79	1.83	1.93	1.95	0.20
	基岩侵蚀湾	2.99	2.94	3.20	3.34	3.58	3.62	0.63
	构造湾	3.12	3.12	3.10	3.09	3.13	3.23	0.10
最大值	河口湾	1.83	1.84	1.89	1.89	1.99	2.00	0.17
	基岩侵蚀湾	3.90	3.80	3.70	3.98	4.33	4.36	0.46
	构造湾	4.61	4.66	4.57	4.56	4.61	4.90	0.29
最小值	河口湾	1.63	1.63	1.65	1.73	1.85	1.85	0.22
	基岩侵蚀湾	2.07	2.08	2.70	2.70	2.83	2.88	0.81
	构造湾	2.40	2.43	2.47	2.60	2.57	2.59	0.20

表 12.7 从海湾成因类型的角度解释了各海湾形状指数的变化规律及其产生的原因。3 种成因类型的海湾中，基岩侵蚀湾数量最少（16.6%），构造湾数量最多（58.3%），通常情况下，3 种海湾形状指数的大小主要受地质构造和地表环境的影响，构造湾与基岩侵蚀湾形状相对复杂，数值较大，河口湾岸线相对简单，数值较小。本研究结果显示，1995 年以前海湾形状指数平均值最高的是构造湾，2000 年（含）以后则转为基岩侵蚀湾；最大值则始终为构造湾，但基岩侵蚀湾的最大值在 25 年间的增长量最大；海湾形状指数的平均值和极值的最小值始终出现在河口湾，但其数值处于持续增加的趋势。构造湾主要来自于福建，海湾形状复杂程度较高，其形状指数平均值、最大值和最小值在 5 年间均波动上升；基岩侵蚀湾均匀分布在浙江和福建，其形状指数平均值、最大值和最小值总体处于不断上升的趋势；河口湾全部来源于浙江，3 项数值的变化趋势与基岩侵蚀湾类似，但幅度相对较弱。可见，围填海活动发生在形状复杂的海湾，则倾向于降低海湾形状的复杂程度，而发生在原有形状相对简单的海湾时，则多表现为将海湾形状复杂化。

第三节　海湾岸线开发强度分析

海湾开发利用强度是人类对海湾利用强度的定量表征，通过计算在以围填海为主的人类活动的影响下形成的不同类型人工岸线对海湾自然环境的影响程度来表示。通过分析海湾开发强度，可以定量评估海湾开发现状及未来趋势，为海湾开发利用综合规划以及海湾资源保护及永续利用提供数据参考。具体指标包括海湾岸线人工化指数和海湾岸线开发利用强度。

一、海湾岸线人工化指数

海湾岸线人工化强度表示的是自然岸线向人工岸线转化的程度，可用岸线人工化指数表现，即某海湾人工岸线占岸线总量的比重，如公式 12.2。比重越大，则海湾岸线人工化强度越大。

$$H = T/L \qquad\qquad （公式 12.2）$$

公式 12.2 中，H 表示海湾岸线人工化指数，T 表示某海湾人工岸线长度，L 表示某海湾岸线总长度。

岸线人工化指数是指人工岸线占一定区域岸线总长度的比例，可以反映人类活动对自然岸线干涉程度的强弱。根据公式 12.2 计算并分析了 25 年间东海沿岸 12 个海湾在研究期间内不同时期岸线人工化指数及其变化情况（图 12.7）。25 年间，东海海湾岸线人工化指数平均值持续上升，前者由 1990 年的 0.21 上升至 2015 年的 0.54，后者则由 1990 年的 0.22 上升至 2015 年的 0.58。整体来看，各年份中东海南部海湾岸线人工化指数始终大于北部，且差距逐步扩大。

25 年间，东海北部海湾在 1990—1995 年间人工化指数变化均较小，仅温州湾呈现出先下降后上升的趋势，其余海湾均呈上升趋势。其中杭州湾、象山港和乐清湾的岸线人工化指数在相邻 5 年间上升幅度较为稳定，总体呈稳步上升。三门湾和台州湾均存在变化幅度特大的跃升期，前者发生在 2000—2005 年和 2010—2015 年间，由于三门湾沿岸社会经济发展水平较低、人口素质普遍较低、人才匮乏导致该湾在很长一段时间未曾受到足够的重视，随着其他海湾开发越来越成熟，以及东海北部海湾对湾区经济建设的重视程度逐渐加深，三门湾成为海湾开发和湾区经济建设的重要基地，岸线人工化强度显著提升。台州湾的跃升期发生在 2000—2005 年，一则是因为此期间台州湾滩涂养殖规模迅速增大，呈连片式开发，二则是椒江口岸段基岩岸线丰富，水深条件好，有利于港口建设，许多岸线被开发为港口岸线。

东海南部海湾人工岸线指数在 1990—2015 年间均呈上升趋势，且大部分海湾变化趋势的相似度较高，以 2000 年为界，此前上升幅度较小，此后明显加大，可以认为东海南部海湾在进入新世纪后人类活动显著增强。其中兴化湾和湄洲湾出现了变化幅度特别大的时间段，远远超出其他海湾。前者发生在1995—2000年间，2000年该湾岸线人工化指数在各湾中居于首位（0.38），比位列第二的海湾大0.8，在此期间兴化湾出现了大规模围海养殖，围填海强度显著高于其他海湾，形成该时段福建海湾岸线人工化强度指数的峰值。湄洲湾岸线人工化指数在2000—2010年间表现出加速增长的趋势，在各海湾中独树一帜，2000年以后均成为福建海湾岸线人工化指数的最大值。期间，湄洲湾围填海造地规模不断扩大，建设岸线和防护岸线所占比例明显提升，其中防护岸线主要用于围填海造地前期阻断海之用，因而成为此期间内各海湾中岸线人工化指数最大的海湾。

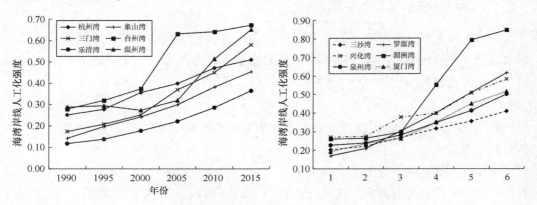

图12.7　海湾岸线人工化强度

二、海湾岸线开发利用强度时空变化

各海湾岸线类型对资源环境的影响程度不同，可用海湾岸线开发利用强度对其进行定量评估，计算方法如公式12.3。

$$D = \frac{\sum_{i=1}^{n} l_i \times r_i}{L}$$ 　　　　　（公式12.3）

公式12.3中，D表示某海湾岸线开发利用强度，l_i表示某海湾第i种岸线的长度，r_i表示第i种海岸的资源环境影响因子（徐谅慧，2015）（$0 < r_i \leqslant 1$）（表12.8），L表示某海湾岸线总长度。

表12.8　各类型海湾岸线的资源环境影响因子

海湾岸线类型	自然岸线	建设岸线	防护岸线	港口码头岸线	养殖岸线
影响因子	0.1	1.0	0.2	0.8	0.6

　　根据公式 12.3 计算可得 1990—2015 年东海沿岸海湾岸线开发利用强度指数，并据此绘制东海北部海湾和东海南部海湾开发利用强度变化图（图 12.8），并以 0.1 为间隔将岸线和开发利用强度指数结果分为 6 级，0.15—0.25 为低等级区间，0.25—0.35 区间为较低等级区间，0.35—0.45 区间为中等级区间，0.45—0.55 为较高等级区间，0.55—0.65 为高等级区间，并据此绘制其分级分布图（图 12.9）。

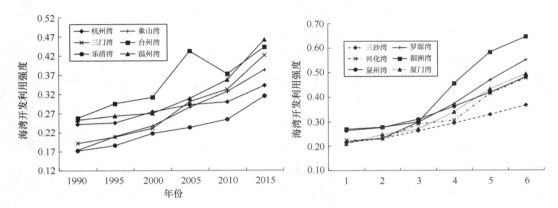

图 12.8　海湾开发利用强度

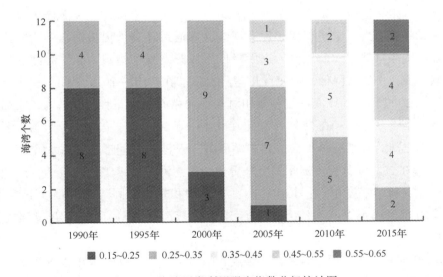

图 12.9　海湾开发利用强度指数分级统计图

　　1990—2015 年间，研究区全部海湾岸线开发强度指数均有所增加，说明研究期间东海区海湾开发利用行为更加普遍，开发强度总体增强。1990 年，海湾岸线开发利用强度指数低于 0.2 的海湾占 25%，该比例在 1995 年下降到 8.3%，1990—1995 年最低值始终出现在乐清湾（增长了 8%）；最高值从湄洲湾（0.27）转为台州湾（0.30），但始终未曾超过 0.3，且仅有 3 个海湾的增幅超过 10%，分别是象山港、围头-厦门湾和台州湾，增幅低于 5% 的海湾占 50%，说明该阶段东海区海湾开发处于低速增长时期，利用程度总体较轻。2000 年以后，东海区海湾岸线开发利用进入快速发展期，2000—2015 年间，增幅不足 50% 以及超过 80% 的海湾各占 33.3%，其中湄洲湾的增幅高达 117%，在所有海湾中增幅最大，而杭州湾的增幅最低，仅 25%。2015 年，海湾岸线开发利用指数最大值已达 0.65，出现在湄洲湾，最低值达 0.31，出现在乐清湾。乐清湾在整个研究期间始终是开发强度指数最低的，除开发强度确实较其他海湾低以外，快速淤涨的淤泥滩也在很大程度上降低了开发强度，因此乐清湾人工化强度总体较低，而湄洲湾主要为基岩海岸，水深条件好，多被开发为用于港口、码头、住宅和城镇工业的人工岸线，总体开发程度较高。

东海南部海湾开发利用强度指数平均值较东海北部海湾高，各年份的最低值均为东海北部海湾的乐清湾，而最高值均为东海南部海湾的湄洲湾，但两者均呈上升趋势，说明在平均意义上东海海湾开发强度不断上升，且前者较后者深入。此外，由于不同海湾间社会经济水平的差异性，东海北部海湾开发强度在各年份间的差异普遍较大，其中，台州湾开发强度的波动性最大，呈现出先增长后下降再增长的趋势，1990—2005 年间为上升期，期间台州湾围填海面积显著增加（集中在 2000—2005 年间），主要用于滩涂养殖和港口建设等；在 2005—2015 年间有所下降，主要源于该湾在大规模围填海活动将平直人工岸线替代了原有岸线，并通过连岛沙堤将海岛转为陆连岛，增加了大陆岸线中自然岸线的比例，进而降低岸线开发强度指数。随着海湾的进一步开发，自然岸线比例再次降低，促使台州湾开发强度在 2010—2015 年间再次上升。东海南部海湾在 2000 年之前则有一段差异相对较小的相似期，此后，厦门湾、泉州湾和兴化湾三者差距逐渐缩小，在 2015 年稳定在 0.45—0.50 区间，湄洲湾、罗源湾、泉州湾与上述三湾之间的差距不断扩大，其中湄洲湾与三沙湾之间形成了最大差值，该值在 2015 年约为 0.28。从社会发展水平上来看，湄洲湾沿岸城镇工业较发达，围填海强度大，海湾开发利用强度也大；其次，三沙湾总面积较大，同等开发强度下变化较小，而湄洲湾的面积远小于三沙湾（2015 年约为三沙湾的 50%），同等开发强度下变化较大。

图 12.9 显示，东海海湾开发利用强度指数普遍增加，并呈现出由低等级区间向高等级区间迁移的趋势，低等级区间不断灭失，涌现出新的高等级区间。1990—1995 年间，全部海湾的开发利用强度位于 0.15—0.35 之间，其中绝大多数位于 0.15—0.25 区间，属于轻度开发利用状态。进入 2000 年情况发生倒转，位于 0.15—0.25 区间的海湾迅速减少，仅剩 3 个，而位于 0.25—0.35 区间的海湾则快速增长为 9 个，海湾开发利用程度加深。2000 年以后，海湾开发利用加快，利用程度不断深化。2005 年与 2000 年相比，开发利用强度位于 0.15—0.25 等级区间的海湾仅剩 1 个，位于 0.25—0.35 区间

的海湾数量减少，高等级区间开始出现，分别是 0.35—0.45 和 0.45—0.55，但占比不高，此阶段仍以 0.35—0.45 区间的海湾为主。2010 年，最低等级区间的海湾灭失，较低等级区间的海湾进一步减少，中级和较高级区间的海湾总体增加并居于主导地位，海湾开发利用强度明显增加，处于中度开发利用向重度开发利用的过渡阶段。2015 年，0.35—0.45 区间的海湾减少至 2 个，高级区间出现 2 个海湾，较高级区间扩张，海湾开发利用强度进一步增强，处于重度开发利用的临界边缘。按此趋势，东海区主要海湾中，位于低级区间甚至中级区间的海湾未来将全部灭失，转为位于较高级和高级区间的海湾。

第四节　海湾形态变化与海湾开发强度关联分析

为了探究海湾形态变化与海湾开发强度之间的关联，本书引进统计学中的相关性分析法，利用 Pearson 简单相关系数来计算海湾开发强度与海湾形态变化各指标之间的相关系数，计算公式如下：

$$r_{xy} = \frac{\sum\limits_{i=1}^{n}(x_i - \bar{x})(y_i - \bar{y})}{\sqrt{\sum\limits_{i=1}^{n}(x_i - \bar{x})^2}\sqrt{\sum\limits_{i=1}^{n}(y_i - \bar{y})^2}} \qquad \text{（公式 12.4）}$$

公式 12.4 中：x 为海湾开发强度，y 为 ESV，r_{xy} 是海湾开发强度与海湾形态评价指标的相关系数；$\bar{x}$、$\bar{y}$ 分别是 x、y 的均值；x_i、y_i 分别是 x、y 的第 i 个值；n 为样本数量。当 r 值的计算结果越接近与 1，则说明两个变量之间的相关性越强。

一、海湾开发强度与岸线长度的关系

研究区 12 个海湾的岸线总长度呈不断增加的趋势，其中自然岸线在 1990—2015 年期间不断缩短，人工岸线则不断上升，至 2015 年人工岸线总长度已经超过自然岸线。以研究区 1990—2015 年的数据作海湾人工化强度与岸线长度的散点图，并用最小二乘法拟合出两者的函数曲线，如图 12.10。

由图 12.10 可知，东海区海湾岸线开发强度与岸线总长度的 R 平方值达 0.846，自然岸线和人工岸线长度与海湾开发强度的 R 平方值均高于 0.99，说明海湾开发强度与岸线长度之间的拟合优度高，两者之间存在显著的相关性。研究区岸线总长度以及人工岸线长度与海湾开发强度之间呈正相关，表明随着海湾开发强度的增大，海湾人工岸线以及海湾总长度均呈现不断增加的趋势。而研究区自然岸线长度与海湾开发强度之间存在明显的负相关关系，表明海湾开发强度越大，自然岸线的长度越短。海湾岸线开发的过程其实是海湾自然岸线不断被改造成人工岸线的过程，岸线的人工化强度

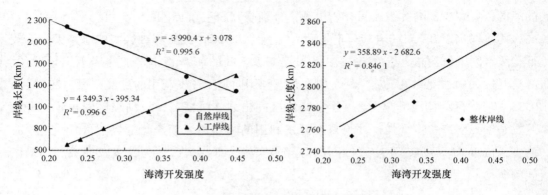

图 12.10　海湾开发强度与岸线长度的关系

不断上升，自然岸线的长度显著缩短。同时，在研究区海湾开发的过程中，人工岸线的长度增加幅度超过了自然岸线长度缩短的幅度，海湾岸线长度总体上升。这主要包括两种情况。一是进行海湾开发的地点呈点状或块状分布，相对比较分散，没有形成规模，而开发前的海湾岸线的曲折度相对较低，造成海湾开发后形成的人工岸线长度较原有的岸线长。二是许多海湾开发均存在连岛成陆的现象，海湾周边的大小岛屿岸线被纳入海湾岸线，而大部分海岛的人工化程度相对较低，以自然岸线为主，在一定程度上对自然岸线缩小的程度产生缓冲作用，并促使海湾岸线总长度增加。

二、海湾人工化强度与海湾面积的关系

　　总体来看，东海区 12 个海湾面积呈现出不断缩小的趋势。基于 1990—2015 年间的海湾面积数据以及海湾开发强度数据，利用最小二乘法拟合函数曲线，得到东海区海湾面积变化与海湾开发强度之间变化关系，如图 12.11 所示。

　　图 12.11 显示，东海区海湾开发强度与海湾面积的拟合优度高，R 平方值达到 0.98，存在显著的负相关关系。即海湾开发强度越大，海湾面积越小，且随着时间的推移，相同时间内海湾面积减少幅度以及海湾开发强度增长的幅度均呈现出增长的趋势。在各项海湾开发活动中，围填海活动是引起海湾面积缩减最主要的人为因素，其他开发活动一般只引起海湾岸线的构成的变化，对海湾面积大小变化的影响相对较小。从研究结果来看，随着人类对自然环境改造能力的增强，除个别地区外（如杭州湾南岸地区，滩涂淤涨速率较快，早期远超过人类围垦速率，但近年来随着围垦强度的增大，滩涂淤涨速率已逐渐跟不上围垦速率），自然营力对海湾岸线变迁的的影响程度在大部分海湾地区越来越弱，人类活动成为这些地区岸线变迁和地貌塑造的主要营力。还有一个明显的事实是，当海湾开发强度增加时，同时段内海湾围填海活动的强度也显著增加。基于上述理由，可以认为人类活动中的围填海活动是研究区海湾面积变化的主要推动力，且海湾开发强度越大，海湾的面积越小。

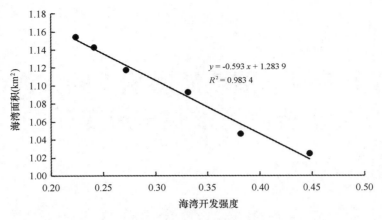

图 12.11　海湾开发强度与海湾面积的关系

三、海湾人工化强度与海湾形状的关系

1990—2015 年间，东海区各海湾的海湾形状指数呈波动上升趋势，海湾开发强度也不断上升。为探究海湾形状指数与海湾开发强度之间的相关性，作 6 时相海湾形状指数与海湾开发强度的散点图，利用最小二乘法拟合函数曲线，如图 12.12 所示。

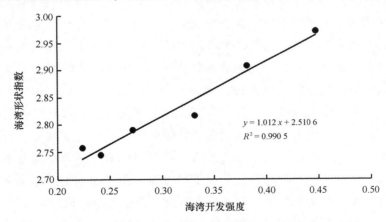

图 12.12　海湾开发强度与海湾形状指数的关系

图 12.12 显示，东海区海湾开发强度与海湾形状指数的拟合度高，R 平方值达到 0.96，说明海湾开发强度与海湾形状指数间存在显著的线性正相关，随着海湾开发强度的增强，海湾形状指数也逐渐增大，即海湾形状的复杂程度逐渐增强。由于海湾的形状指数取决于海湾面积与海湾周长，海湾周长由海湾岸线长度以及海湾向海一侧的边界的长度构成，而后者的曲折度极低。前文已述，海湾面积与海湾开发强度呈负相关关系，而海湾长度与海湾开发强度则呈正相关关系。

第十三章　围填海影响下的东海区主要海湾景观格局变迁

第一节　海湾景观分类系统及信息提取

一、海湾景观分类体系的建立

海湾景观分类体系的建立是研究海湾景观格局变迁的基础。景观是由不同生态系统组成的地理综合体，景观格局是由自然或人为形成的，是一系列大小、形状各异，排列不同的景观要素共同作用的结果，是各种复杂的物理、生物和社会因子相互作用的结果。就景观生态而言，景观格局是将嵌块体类型视为土地利用类型，可以用一定级别的土地利用类型表述景观中的嵌块体类型，土地利用空间格局是景观过程在一定时间片段上的具体表现（许大为等，2015）。可见，景观与土地利用类型密切相关，海湾景观分类体系的建立可以参考土地利用分类系统。至今，我国制定了多套土地利用分类系统，其中应用最为广泛的是 1984 年全国农业区划委员会颁布的《土地利用现状分类及含义》（陈百明等，2007），2007 年国家出台了土地利用现状分类的新标准，这两套标准均以两级分类体系为主，区别在于新标准的分类更为细致。本书以上述标准为基础，参考了国家科技部"九五"科技攻关课题"国家级基本资源与环境遥感动态信息服务体系的建立"及科学院知识创新工程重大项目"国土遥感时空信息分析与数字地球相关理论技术预研究"项目分类标准，结合东海区沿岸海湾的土地利用实际情况，将研究区的土地利用类型分为耕地、林地、建设用地、水域、湿地和未利用地六大类。由此确定了海湾景观分类二级体系，具体参看表 13.1。实际解译中，受限于遥感影像分辨率，只能解译到一级分类，故本研究对二级景观分类变化不做详细探讨。

表 13.1　东海区海湾景观分类系统

一级分类	二级分类	基本内涵
耕地	水田、旱地	指种植农作物的土地，包括灌溉农田、水浇地和以种植农作物为主的农果、农桑、农林用地等

续表

一级分类	二级分类	基本内涵
林地	有林地、灌木林、疏林地、果园、桑园、茶园、热带林园地等	指生长乔木、灌木、竹类、以及沿海红树林地等林业用地等
建设用地	城镇用地、农村居民点、工矿及特殊用地	城市、郊区及农村居民点及其附属设施用地，包括各类独立于城市之外的工矿用地、风景名胜区、交通道路和娱乐休闲用地等
水域	湖泊、水库坑塘、河流	指各种天然或人工水体，包括各类水产养殖用地和水利设施用地
滩涂	草滩和裸滩	指沿海大潮高涨位与低潮位之间的潮侵地带
未利用地	荒地、裸地、难用地	以当前未利用或难以利用的土地为主

二、海湾景观提取与精度验证

本研究中景观提取主要采取人机交互解译的方式，以最大限度保证解译结果的准确度。解译之前，首先对多波段的遥感影像进行假彩色合成，并选取了适用于地物特征识别的波段组合。如符合人类视觉习惯的 5、4、3 自然色波段组合，包含大量信息，植物特征明显，可用于计算机自动识别；再如能明显呈现陆地地物信息的 7、3、1 波段组合，有助于人眼识别（徐谅慧，2015）。解译过程中，通过 eCognition 基于样本的分类，得到研究区海湾景观的初步分类结果，并结合比较分析法和人机交互式解译法，在 ArcGIS10.2 环境中校正上述结果，以提升分类结果的精确度。据此，可获得东海区沿岸 12 个海湾 1990 年、1995 年、2000 年、2005 年、2010 年及 2015 年的景观分类图。同时，以上海市、东海北部海湾以及福建省 1:10 万地理背景数据和 Google Earth 为参照，对各海湾 6 期遥感图像分类结果随机抽选 300 个样本点进行精度检验。结果显示，12 个海湾 6 期影像解译精度均高于最低判别精度 0.7（Lucas F. J. 等，1994），可用于研究。

第二节 海湾景观变迁时空分析

基于东海区 12 个海湾 6 个时期的遥感解译数据，在 ArcGIS10.2 环境中绘制出东海北部海湾景观现状分布图（图 13.1）和东海南部海湾景观现状分布图（图 13.2）。基于此，可对 25 年间东海海湾景观变化和空间变化进行分析，并利用 ArcGIS10.2 中的空间分析功能，对相邻年份的数据进行叠加分析，以获取各景观类型在不同时期的相互转化信息。

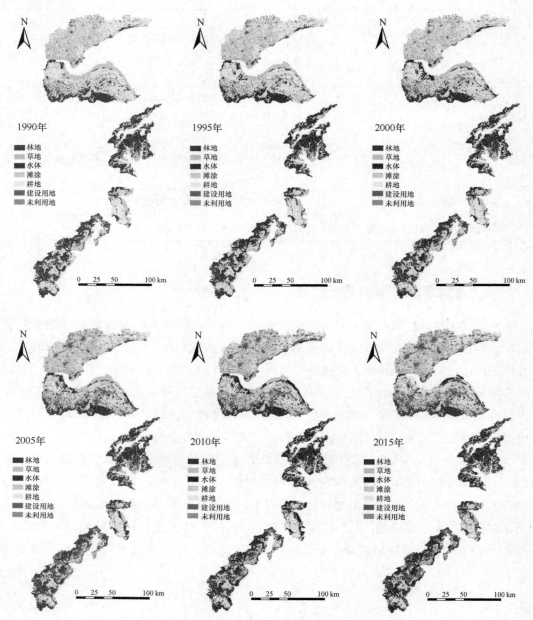

图 13.1　东海北部海湾景观现状分布图

一、海湾景观空间分布现状

从 2015 年东海沿岸各海湾的景观分布现状来看（图 13.1 和图 13.2），耕地是研究

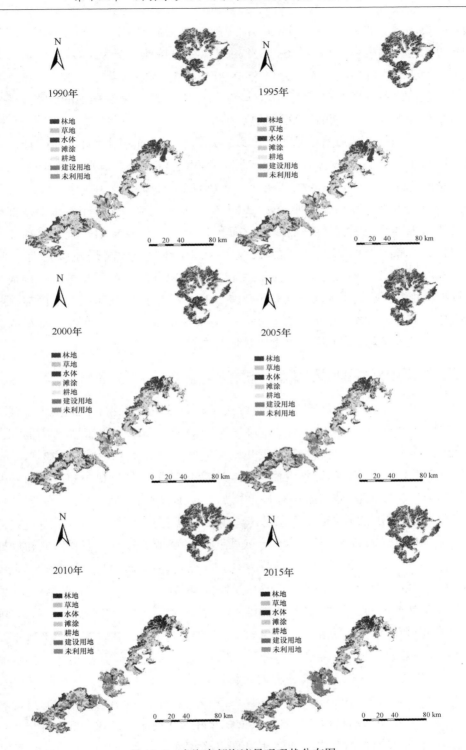

图 13.2　东海南部海湾景观现状分布图

区内最主要的景观类型，总面积达 10 612. 97 km²，占研究区比重的 41. 60%。其次是耕地和建设用地，其中耕地面积为 6 500. 17 km²，建设用地面积为 5 477. 94 km²，两者占研究区总面积的比例相差不大，分别为 25. 48% 和 21. 47%。草地、水体、湿地和未利用地的面积占比均不高于 6%，其中水体和草地占比相近，未利用地的面积在各景观类型中最小，为 9. 73 km²，仅占总面积的 0. 04%。

2015 年，东海北部海湾的景观类型以耕地为主，总面积为 8 495. 90 km²，占东海北部海湾总面积的 46. 36%，占东海区海湾总面积的 33. 30%。其次是林地和建设用地，两者占东海北部海湾总面积的比例相近，分别为 23. 52% 和 21. 02%。草地、水体、湿地和未利用地四者之和占比不到 10%，以未利用地面积和占比最小。东海南部海湾中最主要的景观类型是林地和耕地，两者面积相近，分别为 2 117. 07 km² 和 2 190. 02 km²，各占东海南部海湾总面积的 29. 47% 和 30. 48%。其次是建设用地，面积为 1 625. 66 km²，占比 22. 63%。南北部的海湾相比，未利用地面积均最少，湿地和水体面积较小且相近，建设用地面积均高于 20%，其面积占东海北部海湾之比均位居第二。不同的是，东海北部海湾地形相对平坦，耕地景观比重更大，而东海南部海湾多基岩岸线，地形起伏较大，因此景观类型以林地为主。

二、海湾景观类型面积变动分析

利用 ArcGIS10. 2 的空间分析功能，可获得 6 个时期东海沿岸各海湾各景观类型的面积，进而获得研究区整体、东海北部海湾和东海南部海湾各景观类型的面积，基于此计算出其每隔 5 年的景观面积数量变化以及景观面积的年变化率（表 13. 2）。

从整个研究区来看，林地景观面积的年际变化最小，仅为 0. 01%。1990—1995 年间以及 2005—2010 年间林地面积有显著增加，增加面积达 380. 38 km²，但在 2000—2005 年间以及 2010—2015 年间面积迅速减少，尤其是在 2010—2015 年间研究区林地面积锐减，达 334. 50 km²。其余六种景观类型中，草地、湿地、未利用地和耕地景观面积总量在 25 年间均减少，水体和建设用地则增加。在总面积减少的四类景观中，未利用地和草地的减少量相对较低，以未利用地减量最少，25 年间仅减少了 5. 92 km²。而湿地和耕地景观面积则在 1990—2015 年间出现大幅下降，前者累计减少 1082. 84 km²，面积年减少率达 2. 91%；后者累计减少 2 607. 90 km²，在研究区全部景观类型中面积萎缩幅度最大，其面积年变化率为 -0. 79%，这种差异主要是耕地景观面积的基数远大于湿地造成的。景观面积增加类型除林地外，还有水体和建设用地，其中水体面积在 25 年间增加了 223. 96 km²，年均增幅为 0. 79%，而建设用地在此期间累计增加了 3 483. 87 km²，年均增幅高达 6. 96%，其面积年际变化高居各景观类型之首。此外，各景观类型中，仅湿地和建设用地的面积呈现出连续变化，且变化强度均随时间推移有所增强，不同的是湿地面积逐年缩减，而建设用地面积逐年扩大。可见，东海沿岸海湾景观呈现出由自然景观不断向人工景观转变的趋势。

表 13.2　1990—2015 年东海沿岸海湾景观面积变化

海湾	景观面积变化（km²）						总变化	年变化
	景观类型	1990-1995	1995-2000	2000-2005	2005-2010	2010-2015		
东海北部海湾	林地	80.73	-11.63	-34.99	-46.41	-11.30	-23.60	-0.02%
	草地	-6.27	22.08	-0.76	4.93	21.88	41.86	0.54%
	水体	89.63	168.12	158.84	263.33	-266.55	413.37	2.82%
	湿地	-121.30	-141.81	-191.85	-383.62	-197.39	-1035.97	-3.07%
	建设用地	115.17	147.90	989.12	525.83	681.31	2459.34	7.06%
	未利用地	4.29	-6.24	0.13	0.00	-0.14	-1.95	-1.75%
	耕地	-421.27	81.03	-920.44	-363.57	-229.54	-1853.79	-0.72%
东海南部海湾	林地	30.88	24.21	-6.51	315.18	-323.19	40.56	0.08%
	草地	-27.15	3.39	-44.59	236.02	-239.02	-71.36	-0.33%
	水体	16.56	-88.67	19.42	-10.31	-126.40	-189.40	-1.40%
	湿地	-23.87	12.14	-39.04	113.97	-110.07	-46.87	-1.38%
	建设用地	106.62	17.29	381.94	-402.40	921.07	1024.53	6.73%
	未利用地	-3.34	0.00	-0.25	-0.31	-0.07	-3.97	-1.42%
	耕地	-99.66	31.68	-309.20	-251.37	-125.56	-754.12	-1.05%
总研究区	林地	111.61	12.58	-41.50	268.77	-334.50	16.97	0.01%
	草地	-33.42	25.46	-45.35	240.95	-217.14	-29.49	-0.10%
	水体	106.20	79.45	178.25	253.02	-392.95	223.96	0.79%
	湿地	-145.17	-129.67	-230.89	-269.65	-307.46	-1082.84	-2.91%
	建设用地	221.80	165.19	1371.07	123.43	1602.38	3483.87	6.96%
	未利用地	0.96	-6.24	-0.12	-0.31	-0.21	-5.92	-1.51%
	耕地	-520.93	112.71	-1229.65	-614.94	-355.10	-2607.90	-0.79%
合计		-258.95	259.48	1.82	1.27	-4.97	-1.35	0.00%

　　东海北部海湾景观面积变化与研究区整体呈现出的趋势相对一致，这主要是因为东海北部海湾面积占研究区面积的比重大。东海北部海湾的各景观类型中，林地、湿

地、未利用地和耕地景观的面积总量减少，草地、水体和建设用地景观的面积总量增加。林地景观面积年际变化最小，在 1990—1995 年间面积增加 80.73 km^2，1995—2015 年间面积逐年减少，整个研究期间林地总体减少 23.60 km^2，年际变化率仅 0.02%。草地景观面积呈波动变化，总体增加，年均增幅为 0.54%。耕地景观面积总体缩小，在 2000—2005 年间面积减少达到峰值，随后十年间减幅有所减缓，研究期间共减少 1 853.79 km^2，在各景观类型中总体面积缩减最为显著。由于水体包括滩涂围垦后增加的养殖水面和围海后一定时期内的水面，研究期间东海北部海湾围填海活动活跃，导致水体景观面积总体扩大，除 2010—2015 年间有所减少以外，其他时期均在增加，且增幅不断上涨，25 年间累计增加了 413.37 km^2。与之相对应，湿地景观面积迅速萎缩，且在 1990—2010 年间减幅逐年扩大，在 2010—2015 年间有所减缓，总面积减少 1 035.97 km^2，年均减幅达 3.07%，高于研究区平均值。建设用地的面积在 25 年间逐年增加，增幅均为正值且不同年份有波动，总体增加 2 459.34 km^2，年均增幅高达 7.06%，亦高于研究区平均值。可见，东海北部海湾开发强度高于研究区平均水平。

东海南部海湾景观面变化与研究区总体趋势有所不同。林地年均变化幅度最小，且为正值（0.08%）。与东海北部海湾相比，东海南部海湾以基岩海岸为主，湿地面积相对较少，且其面积减少量在研究期间要少得多，呈波动减少的特征，在 1990—2005 年间减少幅度较小，2005—2010 年间有显著增加 113.97km^2，在随后 5 年间快速下降 110.07km^2，前期面积增加主要来源于部分淤泥质岸段的滩涂淤涨，而后期的面积减少则受围填海活动增强的影响。其余五项景观类型中，除建设用地总体增加以外，草地、水体、未利用地和耕地面积均减少。草地变化幅度较小，年均变化率为 -0.33%。水体景观面积在 2010—2015 年间减量高达 126.40 km^2，年均减幅为 1.40%。东海南部海湾在 1995—2000 年间水体减少的一个重要原因是，这期间兴化湾江阴镇与陆地连成一体，成为江阴半岛，造成水体景观大幅减少，其他景观增加。受地形限制，东海南部海湾耕地面积较东海北部海湾小得多，农业依赖程度低于东海北部海湾，2000—2005 年期间，东海南部海湾耕地减量达到极大值，为 -309.20 km^2，随后十年内降幅有所减缓，整个研究期间耕地景观面积总体缩减 754.12 km^2，年均减幅为 1.05%，高于东海北部海湾。25 年间，东海南部海湾建设用地面积大幅增加，呈现出先增后减再增的特征，其中 2005—2010 年面积骤减 402.40 km^2，其他年份间均增加，累计增长 1 024.53 km^2。

三、海湾景观结构变动分析

在分析土地利用类型在不同年份间的变化时，常用到土地类型转移矩阵，可以清晰地反映出某种土地利用类型在某段时间内转化成其他用地类型及其面积。因此，本书借鉴此法，以研究区景观类型面积数据为基础，制作出东海沿岸海湾景观在 1990—

2015 年间每隔五年的面积转移矩阵。由此便可深入剖析 25 年间东海沿岸海湾景观类型的结构变动及变动幅度。

（一）东海北部海湾景观结构变动分析

表 13.3 至表 13.7 显示，1990—2015 年间东海北部海湾各景观类型中，以耕地景观向其他景观类型的转出总量最大，但由于其基数巨大，故而转移率并非是最高的。五个研究小时期内，除 2005—2010 年间转出量为 415.15 km² 位居第二以外（期间转出量第一的景观转出 422.79 km²），其他时期均在各景观类型中转出量最大。2000—2005 年期间耕地累计转出 1 020.04 km²，转移率达 10.19%，在五个研究时段内转出量最大。整个研究期间，耕地景观的主要转出对象为建设用地，五个小时段内向其转出的面积占转出总量的比例均高于 50%，在 2000—2005、2005—2010 以及 2010—2015 年间高于 80%，其中 2005—2010 年间甚至高达 96.67%。这与研究期间研究区城镇化迅速扩张，经济快速发展，导致大量耕地被占用关系密切。其次为林地和水体，1990—1995 年间耕地景观向林地景观转入 105.38 km²，占当年转出总量的 28.81%，随后 20 年间有所减少。林地包括各类经济林园地，不少农民将耕地转为经济效益更高的经济林，使得林地面积扩大。向水体转出面积最大的时段为 1995—2000 年间，共 42.60 km²，占比 18.44%。水体包括养殖用地，由于海洋经济的发展，越来越多的渔民将沿海耕地转为水产养殖用地，导致耕地面积萎缩。由于耕地景观面积大幅转出，而其他景观向耕地景观的转入量较小，因此研究期间耕地景观大幅缩减。

东海北部海湾各景观类型中，建设用地在 5 个研究时段内均为面积总量增加最多、增长速度最快的类型，且其面积增长在 1990—2015 年间呈现出先升后降再升的特征。1990—1995 年间，建设用地的转入量为 234.13 km²，随后五年内略有下降为 175.08 km²，到了 2000—2005 年间迅速增长为 1 008.47 km²，达到整个研究期间建设用地景观面积增长的最高值。在这 15 年内，建设用地景观面积增长的来源主要是耕地景观。2005—2010 年间，建设用地面积增长有所放缓，共增长了 534.73 km²，2010—2015 年间增幅再次上升，面积增长达 902.47 km²。这十年间，耕地依然是建设用地面积增长的主要来源，但比重明显下降，而水体和湿地向建设用地转入的面积则显著上升。建设用地面积在研究期内的大幅增长与研究区城镇化的推进和经济增长呈正相关，但在 2005 年之前偏重于耕地的开发利用，随着耕地面积的缩减，为了保护耕地，沿海地区的人们开始利用该区域最容易获得的资源，即湿地和水体，因此建设用地的转入来源出现了时间上的前后变化。耕地和水体是建设用地的主要转出类型，这得益于国家为保护耕地提出的守住 18 亿亩耕地，以及相应的"占一补一"的政策，不符合规范的建设用地恢复为耕地。而建设用地转为水体的部分，主要来源于河道改建和水渠修建。

林地景观在 1990—1995 年间转入了 172.64 km²，而转出量为 91.89 km²，因此这五年间林地面积明显增加，而在 1995—2015 年间的以五年为间隔的各小时期内均有不同程度的减少，且其在 1995—2000、2000—2005 和 2005—2010 年间的净转出量逐渐上升，分别为 11.81 km²、34.82 km² 和 46.411 km²，直至 2010—2015 年间才有所下降，为 11.25 km²。从林地景观面积转出总量来看，1990—2015 年间总体呈逐渐下降的趋势，其转出率由 1990—1995 年间的 2.12% 降为 2010—2015 年的 1.26%。林地景观的主要转移方向在 1990—2000 年这十年间为耕地和草地，2000 年后转变为建设用地，且林地转为建设用地的面积在林地全部转出量中所占比重大幅上升，1990—2000 年间林地转为建设用地共 16.34 km²，而在 2000—2015 年间却增长了 102.99 km²。与林地景观的转入量相比，转入量相对较少，主要来源是耕地，其次是草地。1990—1995 年间，耕地向林地转入了 105.38 km²，占该时期内林地面积转入总量的 61.04%。前文已述，这主要是将农作物种植转换为经济价值更大的经济林的缘故。

湿地景观的面积在 1990—2015 年间显著下降，期间净减少量为 1 035.70 km²。同时 2010 年以前，四个小研究时期内湿地面积的净减少量呈上升趋势，1990—1995 年间为 121.75 km²，1995—2000 年间为 141.75 km²，2000—2005 年间为 191.87 km²，2005—2010 年间为 383.82 km²，直至 2010—2015 年期间净减少量有所减少，为 196.50 km²。从转出率来看，研究区湿地转出呈显著上升趋势，由 1990—1995 年间的 9.26% 升高至 2010—2015 年间的 66.99%，25 年间转移率上浮了 623.48%。水体是湿地转出面积最大的景观类型，在五个小研究时期内转入量均占总量的 50% 以上，尤其是在 2005—2010 年期间高达 84.05%，整个研究期间湿地共向水体转移了 896.67 km²，主要是转为水库坑塘等水产养殖用地。其次是建设用地和耕地，25 年间总转移量相近，分别是 150.10 km² 和 142.58 km²。两者相比，2000 年以前，湿地向耕地转入更多，2000 年以后的 15 年中湿地向建设用地转入更多。湿地景观的转入量很少，1995—2005 年间累计转入约 20 km²，2005—2010 年转入 38.397 km²，随后五年内上升为 146.31 km²。湿地面积增加的主要来源是水体，由于东海北部多淤泥质海湾，随着时间的推移，河流入海口处及海湾内部沿岸多有重新淤积形成的滩涂，也即完成了水体景观向湿地景观的转变。

东海北部海湾的水体景观面积在 1990—2015 年间呈现出先增加后减少的特征，其中 1990—2010 年间持续增加，由 1990 年的 585.49 km² 增加至 2010 年的 1 264.87 km²，2010—2015 年期间水体面积降至 998.93 km²。整个研究期间，水体景观面积增长的来源主要是湿地，1990—1995 年间由湿地转入的为 68.02 km²，占总转入量的 46.47%，1995—2000 年间为 130.91 km²，占比 73.97%，2000—2005 年间为 159.28 km²，占比 57.38%，2005—2010 年间为 355.34 km²，占比 95.08%，2010—2015 年间转入量有所减少，为 183.12 km²，占比 73.69%。除湿地景观外，耕地也是水体面积增长的重要来源，25 年间累计向水体转入 209.96 km²。这主要是湿地景观中包含的滩涂和滩地等经围填等手段被大量开发利用，以及耕地改造形成水库坑塘等水产养殖区，包含在水体景观当中。水体景观的主要转出类型是建设用地，在1990—2015年间的五个研究小时期内转为建设用地的水体面积总体呈上升趋势，所占比重也逐步扩大，25年间共向建设用地转入312.43 km²。由于研究区渔业经济的发展，不少渔民将沿湖、河、海周边的耕地改造为水产养殖用地，使得耕地成为水体转入面积仅次于建设用地的景观类型，25年间累计转入耕地283.13 km²。湿地在25年间的水体转入量为169.28 km²，主要由滩涂淤涨形成。

研究区草地和未利用地在东海北部海湾景观中分布面积较小，同时未利用地是东海北部海湾中各时期面积最小的景观类型。由于未利用地不包括滩涂和滩地，且东海北部海湾经济发达地区开发历史悠久，地形相对平坦，因此未利用地相对较少。在1990—2015年间，草地和未利用地向其他景观类型转变的面积较小，但草地以转入为主，转移率在研究期间前20年逐渐降低，由1990年的16.15%降至2010年的1.12%，随后五年间略有回升，为5.40%；未利用地以转出为主，集中发生在1990—2000年间，前五年转移率达53.69%，后五年上升至75.05%。其中，草地由1990年的308.11 km²，增长至2015年的349.96 km²，累计增长41.85 km²；而未利用地由1990年的4.46 km²，减少至2015年的2.51 km²，共减少1.95 km²。草地景观面积增长的主要来源是林地，25年间林地累计向草地转入75.07 km²，这可能是由于研究区毁林开荒、倒卖木材有关。未利用地的转入和转出景观类型皆主要是林地，转入集中发生在1990—1995年间，期间林地累计向未利用地转入8.76 km²，这主要是由于原本种植经济林的园地被弃置的缘故；而转出集中发生在1995—2000年间，可能是由于被弃置的土地重新被利用。

表13.3　东海北部海湾景观类型面积转移矩阵（1990—1995年）

1990年面积/km² ＼ 1995年面积/km²	草地	建设用地	林地	耕地	湿地	水体	未利用地	转移概率（%）
	301.83	1508.12	4414.14	10188.78	1229.34	674.20	8.76	
草地　308.11	258.37	0.37	46.07	3.01	0.00	0.29	0.00	16.15
建设用地　1392.94	0.03	1273.99	2.80	79.22	0.02	36.88	0.00	8.54
林地　4333.39	28.26	11.60	4241.50	43.05	0.05	2.34	6.58	2.12
耕地　10349.67	6.05	215.29	105.38	9983.88	0.24	38.83	0.00	3.53
湿地　1351.09	5.01	1.57	4.57	45.94	1225.98	68.02	0	9.26
水体　585.49	3.94	5.29	11.82	33.44	3.05	527.84	0.11	9.85
未利用地　4.46	0.17	0.00	1.99	0.24	0	0	2.07	53.69

表 13.4　东海北部海湾景观类型面积转移矩阵（1995—2000 年）

2000 年面积/km² / 1995 年面积/km²		草地	建设用地	林地	耕地	湿地	水体	未利用地	转移概率（%）
		323.92	1655.92	4402.33	10009.43	1087.84	843.21	2.51	
草地	301.83	282.09	0.04	18.42	0.42	0.22	0.64	0	6.54
建设用地	1508.12	0.09	1480.83	1.17	24.21	0.00	1.81	0.00	1.81
林地	4414.14	37.79	4.73	4354.68	15.04	0.68	1.01	0.22	1.35
耕地	10188.52	2.13	165.44	19.73	9957.49	1.03	42.60	0.11	2.27
湿地	1229.59	1.72	1.21	1.45	8.48	1085.82	130.91	0	11.69
水体	674.20	0.00	3.66	0.42	3.79	0.09	666.24	0	1.18
未利用地	8.76	0.11	0.00	6.46	0.00	0	0	2.18	75.05

表 13.5　东海北部海湾景观类型面积转移矩阵（2000—2005 年）

2005 年面积/km² / 2000 年面积/km²		草地	建设用地	林地	耕地	湿地	水体	未利用地	转移概率（%）
		323.15	2645.08	4367.51	9088.98	896.10	1001.92	2.65	
草地	323.92	312.97	2.79	4.25	2.97	0.21	0.73	0	3.38
建设用地	1656.00	0.01	1636.61	0.38	6.66	0.00	12.35	0	1.17
林地	4402.33	5.78	41.85	4317.03	24.12	0.49	12.92	0.13	1.94
耕地	10009.42	1.92	886.43	32.51	8989.38	6.89	92.30	0	10.19
湿地	1087.97	1.91	18.87	11.59	14.01	882.30	159.28	0	18.90
水体	843.22	0.56	58.54	1.76	51.83	6.20	724.33	0	14.10
未利用地	2.51	0	0	0	0	0	0	2.51	0.00

表 13.6　东海北部海湾景观类型面积转移矩阵（2005—2010 年）

2010 年面积/km² / 2005 年面积/km²		草地	建设用地	林地	耕地	湿地	水体	未利用地	转移概率（%）
		328.08	3170.96	4321.13	8725.41	512.37	1264.96	2.65	
草地	323.13	319.50	1.05	0.06	0.10	2.11	0.32	0	1.12
建设用地	2645.09	0	2636.23	0.00	0.57	5.82	2.48	0	0.34
林地	4367.53	2.38	13.76	4309.86	35.43	0.43	5.66	0.00	1.32

续表

2010 年面积/km² 2005 年面积/km²		草地	建设用地	林地	耕地	湿地	水体	未利用地	转移概率（%）
		328.08	3170.96	4321.13	8725.41	512.37	1264.96	2.65	
耕地	9088.97	0.04	401.33	3.68	8673.81	0.19	9.90	0	4.57
湿地	896.19	4.71	40.46	7.25	15.03	473.40	355.34	0	47.18
水体	1001.99	1.45	78.12	0.28	0.47	30.41	891.25	0	11.05
未利用地	2.65	0	0.00	0.00	0	0	0	2.65	0.01

表 13.7 东海北部海湾景观类型面积转移矩阵（2010—2015 年）

2015 年面积/km² 2010 年面积/km²		草地	建设用地	林地	耕地	湿地	水体	未利用地	转移概率（%）
		349.96	3852.31	4309.84	8495.87	315.20	998.93	2.51	
草地	328.08	310.35	5.35	0.07	0.51	7.90	3.89		5.40
建设用地	3170.81	5.15	2949.84	1.99	175.13	5.71	32.99	0.00	6.97
林地	4321.09	0.87	47.38	4266.78	3.63	0.28	2.15	0.00	1.26
耕地	8725.41	0.97	594.80	36.50	8063.89	2.91	26.34	0.00	7.58
湿地	511.71	11.21	87.98	1.38	59.12	168.89	183.12		66.99
水体	1264.87	21.41	166.82	3.11	193.59	129.51	750.42		40.67
未利用地	2.65		0.14	0.00	0.00			2.51	5.24

（二）东海南部海湾景观结构变动分析

由表 13.8 至表 13.12 可知，建设用地是 25 年间东海南部海湾面积变化最大的景观类型，由 1990 年的 602.48 km² 激增至 2015 年的 1 317.39 km²，累计增加面积达 714.91 km²，增长率高达 118.66%。建设用地面积变化在 1990—2015 年间呈现出持续增长的特征，但增长幅度有起伏变化。1990—1995 年间，建设用地的转入量为 122.10 km²，随后五年内快速下降至 19.57 km²，到了 2000—2005 年间迅速增长为 389.5 km²，达到整个研究期间建设用地景观面积增长的最高值。2005—2010 年间略有下降，为 216.46 km²，2010—2015 年间又上涨至 320.16 km²。研究期间，建设用地景观面积增长的来源主要是农田景观，其次是水体。1990—1995 年间，农田向建设用地的转入面积占建设用地该时期总转入量的 86.85%，1995—2000 年间，水体向建设用地的转入量面积占比

97.84%，2000—2005 年间农田转入占比 74.39%，2005—2010 年间农田转入占比 49.67%，水体转入占比 37.43%，2010—2015 年间，农田转入占比 76.09%。水体景观向建设用地转变主要是通过围填海的手段，将围填后的土地作为建设用地。农田和水体景观面积缩减带来的建设用地面积增长与研究区城镇化的推进和经济增长密切相关。水体是建设用地的主要转出类型，25 年间累计转出 79.28 km²，主要用于河道改建和水渠修建。研究期间有 24.00 km² 的建设用地转变为湿地景观，体现了研究区重视湿地的生态效益，进行了湿地恢复。

耕地景观是继建设用地之后，在研究期间面积变化最大的景观类型，与建设用地最终面积增长不同，耕地面积在 1990—2015 年间累计萎缩 755.41 km²，与 1990 年相比 2015 年耕地景观面积缩减了 26.30%。耕地景观面积转移的趋势与建设用地面积增长率的趋势大致相吻合，转出率由 1990—1995 年间的 4.58% 降至 1995—2000 年间的 0.51%，随后五年中上升至 11.22%，2005—2010 年期间减少到 5.77%，随后五年再次上升至 10.48%。除 1995—2000 年间耕地转出量仅 14.06 km² 外，其余四个时段内转出量均高于 100 km²，在 2000—2005 年间达到转出量的最大值，为 314.52 km²。耕地景观转入主要发生在 1990—1995 和 1995—2000 年间，前一时期转入了 35.27 km²，主要由湿地转入，以滩涂围垦形成为主；后一时期转入 40.06 km²，主要来源是水体，主要是围填海造地后用于种植农作物形成。2000—2015 年间耕地转入面积不足 20 km²，因此研究期间耕地转入面积总体较小。耕地景观的转出类型集中在建设用地，25 年间累计向建设用地转入 762.62 km²，除 1995—2000 年期间耕地景观面积几乎没有变动外，其他四个时段内向建设用地转出的面积占总转出量的比例不断上升，1990—1995 年间占比 78.39%，2000—2005 年间占比 88.43%，2005—2010 年间占比 95.69%，2010—2015 年间占比 98.84%。其次，研究期间耕地向水体转入共 55.85 km²，主要转为水产养殖用地。耕地向草地、湿地等其他景观类型的转变均较小。

水体是东海南部海湾中在研究期间面积变化第三的景观类型，25 年间累计减少 216.94 km²，与 1990 年相比 2015 年水体景观面积缩减了 40.33%。水体景观面积在 1990—2015 年间呈现出先增加，后减少，再增加，再减少的波动变化。其中，1990—1995 年间水体景观面积增长 46.07 km²，随后五年间减少了 118.32 km²，2000—2005 年间再次增长 72.02 km²，随后十年间面积累计减少 216.69 km²。整个研究期间，水体景观面积增长的来源主要是建设用地，累计转入 79.29 km²，其次是湿地和耕地，前者累计转入 61.07 km²，后者累计转入 55.85 km²。建设用地转为水体的部分主要用于河道改建和水渠修建，湿地和耕地景观向水体转移的部分主要用于水产养殖。除未利用地没有转入以外，其他景观类型转入量较少。水体景观的转出类型主要是建设用地，研究期间累计向建设用地转出 236.60 km²，各研究时段内向建设用地的转入量波动变化，在 2005—2010 年间达到最高值，为 103.61 km²。其次，25 年间，湿地是水体面积转入第二大的景观类型，期间水体共向湿地景观转入 95.10 km²，主要集中在 2005—2010 年间，合计 71.87 km²，这主要来源于东海南部海湾部分淤泥质岸段上淤积而成的泥质滩涂。此外，研究期间水体向耕地转入的面积也相对较大，共 53.05 km²，主要集中在 1995—2000 年间（39.51 km²），一般是围填海后形成的土地转为耕地。

草地景观在研究期间面积持续减少，25 年间共减少了 71.11 km²，较研究初期面积减少了 8.23%。1990—2015 年间，其他景观类型向草地转入的面积总体较少，主要集中在 1990—1995 年间（转入 10 km²，转移率为 4.24%）以及 2000—2010 十年间（2000—2005 年间转移率为 0，2005—2010 年间转移率为 4.24%），此期间草地面积累计转入了 18.24 km²。林地是草地景观面积转入的主要来源，25 年间共转入 11.53 km²，林地景观向草地的转变与研究区林地景观转入部分的植被破坏存在相关性。同时林地也是草地景观的主要转出类型，主要集中在 1990—1995 和 2000—2005 年间，前者转出 31.8 km²，后者转出 39.01 km²，1995—2000 年期间草地景观未曾发生转移，可能在 1990—2005 这 15 年间东海南部海湾加强了植被保护与植树造林。建设用地也是草地景观转出的重要景观类型，1990—2015 年间草地累计向建设用地转出 23.32 km²，研究初始 10 年内草地向建设用地转出的面积很少，仅 0.63 km²，后 15 年内转出量明显增加。草地向耕地、湿地、水体等景观类型也有少量转出。

表 13.8　东海南部海湾景观类型面积转移矩阵（1990—1995 年）

1990 年面积/km² ＼ 1995 年面积/km²		草地	建设用地	林地	耕地	湿地	水体	未利用地	转移概率（%）
		837.06	704.7	2179.49	2776.15	95.97	583.94	7.85	
草地	863.72	827.06	0.63	31.8	1.08	0	0.64	2.51	4.24
建设用地	620.82	0.06	585.87	0.03	2.11	0.79	31.96	0	5.63
林地	2150.69	3.88	6.25	2136.7	3.66	0	0.21	0	0.65
耕地	2872.45	5	103.21	4.43	2740.79	1.08	17.88	0.06	4.58
湿地	128.42	0.35	4.24	0.31	22.38	90.24	10.91	0	29.73
水体	537.88	0.43	4.51	0.67	6.04	3.86	522.35	0.01	2.89
未利用地	11.18	0.28	0	5.54	0.09	0	0	5.26	52.95

林地景观面积在 1990—2015 年间总体增加，1990—2015 年间累计增加 39.19 km²，2015 年较 1990 年林地景观面积增长了 1.82%。1990—2000 年间，林地景观面积变化率均为正值，尤其是 1990—1995 年间林地面积扩大了 28.79 km²；2000 年以后的 15 年间，东海南部海湾林地面积转出量逐渐大于转入量，使得林地面积逐渐减少，期间林

地面积净转出 14.05 km²。林地面积增加的来源主要是草地，其转移去向主要是建设用地。25 年间，林地累计向建设用地转入 67.36 km²，尤其是在 2000—2005 年间转移强度最大，转移量达 40.34 km²。湿地和未利用地在研究期间的面积变化总体较小，湿地在 1990—2015 年间增加了 2.86 km²，而未利用地在此期间减少了 3.96 km²。1990—1995 年和 2000—2005 年间，湿地景观转出量大于转入量，两个时段湿地净转出量共为 80.20 km²，而在其余三个时段内，湿地转出量小于转入量。湿地的主要转出景观类型为水体，25 年间累计转出 61.07 km²（主要集中在 2000—2005 年间，为 39.45 km²），主要通过将滩涂围垦成水库坑塘以及养殖池等，增加了水体景观的面积。其次是建设用地，1990—2015 年间累计转入 44.04 km²，主要集中在研究期后 15 年。研究期间，有 23.97 km² 的湿地转为耕地，主要是将滩涂围垦后的土地用于农作物种植。

表 13.9　东海南部海湾景观类型面积转移矩阵（1995—2000 年）

1995 年面积/km²　　　1990 年面积/km²		草地	建设用地	林地	耕地	湿地	水体	未利用地	转移概率（%）
		840.45	747.21	2203.57	2802.18	118.37	465.61	7.85	
草地	837.06	837.06	0	0	0	0	0	0	0.00
建设用地	704.61	0	702.55	0	0.11	0	1.95	0	0.29
林地	2179.49	0	0	2179.33	0.16	0	0	0	0.01
耕地	2776.18	0	0.17	0	2762.12	13.74	0.15	0	0.51
湿地	96.12	0.11	0.79	0.49	0.29	91.64	2.81	0	4.66
水体	583.93	3.28	43.69	23.75	39.51	13.00	460.71	0.00	21.10
未利用地	7.85	0	0	0	0	0.00	0	7.85	0.04

表 13.10　东海南部海湾景观类型面积转移矩阵（2000—2005 年）

2005 年面积/km²　　　2000 年面积/km²		草地	建设用地	林地	耕地	湿地	水体	未利用地	转移概率（%）
		795.98	1083.48	2197.69	2492.19	70.62	537.63	7.60	
草地	840.45	786.80	10.90	39.01	0	0.29	3.45	0	6.38
建设用地	747.20	1.79	709.58	0.77	1.83	0.25	32.97	0	5.03
林地	2203.57	5.99	40.34	2154.47	0.42	0.33	2.01	0	2.23
耕地	2802.13	0.06	278.15	2.43	2487.61	0.59	33.28	0	11.22
湿地	118.37	0.45	14.67	0.46	0.57	62.78	39.45	0	46.97

续表

2000 年面积/km² ＼ 2005 年面积/km²		草地 795.98	建设用地 1083.48	林地 2197.69	耕地 2492.19	湿地 70.62	水体 537.63	未利用地 7.60	转移概率 (%)
水体	465.61	0.78	29.79	0.43	1.76	6.37	426.47	0.02	8.41
未利用地	7.85	0.10	0.05	0.12	0	0	0.00	7.57	3.52

表 13.11　东海南部海湾景观类型面积转移矩阵（2005—2010 年）

2005 年面积/km² ＼ 2010 年面积/km²		草地 795.22	建设用地 1340.32	林地 2183.86	耕地 2352.23	湿地 102.12	水体 404.13	未利用地 7.29	转移概率 (%)
草地	795.98	786.15	7.61	1.51	0.35	0.31	0.05	0	1.24
建设用地	1083.50	5.70	1063.52	0.03	0.06	7.96	6.23	0	1.84
林地	2197.68	1.66	17.19	2178.40	0.16	0.01	0.26	0	0.88
耕地	2492.17	0.03	137.49	2.50	2348.48	0.11	3.55	0	5.77
湿地	70.61	0.25	10.59	0.20	0.60	56.00	2.98	0	20.70
水体	537.63	1.44	103.61	1.22	2.57	37.74	391.04	0.00	27.27
未利用地	7.60	0	0.30	0	0	0	0.01	7.29	4.06

表 13.12　东海南部海湾景观类型面积转移矩阵（2010—2015 年）

2010 年面积/km² ＼ 2015 年面积/km²		草地 792.61	建设用地 1625.44	林地 2189.88	耕地 2117.04	湿地 131.29	水体 320.94	未利用地 7.22	转移概率 (%)
草地	795.60	789.27	4.19	1.57	0.44	0.03	0.11	0	0.80
建设用地	1338.78	0.04	1305.27	5.32	6.98	15.01	6.17	0	2.50
林地	2184.23	0.01	3.58	2180.32	0.13	0	0.20	0	0.18
耕地	2352.65	1.22	243.60	0.65	2106.20	0	0.99	0	10.48
湿地	101.64	0.38	13.75	0.33	0.13	82.12	4.93	0	19.20
水体	404.25	1.70	55.00	1.70	3.17	34.13	308.55	0.00	23.67
未利用地	7.27	0	0.05	0	0	0	0	7.22	0.66

第三节　围填海影响下的海湾景观格局演变评价

一、景观格局变化分析方法

景观格局变化的分析主要是通过景观格局指数法。基于景观分类数据和景观生态学的方法，在 RS 和 GIS 等相关技术的支持下，通过对研究区 1990、1995、2000、2005、2010 、2015 年 6 个不同时期遥感影像的空间叠加运算等，来揭示东海沿岸 12 个海湾 25 年来景观格局空间演变特征。

景观格局指数分析法一般从类型水平和景观水平两个层次选取指标来操作，而景观格局指数的选择对景观格局分析至关重要，本书对大量相关文献进行梳理后，选择了一些适用于研究区景观格局分析的指数。在类型水平上，选取斑块类型面积（CA）、斑块数量（NP）、斑块密度（PD）、最大斑块占景观面积比例（LPI）、边界密度（ED）、形态指数（LSI）、平均斑块面积（MPS）、破碎度指数（Fi）、分离度指数（Ni）等指标，分别从各个类型斑块的数量、大小、形状及其内部的关联性等几个方面对研究区景观类型变化特征进行分析；除此之外，还选取了 Shannon 多样性指数（SH-DI）、Shannon 均匀度指数（SHEI）两个与类型水平指数不重合的景观水平指标，对 1990—2015 年东海沿岸海湾的景观格局变化特征进行定量分析。各指标具体含义及其计算公式如表 13. 13 所示：

表 13. 13　景观格局指数选取及其计算方法

指标	尺度水平	计算方法	含义
斑块类型面积（CA）	类型尺度	CA（hm^2）	某一斑块类型中所有斑块的面积之和，是计算其他指标的基础
景观面积（TA）	景观尺度	TA（hm^2）	决定了景观的范围以及研究和分析的最大尺度，也是计算其他指标的基础
斑块数量（NP）	类型尺度	NP（个）	描述景观的异质性和破碎度，NP 越大，破碎度越高，反之则越低
	景观尺度		
斑块密度（PD）	类型尺度	$PD = \dfrac{NP}{A}$（个/hm^2） A：景观面积	表征景观破碎化程度，斑块密度越大，景观破碎化程度越高，反之则越低。
	景观尺度		
最大斑块占景观面积比例（LPI）	类型尺度		有助于确定景观的模地或优势类型等。其值得大小决定着景观中的优势种、内部种的丰度等生态特征；其值的变化可以改变干扰的强度和频率，反映人类活动的方向和强度
	景观尺度		

指标	尺度水平	计算方法	含义
边界密度 （ED）	类型尺度	$ED = \dfrac{E}{A}$（km/hm²） E：斑块边界长度	指景观中单位面积的边缘长度，是表征景观破碎化程度的指标，边界密度越大，景观越破碎，反之则越完整。
	景观尺度		
形态指数 （LSI）	类型尺度	$LSI = \dfrac{0.25E}{\sqrt{A}}$（hm²）	反映斑块形态的复杂程度，当景观类型中所有斑块均为正方形时，LSI=1；当景观中斑块形状不规则或偏离正方形时，LSI 值增大。
	景观尺度		
平均斑块面积 （MPS）	类型尺度	$MPS = \dfrac{A}{NP}$（hm²）	表征某一个地类的破碎程度，MPS 值越小，则该种地类越破碎
	景观尺度		
破碎度指数 （F$_i$）	类型尺度	$F_j = \dfrac{NP_i - 1}{Q}$ P：为斑块总周长 Q：研究区所有景观 类型的平均面积	用来表征某一景观类型或景观整体的破碎化程度，破碎度指数取值在 0~1 之间，0 表示无破碎化存在，1 表示已完全破碎
	景观尺度		
Shannon 多样性 指数（SHDI）	景观尺度	$SHDI = -\sum_{i}^{m} P_i \times \ln(P_i)$ m：斑块类型总数；P$_i$：第 i 类斑块类型所占景观总面积的比例	表征景观类型多少及各类型所占总景观面积比例的变化，体现不同景观的异质性，对景观中各类型非均衡分布状况较为敏感
Shannon 均匀度 指数（SHDI）	景观尺度	$SHEI = -\dfrac{\sum\limits_{i}^{m} P_i \times \ln(P_i)}{\ln(m)}$	表征景观中不同景观类型的分配均匀程度。SHEI=0，表明景观仅由一类斑块组成，无多样性；SHEI=1 表明各类斑块类型均匀分布，有最大的多样性。

二、海湾景观水平的格局变化特征

（一）杭州湾

由表 13.14 可以看出，25 年来，杭州湾流域的各类景观格局指数均发生了不同程度的变化。杭州湾流域景观面积为 10 358.34 km²。从斑块数量（NP）的变化来看，其数量由 1990 年的 9174 个增加至 2015 年的 9359 个，期间累计增加 185 个，可以初步判断杭州湾流域景观的破碎度在增加。为了便于研究，杭州湾流域的范围在研究期间是固定不变的，因此斑块密度（PD）将随着斑块数量的增加而增加，随斑块数量的减少而减少。最大斑块占景观面积比例（LPI）在 1990—2015 年间由 37.95 降至 27.50，是杭州湾流域景观受人类活动干扰的表现。边界密度（ED）在 1990—2010 年间不断增加，而在 2010—2015 年间略有降低。同时，平均斑块面积（MPS）由 1990 年的 112.895 6 缩减至 2010 年的 107.594 9，在最后的 5 年内增加至 110.662 5，说明斑块平均面积总体变小。也就是说在 1990—2015 年间，杭州湾流域景观的破碎度越来越大，而在近 5 年中杭州湾流域的景观整体性得到了一定程度的恢复。形态指数（LSI）与 ED 的变化趋势相同。杭州湾流域破碎度指数（F）在 1990—2015 年间均小于 0.1，说明流域内景观破碎度总体较小，最大值出现在 2010 年（0.0651），最小值是 1990 年的 0.062 0。Shannon 多样性指数（SHDI）和 Shannon 均匀度指数（SHEI）在整个研究期间的变化趋势相近，体现为在 1990—2010 年之间持续增大，在 2010—2015 年间轻微下降，体现出杭州湾流域在此期间中景观类型分布的均衡性增强，而 2010—2015 年间略有降低。

表 13.14　杭州湾流域 1990—2015 年景观格局指数（景观水平）

年份	斑块密度（PD）	边界密度（ED）	形态指数（LSI）	平均斑块面积（MPS）	破碎度（F）	多样性指数（SHDI）	均匀度指数（SHEI）
1990	0.8858	23.3988	63.0243	112.8956	0.0620	1.0316	0.5301
1995	0.9124	23.8016	64.0494	109.6031	0.0639	1.0495	0.5394
2000	0.9133	24.9217	66.9005	109.4885	0.0639	1.0757	0.5528
2005	0.9204	27.6631	73.8753	108.6503	0.0644	1.1571	0.5946
2010	0.9294	29.0071	77.2796	107.5949	0.0651	1.1779	0.6053
2015	0.9036	28.2826	75.4596	110.6625	0.0632	1.1201	0.5756

（二）象山港

象山港流域在 1990—2015 年间的景观格局指数如表 13.15 所示。象山港流域景观面积为 1410.87 km^2，斑块数量（NP）在整个研究期间增加了 93 个，斑块密度也随之增加，平均斑块面积（MPS）持续下降，1990 年时为 1.59 km^2，至 2015 年平均板块面积只有 1.22 km^2，25 年间减少了 23.27%。斑块数量（NP）与斑块密度（PD）持续增加，平均斑块面积持续减少，说明象山港流域许多成块的自然地貌遭到了建设用地的占用、割碎，使得景观内的斑块构成愈加复杂。建设用地的割裂作用同时致使象山港流域的景观破碎度大大增加，破碎度（F）从 1990 年的 0.043 9 增至 2015 年的 0.057 5。景观的破碎化也导致了斑块形状不断朝着复杂的方向转变，象山港流域的边界密度（ED）从 1990 年的 24.19 增加至 2015 年的 27.02，25 年内增加了 11.70%，而板块的形态指数（LSI）在 25 年间从原先的 27.34 增长至 30.00，增长幅度与边界密度接近。从景观的多样性指数（SHDI）上来看，象山港流域景观的多样性 25 年内小幅增加，从 1990 年的 0.99 增加至 2015 年的 1.10，均匀度指数（SHEI）也从 1990 年的 0.51 增加至 2015 年的 0.56，说明斑块类型与数量上趋向多样、均匀。

表 13.15　象山港流域 1990—2015 年景观格局指数（景观水平）

年份	斑块密度（PD）	边界密度（ED）	形态指数（LSI）	平均斑块面积（MPS）	破碎度（F）	多样性指数（SHDI）	均匀度指数（SHEI）
1990	0.6277	24.1882	27.3415	159.3110	0.0439	0.9941	0.5109
1995	0.6695	24.2183	27.3699	149.3650	0.0468	1.0068	0.5174
2000	0.6831	24.4949	27.6347	146.3977	0.0478	1.0150	0.5216
2005	0.7490	25.8472	28.9060	133.5184	0.0524	1.0738	0.5518
2010	0.7973	26.2789	29.3054	125.4277	0.0558	1.0695	0.5496
2015	0.8221	27.0224	30.0038	121.6414	0.0575	1.0990	0.5648

（三）三门湾

由表 13.16 可以看出，相较象山港流域的平稳增长而言，三门湾流域的景观格局演化的程度更剧烈。三门湾全流域面积为 1527.47km²，1990 年时，景观斑块数为 1031，到 2015 年的时候增长至 1424，25 年内增加了 393 个，增长率为 38.12%。与此相对应的，斑块密度（PD）大幅增加，从 1990 年的 0.675 0 增长至 2015 年的 0.932 3；斑块数量（NP）的快速增长必然导致平均斑块面积（MPS）下降，在 1990 年时，三门湾的平均斑块面积为 1.48 km²，而在 2015 年后则为 1.07 km²，减少了 27.60%。这是由于三门湾流域近 25 年内人类活动较为剧烈，使得景观内的大斑块纷纷破裂成小斑块。整体景观的破碎度（F）也大大增加，由 1990 年的 0.047 2 增长至 0.065 2。与之相对应的，三门湾流域的边界密度（ED）与形态指数（LSI）都大幅增加，边界密度由 1990 年的 25.72 增长至 2015 年的 30.85，而形态指数在 25 年间从 29.89 增加至 34.90，这也说明三门湾流域的斑块形状呈现出愈加不规则的趋势。在三门湾流域中，景观不仅斑块数量大增、形状更加不规则，景观的多样性也有所增加。Shannon 多样性指数（SHDI）从 1990 年的 1.169 8 增长至 2015 年的 1.300 8，均匀度指数（SHEI）也从 1990 年的 0.601 2 增长至 2015 年的 0.668 5。

表 13.16   三门湾流域 1990—2015 年景观格局指数（景观水平）

年份	斑块密度 （PD）	边界密度 （ED）	形态指数 （LSI）	平均斑块面积 （MPS）	破碎度 （F）	多样性指数 （SHDI）	均匀度指数 （SHEI）
1990	0.6750	25.7194	29.8910	148.1567	0.0472	1.1698	0.6012
1995	0.7171	26.3112	30.3483	139.4561	0.0501	1.1674	0.5999
2000	0.6952	26.0337	30.1992	143.8398	0.0486	1.1726	0.6026
2005	0.8373	29.0187	33.1155	119.4376	0.0586	1.2702	0.6527
2010	0.8864	30.1428	34.2141	112.8203	0.0620	1.2636	0.6494
2015	0.9323	30.8504	34.9020	107.2663	0.0652	1.3008	0.6685

（四）乐清湾

由表 13.17 可以看出，乐清湾流域的景观变化相对较为复杂。乐清湾流域全面积为 1 106.86 km^2，其斑块数量（NP）在 1990、1995、2000、2005、2010、2015 年分别是 1082、1107、1082、1134、1121、1175，表现出不断波动的状态，且波动范围较小，这可能与该区域人类活动的开发强度不高、土地开发利用较为规整有关。与此相类似，其平均斑块面积（MPS）波动下降，25 年内减少了 8.1 km^2，减少率为 7.92%；斑块密度（PD）在波动中上升，在 1990 年时为 0.977 5，在 2015 年时为 1.061 6，25 年内变化幅度不大。景观整体的破碎度（F）也在波动中上升，从 1990 年的 0.068 4 上升至 2015 年的 0.074 2。边界密度（ED）与形态指数（LSI）两者呈现出完全一致的趋势，要么一致上升，要么就一致下降，且增长率/下降率相似，在 1990 年两者分别为 29.082 8、27.753 9，在 1990—2000 十年间先降后升，2000 年两者分别是 29.057 4、27.732 2，在 2000—2005 年，5 年内两者都有了跨越式的增长，2005 年时分别为 31.269 4、29.571 8，而后十年，又呈现出波动特征。就整体景观而言，乐清湾还是呈现出多样化的趋势，其多样性指数（SHDI）从 1990 年的 1.391 4 增加至 2015 年的 1.446 4，其中 1990—1995 年、2010—2015 年呈现出稍微降低态势，其余年份都是增长。均匀度指数（SHEI）在前二十年都是增长的，从 1990 年的 0.715 1 增长至 2010 年的 0.826 2，在最后五年有所下降，于 2015 年时降低为 0.807 2。

表 13.17　乐清湾流域 1990—2015 年景观格局指数（景观水平）

年份	斑块密度（PD）	边界密度（ED）	形态指数（LSI）	平均斑块面积（MPS）	破碎度（F）	多样性指数（SHDI）	均匀度指数（SHEI）
1990	0.9775	29.0828	27.7539	102.3068	0.0684	1.3914	0.7151
1995	1.0000	28.7241	27.4549	99.9966	0.0699	1.3850	0.7730
2000	0.9774	29.0574	27.7322	102.3071	0.0684	1.4108	0.7874
2005	1.0244	31.2694	29.5718	97.6157	0.0716	1.4614	0.8156
2010	1.0127	31.2017	29.5154	98.7475	0.0708	1.4804	0.8262
2015	1.0616	32.4853	30.5902	94.2004	0.0742	1.4464	0.8072

（五）台州湾

由表 13.18 可以看出，台州湾流域的景观空间格局发生了明显的变化。台州湾流域全面积为 1191.10 km²，在 1990 年时，景观内的斑块数为 587，而在 2015 年时，景观内的斑块数为 701，25 年内斑块增加了 114 个。整体而言，其斑块密度（PD）从 1990 年的 0.4928 增长至 2015 年的 0.5885，而平均斑块面积（MPS）持续下降，1990 年时为 2.03 km²，2015 年时为 1.70 km²，减少了 16.26%。这些都表明台州湾流域的景观呈现出愈加破碎的趋势，但有一点较为特殊，台州湾流域在 2000 年至 2005 年景观变化较小，相对其余年份表现较为平缓。其破碎度也验证了这一点：1990 年时景观破碎度（F）为 0.0344，后持续增大，至 2015 年时已经达 0.0411，而 2000 年与 2005 年的破碎度相差无几，表示这段时间开发强度确实有所下降。25 年内台州湾边界密度（ED）持续上升，形态指数（LSI）持续下降，边界密度从 1990 年的 14.7710 持续增长至 20.7052，增幅较为明显，形态指数也从 1990 年的 15.6934 增长至 2015 年的 20.8103，这都表明 25 年间台州湾流域的斑块愈加远离规则。景观多样性指数（SHDI）与均匀度指数（SHEI）变化情况类似，在 1990 年分别为 1.1239 与 0.5776，1990—2005 年内持续上升，在 2005 年至 2010 年稍降后，于 2010—2015 年又开始攀升，至 2015 年时多样性指数和均匀度指数分别为 1.357 与 0.7561，即从整体趋势而言，其景观的多样性是增加的，流域中的各个景观类型是趋向均衡的。

表 13.18　台州湾流域 1990—2015 年景观格局指数（景观水平）

年份	斑块密度 （PD）	边界密度 （ED）	形态指数 （LSI）	平均斑块面积 （MPS）	破碎度 （F）	多样性指数 （SHDI）	均匀度指数 （SHEI）
1990	0.4928	14.7710	15.6934	202.9178	0.0344	1.1239	0.5776
1995	0.5062	15.9712	16.7282	197.5354	0.0354	1.1840	0.6608
2000	0.5214	16.5472	17.2256	191.8091	0.0364	1.2014	0.6705
2005	0.5230	17.9031	18.3970	191.1922	0.0366	1.3163	0.7346
2010	0.5566	19.2990	19.5967	179.6543	0.0389	1.2826	0.7159
2015	0.5885	20.7052	20.8103	169.9150	0.0411	1.3547	0.7561

（六）温州湾

由表 13.19 可知，温州湾流域的景观格局变化也是较为明显的。温州湾流域的总面积为 2 729.53 km^2，其 1990、1995、2000、2005、2010、2015 年的斑块面积分别为 1561、1545、1678、1628、1667、1724 个，在 25 年间没有明显的规律而言。在 1990—1995 年，斑块数量（NP）微微下降，平均斑块的面积从 1.75 km^2 上升至 1.77 km^2，斑块密度（PD）、边界密度（ED）也都有小幅度的下降，形态指数（LSI）变小也说明斑块不仅仅数量减少了，还有斑块形状更加规则了。1995—2000 年是温州湾人类活动 25 年内最为剧烈的一年，这体现在斑块数量从 1545 个陡增至 1678 个，增加了 133 个，平均斑块面积（MPS）也从 1.77 km^2 减少至 1.63 km^2，斑块密度、边界密度相应增大，形态指数从 31.769 9 增加至 34.107 4，说明这时间段内斑块的不规则性也在增大。2000—2005 年整体趋势与 1990—1995 年类似，但各项指标变化幅度都大于最初五年，这也是人类改造地貌强度大于最初五年的表征。从 2005—2015 年，温州湾流域的平均斑块面积减少，斑块密度持续增大，从 0.596 4 增长至 0.631 6，边界密度与形态指数趋势一致，在 2005—2010 年增长，在 2010—2015 年微降。全阶段而言，景观的破碎度（F）也呈现出波动变化、总体上升的特点，从 0.040 0 增长至 0.044 2。香农多样性指数（SHDI）与香农均匀度指数（SHEI）呈现出先增后降的特点，在 1990—2005 年持续增加，并在 2005 年达到最高的 1.370 4、0.704 2，而后在 2005—2015 年开始下降，2015 年时分别是 1.338 5、0.687 8。

表 13.19　温州湾流域 1990—2015 年景观格局指数（景观水平）

年份	斑块密度（PD）	边界密度（ED）	形态指数（LSI）	平均斑块面积（MPS）	破碎度（F）	多样性指数（SHDI）	均匀度指数（SHEI）
1990	0.5719	22.6768	32.4017	174.8580	0.0400	1.2760	0.6557
1995	0.5660	22.1931	31.7699	176.6688	0.0396	1.2793	0.6574
2000	0.6148	23.9828	34.1074	162.6659	0.0430	1.2990	0.6675
2005	0.5964	24.6178	34.9368	167.6618	0.0417	1.3704	0.7042
2010	0.6107	25.1204	35.5933	163.7394	0.0427	1.3628	0.7004
2015	0.6316	25.0571	35.5106	158.3256	0.0442	1.3385	0.6878

（七）三沙湾

由表 13.20 可知，三沙湾流域在 25 年内景观空间格局有明显的变化。三沙湾流域总面积为 1 723.46 km²，其斑块数量（NP）在 1990—2005 年持续下降，由起初的 1 615 个减少至 2005 年的 1 466 个，共减少了 149 个，而在 2005—2015 年，斑块数量又开始增加，2015 年时为 1 498 个。与此相对应的，斑块密度（PD）也呈现前十五年下降，后十年升高的状态。平均斑块面积（MPS）在前十五年由 1.07 km² 增加至 1.18 km²，后十年持续减少，在 2015 年时为 1.15 km²。景观的破碎度（F）趋势与斑块密度一致，这表明三沙湾流域在前十五年破碎度降低，在后十年略微增加。边界密度（ED）与形态指数（LSI）能够表征景观中斑块的规则程度，两者在 1990—2005 年时下降，在 2005—2015 年上升。这些共同表明，三沙湾流域的景观格局在前十五年无论破碎程度下降，且斑块形状更加规则，而后十年出现了破碎度上升、斑块不规则化的特点。就景观的多样性指数（SHDI）和均匀度指数（SHEI）而言，变化更加复杂些，且没有明显的规律：在 1990—1995 年二者均微微下降，1995—2000 年微微上升，2000—2005 年又开始下降，在 2005—2015 年开始上升，虽增减交替，但其变化的程度并不大，表明三沙湾景观的多样性与均匀性变化不大。

表 13.20　三沙湾流域 1990—2015 年景观格局指数（景观水平）

年份	斑块密度（PD）	边界密度（ED）	形态指数（LSI）	平均斑块面积（MPS）	破碎度（F）	多样性指数（SHDI）	均匀度指数（SHEI）
1990	0.9371	36.3764	43.6214	106.7160	0.0656	1.2585	0.6468
1995	0.9121	36.0014	43.2323	109.6351	0.0638	1.2416	0.6381

年份	斑块密度（PD）	边界密度（ED）	形态指数（LSI）	平均斑块面积（MPS）	破碎度（F）	多样性指数（SHDI）	均匀度指数（SHEI）
2000	0.9034	35.9861	43.2164	110.6913	0.0632	1.2428	0.6387
2005	0.8497	34.6314	41.8287	117.6874	0.0594	1.2150	0.6244
2010	0.8557	34.9846	42.2069	116.8596	0.0599	1.2267	0.6304
2015	0.8692	35.2316	42.4333	115.0509	0.0608	1.2277	0.6309

（八）罗源湾

由表 13.21 可知，罗源湾流域在 25 年间景观空间格局呈现有所波动，但首尾年份格局相似的特点。罗源湾流域的总面积为 446.15 km²，斑块数量（NP）表现为前十年降低，中间十年增加，最后五年又降低的状态，在 1990、2000、2010、2015 年的斑块数分别为 525、487、538、529 个，虽然 2015 年斑块数与 1990 年接近，但其中波动较大，人类活动的痕迹也较为明显。平均斑块面积（MPS）在前十年从 0.85 km² 增加至 0.92 km²，中间十年持续降低，2010 年时为 0.83 km²，在 2010—2015 年又增加至 0.84 km²。斑块密度（PD）的演变与斑块数量一致。边界密度（ED）在前二十年持续增加，表明前二十年虽然斑块数有增有减，但斑块的破碎程度是持续增加的，这与建设用地在多处的扩大有关，而在 2010—2015 年骤降，这是多处本分散的建设用地合并成大块的斑块所造成的。形态指数（LSI）在 25 年内持续增加，说明斑块的形状持续的不规则化。破碎度的趋势与斑块密度类似，前十年下降，2000 年起开始上升，在 2010—2015 年时又开始下降，1990 年时破碎度（F）为 0.0819，而 2015 年时为 0.0828，破碎程度十分接近。从 1990 到 2015 年，罗源湾多样性指数（SHDI）、均匀度指数（SHEI）在极小的幅度内变化，多样性指数 1990 年时为 1.4304，2015 年时为 1.4426，均匀度指数 1990 年时为 0.7351，2015 年时为 0.7424，多样性指数与均匀度指数 25 年内没有较大的波动，说明该区域景观多样性变化不大，且各类景观的均匀程度也没有大的变化。

表 13.21　罗源湾流域 1990—2015 年景观格局指数（景观水平）

年份	斑块密度（PD）	边界密度（ED）	形态指数（LSI）	平均斑块面积（MPS）	破碎度（F）	多样性指数（SHDI）	均匀度指数（SHEI）
1990	1.1728	33.2868	21.3820	85.2675	0.0819	1.4304	0.7351

年份	斑块密度 （PD）	边界密度 （ED）	形态指数 （LSI）	平均斑块面积 （MPS）	破碎度 （F）	多样性指数 （SHDI）	均匀度指数 （SHEI）
1995	1.1028	34.9745	22.1746	90.6821	0.0770	1.4352	0.7376
2000	1.0871	35.0521	22.2157	91.9857	0.0759	1.4332	0.7365
2005	1.1452	35.5939	22.5021	87.3237	0.0800	1.4426	0.7414
2010	1.2009	36.5157	22.9894	83.2712	0.0839	1.4463	0.7432
2015	1.1857	34.0464	23.9237	84.3388	0.0828	1.4446	0.7424

（九）兴化湾

由表 13.22 可以看出兴化湾流域的景观空间格局演化。兴化湾流域的总面积为 1 356.68 km²，其斑块数量（NP）在前十五年递增，后十年开始下降，总体上呈增加的趋势，在 1990、1995、2000、2005、2010、2015 年分别为 1000、1005、1058、1110、1101、1069 个，其斑块密度（PD）也呈现出先增后减的状态，在 1990—2005 年从 0.737 1 增加至 0.818 2，而后十年开始下降，2015 年时为 0.788 0。平均斑块面积（MPS）也在 25 年内持续下降，1990 年时为 1.36 km²，最低时为 2005 年的 1.22 km²，2015 年时为 1.27 km²。景观的破碎度（F）也表现出先增后减，在 2005 年时达到最高的状态。25 年间边界密度（ED）与形态指数（LSI）演化趋势一致，在 1990—2010 年两者都持续增加，边界密度从 23.067 0 增加至 27.611 9，形态指数从 25.893 1 增加至 30.066 8，在 2010—2015 年两者都微微降低，2015 年时分别为 27.606 8、30.062 1。兴化湾景观的多样性指数（SHDI）25 年内上下波动，变化幅度较小，最低时为 2000 年的 1.342 6，最高时为 2010 年的 1.411 7；均匀度指数（SHEI）变化趋势与多样性指数类似，在 2000 年、2010 年分别达到最低与最高，为 0.690 0 与 0.725 5。

表 13.22　兴化湾流域 1990—2015 年景观格局指数（景观水平）

年份	斑块密度 （PD）	边界密度 （ED）	形态指数 （LSI）	平均斑块面积 （MPS）	破碎度 （F）	多样性指数 （SHDI）	均匀度指数 （SHEI）
1990	0.7371	23.0670	25.8931	135.6705	0.0515	1.3848	0.7117
1995	0.7408	23.2685	26.0794	134.9949	0.0518	1.3919	0.7153
2000	0.7798	25.0833	27.7496	128.2334	0.0545	1.3426	0.6900
2005	0.8182	26.5129	29.0658	122.2261	0.0572	1.3748	0.7065
2010	0.8115	27.6119	30.0668	123.2223	0.0568	1.4117	0.7255
2015	0.7880	27.6068	30.0621	126.9109	0.0551	1.4080	0.7236

（十）湄洲湾

由表 13.23 可知，从 1990 到 2015 年，湄洲湾流域景观格局发生了一系列的变化。湄洲湾流域的总面积为 744.43 km²，从 1990 年到 2015 年，其斑块数量（NP）不断变化，每隔五年依次是 786、734、786、831、822、784 个，斑块密度（PD）在 1990—1995 年下降、1995—2005 年上升、2005—2015 年又开始下降。平均斑块面积（MPS）的趋势与斑块密度趋势相反，湄洲湾流域的斑块密度上升，其平均斑块面积就下降，若斑块密度下降，则平均斑块面积就上升，但对 25 年总体变化而言，平均斑块面积变化不大，始末仅相差了 0.02 km²。斑块数量的变化也一定程度上影响着景观的破碎度（F），其破碎度也经历了前五年下降，中间十年上升，最后十年下降的变化，且始末破碎度相类似。边界密度（ED）与形态指数（LSI）都反映了景观斑块的规则程度，两者的趋势也较为类似，在 1990—1995 年，边界密度从 28.908 7 降低至 28.577 0，形态指数从 23.923 3 降低至 23.697 1，而后二十年，两者持续增加，至 2015 年时，边界密度为 31.631 4，形态指数为 25.781 5。综合斑块密度与平均斑块面积指数考虑，可以得出湄洲湾流域的开发更多的改变了自然斑块的形态，而非数量。湄洲湾流域的多样性指数（SHDI）、均匀度指数（SHEI）也在持续的变化之中，且两者趋势相近，1990—1995 年，多样性指数从 1.385 6 降低至 1.309 7，均匀度指数从 0.712 1 降低至 0.673 1，而后两者均在 1995—2000 年有所升高，在 2000—2005 年微微下降，在 2005—2015 年里持续增加，2015 年时，多样性指数、均匀度指数分别为 1.484 9、0.763 1。

表 13.23　湄洲湾流域 1990—2015 年景观格局指数（景观水平）

年份	斑块密度（PD）	边界密度（ED）	形态指数（LSI）	平均斑块面积（MPS）	破碎度（F）	多样性指数（SHDI）	均匀度指数（SHEI）
1990	1.0558	28.9087	23.9233	94.7137	0.0738	1.3856	0.7121
1995	0.9860	28.5770	23.6971	101.4240	0.0689	1.3097	0.6731
2000	1.0558	29.0809	24.0410	94.7148	0.0738	1.3846	0.7115
2005	1.1163	30.8170	25.2251	89.5856	0.0780	1.3691	0.7036
2010	1.1042	31.3838	25.6127	90.5657	0.0772	1.4453	0.7427
2015	1.0532	31.6314	25.7815	94.9524	0.0736	1.4849	0.7631

（十一）泉州湾

由表 13.24 可以看出，从 1990 到 2015 年，泉州湾流域的景观空间格局有较为明显的变化。泉州湾流域的全面积为 835.36 km²，在 1990—1995 年，其斑块数量（NP）从 827 降低至 777，减少了 50 个，斑块密度（PD）也从 0.989 9 减少至 0.930 0，平均斑块面积（MPS）从 1.01 km²上升至 1.08 km²，在 1995—2000 年，斑块数量开始增加，2000 年时为 814 个，斑块密度也随之增加、平均斑块面积随之降低。在 2000—2015 年内，斑块数量先减后增最后又减少，在 2015 年时为 639，比 1990 年时减少了 188 个，减少了 22.73%，斑块密度在 2015 年时为 0.764 9，平均斑块密度为 1.30 km²，相比 1990 年，减少了 0.30 km²，减少率为 29.4%。景观的破碎度（F）也反映了这一变化：25 年间破碎度有增加也有减少，但整体下降了许多，从 1990 的 0.069 2 降低至 2015 年的 0.053 5。边界密度（ED）、形态指数（LSI）25 年间的变化与此类似，波动中边界密度从 1990 年的 33.267 3 减少至 2015 年的 25.955 8，形态指数从 1990 年的 27.151 5 减少至 2015 年的 21.862 7。在景观类型的多样性与均匀度上，泉州湾流域景观的多样性指数（SHDI）前 20 年中持续增加，从 1990 年的 1.205 4 增加至 2010 年的 1.324 2，最后五年却由 1.324 2 骤降至 1.145 3，均匀度指数（SHEI）的趋势与多样性一致，从 1990 年的 0.619 4 增加至 2010 年的 0.680 5，而后五年下降至 0.588 6。这一趋势也反映了泉州湾流域在 2010—2015 年内的异常的景观演化情况。

表 13.24　泉州湾流域 1990—2015 年景观格局指数（景观水平）

年份	斑块密度 （PD）	边界密度 （ED）	形态指数 （LSI）	平均斑块面积 （MPS）	破碎度 （F）	多样性指数 （SHDI）	均匀度指数 （SHEI）
1990	0.9899	33.2673	27.1515	101.0242	0.0692	1.2054	0.6194
1995	0.9300	32.9100	26.8923	107.5250	0.0650	1.2485	0.6416
2000	0.9743	33.2119	27.1108	102.6390	0.0681	1.2758	0.6556
2005	0.9109	32.7057	26.7494	109.7810	0.0637	1.3162	0.6764
2010	0.9827	34.4522	28.0101	101.7615	0.0687	1.3242	0.6805
2015	0.7649	25.9558	21.8627	130.7299	0.0535	1.1453	0.5886

（十二）厦门湾

由表 13.25 可知，厦门港流域的景观格局变化相对不大。厦门港流域总面积为 2 058.39 km²，厦门港流域斑块数在 1990—2005 年呈下降的态势，从 1990 年的 1889 个下降至 2005 年的 1 824 个，在 2005—2010 年上升，而后五年又开始下降，在 2015 年时为 1770。斑块密度（PD）、破碎度（F）变化趋势与此一致，都是前十五年下降、中间五年上升、后五年又开始下降，斑块密度从 1990 年的 0.917 5 减少至 2015 年的

0.859 9，破碎度也从 1990 年的 0.064 2 下降至 2015 年的 0.060 2。平均斑块面积（MPS）在 25 年内总体是增长的，从 1990 年的 1.09 km² 增长至 2015 年的 1.16 km²。边界密度（ED）与形态指数（LSI）趋势一致，在 1990—1995 年上升，在 1995—2000 年下降，而后的 2000—2010 年又开始上升，在 2010—2015 年下降，纵观 25 年，边界密度与形态指数总体是波动中微微升高，从 1990 年的 29.438 7 与 37.890 2 增长至 2015 年的 30.438 9 与 39.022 1，表明其斑块的不规则性微微增强。就斑块的多样性指数（SHDI）、均匀度指数（SHEI）而言，也是波动中上升：在 1990—1995 年，多样性指数与均匀度指数分别从 1.405 2 与 0.722 1 增加至 1.424 2 与 0.794 9，在 1995—2000 年又微微下降、在 2000—2005 年上升、在 2005—2015 年下降，在 2015 年时，多样性指数为 1.453 3，均匀度指数为 0.811 1。

表 13.25　厦门港流域 1990—2015 年景观格局指数（景观水平）

年份	斑块密度（PD）	边界密度（ED）	形态指数（LSI）	平均斑块面积（MPS）	破碎度（F）	多样性指数（SHDI）	均匀度指数（SHEI）
1990	0.9175	29.4387	37.8902	108.9868	0.0642	1.4052	0.7221
1995	0.9034	29.9743	38.4957	110.6936	0.0632	1.4242	0.7949
2000	0.9034	29.9634	38.4853	110.6938	0.0632	1.4235	0.7944
2005	0.8859	30.2522	38.8233	112.8774	0.0620	1.4680	0.8193
2010	0.8986	30.7085	39.3370	111.2902	0.0629	1.4561	0.8127
2015	0.8599	30.4389	39.0221	116.2931	0.0602	1.4533	0.8111

三、海湾类型水平的格局变化特征

利用 Fragstats4.2 软件，计算可得东海各海湾 1990 年、1995 年、2000 年、2005 年、2010 年和 2015 年的各类景观指数，结果如表 13.26～13.37 所示。

（一）杭州湾

由表 13.26 可以看出，1990—2015 年期间，杭州湾流域各景观类型的破碎度均较小，其中建设用地最高，未利用地最小。建设用地的平均斑块面积由 15.088 9 快速增加至 40.414 4，斑块密度总体下降至 0.643 7，边界密度上升至 21.873 9，侧面说明此期间建设用地的破碎化程度不断减低，与期间破碎度指数逐渐降低的趋势相一致，故建设用地的整体性提高。同时，建设用地的形态指数在 25 年间下降了 21.248 1，说明其斑块形态的复杂程度降低，可以认为研究期间杭州湾流域建设用地的分布由分散走向整体，面积不断扩大。25 年间，景观破碎度减小的类型还有草地和未利用地，但两者的变化幅度较小。破碎度增加的景观类型有林地、水体、湿地和耕地，其中林地破碎度指数变化较小，而其余三者在 25 年间的破碎度指数变化率分别为 49.96%、60.687% 和 92.71%，且其平均斑块面积与边界密度均呈上升趋势，说明水体、湿地和耕地破碎度显著增加。耕地、湿地和水体的形状指数在研究期间总体增加，耕地增长量最大，达 18.220 1，湿地次之为 6.207 3，水体较小为 1.287 8。因此，25 年间耕地、湿地和水体斑块形态越来越复杂，破碎度越来越高，景观空间格局由整体走向分散。

表 13.26 杭州湾流域 1990—2015 年景观格局指数 (景观水平)

	年份	林地	草地	水体	湿地	建设用地	未利用地	耕地
平均斑块面积 (MPS)	1990	185.9425	10.5523	42.5979	845.8361	15.0889	5.7500	2083.8270
	1995	233.8802	21.3520	50.6516	699.6211	15.3613	8.7143	2346.8800
	2000	193.5041	11.6012	61.9522	496.7245	17.2301	7.0962	1939.7723
	2005	190.0290	12.5714	51.7327	254.2772	28.2545	8.1923	1267.0827
	2010	180.2066	15.6341	58.3085	168.7730	34.2863	8.1923	1004.0194
	2015	172.4003	10.8036	46.6476	115.8264	40.4144	8.4773	900.8523
斑块密度 (PD)	1990	0.0495	0.0106	0.0843	0.0087	0.6963	0.0031	0.0332
	1995	0.0391	0.0047	0.0895	0.0092	0.7400	0.0007	0.0292
	2000	0.0475	0.0122	0.0969	0.0104	0.7104	0.0122	0.0347
	2005	0.0475	0.0115	0.1200	0.0178	0.6742	0.0013	0.0482
	2010	0.0500	0.0079	0.1191	0.0189	0.6748	0.0013	0.0573
	2015	0.0516	0.0041	0.1254	0.0139	0.6437	0.0011	0.0639
边界密度 (ED)	1990	3.5185	0.1904	3.7433	0.5024	16.6923	0.0424	22.1083
	1995	3.1917	0.1216	4.1290	0.4825	17.1195	0.0111	22.5478
	2000	3.4610	0.2125	4.5452	0.4673	17.6634	0.0201	23.4738
	2005	3.5217	0.2087	4.8730	0.5007	20.6174	0.0210	25.5837
	2010	3.6180	0.1654	4.8676	0.4880	22.2683	0.0210	26.5858
	2015	3.5943	0.0726	4.8011	0.5929	21.8739	0.0179	25.6126

	年份	林地	草地	水体	湿地	建设用地	未利用地	耕地
形态指数 （LSI）	1990	31.3568	14.4818	51.6736	8.3768	131.8803	7.9818	69.2389
	1995	28.7175	9.7615	50.6298	8.7287	130.0816	3.5938	70.9620
	2000	30.9134	14.4575	48.6784	9.0831	129.3846	5.3333	74.4485
	2005	31.7034	14.1871	51.3842	9.7864	121.2414	5.1905	84.8705
	2010	32.5290	12.1597	49.1445	10.2047	119.1577	5.1905	90.5502
	2015	32.5601	8.7442	52.9614	14.5841	110.6322	4.7436	87.4590
破碎度 （FI）	1990	0.0035	0.0007	0.0059	0.0006	0.0487	0.0002	0.0023
	1995	0.0027	0.0003	0.0063	0.0006	0.0518	0.0000	0.0020
	2000	0.0033	0.0008	0.0068	0.0007	0.0497	0.0001	0.0024
	2005	0.0033	0.0008	0.0084	0.0012	0.0472	0.0001	0.0034
	2010	0.0035	0.0005	0.0083	0.0013	0.0472	0.0001	0.0040
	2015	0.0036	0.0003	0.0088	0.0010	0.0451	0.0001	0.45

（二）象山港

表13.27显示，1990—2015年期间，象山港流域各景观类型的破碎度均较小，其中建设用地最高（平均值0.0160），其次是耕地（平均值0.0106），未利用地最小（平均值0.0001）。25年间，湿地和未利用地的景观破碎度呈下降趋势，斑块密度和边界密度均亦不断减少，说明此期间湿地和未利用地景观整体性提升。林地、草地、水体、建设用地和耕地的破碎度均呈上升趋势，说明上述五种景观的整体性不断下降，其中建设用地的破碎度在五种景观中均为最大，分别为0.0084（74.506%），而增幅最大的则是水体，达117.05%。象山港流域内由于海湾生态保护规划的限制，滩涂保护的比较好，也因此建设用地的分散程度增加，其他景观主要受限于地形的影响在流域内分布相对分散。耕地的平均斑块面积由1990年的226.7310下降至2015年的135.5902，斑块密度与边界密度却上升，说明耕地景观呈破碎化演变趋势。由于建设用地和水体面积大幅上升，两者在25年斑块平均面积增加，而斑块密度与边界密度亦增加，形态指数共上升3.5563，可见建设用地的斑块复杂程度提高，景观总体破碎度增加。林地和草地也有一定程度的破碎化演变，但总体幅度较小。

表 13.27　象山港流域 1990—2015 年景观格局指数（景观水平）

	年份	林地	草地	水体	湿地	建设用地	未利用地	耕地
平均斑块面积（MPS）	1990	477.524 2	14.197 5	12.081 7	53.847 1	19.430 9	10.872 0	226.731 0
	1995	507.478 0	19.827 5	10.399 4	51.504 1	18.144 8	4.080 0	213.992 5
	2000	507.769 9	15.045 5	13.093 6	52.481 9	20.168 4	4.080 0	204.712 5
	2005	482.093 4	15.448 0	34.546 9	47.262 5	21.057 9	4.080 0	175.648 4
	2010	483.885 5	15.459 4	41.457 9	18.132 2	25.576 3	4.080 0	168.462 9
	2015	470.864 9	14.882 4	26.267 6	36.144 2	34.145 4	4.080 0	135.590 2
斑块密度（PD）	1990	0.125 4	0.082 2	0.038 3	0.080 1	0.161 5	0.003 5	0.136 7
	1995	0.119 7	0.067 3	0.043 9	0.082 2	0.217 5	0.002 1	0.136 7
	2000	0.119 7	0.082 2	0.045 3	0.080 1	0.212 6	0.002 1	0.141 0
	2005	0.125 4	0.083 6	0.068 0	0.076 5	0.238 1	0.002 1	0.155 2
	2010	0.124 7	0.083 6	0.071 6	0.092 1	0.262 9	0.002 1	0.160 2
	2015	0.126 9	0.088 6	0.082 2	0.055 3	0.281 4	0.002 1	0.185 7
边界密度（ED）	1990	18.685 3	1.688 0	0.832 5	1.686 7	4.124 3	0.059 9	21.299 5
	1995	18.630 0	1.633 6	0.852 5	1.635 9	4.512 2	0.018 5	21.153 9
	2000	18.496 1	1.773 5	0.972 3	1.631 9	4.819 1	0.018 5	21.278 4
	2005	18.879 5	1.822 6	1.923 3	1.760 7	5.664 4	0.018 5	21.625 3
	2010	19.002 7	1.818 4	1.937 1	1.531 2	6.479 6	0.018 5	21.770 4
	2015	19.168 0	1.876 3	2.158 6	1.414 5	7.943 9	0.018 5	21.465 0
形态指数（LSI）	1990	25.826 7	15.690 0	11.543 9	13.790 8	22.281 5	2.820 0	37.182 8
	1995	25.536 6	14.679 3	11.882 4	13.571 7	21.680 7	1.958 3	38.035 4
	2000	25.449 1	15.935 5	12.051 8	13.538 9	22.213 9	1.958 3	38.507 4
	2005	25.935 8	16.256 1	12.619 8	14.484 3	24.304 8	1.958 3	40.224 0
	2010	26.095 6	16.256 1	12.011 6	17.179 0	24.606 2	1.958 3	40.738 7
	2015	26.466 9	16.562 5	15.627 7	12.983 1	25.837 8	1.958 3	41.550 5

	年份	林地	草地	水体	湿地	建设用地	未利用地	耕地
破碎度 （FI）	1990	0.008 7	0.005 7	0.002 6	0.005 6	0.011 3	0.000 2	0.009 5
	1995	0.008 3	0.004 7	0.003 0	0.005 7	0.015 2	0.000 1	0.009 5
	2000	0.008 3	0.005 7	0.003 1	0.005 6	0.014 8	0.000 1	0.009 8
	2005	0.008 7	0.005 8	0.004 7	0.005 3	0.016 6	0.000 1	0.010 8
	2010	0.008 7	0.005 8	0.005 0	0.006 4	0.018 4	0.000 1	0.011 2
	2015	0.008 8	0.006 2	0.005 7	0.003 8	0.019 6	0.000 1	0.129

（三）三门湾

三门湾流域 1990—2015 年期间基于类型水平的景观格局指数如表 13.28 所示。1990—2015 年期间，三门湾流域各景观类型的破碎度除建设用地（平均值 0.012 0）、林地（平均值 0.012 4）和耕地（平均值 0.011 6）以外均小于 0.01，总体破碎度非常小。从破碎度指数来看，各景观类型中，湿地和未利用地总体下降，其中未利用地面积很小，因此几乎看不到变化。而滩涂的平均斑块面积则在 25 年间下降了 54.157 3，变动最大，但斑块密度和边界密度有所下降，分别为 -0.011 8 和 -0.396 7，总体破碎度降低，主要是因为滩涂在海湾地区一般成片分布，破碎度较低。林地、草地、水体、建设用地和耕地的破碎度均呈上升趋势，其中林地和草地破碎度上升很小，而水体、建设用地和耕地在研究期间的破碎度增幅则十分明显，分别为 223.26%、1443.75% 和 25.22%，其中建设用地的破碎度增量最大，为 0.010 7，说明上述五种景观向破碎化演变。水体、建设用地和耕地的斑块密度和边界密度上升，其中水体和建设用地由于面积的增速超过斑块数量的增速，故平均斑块面积增大，而耕地平均斑块面积明显降低，由 1990 年的 217.364 9 转为 2015 年的 159.070 0，三种景观整体性在研究期间下降，呈碎片化发展。

表 13.28　三门湾流域 1990—2015 年景观格局指数（景观水平）

	年份	林地	草地	水体	湿地	建设用地	未利用地	耕地
平均斑块面积（MPS）	1990	302.744 7	24.635 7	53.529 5	108.066 5	15.888 3	15.420 0	217.364 9
	1995	292.888 3	25.183 4	49.526 8	114.835 5	12.389 7	13.680 0	208.140 9
	2000	306.299 5	24.780 0	53.852 7	114.210 0	14.957 2	13.680 0	212.196 6
	2005	287.760 9	23.913 2	52.698 3	84.995 1	20.676 4	13.680 0	179.188 2
	2010	283.386 1	24.220 9	93.553 1	30.529 1	21.296 6	13.680 0	180.016 3
	2015	275.421 1	24.076 3	66.131 4	53.909 2	26.488 7	13.680 0	159.070 0
斑块密度（PD）	1990	0.173 5	0.133 6	0.028 8	0.085 1	0.106 1	0.002 0	0.146 0
	1995	0.181 2	0.138 0	0.030 8	0.078 5	0.138 0	0.000 7	0.149 8
	2000	0.173 5	0.137 5	0.028 8	0.078 6	0.130 3	0.000 7	0.146 0
斑块密度（PD）	2005	0.177 4	0.136 2	0.070 7	0.095 6	0.189 8	0.000 7	0.166 9
	2010	0.180 0	0.140 1	0.077 9	0.108 0	0.210 1	0.000 7	0.169 5
	2015	0.184 0	0.141 4	0.091 7	0.073 3	0.258 6	0.000 7	0.182 7
边界密度（ED）	1990	20.356 5	3.878 3	1.601 2	2.101 7	2.266 7	0.051 8	21.182 5
	1995	21.005 3	4.057 1	1.710 4	1.993 4	2.379 3	0.014 5	21.462 3
	2000	20.769 1	4.007 3	1.612 7	1.946 2	2.450 5	0.014 5	21.267 0
	2005	21.425 7	3.831 1	3.352 3	2.053 6	4.504 5	0.014 5	22.855 7
	2010	21.650 6	3.930 7	4.226 9	2.101 2	5.053 9	0.014 5	23.307 9
	2015	21.821 5	3.915 1	4.438 7	1.705 0	6.549 4	0.014 5	23.256 5
形态指数（LSI）	1990	30.137 6	21.729 4	12.642 0	13.039 2	17.469 0	2.869 6	37.943 5
	1995	30.788 8	22.417 7	13.630 4	12.616 9	18.225 8	1.480 0	38.640 1
	2000	30.594 2	22.068 6	12.726 2	12.325 2	17.590 7	1.480 0	38.617 5
	2005	32.062 8	21.692 1	18.347 9	12.273 2	22.663 4	1.480 0	42.188 6
	2010	32.379 2	21.789 6	17.473 0	17.204 6	24.059 8	1.480 0	42.626 4
	2015	32.709 4	21.758 8	21.014 0	11.616 6	25.780 1	1.480 0	43.567 3

续表

	年份	林地	草地	水体	湿地	建设用地	未利用地	耕地
破碎度 （FI）	1990	0.012 1	0.009 3	0.002 0	0.005 9	0.007 4	0.000 1	0.010 2
	1995	0.012 6	0.009 6	0.002 1	0.005 5	0.009 6	0.000 0	0.010 4
	2000	0.012 1	0.009 6	0.002 0	0.005 5	0.009 1	0.000 0	0.010 2
	2005	0.012 4	0.009 5	0.004 9	0.006 6	0.013 2	0.000 0	0.011 6
	2010	0.012 6	0.009 8	0.005 4	0.007 5	0.014 7	0.000 0	0.011 8
	2015	0.012 8	0.009 9	0.006 4	0.005 1	0.018 1	0.000 0	0.127

（四）乐清湾

由表 13.29 可以看出，研究期间，乐清湾流域各景观类型的破碎度均较小，其中建设用地最高（平均值 0.012 5），其次是耕地（平均值 0.011 3），未利用地在 1990—1995 期间完全转为其他用地故其破碎度为 0。1990—2015 年间，草地和湿地的景观破碎度呈下降趋势，其中湿地的斑块密度和边界密度均亦不断减少，平均斑块面积减少了 37.270 5，而草地则减少了 2.200 4，但其斑块密度和边界密度分别上升了 0.01 和 0.163 4。破碎度增加的景观类型有林地、水体、建设用地和耕地，但四种景观的变化程度非常之低，其中耕地的破碎度变化最小，水体其次，两者均不超过 0.001，而林地的破碎度变化最大，建设用地其次，两者均不超过 0.002。林地、建设用地和耕地的形态指数分别上升了 0.768 7、3.880 9 和 5.071 9，斑块形态趋向复杂化，而水体的形态指数下降了 1.055 6，斑块形态趋向简单化。说明，在 1990—2015 年的这 25 年间，乐清湾流域景观仅小幅向破碎化演变，对流域景观的整体性造成的影响不大。

表 13.29　乐清湾流域 1990—2015 年景观格局指数（景观水平）

	年份	林地	草地	水体	湿地	建设用地	未利用地	耕地
平均斑 块面积 （MPS）	1990	412.542 5	34.766 5	27.900 0	126.478 9	16.564 0	4.312 5	197.072 0
	1995	461.435 0	30.489 3	33.670 1	123.580 6	16.016 9	0.000 0	193.839 0
	2000	371.413 2	33.014 9	36.183 7	151.330 0	20.893 4	0.000 0	192.353 9
	2005	344.438 4	32.637 6	33.465 3	166.953 5	41.966 3	0.000 0	137.008 0
	2010	342.320 3	32.521 6	45.663 7	155.911 8	47.690 7	0.000 0	152.926 4
	2015	311.641 7	32.566 1	86.045 2	89.208 3	50.250 9	0.000 0	124.030 1

续表

	年份	林地	草地	水体	湿地	建设用地	未利用地	耕地
斑块密度 （PD）	1990	0.095 8	0.383 0	0.067 8	0.064 1	0.190 6	0.003 6	0.172 5
	1995	0.090 3	0.379 4	0.087 6	0.056 0	0.214 1	0.000 0	0.172 5
	2000	0.109 3	0.378 5	0.088 5	0.045 2	0.184 3	0.000 0	0.171 6
	2005	0.124 7	0.383 9	0.091 2	0.038 8	0.187 9	0.000 0	0.197 8
	2010	0.115 6	0.387 5	0.075 9	0.030 7	0.209 6	0.000 0	0.193 3
	2015	0.135 5	0.393 0	0.084 9	0.005 4	0.240 3	0.000 0	0.202 4
边界密度 （ED）	1990	18.760 4	13.460 3	1.965 3	1.409 7	3.986 1	0.041 6	18.542 2
	1995	18.296 0	12.905 1	2.366 8	1.235 8	4.181 3	0.000 0	18.463 1
	2000	18.414 8	13.209 1	2.588 2	1.196 1	4.274 8	0.000 0	18.221 4
	2005	19.701 7	13.299 5	2.756 6	1.145 5	6.744 1	0.000 0	18.891 3
	2010	18.539 5	13.392 1	1.923 7	1.249 4	8.092 0	0.000 0	19.206 7
	2015	19.993 1	13.623 7	2.955 7	0.235 8	9.230 7	0.000 0	18.931 6
形态指数 （LSI）	1990	26.609 3	32.890 9	12.994 5	7.197 4	18.805 9	2.705 9	27.362 9
	1995	25.420 9	33.717 4	12.938 9	6.760 7	18.898 8	0.000 0	27.531 2
	2000	25.865 6	33.210 2	13.564 9	6.548 9	18.221 4	0.000 0	27.720 3
	2005	26.804 1	33.358 1	15.244 6	6.168 1	20.339 6	0.000 0	31.138 5
	2010	26.280 4	33.532 8	11.302 4	6.770 5	21.819 5	0.000 0	30.350 8
	2015	27.378 0	33.782 0	11.938 9	4.731 2	22.686 8	0.000 0	32.434 8
破碎度 （FI）	1990	0.006 6	0.026 7	0.004 7	0.004 4	0.013 3	0.000 2	0.012 0
	1995	0.005 4	0.022 7	0.005 2	0.003 3	0.012 8	0.000 0	0.010 3
	2000	0.006 5	0.022 7	0.005 3	0.002 7	0.011 0	0.000 0	0.010 2
	2005	0.007 4	0.023 0	0.005 4	0.002 3	0.011 2	0.000 0	0.011 8
	2010	0.006 9	0.023 2	0.004 5	0.001 8	0.012 5	0.000 0	0.011 5
	2015	0.008 1	0.023 5	0.005 0	0.000 3	0.014 4	0.000 0	0.121

（五）台州湾

台州湾流域1990—2015年期间基于类型水平的景观格局指数如表13.30所示。研究期间，台州湾流域各景观类型的破碎度除建设用地（平均值 0.0151）以外均小于 0.01，总体破碎度非常小。未利用地在 1990—1995 期间完全转为其他用地故其破碎度 为 0。从破碎度指数来看，除未利用地外的各景观类型中，25 年间林地、湿地和建设 用地总体下降，但变化量均十分微小，不超过 0.001。其中湿地的变化幅度最大，达 −34.06%，林地和建设用地均为 2% 左右，变化较小。建设用地的平均斑块面积由 1990 年的 16.974 7 增加至 2015 年的 77.393 4，斑块密度和边界密度上升，但斑块形态指数 下降说明斑块形态趋向简单化，因此破碎度最终仍减小。湿地的平均斑块面积由 1990 年的 682.810 0 骤减至 2015 年的 231.460 0，斑块形态指数也呈下降趋势，斑块形态趋 于简单化，边界密度和形态指数相抵，景观破碎度减小，主要是由于湿地的分布趋近， 发生了整合的缘故。研究期间景观破碎度指数增加的类型包括草地、水体和耕地，三 者的斑块密度和边界密度均增加，耕地的平均斑块面积在 25 年间减少了 571.248，草 地和水体的平均斑块面积有小幅上升，说明景观破碎度增加，但由于总体变化非常小， 对流域景观的整体性影响较低。

表 13.30 台州湾流域 1990—2015 年景观格局指数（景观水平）

	年份	林地	草地	水体	湿地	建设用地	未利用地	耕地
平均斑块面积（MPS）	1990	121.268 1	19.396 8	105.710 9	682.810 0	16.974 7	3.240 0	1339.756 4
	1995	136.492 4	21.167 0	125.982 0	700.234 6	19.646 8	0.000 0	1183.867 8
	2000	142.129 4	19.234 8	114.831 8	567.964 7	21.334 5	0.000 0	1194.173 7
	2005	142.561 7	18.937 9	263.946 3	400.983 8	37.195 9	0.000 0	1064.558 4
	2010	135.081 1	18.683 4	514.960 3	81.300 0	39.549 2	0.000 0	1014.524 3
	2015	124.287 5	54.890 9	115.155 0	230.460 0	77.393 4	0.000 0	768.508 8
斑块密度（PD）	1990	0.131 0	0.042 0	0.019 3	0.022 7	0.230 9	0.000 8	0.046 2
	1995	0.142 7	0.031 1	0.016 8	0.021 8	0.245 1	0.000 0	0.048 7
	2000	0.136 0	0.042 0	0.018 5	0.026 9	0.250 2	0.000 0	0.047 9
	2005	0.135 2	0.047 9	0.031 9	0.020 1	0.236 8	0.000 0	0.051 2
	2010	0.143 6	0.053 7	0.026 9	0.025 2	0.254 4	0.000 0	0.052 9
	2015	0.150 3	0.057 9	0.035 3	0.017 6	0.262 8	0.000 0	0.064 6

续表

	年份	林地	草地	水体	湿地	建设用地	未利用地	耕地
边界密度（ED）	1990	8.574 6	1.197 6	0.845 0	1.340 2	5.120 4	0.007 1	12.457 1
	1995	10.441 1	0.922 6	0.883 3	1.277 9	5.085 6	0.000 0	13.332 0
	2000	10.571 3	1.186 0	0.893 1	1.296 6	5.579 7	0.000 0	13.567 7
	2005	10.585 8	1.326 8	2.226 5	0.572 5	6.908 3	0.000 0	14.186 4
	2010	10.757 0	1.413 7	2.610 1	1.366 1	7.711 6	0.000 0	14.739 5
	2015	10.305 9	2.090 0	1.655 5	1.051 8	10.978 1	0.000 0	15.329 1
形态指数（LSI）	1990	20.815 7	12.711 5	6.036 5	5.770 4	22.616 2	1.166 7	14.453 6
	1995	22.479 3	11.219 3	6.238 8	5.585 6	20.556 4	0.000 0	15.891 8
	2000	22.826 1	12.739 1	6.300 6	5.621 8	21.364 7	0.000 0	16.213 8
	2005	22.985 2	13.795 5	7.931 1	4.105 5	20.868 2	0.000 0	17.283 1
	2010	23.408 3	14.285 7	7.896 0	9.345 5	22.032 9	0.000 0	18.055 2
	2015	22.987 9	11.523 1	10.053 9	4.944 0	22.057 8	0.000 0	19.435 3
破碎度（FI）	1990	0.009 1	0.002 9	0.001 3	0.001 5	0.016 1	0.000 0	0.003 2
	1995	0.008 5	0.001 8	0.001 0	0.001 3	0.014 7	0.000 0	0.002 9
	2000	0.008 1	0.002 5	0.001 1	0.001 6	0.015 0	0.000 0	0.002 8
	2005	0.008 1	0.002 8	0.001 9	0.001 2	0.014 2	0.000 0	0.003 0
	2010	0.008 6	0.003 2	0.001 6	0.001 5	0.015 2	0.000 0	0.003 1
	2015	0.009 0	0.003 4	0.002 1	0.001 0	0.015 7	0.000 0	0.38

（六）温州湾

温州湾流域1990—2015年期间基于类型水平的景观格局指数如表13.31所示。研究期间，温州湾流域各景观类型的破碎度除建设用地（平均值0.013 9）、湿地（平均值0.001 1）和耕地（平均值0.010 0）以外均小于0.01，总体破碎度非常小。未利用地在1990—1995年期间完全转为其他用地故其破碎度为0。研究期间，破碎度指数下降的景观类型包括水体和湿地，25年间分别下降了0.002 9和0.001 1，水体形态指数下降了4.134 8，水体形态趋于规则化，湿地平均斑块面积由204.343 4降至46.114 6，说明水体和湿地景观的整体性有所增加，但由于变化量均十分微小，整体性增加并不显著。研究期间景观破碎度指数增加的类型包括林地、草地、建设用地和耕地，四类景观的破碎度变动均不超过 0.01，其中林地的总体变化最小，仅 0.000 1，耕地的破碎度增幅最大，达 47.65%，草地其次为 28.95%，建设用地与林地分别为 18.75% 和 16.59%。25 年间，耕地的平均斑块面积虽然减小，但斑块密度和边界密度均上升，形态指数也增加了 7.607 9，说明耕地景观的形态趋于复杂化，景观破碎度增加。建设用地的平均斑块面积在 25 年间增长了 63.144 7，同时形态指数减小，景观破碎度加大。

表 13.31　温州湾流域 1990—2015 年景观格局指数（景观水平）

	年份	林地	草地	水体	湿地	建设用地	未利用地	耕地
平均斑块面积（MPS）	1990	468.598 0	27.135 5	70.130 1	204.343 4	31.756 0	34.312 5	357.651 0
	1995	495.496 0	29.292 5	155.136 3	178.676 6	27.648 5	98.448 8	340.248 3
	2000	496.065 4	24.578 2	180.787 2	181.041 7	31.829 8	65.565 0	315.690 3
	2005	473.980 1	26.949 1	177.168 6	189.016 0	67.272 5	65.565 0	232.441 4
	2010	483.440 4	27.591 5	233.666 7	88.975 6	70.475 5	65.565 0	212.300 3
	2015	456.830 1	27.648 1	165.105 5	46.114 6	94.900 7	65.565 0	182.671 2
斑块密度（PD）	1990	0.086 5	0.097 8	0.072 2	0.020 5	0.176 2	0.001 5	0.117 2
	1995	0.081 7	0.104 0	0.027 8	0.022 3	0.203 0	0.002 9	0.124 2
	2000	0.081 3	0.136 7	0.026 0	0.019 8	0.220 6	0.000 7	0.129 7
	2005	0.084 6	0.123 1	0.027 8	0.016 5	0.190 1	0.000 7	0.153 5
	2010	0.082 4	0.124 2	0.029 7	0.012 5	0.197 8	0.000 7	0.163 4
	2015	0.086 8	0.126 0	0.031 1	0.004 8	0.209 2	0.000 7	0.172 9
边界密度（ED）	1990	15.381 1	3.219 8	3.622 0	0.506 2	5.580 2	0.065 9	16.978 4
	1995	15.024 2	3.609 1	2.508 2	0.497 7	5.412 5	0.205 3	17.129 3
	2000	15.452 1	4.243 9	2.668 7	0.493 2	6.804 8	0.059 4	18.243 6
	2005	15.194 4	4.023 8	2.804 7	0.490 6	8.412 4	0.059 4	18.250 5
	2010	14.964 5	4.091 0	2.890 8	0.390 8	9.105 8	0.059 4	18.738 5
	2015	15.210 5	4.030 8	2.733 0	0.214 3	9.847 8	0.059 4	18.018 5

	年份	林地	草地	水体	湿地	建设用地	未利用地	耕地
形态指数（LSI）	1990	33.633 7	27.193 7	21.755 1	6.358 5	30.960 0	3.797 5	34.839 5
	1995	32.902 6	28.328 4	16.479 3	6.396 6	29.986 7	4.994 7	35.023 4
	2000	33.836 4	31.532 1	16.825 4	6.542 4	33.782 2	3.506 5	37.856 0
	2005	33.434 3	30.127 6	17.427 6	6.596 7	31.137 2	3.506 5	40.450 3
	2010	33.093 2	30.299 2	16.024 0	6.877 4	32.306 7	3.506 5	42.105 3
	2015	33.618 5	29.654 4	17.620 3	6.622 0	29.782 2	3.506 5	42.447 4
破碎度（FI）	1990	0.006 0	0.006 8	0.005 0	0.001 4	0.012 3	0.000 1	0.008 2
	1995	0.005 7	0.007 3	0.001 9	0.001 5	0.014 2	0.000 2	0.008 7
	2000	0.005 7	0.009 5	0.001 8	0.001 4	0.015 4	0.000 0	0.009 1
	2005	0.005 9	0.008 6	0.001 9	0.001 1	0.013 3	0.000 0	0.010 7
	2010	0.005 7	0.008 7	0.002 1	0.000 8	0.013 8	0.000 0	0.011 4
	2015	0.006 1	0.008 8	0.002 2	0.000 3	0.014 6	0.000 0	0.121

（七）三沙湾

由表 13.32 可以看出，25 年内三沙湾流域各景观的空间格局变化较大。就建设用地而言，其平均斑块面积（MPS）增加了 123.91%，其斑块密度和边界密度均有较大程度的上升：斑块密度（PD）由 0.044 1 升高至 0.098 1，边界密度（ED）由 1.131 3 升高至 3.230 9，这都说明建设用地的破碎程度在 1990—2015 年间不断地在增大。建设用地的形态指数（LSI）也从原先的 12.225 8 升高至 2015 年的 18.705 3，表征其不仅有面积上的增加，还有形态上的复杂化。在 25 年间，林地与水体的变化也是比较显著的，林地在 25 年内平均斑块面积增加了 14.85%，水体的平均斑块面积增加了 34.46%，林地的边界密度、斑块密度、形态指数、破碎度都变化不大，说明于林地而言，只有斑块数量的减少，但景观没有走向整合或破碎，水体的边界密度、斑块密度、形态指数、破碎度都有一定程度的降低，这是水体远离破碎化的表现。其余指标虽有一定程度的变化，但不及这几类景观显著。就总体而言，三沙湾流域的变化还是由建设用地的膨胀导致的，但开发有度，未造成自然景观的破碎化。

表 13.32　三沙湾流域 1990—2015 年景观格局指数（景观水平）

	年份	林地	草地	水体	湿地	建设用地	未利用地	耕地
平均斑块面积（MPS）	1990	322.588 2	69.373 7	33.084 8	28.764 2	22.919 2	40.245 7	88.938 7
	1995	324.174 5	68.716 3	33.445 6	31.929 1	25.668 0	32.537 4	89.370 8
	2000	324.229 5	68.638 4	31.987 8	40.897 7	25.677 0	32.537 4	90.000 0
	2005	374.230 4	61.291 5	53.456 9	25.215 0	37.047 5	33.780 0	85.821 7
	2010	368.587 6	60.695 0	63.845 2	29.178 9	33.190 9	33.780 0	84.033 6
	2015	370.519 7	60.971 4	44.407 2	22.114 3	51.322 4	33.780 0	80.416 0
斑块密度（PD）	1990	0.157 2	0.353 4	0.120 1	0.048 2	0.044 1	0.013 3	0.200 8
	1995	0.161 3	0.338 3	0.115 5	0.047 6	0.040 6	0.011 0	0.197 9
	2000	0.161 3	0.338 9	0.112 0	0.042 9	0.040 6	0.011 0	0.196 7
	2005	0.144 9	0.346 0	0.099 7	0.007 0	0.041 7	0.010 4	0.200 0
	2010	0.147 2	0.348 2	0.080 0	0.011 0	0.057 4	0.010 4	0.201 6
	2015	0.146 8	0.347 0	0.053 4	0.008 1	0.098 1	0.010 4	0.205 4
边界密度（ED）	1990	27.924 4	22.617 4	2.158 8	1.386 8	1.131 3	0.787 7	16.746 6
	1995	28.281 5	21.925 8	2.204 4	1.477 8	1.031 4	0.471 9	16.610 1
	2000	28.282 8	21.923 9	2.160 9	1.494 9	1.031 5	0.471 9	16.606 4
	2005	27.552 8	20.857 8	2.428 8	0.182 2	1.280 0	0.461 0	16.500 3
	2010	27.622 5	20.864 1	2.483 2	0.262 5	1.719 7	0.460 8	16.556 5
	2015	27.610 7	20.828 1	1.775 8	0.174 2	3.230 9	0.461 5	16.381 9
形态指数（LSI）	1990	43.541 1	50.164 1	18.054 3	14.760 7	12.225 8	12.408 9	42.638 5
	1995	43.534 0	49.922 1	18.191 2	15.099 4	11.003 5	9.554 2	42.541 2
	2000	43.544 5	49.945 3	18.257 6	14.474 1	11.014 0	9.554 2	42.537 3
	2005	41.882 4	49.743 7	17.684 4	5.327 6	11.217 4	9.430 3	42.833 6
	2010	41.989 7	49.956 8	17.841 9	6.019 1	13.402 1	9.430 3	43.335 7
	2015	41.951 0	50.006 3	15.327 9	5.398 3	18.705 3	9.430 3	43.537 8

续表

	年份	林地	草地	水体	湿地	建设用地	未利用地	耕地
破碎度（FI）	1990	0.011 0	0.024 7	0.008 4	0.003 3	0.003 0	0.000 9	0.014 0
	1995	0.011 3	0.023 6	0.008 0	0.003 3	0.002 8	0.000 7	0.013 8
	2000	0.011 3	0.023 7	0.007 8	0.003 0	0.002 8	0.000 7	0.013 7
	2005	0.010 1	0.024 2	0.006 9	0.000 4	0.002 9	0.000 7	0.014 0
	2010	0.010 3	0.024 3	0.005 6	0.000 7	0.004 0	0.000 7	0.014 1
	2015	0.010 2	0.024 2	0.003 7	0.000 5	0.006 8	0.000 7	0.143

（八）罗源湾

由表 13.33 可以看出，建设用地平均斑块面积（LSI）变化不大，25 年内只减少了 0.02 km²，但斑块密度（PD）从 1990 年的 0.118 4 增加至 2015 年的 0.190 5，边界密度（ED）也有所增加，形态指数从 1990 年的 7.790 6 增加至 11.893 1，破碎度指数也从 1990 年的 0.008 1 增加至 2015 年的 0.013 2，这些数据都说明，在 1990—2015 年，罗源湾流域的建设用地破碎度不断增高，但由于其本身起始破碎度不高，所以整体的破碎程度还未有显著的程度。在 25 年间，湿地与水体的变化也是比较显著的，湿地在 25 年内平均斑块面积增加了 0.16 km²，水体的平均斑块面积增加了 72.70%，湿地的边界密度、斑块密度、形态指数、破碎度都有不同程度的下降，说明于湿地而言，斑块数量在不断减少，但景观的破碎化程度、不规则程度不断增加。水体的边界密度、斑块密度、形态指数、破碎度都有一定程度的增加，这是水体愈加破碎化的表现。其余指标虽有一定程度的变化，但不及这几类景观显著。因此，25 年间耕地、湿地和水体斑块形态越来越复杂，破碎度越来越高，景观空间格局由整体走向分散。

表 13.33　杭州湾流域 1990—2015 年景观格局指数（景观水平）

	年份	林地	草地	水体	湿地	建设用地	未利用地	耕地
平均斑块面积（MPS）	1990	274.490 9	35.829 2	39.233 3	103.008 3	48.778 3	8.865 0	76.528 3
	1995	274.993 9	37.702 8	63.075 6	96.548 1	50.017 5	8.910 0	82.339 4
	2000	279.094 6	38.110 1	64.040 4	95.760 0	50.330 8	8.910 0	85.658 0
	2005	296.282 4	35.959 2	81.651 0	58.929 5	48.529 2	3.915 0	79.978 2
	2010	283.100 8	35.435 5	77.805 0	51.648 2	46.298 7	3.915 0	76.423 4
	2015	290.310 4	35.883 2	67.753 1	78.740 4	46.875 2	3.915 0	71.117 8
斑块密度（PD）	1990	0.176 5	0.522 7	0.060 3	0.091 6	0.118 4	0.004 5	0.198 8
	1995	0.178 6	0.475 5	0.055 8	0.082 6	0.116 1	0.004 5	0.189 7
	2000	0.176 4	0.471 0	0.055 8	0.080 4	0.116 1	0.004 5	0.183 0
	2005	0.167 4	0.482 2	0.067 0	0.098 2	0.136 2	0.004 5	0.189 7
	2010	0.174 1	0.491 1	0.075 9	0.084 8	0.176 3	0.004 5	0.194 2
	2015	0.170 3	0.481 9	0.071 7	0.062 8	0.190 5	0.004 5	0.204 0
边界密度（ED）	1990	24.988 2	19.019 1	1.597 7	2.479 6	3.405 1	0.044 2	15.039 7
	1995	26.275 2	18.829 6	2.289 7	2.775 2	3.611 6	0.048 2	16.119 4
	2000	26.306 0	18.821 6	2.313 8	2.779 9	3.630 4	0.048 2	16.204 4
	2005	26.095 7	18.500 8	3.233 2	2.708 2	4.276 6	0.036 2	16.337 0
	2010	26.258 1	18.456 1	3.332 8	2.802 5	5.736 8	0.036 2	16.409 0
	2015	25.628 5	18.022 8	2.690 3	2.260 7	4.019 7	0.036 3	15.434 6
形态指数（LSI）	1990	21.244 4	25.548 3	5.898 6	7.085 3	7.790 6	1.931 0	20.836 7
	1995	22.026 3	25.734 1	6.947 2	8.160 4	8.229 4	1.965 5	22.039 4
	2000	22.031 3	25.740 8	6.962 5	8.267 9	8.222 2	1.965 5	22.121 6
	2005	21.868 2	25.675 2	8.527 3	8.461 8	9.154 3	1.842 1	22.663 6
	2010	22.061 6	25.641 8	8.822 2	8.817 6	11.376 2	1.842 1	22.965 1
	2015	21.949 5	25.542 7	8.588 4	7.092 4	11.893 1	1.842 1	23.026 1

	年份	林地	草地	水体	湿地	建设用地	未利用地	耕地
破碎度 （FI）	1990	0.012 2	0.036 4	0.004 1	0.006 3	0.008 1	0.000 2	0.013 8
	1995	0.012 3	0.033 2	0.003 8	0.005 6	0.008 0	0.000 2	0.013 1
	2000	0.012 2	0.032 8	0.003 8	0.005 5	0.008 0	0.000 2	0.012 7
	2005	0.011 6	0.033 6	0.004 5	0.006 7	0.009 4	0.000 2	0.013 1
	2010	0.012 0	0.034 2	0.005 2	0.005 8	0.012 2	0.000 2	0.013 4
	2015	0.011 8	0.033 6	0.004 9	0.004 2	0.013 2	0.000 2	0.141

（九）兴化湾

由表 13.34 可以看出，1990—2015 年期间，兴化湾流域各景观类型的破碎度均较小，其中建设用地最高，草地其次。建设用地的平均斑块面积由 28.600 4 快速增加至 49.296 5，斑块密度总体下降至 0.279 4，边界密度上升至 10.709 7，侧面说明此期间建设用地的破碎化程度微微增加，与期间破碎度指数逐渐升高的趋势相一致，故建设用地的整体性下降。同时，建设用地的形态指数在 25 年间升高至 28.117 3，说明其斑块形态的复杂程度升高，可以认为研究期间杭州湾流域建设用地的分布由整体走向分散，面积不断扩大。25 年间，景观破碎度变化较为明显的类型还有水体和耕地，耕地是破碎度增加的景观类型，水体破碎度从 0.005 9 降低至 0.003 7，其余指数破碎度指数变化较小，林地、草地、湿地、未利用地在 25 年间的破碎度指数变化率分别为 11.36%、0.83%、8.33%和 0，且其平均斑块面积与边界密度均呈上升趋势，说明林地、草地和耕地的破碎度显著增加。所有类型的景观形状指数在研究期间总体增加，耕地增长量最大，达 5.091 5，建设用地次之为，水体变化为 0。因此，25 年间耕地、建设用地和水体斑块形态越来越复杂，破碎度越来越高，景观空间格局愈加分离。

表 13.34　兴化湾流域 1990—2015 年景观格局指数（景观水平）

	年份	林地	草地	水体	湿地	建设用地	未利用地	耕地
平均斑块面积（MPS）	1990	228.765 9	36.242 6	153.523 6	24.225 3	28.600 4	5.535 0	590.448 1
	1995	227.518 4	37.916 5	158.148 6	22.044 7	29.425 8	5.535 0	575.630 4
	2000	225.428 5	37.995 6	85.941 8	24.447 0	30.344 5	5.535 0	592.942 9
	2005	215.474 7	39.179 7	79.616 4	25.831 6	34.548 9	5.535 0	536.778 3
	2010	211.016 4	38.894 4	77.975 8	50.112 0	45.063 4	5.535 0	415.539 0
	2015	213.420 6	38.912 3	107.633 8	40.808 8	49.296 5	5.535 0	403.399 0
斑块密度（PD）	1990	0.126 8	0.171 7	0.084 8	0.034 6	0.243 2	0.001 5	0.074 4
	1995	0.126 8	0.165 1	0.081 8	0.037 6	0.252 1	0.001 5	0.075 9
	2000	0.135 6	0.170 3	0.088 4	0.044 2	0.261 7	0.001 5	0.078 1
	2005	0.140 0	0.171 7	0.092 9	0.042 8	0.286 0	0.001 5	0.083 3
	2010	0.142 3	0.171 0	0.075 9	0.040 5	0.277 1	0.001 5	0.103 2
	2015	0.140 8	0.170 3	0.053 8	0.037 6	0.279 4	0.001 5	0.104 7
边界密度（ED）	1990	12.548 8	6.606 5	2.617 4	0.901 3	6.845 3	0.023 9	16.590 7
	1995	12.508 6	6.572 3	2.607 5	0.932 0	7.120 2	0.023 9	16.772 6
	2000	13.485 0	6.791 6	2.956 9	1.164 7	7.491 0	0.023 9	18.253 7
	2005	13.843 2	7.023 1	2.989 8	1.152 3	9.033 5	0.023 9	18.960 0
	2010	13.857 5	7.014 4	2.861 6	1.238 5	10.497 4	0.023 9	19.730 4
	2015	13.843 1	6.975 5	2.681 6	1.120 9	10.709 7	0.023 9	19.858 9
形态指数（LSI）	1990	23.702 7	25.766 7	10.309 3	11.768 9	24.515 4	2.347 8	25.092 7
	1995	23.714 9	25.535 0	10.217 2	12.375 0	24.716 0	2.347 8	25.423 6
	2000	24.704 7	25.944 0	13.746 3	14.043 0	25.159 0	2.347 8	26.751 2
	2005	25.445 5	26.295 1	13.908 7	13.822 4	27.392 5	2.347 8	28.129 1
	2010	25.529 0	26.414 8	13.996 7	11.365 7	28.585 3	2.347 8	29.822 8
	2015	25.530 5	26.285 9	12.700 5	12.704 9	28.117 3	2.347 8	30.184 2

	年份	林地	草地	水体	湿地	建设用地	未利用地	耕地
破碎度（FI）	1990	0.008 8	0.012 0	0.005 9	0.002 4	0.017 0	0.000 1	0.005 2
	1995	0.008 8	0.011 5	0.005 7	0.002 6	0.017 6	0.000 1	0.005 3
	2000	0.009 4	0.011 9	0.006 1	0.003 0	0.018 3	0.000 1	0.005 4
	2005	0.009 8	0.012 0	0.006 4	0.002 9	0.020 0	0.000 1	0.005 8
	2010	0.009 9	0.011 9	0.005 3	0.002 8	0.019 3	0.000 1	0.007 2
	2015	0.009 8	0.011 9	0.003 7	0.002 6	0.019 5	0.000 1	0.73

（十）湄洲湾

由表 13.35 可以看出，25 年内湄洲湾流域各景观的空间格局变化较大。就建设用地而言，其平均斑块面积（MPS）增加了 62.71%，其斑块密度和边界密度均有一定程度的上升：斑块密度（PD）由 0.466 1 升高至 0.498 4，边界密度（ED）由 13.551 5 升高至 18.489 4，这都说明建设用地的破碎程度在 1990—2015 年间不断地在增大。建设用地的形态指数（LSI）也从原先的 28.427 2 升高至 2015 年的 30.848 0，表征其不仅有面积上的增加，还有形态上的复杂化。在 25 年间，耕地与水体的变化也是比较显著的，耕地在 25 年内平均斑块面积减少了 42.77%，水体的平均斑块面积减少了 18.84%。耕地的边界密度、斑块密度、形态指数、破碎度都有一定程度的升高，说明于耕地而言，不仅有斑块数量的增加，而且景观也呈现出愈加破碎化的状态，水体的边界密度、斑块密度、形态指数、破碎度都有一定程度的降低，这是水体远离破碎化的表现。其余指标虽有一定程度的变化，但不及这几类景观显著。就总体而言，三沙湾流域的变化还是与建设用地、耕地与水体的互相作用有关，是人类活动的强势导致了景观逐渐破碎化。

表 13.35　湄洲湾流域 1990—2015 年景观格局指数（景观水平）

	年份	林地	草地	水体	湿地	建设用地	未利用地	耕地
平均斑块面积（MPS）	1990	115.780 8	48.880 3	92.096 3	15.077 8	23.615 8	5.805 0	778.442 4
	1995	115.773 4	49.262 3	85.684 7	6.150 0	18.282 2	5.940 0	588.531 5
	2000	116.867 8	49.262 3	93.620 5	11.413 9	26.741 2	5.940 0	634.126 7
	2005	110.894 4	44.810 7	79.783 1	32.520 0	20.048 7	5.940 0	526.862 6
	2010	102.230 6	45.430 5	63.480 9	32.218 6	40.692 5	6.210 0	460.081 2
	2015	103.157 3	46.269 5	75.555 0	77.744 3	38.403 8	6.210 0	453.269 2
斑块密度（PD）	1990	0.130 3	0.141 0	0.142 4	0.106 1	0.466 1	0.002 7	0.067 2
	1995	0.130 3	0.138 4	0.204 2	0.004 0	0.415 1	0.004 0	0.090 0
	2000	0.129 0	0.138 4	0.135 7	0.112 8	0.454 0	0.004 0	0.081 9
	2005	0.134 3	0.142 4	0.249 8	0.004 0	0.488 9	0.004 0	0.092 7
	2010	0.141 0	0.142 4	0.137 0	0.087 3	0.491 6	0.001 3	0.103 4
	2015	0.139 7	0.139 7	0.077 9	0.092 7	0.498 4	0.001 3	0.103 4
边界密度（ED）	1990	8.363 1	6.869 6	3.921 0	2.355 8	13.551 5	0.056 4	22.700 0
	1995	8.349 0	6.753 6	7.129 9	0.082 6	10.917 6	0.075 8	23.845 6
	2000	8.292 9	6.753 5	3.848 4	2.058 8	14.090 1	0.075 8	23.042 3
	2005	8.204 6	6.679 8	9.800 4	0.175 7	12.858 2	0.075 8	23.839 4
	2010	8.383 2	6.708 8	3.074 3	1.481 8	18.415 1	0.019 3	24.685 1
	2015	8.366 6	6.701 0	2.690 8	2.040 8	18.489 4	0.019 3	24.955 0
形态指数（LSI）	1990	16.592 6	18.707 1	11.731 4	15.069 3	28.427 2	3.043 5	22.993 9
	1995	16.530 4	18.532 6	15.390 0	3.758 6	27.685 3	3.241 4	24.364 8
	2000	16.428 6	18.532 6	11.522 3	15.115 9	28.277 6	3.241 4	23.449 7
	2005	16.310 1	18.969 6	18.346 9	3.303 0	29.894 7	3.241 4	24.890 7
	2010	16.784 4	18.935 2	10.437 6	9.140 5	29.557 7	1.411 8	26.038 2
	2015	16.754 0	18.870 4	9.549 8	8.067 5	30.848 0	1.411 8	26.551 4

	年份	林地	草地	水体	湿地	建设用地	未利用地	耕地
破碎度 （FI）	1990	0.009 0	0.009 8	0.009 9	0.007 3	0.032 5	0.000 1	0.004 6
	1995	0.009 0	0.009 6	0.014 2	0.000 2	0.029 0	0.000 2	0.006 2
	2000	0.008 9	0.009 6	0.009 4	0.007 8	0.031 7	0.000 2	0.005 6
	2005	0.009 3	0.009 9	0.017 4	0.000 2	0.034 1	0.000 2	0.006 4
	2010	0.009 8	0.009 9	0.009 5	0.006 0	0.034 3	0.000 0	0.007 1
	2015	0.009 7	0.009 7	0.005 4	0.006 4	0.034 8	0.000 0	0.71

（十一）泉州湾

由表 13.36 可以看出，1990—2015 年期间，泉州湾流域各景观类型的破碎度均较小，其中建设用地最高，林地其次。建设用地的平均斑块面积由 0.36 km² 快速增加至 5.70 km²，斑块密度总体下降至 0.112 5，边界密度上升至 19.884 0，侧面说明此期间建设用地的破碎化程度大大减弱，与期间破碎度指数骤减的趋势相一致，故建设用地的整体性增强，破碎程度下降。同时，建设用地的形态指数在 25 年间降低至 19.8185，说明其斑块形态的复杂程度下降，可以认为研究期间杭州湾流域建设用地的分布由分散走向整体。25 年间，景观破碎度变化较为明显的类型还有湿地和耕地，耕地是破碎度增加的景观类型，从 0.009 2 增加至 0.018 9，湿地的破碎度从 0.000 5 增长至 0.003 9，其余指数破碎度指数变化较小，林地、草地、水体、未利用地在 25 年间的破碎度指数变化率分别为 2.59%、36.59%、38.36% 和 66.67%，且林地与草地边界密度均呈上升趋势，说明林地、草地的破碎度显著增加。所有类型的景观形状指数在研究期间有增有减，湿地变化量最大，增长率为 196.94%，建设用地次之，水体变化较小。因此，25 年间泉州湾流域破碎度逐渐下降，主要表现为自然景观格局变化为主的演化格局。

表 13.36　泉州湾流域 1990—2015 年景观格局指数（景观水平）

	年份	林地	草地	水体	湿地	建设用地	未利用地	耕地
平均斑块面积（MPS）	1990	81.276 4	79.347 3	43.159 5	19.530 0	35.633 0	8.106 0	442.018 4
	1995	81.848 2	83.311 2	42.199 8	16.907 1	54.267 9	8.640 0	351.589 9
	2000	81.870 9	83.311 2	34.454 0	15.778 0	54.066 8	8.646 4	398.268 5
	2005	78.367 0	77.927 6	31.736 4	19.400 5	117.486 7	12.890 0	202.515 3
	2010	72.494 7	64.479 7	30.842 6	25.231 2	136.473 6	12.127 5	139.314 1
	2015	72.436 8	64.477 1	43.324 4	28.321 3	569.850 3	14.985 0	50.547 3
斑块密度（PD）	1990	0.167 6	0.065 8	0.108 9	0.007 2	0.489 5	0.018 0	0.132 9
	1995	0.166 4	0.059 8	0.105 3	0.008 4	0.420 1	0.016 6	0.153 2
	2000	0.166 4	0.059 8	0.120 9	0.053 9	0.422 5	0.016 8	0.134 1
	2005	0.164 0	0.061 0	0.118 5	0.049 1	0.296 9	0.010 8	0.210 7
	2010	0.171 2	0.081 4	0.098 1	0.058 7	0.288 5	0.009 6	0.275 3
	2015	0.171 2	0.081 4	0.065 8	0.056 3	0.112 5	0.007 2	0.270 5
边界密度（ED）	1990	10.093 4	4.003 4	3.312 9	0.167 0	19.614 0	0.255 7	29.088 3
	1995	10.024 4	3.804 1	3.276 6	0.169 8	19.967 0	0.252 1	28.326 0
	2000	10.026 8	3.804 0	3.227 4	1.222 3	20.008 0	0.251 4	27.883 9
	2005	9.426 6	3.686 1	3.044 8	1.193 6	21.256 3	0.213 7	26.590 3
	2010	9.390 0	4.214 2	2.695 3	1.165 6	23.549 4	0.175 2	27.714 7
	2015	9.405 5	4.214 7	2.591 8	1.160 3	19.884 0	0.146 5	14.508 6
形态指数（LSI）	1990	21.446 6	13.471 7	14.550 2	3.274 0	35.039 8	6.432 4	28.726 5
	1995	21.300 6	13.085 8	14.749 4	3.328 8	31.207 4	6.324 3	29.247 3
	2000	21.310 4	13.085 8	14.794 4	11.286 5	31.273 3	6.310 8	28.770 0
	2005	20.688 9	13.016 6	14.350 3	10.724 9	27.109 8	5.875 0	30.691 8
	2010	20.942 6	14.371 0	13.479 2	9.566 0	28.284 3	4.893 9	33.544 4
	2015	20.972 0	14.371 0	12.693 3	9.713 1	19.518 5	4.343 8	29.133 2

	年份	林地	草地	水体	湿地	建设用地	未利用地	耕地
破碎度（FI）	1990	0.011 6	0.004 5	0.007 5	0.000 4	0.034 2	0.001 2	0.009 2
	1995	0.011 6	0.004 1	0.007 3	0.000 5	0.029 3	0.001 1	0.010 6
	2000	0.011 6	0.004 1	0.008 4	0.003 7	0.029 5	0.001 1	0.009 3
	2005	0.011 4	0.004 2	0.008 2	0.003 4	0.020 7	0.000 7	0.014 7
	2010	0.011 9	0.005 6	0.006 8	0.004 0	0.020 1	0.000 6	0.019 2
	2015	0.011 9	0.005 6	0.004 5	0.003 9	0.007 8	0.000 4	0.189

（十二）厦门湾

由表 13.37 可以看出，25 年内厦门湾流域各景观的空间格局变化较大。就建设用地而言，其平均斑块面积（MPS）增加了 218.34%，其斑块密度（PD）从 1990 年的 0.429 9 降低至 2015 年的 0.334 2，边界密度有一定程度的上升，边界密度（ED）由 14.162 3 升高至 18.396 2，这说明建设用地在 1990—2015 年间破碎度在下降，但斑块的形状是愈加复杂的。建设用地的形态指数（LSI）也从原先的 28.427 2 升高至 2015 年的 30.848 0，表征其不仅有面积上的增加，还有形态上的不规则化。在 25 年间，湿地、耕地与水体的变化也是比较显著的，耕地在 25 年内平均斑块面积减少了 57.76%，湿地的平均斑块面积减少了 42.72%。耕地的斑块密度、形态指数、破碎度都有一定程度的升高，说明于耕地而言，不仅有斑块数量的增加，而且景观也呈现出愈加破碎化的状态，水体的边界密度、斑块密度、形态指数、破碎度都有一定程度的降低，这是水体远离破碎化的表现。其余指标虽有一定程度的变化，但不及这几类景观显著。就总体而言，厦门湾流域的变化还是与建设用地、耕地与水体的互相作用有关，这一点与湄洲湾的情况类似。

表 13.37　杭州湾流域 1990—2015 年景观格局指数（景观水平）

	年份	林地	草地	水体	湿地	建设用地	未利用地	耕地
平均斑块面积（MPS）	1990	172.051 9	68.965 1	68.147 1	40.122 4	28.680 3	16.875 0	530.234 3
	1995	169.729 5	70.087 9	68.007 3	20.761 5	37.715 8	0.000 0	493.223 7
	2000	169.730 5	70.170 0	63.156 0	24.276 7	37.840 7	0.000 0	496.360 7
	2005	155.577 4	66.564 8	58.939 5	20.350 6	72.704 2	0.000 0	310.597 4
	2010	153.591 7	62.758 9	50.421 9	20.145 0	89.877 9	0.000 0	233.499 4
	2015	153.043 5	61.843 0	77.658 0	22.978 8	91.304 7	0.000 0	223.961 4
斑块密度（PD）	1990	0.122 9	0.123 9	0.102 5	0.044 7	0.429 9	0.001 0	0.092 8
	1995	0.124 8	0.122 4	0.112 2	0.049 1	0.400 7	0.000 0	0.094 2
	2000	0.124 8	0.122 4	0.118 5	0.043 2	0.400 7	0.000 0	0.093 7
	2005	0.127 3	0.125 3	0.116 6	0.041 3	0.351 2	0.000 0	0.124 3
	2010	0.127 7	0.130 2	0.115 6	0.037 9	0.335 1	0.000 0	0.152 0
	2015	0.129 7	0.131 2	0.069 5	0.037 9	0.334 2	0.000 0	0.157 4
边界密度（ED）	1990	11.384 3	6.948 0	4.068 8	1.334 1	14.162 3	0.029 4	20.950 6
	1995	11.408 0	6.913 6	4.377 8	1.159 6	15.058 1	0.000 0	21.031 6
	2000	11.408 2	6.922 3	4.411 3	1.115 8	15.056 4	0.000 0	21.012 6
	2005	10.903 8	6.907 1	3.957 9	0.964 2	17.274 2	0.000 0	20.497 2
	2010	10.965 2	6.946 6	3.721 8	0.765 0	18.450 2	0.000 0	20.568 1
	2015	11.129 8	6.952 9	3.375 2	0.609 1	18.396 2	0.000 0	20.414 5
形态指数（LSI）	1990	30.529 1	28.136 7	23.413 8	13.179 8	46.905 9	2.589 7	34.976 0
	1995	30.538 4	27.960 5	23.462 9	15.558 8	45.290 8	0.000 0	36.061 1
	2000	30.539 8	27.962 8	23.603 9	14.938 7	45.301 4	0.000 0	36.042 2
	2005	30.227 3	28.236 8	22.051 7	14.866 9	40.531 1	0.000 0	38.453 7
	2010	30.484 3	28.680 9	21.492 5	13.449 1	40.277 5	0.000 0	40.230 2
	2015	30.718 8	28.799 3	18.921 8	11.780 9	40.341 1	0.000 0	40.193 2

续表

	年份	林地	草地	水体	湿地	建设用地	未利用地	耕地
破碎度 （FI）	1990	0.008 6	0.008 6	0.007 1	0.003 1	0.030 1	0.000 0	0.006 5
	1995	0.007 5	0.007 3	0.006 7	0.002 9	0.024 0	0.000 0	0.005 6
	2000	0.007 5	0.007 3	0.007 1	0.002 6	0.024 0	0.000 0	0.005 6
	2005	0.007 6	0.007 5	0.007 0	0.002 4	0.021 0	0.000 0	0.007 4
	2010	0.007 6	0.007 8	0.006 9	0.002 2	0.020 1	0.000 0	0.009 1
	2015	0.007 8	0.007 8	0.004 1	0.002 2	0.020 0	0.000 0	0.009 4

第四节　围填海开发利用强度与海湾景观演变的关联分析

一、海湾景观人工干扰强度时空特征

（一）海湾景观人工干扰强度指数

自然和人为因素共同影响海湾景观变化，但自然要素在长时空尺度内作用较为明显，而短时空尺度内人为因素的作用更为明显。研究期间，以围填海为主的人类活动是东海区主要海湾景观格局–过程演变的主导因素，景观的自然特征与人工化特征呈现出此消彼长的趋势。景观人工干扰强度指数（LHAI）能较好表现区域景观受人类活动影响的强度，计算公式如下：

$$LHAI = \sum_{i=1}^{n} S_i \times R_i / A \qquad （公式 13.1）$$

公式 13.1 中，$LHAI$ 为景观人工干扰强度指数；n 为研究区内景观类型数量；S_i 为第 i 种景观类型的面积；R_i 为第 i 种景观资源环境影响因子；A 为各景观面积之和。根据研究目的，结合多学科专家意见及相关研究成果（孙永光；张月等，2017），确定了海湾景观资源环境影响因子，见表 13.38。

表 13.38　海湾景观资源环境影响因子

景观类型	景观资源环境影响状况	影响因子
耕地	受人类活动影响大，对资源环境影响较小	0.25
林地	对资源环境影响较小，且有生态维护调节作用，果园、茶园等受人类活动影响明显	0.1

续表

景观类型	景观资源环境影响状况	影响因子
草地	对资源环境影响较小，且有生态维护调节作用	0.1
水域	河流、湖泊等受人类活动影响较小，对资源环境影响较小，部分水产养殖区受人类活动影响明显，对资源环境影响较大	0.37
滩涂	对资源环境影响较小，且有生态维护调节作用	0.1
建设用地	受人类活动影响大，且大多不可逆，对资源环境影响大	0.85
未利用地	对资源环境稍有影响，且大多不可逆	0.48

（二）海湾景观人工干扰强度时空特征

1. 海湾景观人工干扰强度时间分异

根据公式 13.1 计算可得 1990—2015 年东海海湾景观人工干扰强度指数，据此绘制其强度变化图（图 13.3）。

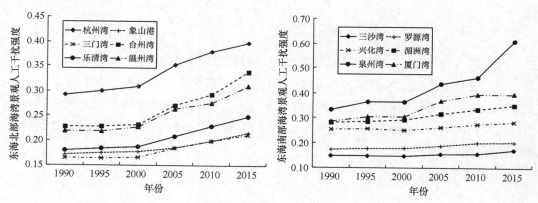

图 13.3　东海海湾景观人工干扰强度

1990—2015 年间，研究区全部海湾岸线开发强度指数均有所增加，说明研究期间东海区海湾开发利用行为更加普遍，开发强度总体增强。1990 年，海湾岸线开发利用强度指数低于 0.2 的海湾占 25%，该比例在 1995 年下降到 8.3%，1990—1995 年最低值始终出现在乐清湾（增长了 8%）；最高值从湄洲湾（0.27）转为台州湾（0.30），但始终未曾超过 0.3，且仅有 3 个海湾的增幅超过 10%，分别是象山港、厦门湾和台州湾，增幅低于 5% 的海湾占 50%，说明该阶段东海区海湾开发处于低速增长时期，利用程度总体较轻。2000 年以后，东海区海湾岸线开发利用进入快速发展期，2000—2015 年间，增幅不足 50% 以及超过 80% 的海湾各占 33.3%，其中湄洲湾的增幅高达 117%，在所有海湾中增幅最大,而杭州湾的增幅最低,仅 25%。2015 年,海湾岸线开发利用指数最大值已达 0.65,出现在湄洲湾,最低值达 0.31,出现在乐清湾。乐清湾在整个研究期间始终是开发强度指数最低的,除开发强度确实较其他海湾低以外,快速淤涨的淤泥滩也在很大程度上降低了开发强度,因此乐清湾人工化强度总体较低,而湄洲湾主要为基岩海岸,水深条件好,多被开发为用于港口、码头、住宅和城镇工业的人工岸线,总体开发程度较高。

东海南部海湾开发利用强度指数平均值较东海北部海湾高,各年份的最低值均为东海北部海湾的乐清湾,而最高值均为东海南部海湾的湄洲湾,但两者均呈上升趋势,说明在平均意义上东海海湾开发强度不断上升,且前者较后者深入。此外,由于不同海湾间社会经济水平的差异性,东海北部海湾开发强度在各年份间的差异普遍较大,其中,台州湾开发强度的波动性最大,呈现出先增长后下降再增长的趋势,1990—2005 年间为上升期,期间台州湾围填海面积显著增加(集中在 2000—2005 年间),主要用于滩涂养殖和港口建设等;在 2005—2015 年间有所下降,主要源于该湾在大规模围填海活动将平直人工岸线替代了原有岸线,并通过连岛沙堤将海岛转为陆连岛,增加了大陆岸线中自然岸线的比例,进而降低岸线开发强度指数。随着海湾的进一步开发,自然岸线比例再次降低,促使台州湾开发强度在 2010—2015 年间再次上升。东海南部海湾在 2000 年之前则有一段差异相对较小的相似期,此后,厦门湾、泉州湾和兴化湾三者差距逐渐缩小,在 2015 年稳定在 0.45—0.50 区间,湄洲湾、罗源湾、泉州湾与上述三湾之间的差距不断扩大,其中湄洲湾与三沙湾之间形成了最大差值,该值在2015 年约为 0.28。从社会发展水平上来看,湄洲湾沿岸城镇工业较发达,围填海强度大,海湾开发利用强度也大;其次,三沙湾总面积较大,同等开发强度下变化较小,而湄洲湾的面积远小于三沙湾(2015 年约为三沙湾的 50%),同等开发强度下变化较大。

2. 海湾景观人工干扰强度空间分异

在 ArcGIS10.2 环境下构建适合研究区大小的渔网,并计算出各海湾单个网格的景观人工干扰强度平均值,并运用普通 Kriging 法进行插值预测和模拟。同时,对生成的插值图进行分级,小于 0.20 为低强度区间,0.20—0.30 区间为较低强度区间,0.30—0.40 区间为中强度区间,0.40—0.50 为较高强度区间,大于 0.5 为高强度区间,最终获得东海北部海湾流域和东海南部海湾流域 1990、2005 和 2015 年的景观人工干扰强度空间分异图(图 13.4 和图 13.5)。

从图 13.4 可以看出,1990—2015 年间东海北部海湾景观人工干扰强度呈现出明显的由低值向高值转变的趋势,中强度、较高强度区间和高强度区间的土地面积不断增加,而低强度和较低强度区间则不断萎缩。研究之初,东海北部大部分海湾的景观人工干扰强度位于低强度和较低强度区间,高强度区间的面积极小。2005 年中强度区间

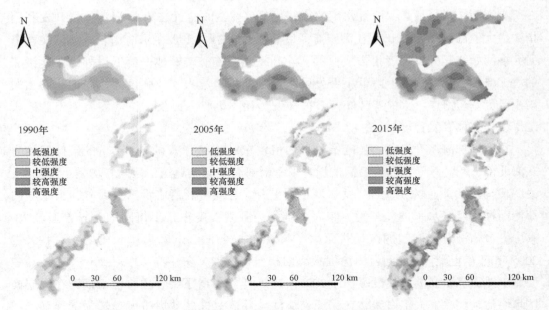

图 13.4　东海北部海湾景观人工干扰强度分布图

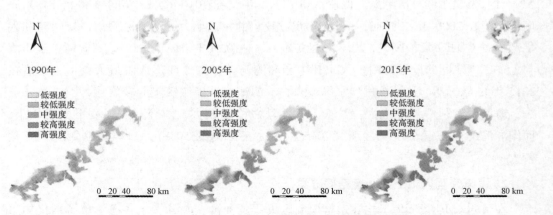

图 13.5　东海南部海湾景观人工干扰强度分布图

迅速扩张并接连成片，主要由较低强度区间转变而来，同时高强度区间面积明显增大，但在各海湾中仍主要以点块状散落在各处。到了 2015 年，中强度区间向较低和低强度区间进一步蔓延，并部分转变为较高强度区间，高强度区间加速扩张，虽仍呈块状分布，但区块面积增大，数量增加，相邻区块间的距离缩短，呈现出明显的连片趋势。

　　同时东海北部海湾景观人工干扰强度在空间上表现出明显的分带性，从河口周边以及沿海向内陆强度逐渐减弱。整个研究期间，随着沿海工业的进一步发展，农业由种植业向水产养殖业的转型，围海造地项目的增多，以滩涂为主的低人工干扰度的景观不断向建设用地与养殖用地等高干扰度的景观转变，沿海地区景观人工干扰强度显著增强。乐清湾和温州湾相连，位于东海北部六海湾的南端，相比而言乐清湾的景观人工干扰强度偏小。象山港和三门湾位于东海北部六海湾中部，前者由于生态保护限制，后者由于开发不成熟，使两者成为 25 年间低强度区间分布最广，也是强度变化最小的海湾。杭州湾、台州湾则有所不同，表现出陆海同步的现象，甚至在杭州湾内陆地区稍快于沿海地区。杭州湾位于研究区最北部，其景观人工干扰强度在东海北部六湾中最强，台州湾位于三门湾以南，景观人工干扰强度较强。两者的共同点是流域内地形平坦，研究之初耕地多山地少，湾区内靠近内陆的部分受内陆发展影响，开发时间早于沿海地区，景观人工干扰度较强。

东海南部海湾的景观人工干扰强度平均值在研究之初高于北部，但在 1990—2015 年期间其强度变化平均值小于北部。1990 年，较低强度区间和中强度区间占优势地位，较高强度区间在各海湾内有零星分布，而高强度区间的面积微乎其微。1990—2005 年期间，较高强度区间以研究之初的块状区域迅速向四周蔓延，与相邻块状区域接连成片，同时高强度区间面积明显增大，但仍集中在个别海湾中。2005—2015 年十年间，较高强度区间进一步扩大，并部分转变为较高强度区间，高强度区面积再次增加，以点块状散落在各海湾中，但同一海湾内的集聚性增强。

东海南部六海湾景观人工干扰强度南北分异显著，呈现出北低南高的特征。北部是三沙湾和罗源湾，地表起伏较大，受地形限制，湾内林地面积广大但耕地面积小，难以进行大规模开发建设，故两者是东海南部六海湾中景观人工干扰度最小的海湾。南部四湾中，景观人工干扰强度变化最明显的海湾是厦门湾和泉州湾，主要是两海湾内山地面积较小，且开发利用历史悠久，成熟度高，区内环境影响因子大的建设用地密度大的缘故，因此景观人工干扰强度较高。湄洲湾和兴化湾景观人工干扰强度变化表现出了明显的由沿海向内陆减弱的特征，两海湾近海一侧是 25 年间强度变化最大的区域，主要是以滩涂养殖和围海养殖所占据的面积不断上升的缘故。

二、海湾景观演变对人类活动的响应

东海北部海湾景观的斑块密度（NP）在 1990—2015 年间呈上升趋势，即研究期间东海北部海湾的斑块数量明显增加。景观的形态指数（LSI）与景观的边界密度（ED）在 1990—2015 年间持续增加，且在 2000—2005 年间有一个明显的跃升，说明东海北部海湾景观随时间的推移，其形状的复杂程度增加，破碎度不断上升。东海北部海湾景观斑块密度、形态指数与边界密度的变化与景观破碎度的变化相吻合，呈现出随时间推移景观破碎度不断增加的趋势。

为了定量验证并进一步分析景观破碎度与景观人工干扰强度的相关性，作两者的散点图，在此基础上用最小二乘法拟合函数曲线，如图 13.7 所示。两者拟合曲线拟合

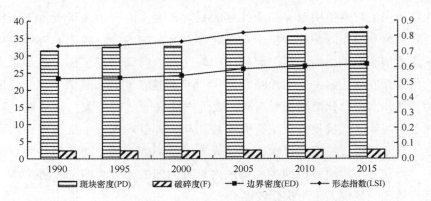

图 13.6　东海北部海湾景观格局指数年变化统计

优度高达 0.965 1，表明该拟合曲线能很好的反映两者之间的相关性。图 13.7 显示，东海北部海湾景观破碎度随景观人工干扰强度的增大呈上升趋势，说明两者之间存在显著的正相关关系，即景观人工干扰强度越大，海湾景观破碎度越大。

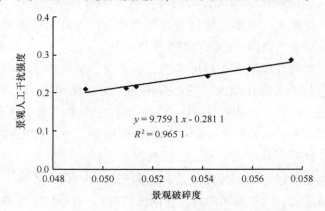

图 13.7　东海北部海湾景观人工干扰强度与景观破碎度的关系

东海南部海湾景观的斑块密度（NP）在 1990—2015 年间呈波动变化，总体降低，但变化不大，即研究期间东海南部海湾的斑块数量有所减少。景观的形态指数（LSI）与景观的边界密度（ED）在研究期间呈现出明显的先增后减的趋势，1990—2010 年十年间持续增加，在随后的五年间减少。说明东海南部海湾景观随时间的推移，其形状的复杂程度先增后减，即景观的完整性上升。景观破碎度的变化与边界密度、形态指数以及斑块密度的变化基本吻合，呈现出随时间推移先增后减的趋势。东海南部海湾开发时间较早，研究初期海湾开发强度平均值大于北部海湾，且开发强度增幅小于北部海湾，说明南部海湾开发相对较成熟，在研究过程中由大开发阶段逐渐向小开发、集约开发演变，使得景观的破碎度在研究后期出现下降。

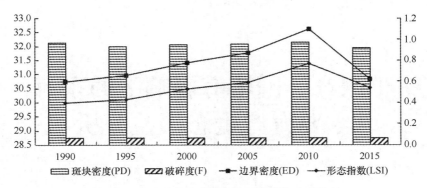

图 13.8　东海南部海湾景观格局指数年变化统计

　　作景观破碎度与景观人工干扰强度的散点图，并用最小二乘法拟合函数曲线，如图 13.9 所示。左图是 1990—2015 年间两者拟合曲线，拟合优度小于 0.3，该拟合方程无效；右图是 1990—2010 年间两者的拟合曲线，拟合优度达 0.848 5，能够较好的应两者之间的关系。图 13.9 表明，在海湾开发形式以围填海而新增土地为主时，海湾景观破碎度随景观人工干扰强度的增大而上升，即两者之间存在显著的正相关关系。而当海湾开发形式以现有土地作地类更替为主时，海湾景观破碎度与景观人工干扰强度不成正比关系。

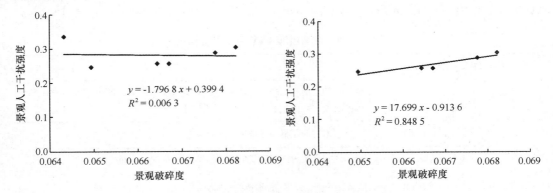

图 13.9　东海南部海湾景观人工干扰强度与景观破碎度的关系

第十四章 围填海影响下的东海区
主要海湾生态损益分析

第一节 海湾流域生态系统服务价值估算

一、海湾生态系统服务价值评价指标体系的构建

本研究借鉴 MA 提出的框架，参考相关文献（张月等，2017；付元宾等，2010；隋玉正等，2013；李睿倩等，2012）所选取的指标，结合研究区滩涂围垦的工程特点和所在海域生态系统的特点，遵循指标体系构建及指标筛选的原则，最终筛选出供给服务、调节服务、支持服务和文化服务四项总指标以及 9 项子指标，构建了海湾生态系统服务价值（Value of Ecosystem Services，"ESV"）评估指标体系（表 14.1）。

表 14.1 海湾流域 ESV 评估指标体系

一级指标	二级指标	内涵
供给服务	食品生产	粮食作物、油料、蔬菜、甘蔗、果用瓜、海水产品、淡水产品、猪肉和禽肉的价值
调节服务	原材料生产	纤维、木材等原材料的价值
	气体调节	森林固碳释氧的价值以及旱地作物排放 N_2O 的价值损失
	气候调节	湿地、森林、水体等调节小气候的价值
	净化环境	净化水体、净化空气的价值
	水文调节	森林、水田、滩涂湿地和水体涵养水源的价值
支持服务	土壤保持	主要是森林保护土壤的价值，也包括减少土地废弃、减轻江河湖泊和水库泥沙淤泥的价值
	维持生物多样性	作为物种栖息地的价值
文化服务	提供美学景观	为人类提供休闲娱乐的场所，包括为影视、文学创作带来灵感的价值以及教育和科研的价值

二、海湾生态系统服务价值评估方法及模型构建

确定生态价值评价的指标体系后，各项指标的选取将直接影响评估结果是否贴近实际。参数法、经济学评价法、能值分析法和模型法目前最为常用。考虑到研究区的实际情况，认为经济学方法、模型法和在实践应用中的难度较高，而参数法可以在有限的时间内估算出生态系统各项服务的价值，适用面更广，有效性更强，因此本书选择参数法作为研究区基于不同土地利用类型的生态系统价值评估方法。为了提高评价结果的精度，本书借鉴 Costanza、谢高地以及苏奋振三位学者的研究成果，结合研究区实际情况，对价值当量进行了修正，并通过公式 6 得出东海沿岸海湾流域农田自然粮食产量的经济价值约为 219 327.47 元/km^2。

$$V_i = P * A * \alpha \qquad\qquad （公式 14.1）$$

公式 14.1 中：V_i 表示东海区单位面积第 i 种土地利用类型的 ESV（元/km^2）；P 为东海区粮食作物的单位价格（元/kg）；A 表示研究粮食作物的单位面积产量（kg/km^2）；α 为修正系数，取 1/7。

由此可计算出东海海湾流域各地类单位面积 ESV，则各年份研究区 ESV 量的计算模型如公式 14.2：

$$V = \sum_{i=1}^{n} S_i \times V_i \qquad\qquad （公式 14.2）$$

公式 14.2 中：V 为东海区海湾 ESV 总量（元）；S_i 表示东海区海湾第 i 种地类的面积（km^2）；V_i 表示东海区海湾单位面积第 i 种地类的 ESV（元/km^2）。

表 14.2　生态系统服务价值系数　　　　　[10^{4}元/（km^2·年）]

生态系统类型	森林	草地	水体	湿地	荒漠	农田
对应土地类型	林地	草地	水域	沼泽/滩涂	未利用地	耕地
系数	570.47	241.48	2846.02	1375.42	8.77	115.37

第二节　围填海影响下的海湾流域生态系统服务价值时空演变

一、单项生态系统类型价值变化

（一）杭州湾

1990—2015 年间，杭州湾 ESV 总量下降，期间共减少 31.09×10^{8}元（表 14.3），

说明杭州湾流域生态系统在研究期间显著退化。从生态系统的总体价值来看，杭州湾流域最主要的生态系统类型是水体，在整个研究期间价值总量均为最大，价值量最小的生态系统类型是荒漠。2000 年以前，杭州湾流域生态系统总价值呈上升趋势，之后开始波动下降，这与 2000 年后杭州湾流域对海湾开发利用强度增强，围填海规模和强度大幅上升有关。25 年间，各生态系统类型中，以湿地和水体两者的价值变动最为剧烈，其中湿地生态系统价值由 1990 年的 $104.69×10^8$ 元下降至 2015 年的 $22.94×10^8$ 元，共减少 $81.74×10^8$ 元，价值变动率高达 -78.08%；而水体生态系统价值上升，由 1990 年的 $105.91×10^8$ 元增加至 2015 年的 $172.51×10^8$ 元，累计增加 $66.61×10^8$ 元，价值变动率为 62.90%。由于研究时段内杭州湾流域城市化发展需求主导型的大规模围填海活动的实施，造成区内以滩涂和草滩为主的湿地面积急剧萎缩而水体面积迅速扩张，进而引发湿地总体价值大幅衰减、水体总价值大幅增长。草地生态系统在 25 年间价值减少 $0.17×10^8$ 元，但变化率却高达 -61.31%，这是由于草地生态系统总体价值偏低造成的。未利用地面积变动相较其他生态系统而言面积变动非常小，但由于其总面积较小，因此变动幅度大，变化率为 -50.34%。农田生态系统在 1990—2015 年间价值累计减少 $13.90×10^8$ 元，变化率为 -16.80%，年变化率相对较为和缓。林地生态系统在 25 年间价值总体变小，价值变化量为 $-1.89×10^8$ 元，变化幅度最小。

表 14.3　杭州湾流域 1990、1995、2000、2005、2010、2015 年生态系统价值变化

生态系统类型	总价值（10^8元/年）						价值变化（10^8元）	变化率
	1990 年	1995 年	2000 年	2005 年	2010 年	2015 年	1990—2015	1990—2015
林地	54.43	54.05	54.33	53.35	53.27	52.54	-1.89	-3.47%
草地	0.28	0.25	0.35	0.36	0.31	0.11	-0.17	-61.31%
水体	105.91	133.68	177.07	183.05	204.81	172.51	66.61	62.90%
湿地	104.69	91.40	73.78	64.36	45.52	22.94	-81.74	-78.08%
荒漠	0.00	0.00	0.00	0.00	0.00	0.00	0.00	-50.34%
农田	82.71	78.78	80.35	72.96	68.82	68.82	-13.90	-16.80%
合计	348.01	358.16	385.88	374.07	372.73	316.92	-31.09	-8.93%

（二）象山港

研究期间，象山港 ESV 总体下降，共减少 $0.36×10^8$ 元（表 14.4），说明象山港生态系统在研究期间有所退化。从生态系统的总体价值来看，象山港流域最主要的生态

系统类型是林地，在整个研究期间价值总量均为最大，价值量最小的生态系统类型是荒漠。林地生态系统 1990 年价值量为 53.35×10^8 元，2015 年为 53.38×10^8 元，价值量有小幅上升（0.03×10^8 元），变化率仅为 0.06%，在整个研究期间价值变化相对比较稳定，这主要受象山港流域生态保护限制的影响。水体和湿地生态系统在象山港流域是重要性仅次于林地的生态系统类型。在 1990—2015 年期间，两者的地位发生了相互转变，1990 年，湿地生态系统价值在象山港生态系统中位居第二，到了 2015 年，水体生态系统取而代之。25 年间，湿地生态系统价值由 9.18×10^8 元减少至 2015 年的 5.13×10^8 元，期间变化率为 -44.17%，与之相反，水体生态系统价值则由 6.49×10^8 元上升至 11.20×10^8 元，期间变化率为 72.77%，是研究区中价值变化幅度最大的生态系统类型。1990—2015 年间，湿地和水体生态系统之间的相互转化主要是由象山港流域内滩涂围垦转化为养殖用地带来的。

表 14.4　象山港流域 1990、1995、2000、2005、2010、2015 年生态系统价值变化

生态系统类型	总价值（10^8 元/年）						价值变化（10^8 元）	变化率
	1990 年	1995 年	2000 年	2005 年	2010 年	2015 年	1990—2015	1990—2015
林地	53.35	54.12	54.25	53.97	53.83	53.38	0.03	0.06%
草地	1.07	1.10	1.07	1.05	1.05	1.06	-0.01	-0.59%
水体	6.48	6.86	6.36	13.85	15.08	11.20	4.72	72.77%
湿地	9.18	8.65	8.87	7.25	4.19	5.13	-4.06	-44.17%
荒漠	0.00	0.00	0.00	0.00	0.00	0.00	0.00	-55.57%
农田	5.37	5.07	5.01	4.71	4.65	4.33	-1.04	-19.34%
合计	75.45	75.81	75.56	80.84	78.81	75.10	-0.36	-0.47%

（三）三门湾

1990—2015 年间，三门湾 ESV 总量下降，期间共减少 2.22×10^8 元（表 14.5），价值总变化率为 -1.96%，说明三门湾生态系统在研究期间有所退化。从生态系统的总体价值来看，三门湾流域最主要的生态系统类型是林地，在整个研究期间价值总量均为最大，其次是水体和湿地，荒漠价值量最小。整个研究期间，三门湾流域各生态系统类型，除湿地和水体以外，价值量变化均较小。林地生态系统由 1990—2015 年价值变动 -1.6×10^8 元，变化率仅 -2.68%。荒漠生态系统价值量变化十分微小，但变动幅度相对较大，为 -61.03%。草地在 25 年间价值增加了 0.07×10^8 元，变化率为 5.22%，而农田的价值量则下降了 0.71×10⁸元，变化率为-10.32%。1990—2015 年间，水体和湿地 ESV 变化最大，且呈现出完全相反的趋势。湿地 ESV 由 1990 年的 34.07×10⁸元下降至 2015 年的 11.41×10⁸元，价值量变动-22.65×10⁸元，且其价值衰减在 2000 年以后程度不断加深；而水体 ESV 由 1990 年的 11.59×10⁸元上升至 2015 年的 34.26×10⁸元，价值量增加 22.67×10⁸元。这主要是因为三门湾流域以滩涂为主的湿地面积广大，2000 年以后该流域以围填海为主的开发利用强度大幅增强，使得大面积的湿地转为水体造成的。

表 14.5 三门湾流域 1990、1995、2000、2005、2010、2015 年生态系统价值变化

生态系统类型	总价值（10⁸元/年）						价值变化（10⁸元）	变化率
	1990 年	1995 年	2000 年	2005 年	2010 年	2015 年	1990—2015	1990—2015
林地	59.70	60.49	60.47	58.64	58.43	58.10	-1.60	-2.68%
草地	1.42	1.48	1.47	1.42	1.47	1.49	0.07	5.22%
水体	11.59	12.30	13.88	24.44	41.76	34.26	22.67	195.50%
湿地	34.07	32.26	30.43	26.47	12.56	11.41	-22.65	-66.50%
荒漠	0.00	0.00	0.00	0.00	0.00	0.00	0.00	-61.03%
农田	6.89	6.78	6.72	6.41	6.47	6.18	-0.71	-10.32%
合计	113.67	113.30	112.97	117.38	120.68	111.44	-2.22	-1.96%

（四）乐清湾

1990-2015 年间，乐清湾 ESV 总体上升，共计 5.89×10⁸元（表 14.6），说明乐清湾生态系统在研究期间质量有所上升。从生态系统的总体价值来看，乐清湾流域最主要的生态系统类型是林地，在整个研究期间价值总量均为最大，价值量最小的生态系统类型是荒漠。从各生态系统类型的变化率来看，乐清湾的水体和湿地生态系统在研究期间发生了剧烈变动。乐清湾生态系统价值上升的主要原因是水体生态系统的大幅上升，由 1990 年的 5.92×10⁸元增加至 2015 年的 22.09×10⁸元，累计增加 17.07×10⁸元，价值变动率为 288.28%。水体价值的扩大主要源于乐清湾周边滩涂围垦和填海造地活动，使得养殖用地面积大幅上升，最终促使水体价值上升。与此相对应的是湿地面积的大幅减少，由 1990 年的 12.36×10⁸元减少至 2015 年的 0.74×10⁸元，累计减少 11.62×10⁸元，价值变动率为-94.02%。林地、农田和荒漠的价值变化相对较小，林地价值量在 25 年间上升 1.72×10⁸元，农田下降 1.14×10⁸元，荒漠生态系统面积较小，价值变

动不明显。

表 14.6　乐清湾流域 1990、1995、2000、2005、2010、2015 年生态系统价值变化

| 生态系统类型 | 总价值（10⁸元/年） | | | | | | 价值变化（10⁸元） | 变化率 |
	1990 年	1995 年	2000 年	2005 年	2010 年	2015 年	1990—2015	1990—2015
林地	24. 94	26. 31	25. 63	27. 11	24. 99	26. 66	1. 72	6. 88%
草地	3. 56	3. 10	3. 35	3. 35	3. 37	3. 43	−0. 14	−3. 86%
水体	5. 92	9. 26	10. 05	9. 61	10. 92	22. 99	17. 07	288. 28%
湿地	12. 36	10. 54	10. 42	9. 88	7. 29	0. 74	−11. 62	−94. 02%
荒漠	0. 00	0. 00	0. 00	0. 00	0. 00	0. 00	0. 00	−100. 00%
农田	4. 34	4. 27	4. 22	3. 46	3. 78	3. 21	−1. 14	−26. 17%
合计	51. 13	53. 49	53. 66	53. 41	50. 35	57. 02	5. 89	11. 53%

（五）台州湾

1990—2015 年间，台州湾 ESV 总体下降，由 1990 年的 51. 79×10⁸ 元减少至 2015 年的 40. 84×10⁸ 元，合计减少 10. 95×10⁸ 元（表 14. 7），说明台州湾生态系统在研究期间显著退化。从生态系统的总体价值来看，台州湾流域生态系统除湿地、农田和荒漠以外，均有不同程度的增加，其中以水体 ESV 增量最为显著，草地和林地相对较少。在研究期间主要的生态系统类型是在 25 年间发生了变化，由湿地和林地生态系统转为林地和水体生态系统。1990 年该流域最主要的生态系统类型是湿地，价值量为 25. 35×10⁸ 元，占当年台州湾生态系统总价值的 48. 95%，林地占 20. 83%，而水体仅占 13. 36%；而 2015 年，湿地 ESV 锐减至 6. 65×10⁸ 元，期间价值缩减 18. 70×10⁸ 元，仅占当年台州湾 ESV 总量的 16. 28%，林地在此期间价值量略有上升（1. 90×10⁸ 元），占比 31. 06%，而水体的价值量则在 25 年间迅速增长 6. 85×10⁸ 元，占比提升至 33. 71%。湿地生态系统成为台州湾流域内在研究期间价值量变动最大的生态系统类型。从各年份生态系统的价值量来看，进入 2000 年之后，湿地价值量的减少幅度和水体价值量的增长幅度均不断加深，主要是受以围填海为主的海湾开发方式的影响。

表 14.7 台州湾流域 1990、1995、2000、2005、2010、2015 年生态系统价值变化

生态系统类型	总价值（10^8元/年）						价值变化（10^8元）	变化率
	1990 年	1995 年	2000 年	2005 年	2010 年	2015 年	1990—2015	1990—2015
林地	10.79	13.23	13.13	13.09	13.17	12.69	1.90	17.62%
草地	0.23	0.19	0.23	0.26	0.29	0.91	0.68	290.65%
水体	6.92	7.17	7.19	28.54	46.89	13.77	6.85	98.96%
湿地	25.35	25.04	24.99	13.24	3.35	6.65	-18.70	-73.77%
荒漠	0.00	0.00	0.00	0.00	0.00	0.00	0.00	-100.00%
农田	8.50	7.92	7.85	7.49	7.37	6.82	-1.67	-19.70%
合计	51.79	53.55	53.39	62.61	71.08	40.84	-10.95	-21.14%

（六）温州湾

1990—2015 年间，温州湾 ESV 总体下降，由 1990 年的 141.78×10^8元减少至 2015 年的 123.02×10^8元，期间共减少 18.77×10^8元（表 14.8），说明温州湾生态系统在研究期间显著退化。

表 14.8 温州湾流域 1990、1995、2000、2005、2010、2015 年生态系统价值变化

生态系统类型	总价值（10^8元/年）						价值变化（10^8元）	变化率
	1990 年	1995 年	2000 年	2005 年	2010 年	2015 年	1990—2015	1990—2015
林地	67.24	67.30	67.21	66.84	66.41	66.17	-1.08	-1.60%
草地	2.38	2.61	2.81	2.74	2.81	2.85	0.47	19.85%
水体	42.81	37.63	39.49	41.87	55.78	41.53	-1.28	-2.98%
湿地	15.91	14.84	13.70	11.53	5.04	2.35	-13.56	-85.23%
荒漠	0.00	0.01	0.00	0.00	0.00	0.00	0.00	-13.64%
农田	13.44	13.53	13.12	11.44	11.11	10.12	-3.32	-24.71%
合计	141.78	135.92	136.32	134.43	141.16	123.02	-18.77	-13.24%

从生态系统的总体价值来看，温州湾流域最主要的生态系统类型是林地，其价值量由 1990 年的 67.24×10^8元变化为 2015 年的 66.17×10^8元，在整个研究期间价值总量

均为最大，研究期间减少了 $1.08×10^8$ 元，变化率为 -1.60%，价值变化相对比较稳定。其次是水体，1990 年价值量为 $42.81×10^8$ 元，随后 20 年间一直处于上升趋势，增值价至 2010 年的 $55.78×10^8$ 元，在 2015 年下降至 $41.53×10^8$ 元，变化率为 -2.98%。价值量最小的是荒漠，其价值变化相较其他生态系统类型而言比较微小。1990—2015 年间，温州湾流域 ESV 呈波动下降趋势，主要是受研究区内水体和湿地 ESV 波动下降的影响。湿地生态系统是研究区 ESV 下降最大的类型，且在研究期间持续下降，25 年间累计下降了 $13.56×10^8$ 元，变化率为 -85.23%，在各生态系统中变动最大。农田 ESV 在 1990—2015 年间累计减少了 $3.32×10^8$ 元，变化率为 -24.71%，向其他生态系统的转变幅度较大。草地 ESV 总体较小，变动幅度也不大。

（七）三沙湾

1990—2015 年间，三沙湾 ESV 总体下降，由 1990 年的 $122.12×10^8$ 元减少至 2015 年的 $104.28×10^8$ 元，期间共减少 $17.84×10^8$ 元（表 14.9），说明三沙湾生态系统在研究期间显著退化。从生态系统的总体价值来看，三沙湾流域最主要的生态系统类型是林地，其价值量由 1990 年的 $63.61×10^8$ 元（占整个生态系统价值量的 52.09%）变化为 2015 年的 $66.88×10^8$ 元（占整个生态系统价值量的 64.13%），在整个研究期间价值总量均为最大，研究期间增加了 $3.26×10^8$ 元，变化率为 5.13%，价值增加明显。水体和湿地生态系统在 1990—2010 年间价值变动出现完全相反的趋势，水体生态系统价值量逐年上升，而湿地生态系统的价值量逐年下降。1990 年湿地生态价值量为 $19.46×10^8$ 元，至 2015 年锐减至 $4.23×10^8$ 元，期间累计减少 $15.23×10^8$ 元，变化率高达 -78.28%。而水体则从 1990 年的 $24.03×10^8$ 元上升至 2010 年的 $35.40×10^8$ 元，但在 2010—2015 年间快速下降至 $19.99×10^8$ 元，因此研究期间水体价值量累计下降了 $4.04×10^8$ 元。草地和农田生态系统面积相对较小，25 年间价值量不断减少，但减少幅度较小。

表 14.9　三沙湾流域 1990、1995、2000、2005、2010、2015 年生态系统价值变化

生态系统类型	总价值（10^8 元/年）						价值变化（10^8 元）1990—2015	变化率 1990—2015
	1990 年	1995 年	2000 年	2005 年	2010 年	2015 年		
林地	63.61	65.36	65.33	67.01	66.86	66.88	3.26	5.13%
草地	10.13	9.61	9.64	8.82	8.80	8.81	-1.32	-13.03%
水体	24.03	24.27	24.39	34.18	35.40	19.99	-4.04	-16.81%
湿地	19.46	18.28	17.07	11.29	6.94	4.23	-15.23	-78.28%
荒漠	0.01	0.01	0.01	0.01	0.01	0.01	0.00	-34.44%

续表

生态系统类型	总价值（10^8元/年）						价值变化（10^8元）	变化率
	1990 年	1995 年	2000 年	2005 年	2010 年	2015 年	1990—2015	1990—2015
农田	4.88	4.82	4.80	4.58	4.49	4.37	−0.51	−10.41%
合计	122.12	122.35	121.23	125.88	122.49	104.28	−17.84	−14.61%

（八）罗源湾

1990—2015 年间，罗源湾 ESV 总体下降，由 1990 年的 38.32×10^8元减少至 2015 年的 36.96×10^8元，期间共减少 1.36×10^8元（表 14.10），说明罗源湾生态系统在研究期间有所退化。整体而言，罗源湾生态系统价值变化量相较其他海湾而言更小。从 ESV 总量来看，罗源湾流域最主要的生态系统类型是林地，其价值量由 1990 年的 20.02×10^8元变化为 2015 年的 20.38×10^8元，在整个研究期间价值总量均为最大，研究期间增加了 0.35×10^8元，变化率为 1.77%，价值变化不大。除林地以外，罗源湾流域内在研究期间价值总体增加的生态系统类型还有水体，呈现出波动增加的特征，由 1990 年的 7.62×10^8元变化为 2015 年的 8.77×10^8元，价值增加 1.15×10^8元，变化率为 15.14%。1990—2015 年间，价值量为负的生态系统类型有草地、湿地、荒漠和农田，其中湿地生态系统的价值缩减量最大，为−2.52×10^8元，变化率为−36.59%。农田生态系统和草地生态系统在研究期间各年份的总价值相对较小，价值量变动亦不大，分别为−0.14×10^8元和−0.21×10^8元。

表 14.10　罗源湾流域 1990、1995、2000、2005、2010、2015 年生态系统价值变化

生态系统类型	总价值（10^8元/年）						价值变化（10^8元）	变化率
	1990 年	1995 年	2000 年	2005 年	2010 年	2015 年	1990—2015	1990—2015
林地	20.02	20.30	20.42	20.49	20.36	20.38	0.35	1.77%
草地	2.64	2.54	2.55	2.45	2.45	2.43	−0.21	−8.01%
水体	7.62	9.44	8.47	11.45	10.84	8.77	1.15	15.14%
湿地	6.88	5.65	5.76	4.11	3.70	4.36	−2.52	−36.59%
荒漠	0.00	0.00	0.00	0.00	0.00	0.00	0.00	−40.73%
农田	1.16	1.16	1.17	1.10	1.07	1.02	−0.14	−11.99%
合计	38.32	39.09	38.37	39.60	38.42	36.96	−1.36	−3.55%

（九）兴化湾

研究期间，兴化湾流域 ESV 剧烈变动，由 1990 年的 120.3×10^{8}元骤降至 2015 年的 85.66×10^{8}元，累计减少 34.63×10^{8}元（表 14.11），在东海各海湾流域生态系统中价值量变动最大，说明兴化湾流域生态系统所提供的服务数量和质量均发生显著下降。

表 14.11　兴化湾流域 1990、1995、2000、2005、2010、2015 年生态系统价值变化

生态系统类型	总价值（10^{8}元/年）						价值变化（10^{8}元）	变化率
	1990 年	1995 年	2000 年	2005 年	2010 年	2015 年	1990—2015	1990—2015
林地	38.07	38.27	39.48	39.05	38.75	38.73	0.66	1.73%
草地	2.22	2.23	2.31	2.40	2.37	2.38	0.16	7.21%
水体	53.97	54.47	35.89	36.50	33.27	30.45	−23.51	−43.57%
湿地	17.85	16.36	15.06	12.76	9.68	6.43	−11.43	−64.00%
荒漠	0.00	0.00	0.00	0.00	0.00	0.00	0.00	−29.74%
农田	8.18	8.12	8.51	8.13	7.80	7.67	−0.51	−6.27%
合计	120.30	119.45	101.25	98.84	91.87	85.66	−34.63	−28.79%

水体和湿地 ESV 减少是引起兴化湾流域 ESV 下降最主要的原因，两类 ESV 在 1990—2015 年期间不断下降，其中水体共减少 23.51×10^{8}元，湿地共减少 11.43×10^{8}元。水体价值的大幅减少，与兴化湾的江阴岛与陆地相连成为江阴半岛有很大关系。研究期间价值量减少的生态系统还有荒漠和农田，其中前者本身面积很小，价值量也不高，后者在研究期间价值减少 0.51×10^{8}元，价值变动较小。研究期间价值量增加的生态系统包括林地和草地，分别增长了 0.66×10^{8}元和 0.16×10^{8}元，但总体变化率相对较小。

（十）湄洲湾

研究期间，湄洲湾流域生态系统服务总价值由 1990 年的 44.20×10^{8}元降至 2015 年的 34.43×10^{8}元，价值量共减少 9.76×10^{8}元，变化率为−22.09%，25 年间价值变动幅度和价值减少量相对较大（表 14.12）。湄洲湾流域各生态系统的价值量在 25 年间均不断减少，其中价值量最大的生态系统类型是水体生态系统，在 25 年间价值量均维持在 20×10^{8}元以上，但其也是研究期间价值量下降最大的生态系统，累计下降 7.75×10^{8}元。而价值量变化率最大的生态系统类型则是荒漠生态系统，其次是湿地生态系统。这主

要是因为荒漠生态系统的总体面积较小，而湿地虽然面积大，但在研究期间大量转为其他生态系统，因而两者转化率远高于其他类型。草地生态系统的价值变化量最少，而林地生态系统的价值变化率最小，两者在研究期间相对比较稳定。农田生态系统价值由 1990 年的 $4.55×10^8$ 元下降至 2015 年的 $4.06×10^8$ 元，变化率达 -10.75%，说明研究期间农田面积减少。

表 14.12　湄洲湾流域 1990、1995、2000、2005、2010、2015 年生态系统价值变化

生态系统类型	总价值（10^8元/年）						价值变化（10^8元）	变化率
	1990 年	1995 年	2000 年	2005 年	2010 年	2015 年	1990—2015	1990—2015
林地	6.42	6.42	6.42	6.31	6.09	6.09	-0.33	-5.14%
草地	1.24	1.23	1.23	1.14	1.17	1.17	-0.07	-5.75%
水体	29.35	29.94	28.23	28.06	25.48	21.59	-7.75	-26.42%
湿地	2.64	2.17	2.07	2.09	1.79	1.52	-1.12	-42.44%
荒漠	0.00	0.00	0.00	0.00	0.00	0.00	0.00	-47.08%
农田	4.55	4.53	4.51	4.25	4.14	4.06	-0.49	-10.75%
合计	44.20	44.29	42.45	41.86	38.68	34.43	-9.76	-22.09%

（十一）泉州湾

由于泉州湾流域的总面积与其他海湾相比偏小，因此该流域的生态系统服务价值总量也偏小，1990 年为 $39.44×10^8$ 元（表 14.13）。1990—2015 年期间，该流域的价值量减少了 $9.42×10^8$ 元，变化率为 -28.91%，在东海沿岸 12 个海湾相中价值变动幅度和价值减少量较大。泉州湾流域各类生态系统中，研究期间仅湿地的价值增加，由 1990 年的 $1.71×10^8$ 元上升至 2015 年的 $3.26×10^8$ 元，主要得益于海湾部分淤泥质岸线带来的滩涂面积增长。在价值量减少的其他五类生态系统中，减少量最大的是水体，累计减少 $6.15×10^8$ 元，期间降幅为 39.61%。其次是农田，25 年间累计减少 $4.39×10^8$ 元，降幅高达 73.53%，在各类价值减少的生态系统中变化率最大。草地、林地和荒漠生态系统的价值变动很小。

表 14.13　泉州湾流域 1990、1995、2000、2005、2010、2015 年生态系统价值变化

生态系统类型	总价值（10^{8}元/年）						价值变化（10^{8}元）	变化率
	1990 年	1995 年	2000 年	2005 年	2010 年	2015 年	1990—2015	1990—2015
林地	14.53	14.65	14.74	14.38	14.13	14.15	-0.39	-2.66%
草地	1.70	1.63	1.64	1.56	1.65	1.65	-0.05	-3.04%
水体	15.52	15.33	13.65	13.37	10.52	9.37	-6.15	-39.61%
湿地	1.71	1.32	2.33	1.86	2.79	3.26	1.55	90.82%
荒漠	0.00	0.00	0.00	0.00	0.00	0.00	0.00	-28.91%
农田	5.97	5.50	5.46	4.39	3.96	1.58	-4.39	-73.53%
合计	39.44	38.43	37.82	35.55	33.05	30.01	-9.42	-23.89%

（十二）厦门湾

厦门湾流域的总面积在各海湾中较大，1990 年该流域 ESV 为 123.83×10^{8}元，在 1990—1995 年间有小比例增长，在随后的 20 年间逐年减少，直至 2015 年减少至 98.14×10^{8}元，期间价值变动率为-20.75%，变化较大（表 14.14）。

表 14.14　厦门湾流域 1990、1995、2000、2005、2010、2015 年生态系统价值变化

生态系统类型	总价值（10^{8}元/年）						价值变化（10^{8}元）	变化率
	1990 年	1995 年	2000 年	2005 年	2010 年	2015 年	1990—2015	1990—2015
林地	40.31	40.68	40.63	38.97	38.59	38.80	-1.51	-3.76%
草地	4.37	4.39	4.41	4.29	4.21	4.20	-0.18	-4.03%
水体	45.00	49.49	50.11	47.98	44.34	39.55	-5.45	-12.12%
湿地	21.18	17.68	16.04	13.16	8.29	6.16	-15.01	-70.89%
荒漠	0.00	0.00	0.00	0.00	0.00	0.00	0.00	-77.01%
农田	12.97	12.31	12.30	10.31	9.53	9.44	-3.54	-27.26%
合计	123.83	124.54	123.49	114.71	104.95	98.14	-25.69	-20.75%

厦门湾流域中，各类生态系统在研究期间的价值变动均为负值，其中以湿地生态系统价值减少量与变动幅度最大，由 1990 年的 21.18×10^{8}元骤减至至 2015 年的 6.16×

10^8元，变动幅度高达-70.89%，且其变化幅度在1990—2010年间不断加深，在随后五年中有所减缓。水体的价值量在研究期间先增加后减少，于2000年达到最大值50.11×10^8元，25年间累计减少5.45×10^8元，主要通过围填海的手段将之转为建设用地用于区域发展。研究期间，林地的价值量总体较高，但价值衰减较少，草地的和荒漠的价值量及其价值变化量均较小。

二、不同生态系统类型服务价值变化

（一）杭州湾

杭州湾内水体和林地的覆盖面积广，因此研究区生态系统的主要服务类型有水文调节、土壤保持和净化环境（表14.15）。上述三种服务的价值在1990—2015年间变化不同，其中水文调节是杭州湾唯一在研究期间总价值上升的生态系统服务类型，期间累计增加44.84×10^8元，价值变化率为31.83%。净化环境和土壤保持服务总价值量下降，其中净化环境服务价值量减少在所有生态系统服务类型中位居第二，25年间累计减少24.25×10^8元，价值变化率高达-65.77%。在整个研究期间，杭州湾ESV总体呈下降趋势，除水文调节服务外，其他服务类型价值量均有不同比例的下降，其中气候调节服务的价值量最大，达-24.82×10^8元。这是主要因为湿地能提供多样化的服务类型，价值量相对较高，而围填海活动直接作用于湿地生态系统，迫使其转为价值量较低且服务类型较少的其他生态系统类型，造成杭州湾生态系统服务的种类和数量减少、质量下降。

表 14.15　1990—2015 年杭州湾生态系统服务价值量及其变化

生态系统服务功能		总价值（10^8 元/年）						价值变化 （10^8 元）	变化率
		1990 年	1995 年	2000 年	2005 年	2010 年	2015 年	1990—2015	1990—2015
供给服务	食物生产	18.83	18.17	18.66	17.21	16.46	16.11	-0.90	-14.47
	原材料生产	7.02	6.94	7.01	6.80	6.74	6.60	-0.21	-5.99
调节服务	气体调节	6.47	5.99	5.55	5.08	4.44	3.76	-14.13	-41.92
	气候调节	51.34	47.07	42.83	38.77	32.95	26.52	-24.82	-48.35
	净化环境	36.87	32.88	27.89	24.86	19.27	12.62	-24.35	-65.77
	水文调节	133.23	156.15	192.98	196.04	211.90	175.64	44.84	31.83

续表

生态系统服务功能		总价值（10^8 元/年）						价值变化（10^8 元）	变化率
		1990 年	1995 年	2000 年	2005 年	2010 年	2015 年	1990—2015	1990—2015
支持服务	土壤保持	48.37	46.64	46.86	43.90	42.04	41.08	-3.11	-15.07
	维持生物多样性	28.65	27.49	27.46	25.57	24.15	22.87	-4.17	-20.19
文化服务	提供美学景观	17.22	16.83	16.63	15.83	14.78	11.73	-3.42	-31.88
合计		303.13	317.08	348.60	340.38	344.22	294.16	15.00	-2.96

（二）象山港

象山港流域林地面积比重大，研究区生态系统土壤保持和提供美学景观的服务相对突出（表 14.16）。土壤保持服务的价值量在 1990—2015 年间一直保持领先地位，在 25 年间减少了 0.45×10^8 元，提供美学景观服务的价值量紧随其后，由 1990 年的 15.80 $\times 10^8$ 元变为 2015 年的 13.94×10^8 元，两种服务的质量在 25 年间有所衰减。总体来看，象山港流域生态系统各项服务除水文调节以外，价值量变动相较杭州湾等流域而言要小得多。诸项服务中，仅水文调节服务类型的价值量在 1990—2015 年间增加，其他类型均有不同程度的减少。水文调节服务价值由 1990 年的 8.33×10^8 元增长至 2015 年的 13.64，价值量变动幅度为 63.79%，在各项服务中价值量变动最大，其重要性也逐渐提升。气候调节和净化环境服务的价值量在 25 年间持续下降，其变化幅度相近，分别减少了 1.38×10^8 元和 1.33×10^8 元。食物生产、原材料生产和气体调节等其他生态系统服务类型价值量变动相对较小。

表 14.16 1990—2015 年象山港生态系统服务价值量及其变化

生态系统服务功能		总价值（10^8 元/年）						价值变化（10^8 元）	变化率
		1990 年	1995 年	2000 年	2005 年	2010 年	2015 年	1990—2015	1990—2015
供给服务	食物生产	2.78	2.76	2.74	2.72	2.71	2.62	-0.16	-5.78%
	原材料生产	5.14	5.21	5.22	5.19	5.18	5.12	-0.03	-0.49%

续表

生态系统服务功能		总价值（10^8 元/年）						价值变化（10^8 元）	变化率
		1990 年	1995 年	2000 年	2005 年	2010 年	2015 年	1990—2015	1990—2015
调节服务	气体调节	1.58	1.59	1.59	1.54	1.43	1.43	−0.15	−9.57%
	气候调节	9.03	9.03	9.00	8.65	7.61	7.66	−1.38	−15.27%
	净化环境	5.94	5.95	5.93	5.58	4.48	4.62	−1.33	−22.35%
	水文调节	8.33	8.33	8.83	15.21	16.61	13.64	5.31	63.79%
支持服务	土壤保持	18.37	18.52	18.51	18.31	18.17	17.92	−0.45	−2.46%
	维持生物多样性	8.48	8.54	8.52	8.44	8.28	8.16	−0.32	−3.74%
文化服务	提供美学景观	15.80	15.89	15.23	15.19	14.34	13.94	−1.86	−11.74%
合计		75.45	75.81	75.56	80.84	78.81	75.10	−0.36	−0.47%

（三）三门湾

三门湾流域湿地面积广大，湿地景色优美，因此三门湾流域生态系统的主要服务类型为提供美学景观（表 14.17），即文化服务在该区域内的重要性最强。1990—2015 年间，受三门湾流域以围填海为主要开发方式的影响，区域湿地生态系统的面积不断缩减，提供美学景观服务的价值量也在此期间不断下降，由 1990 年的 40.26×10^8 元下降至 2015 年的 30.94×10^8 元，价值量变动−9.32×10^8 元，且其价值衰减在 2000 年以后程度不断加深。与之相对应的是水体 ESV 不断上升，25 年间累计增加 15.76×10^8 元，变动幅度高达102.08%，在研究期间各生态系统服务类型中价值变化量最大，也是唯一一个价值增加服务类型。可见，围填海对海湾生态系统价值量变化的影响至深。气候调节和净化环境在研究期间也有所减少，前者减少 3.18×10^8 元，后者减少 3.30×10^8 元。此外，食物生产、原材料生产、土壤保持等其他生态系统服务类型的价值量变化相对较小。

表 14.17　1990—2015 年三门湾生态系统服务价值量及其变化

生态系统服务功能		总价值（10^8 元/年）						价值变化（10^8 元）	变化率
		1990 年	1995 年	2000 年	2005 年	2010 年	2015 年	1990—2015	1990—2015
供给服务	食物生产	2.97	2.97	2.96	2.90	2.97	2.89	−0.08	−2.66%
	原材料生产	4.93	4.98	4.98	4.79	4.79	4.75	−0.17	−3.47%

续表

生态系统服务功能		总价值（10^8 元/年）						价值变化（10^8 元）	变化率
		1990 年	1995 年	2000 年	2005 年	2010 年	2015 年	1990—2015	1990—2015
调节服务	气体调节	1.87	1.87	1.87	1.77	1.49	1.51	−0.36	−19.14%
	气候调节	11.95	11.90	11.86	11.17	8.51	8.77	−3.18	−26.61%
	净化环境	9.10	9.03	9.00	8.35	5.43	5.80	−3.30	−36.27%
	水文调节	15.44	15.32	15.41	23.77	35.96	31.20	15.76	102.08%
支持服务	土壤保持	18.20	18.35	18.33	17.61	17.40	17.24	−0.96	−5.28%
	维持生物多样性	8.96	9.03	9.01	8.68	8.41	8.34	−0.62	−6.92%
文化服务	提供美学景观	40.26	39.85	39.54	38.33	35.72	30.94	−9.32	−23.14%
合计		113.67	113.30	112.97	117.38	120.68	111.44	−2.22	−1.96%

（四）乐清湾

乐清湾流域面积相对较小，流域内林地面积相对较大，且在研究期间面积有所增长，水体面积增长幅度大，因此林地的覆盖面积广。水文调节和土壤保持是乐清湾生态系统的主要服务类型（表 14.18）。

表 14.18　1990—2015 年乐清湾生态系统服务价值量及其变化

生态系统服务功能		总价值（10^8 元/年）						价值变化（10^8 元）	变化率
		1990 年	1995 年	2000 年	2005 年	2010 年	2015 年	1990—2015	1990—2015
供给服务	食物生产	2.21	2.20	2.20	2.11	2.09	2.09	−0.12	−5.63%
	原材料生产	2.76	2.89	2.82	2.97	2.75	2.92	0.16	5.95%
调节服务	气体调节	1.18	1.15	1.14	1.14	1.02	0.87	−0.31	−26.61%
	气候调节	7.57	7.19	7.10	6.98	6.09	4.46	−3.11	−41.03%
	净化环境	5.95	5.45	5.40	5.33	4.44	2.66	−3.30	−55.35%
	水文调节	11.10	13.93	14.59	14.15	14.57	24.53	13.43	121.03%
支持服务	土壤保持	11.03	11.33	11.13	11.37	10.69	10.93	−0.10	−0.91%
	维持生物多样性	6.17	6.15	6.12	6.17	5.84	5.81	−0.36	−5.82%

续表

生态系统服务功能		总价值（10^8 元/年）						价值变化（10^8 元）	变化率
		1990 年	1995 年	2000 年	2005 年	2010 年	2015 年	1990—2015	1990—2015
文化服务	提供美学景观	3.17	3.19	3.16	3.19	2.86	2.76	−0.40	−12.78%
	合计	51.13	53.49	53.66	53.41	50.35	57.02	5.89	11.53%

　　水文调节是乐清湾流域在研究期间总价值上升幅度最大的生态系统服务类型，期间累计增加 13.43×10^8 元，价值变化率为 121.03%。另外一项在研究期间价值增加的服务类型是原材料生产，共增加了 0.16×10^8 元，这主要与研究期间乐清湾林地面积扩大有关。净化环境服务价值在 25 年间呈减少的趋势，由 1990 年的 5.95×10^8 元减少至 2015 年的 2.66×10^8 元，累计减少 3.30×10^8 元，价值变动率为−55.35%，在价值减少的服务类型中幅度最大。气候调节和气体调节服务价值逐年下降，前者在 1990—2015 年间共减少了 3.11×10^8 元，后者减少了 0.31×10^8 元。气候调节和维持生物多样性服务的价值占乐清湾生态系统服务价值比重也相对较高，与其林地生态系统面积较大关系密切。

（五）台州湾

　　台州湾内水体覆盖面积广，因此水文调节是研究区生态系统最主要的生态系统服务类型（表 14.19）。水文调节服务的价值量在 1990—2010 年间有一个显著的上升时期，由 1990 年的 14.02×10^8 元增加至 2010 年的 46.65×10^8 元，期间累计提升 32.63×10^8 元，但在 2015 年迅速下降至 16.03×10^8 元，因此 25 年间价值总量仅增加了 2.01×10^8 元。研究期前 20 年，台州湾内有大面积滩涂被围转化成养殖用地，大大增加水体面积，同时填海需要一段时间的过渡期，在海域围填成功之前围填区域内算作水体，因此此期间水体面积增加，水文调节服务上升，而在 2010—2015 年间，大量围填成功的土地被转为建设用地，大大减少了水文调节服务的价值量。除水文调节以外，在研究期间价值量升高的服务类型仅有原材料生产，这与期间林地面积增长有关。除上述两种生态系统服务类型，其他服务的价值量均在研究期间减少。其中气候调节和净化环境在 25 年间价值减少相对较多，分别为−5.08×10^8 元和−5.24×10^8 元，这主要是因为此两种服务在海湾流域内主要由湿地生态系统提供，而湿地面积的减少导致其服务价值量减少。

表 14.19　1990—2015 年台州湾生态系统服务价值量及其变化

生态系统服务功能		总价值（10⁸ 元/年）						价值变化（10⁸ 元）	变化率
		1990 年	1995 年	2000 年	2005 年	2010 年	2015 年	1990—2015	1990—2015
供给服务	食物生产	2.19	2.16	2.15	2.15	2.20	1.97	-0.22	-10.19%
	原材料生产	1.28	1.53	1.52	1.52	1.53	1.46	0.17	13.55%
调节服务	气体调节	1.22	1.25	1.25	0.91	0.64	0.71	-0.51	-41.88%
	气候调节	9.87	9.97	9.93	6.77	4.16	4.79	-5.08	-51.49%
	净化环境	8.40	8.45	8.44	5.03	2.19	3.16	-5.24	-62.38%
	水文调节	14.02	14.38	14.38	31.69	46.65	16.03	2.01	14.34%
支持服务	土壤保持	7.18	7.80	7.75	7.35	7.10	6.93	-0.24	-3.39%
	维持生物多样性	4.33	4.55	4.53	4.14	3.87	3.81	-0.52	-11.97%
文化服务	提供美学景观	3.31	3.45	3.44	3.04	2.74	2.00	-1.31	-39.65%
合计		51.79	53.55	53.39	62.61	71.08	40.84	-10.95	-21.14%

（六）温州湾

温州湾内水体丰富、林地面积大，因此水文调节和土壤保持是研究区生态系统最主要的生态系统服务类型（表 14.20）。水文调节服务的价值量在 1990—2015 年间呈现出波动减少的特征，由 1990 年的 47.25×10⁸元减少至 2010 年的 43.97×10⁸元，期间累计缩减 3.28×10⁸元，但在 2010 年猛上升至 58.05×10⁸元，变动幅度为-6.94%。由于湿地面积在 1990—2015 年间快速减少，由其主导的气候调节和净化环境服务也在研究期间发生了价值量缩减，且在研究期内持续减少，前者累计减少 4.79×10⁸元，变动率为-32.52%，后者累计减少 4.44×10⁸元，变动率为-46.28%，两者的价值量变动幅度在研究区内最大。维持生物多样性和提供美学景观受湿地生态系统面积减少的影响亦较大，价值变化分别为-1.22×10⁸元和-1.86×10⁸元。台州湾生态系统服务类型中，供给服务的价值量变动在研究期间幅度较小，相对稳定。

表 14.20　1990—2015 年温州湾生态系统服务价值量及其变化

生态系统服务功能		总价值（10^8 元/年）						价值变化（10^8 元）	变化率
		1990 年	1995 年	2000 年	2005 年	2010 年	2015 年	1990—2015	1990—2015
供给服务	食物生产	5.27	5.28	5.23	4.90	4.89	4.60	-0.67	-12.77%
	原材料生产	6.88	6.88	6.85	6.79	6.75	6.69	-0.19	-2.74%
调节服务	气体调节	2.42	2.41	2.35	2.25	2.03	1.89	-0.53	-21.78%
	气候调节	14.72	14.52	14.03	13.20	11.13	9.93	-4.79	-32.52%
	净化环境	9.60	9.41	8.97	8.38	6.18	5.15	-4.44	-46.28%
	水文调节	47.25	41.62	44.03	45.22	58.05	43.97	-3.28	-6.94%
支持服务	土壤保持	26.65	26.69	26.49	25.78	25.38	24.86	-1.79	-6.72%
	维持生物多样性	13.20	13.23	13.14	12.71	12.41	11.97	-1.22	-9.28%
文化服务	提供美学景观	15.80	15.89	15.23	15.19	14.34	13.94	-1.86	-11.74%
合计		141.78	135.92	136.32	134.43	141.16	123.02	-18.77	-13.24%

（七）三沙湾

三沙湾内水体丰富、林地面积大，也有一部分湿地，均有利于提升美学景观价值量，因此提供美学景观是研究区生态系统最主要的生态系统服务类型（表 14.21）。由于研究区内湿地生态系统的面积不断减小，该类服务在 1990—2015 年间价值量不断减少，由 1990 年的 40.26×10^8 元减少至 2015 年的 30.94×10^8 元，累计减少 -9.32×10^8 元，是研究期内价值量减少最大的服务类型。土壤保持和原材料生产服务是研究区仅有的两种在 1990—2015 年间价值量变动为正的生态系统服务类型，但两者的价值增量也相对较少，分别为 0.74×10^8 元和 0.34×10^8 元，转移率分别为 3.63% 和 6.21%。水文调节服务的价值量在 1990—2015 年间呈现先减再增后减的特征，由 1990 年的 24.13×10^8 元减少至 2000 年的 22.64×10^8 元，至 2005 年上升至 30.08×10^8 元，随后减少至 2015 年的 16.25×10^8 元，期间累计缩减 7.88×10^8 元，变动幅度为 -32.67%，在研究区中的变化幅度最大。食物生产、气体调节、气候调节和维持生物多样性四类服务在 25 年间的价值量变动均比较小，变化量不超过 0.15×10^8 元。气候调节服务价值量在研究期间下降了 0.59×10^8 元，变化率为 -6.81%。

表 14.21　1990—2015 年三沙湾生态系统服务价值量及其变化

生态系统服务功能		总价值（10⁸ 元/年）						价值变化（10⁸ 元）	变化率
		1990 年	1995 年	2000 年	2005 年	2010 年	2015 年	1990—2015	1990—2015
供给服务	食物生产	3.74	3.72	3.72	3.71	3.69	3.60	−0.14	−3.71%
	原材料生产	5.49	5.64	5.64	5.83	5.83	5.83	0.34	6.21%
调节服务	气体调节	1.71	1.74	1.76	1.68	1.69	1.67	−0.04	−2.37%
	气候调节	8.70	8.90	9.05	8.19	8.28	8.10	−0.59	−6.81%
	净化环境	5.99	6.11	6.28	5.20	5.30	5.19	−0.81	−13.43%
	水文调节	24.13	23.81	22.64	30.08	29.12	16.25	−7.88	−32.67%
支持服务	土壤保持	20.53	20.93	20.95	21.31	21.31	21.27	0.74	3.63%
	维持生物多样性	11.58	11.64	11.65	11.55	11.54	11.43	−0.15	−1.29%
文化服务	提供美学景观	40.26	39.85	39.54	38.33	35.72	30.94	−9.32	−23.14%
合计		122.12	122.35	121.23	125.88	122.49	104.28	−17.84	−14.61%

（八）罗源湾

罗源湾内林地面积比重大，也有一部分水体和湿地，因此提供美学景观是研究区生态系统最主要的生态系统服务类型（表 14.22）。

表 14.22　1990—2015 年罗源湾生态系统服务价值量及其变化

生态系统服务功能		总价值（10⁸ 元/年）						价值变化（10⁸ 元）	变化率
		1990 年	1995 年	2000 年	2005 年	2010 年	2015 年	1990—2015	1990—2015
供给服务	食物生产	0.86	0.87	0.87	0.87	0.87	0.85	−0.01	−1.46%
	原材料生产	1.35	1.37	1.38	1.38	1.38	1.37	0.02	1.38%
调节服务	气体调节	0.55	0.53	0.52	0.49	0.46	0.47	−0.08	−14.30%
	气候调节	3.44	3.22	3.17	2.86	2.62	2.70	−0.75	−21.66%
	净化环境	2.86	2.60	2.55	2.21	1.95	2.04	−0.82	−28.63%
	水文调节	5.49	6.66	6.69	8.69	9.00	7.79	2.30	41.86%

续表

生态系统服务功能		总价值（10⁸ 元/年）						价值变化（10⁸ 元）	变化率
		1990 年	1995 年	2000 年	2005 年	2010 年	2015 年	1990—2015	1990—2015
支持服务	土壤保持	5.08	5.11	5.11	5.10	5.04	5.04	−0.05	−0.91%
	维持生物多样性	2.88	2.85	2.85	2.81	2.76	2.76	−0.12	−4.16%
文化服务	提供美学景观	15.80	15.89	15.23	15.19	14.34	13.94	−1.86	−11.74%
	合计	38.32	39.09	38.37	39.60	38.42	36.96	−1.36	−3.55%

由于研究区内林地面积变动不大，而湿地生态系统的面积不断减小，该类服务在 1990—2015 年间价值量不断减少，由 1990 年的 15.80×10⁸元减少至 2015 年的 13.94×10⁸元，累计减少−1.86×10⁸元，是研究期内价值量减少最大的服务类型。原材料生产服务和水文调节是研究区仅有的两种在 1990—2015 年间价值量变动为正的生态系统服务类型，但前者的价值增量仅 0.02×10⁸元，变化率为 1.38%，后者在研究期间价值增量明显，由 1990 年的 5.49×10⁸元增加至 2000 年的 7.79×10⁸元，变化率达 41.86%。气体调节、土壤保持和食物生产服务的价值量减少均不超过 0.1×10⁸元，变动幅度也相对较小。气候调节和净化环境服务在海湾地区受湿地生态系统的影响更大，因此这两种服务的价值量亦随湿地生态系统价值的减少而减少，价值量变化分别为−0.75×10⁸元和−0.82×10⁸元，变化率分别为−28.63%和−21.66%，变化幅度在罗源湾流域内相对较大。

（九）兴化湾

由表 14.23 可知，兴化湾流域内价值量较高的生态系统服务类型主要是水文调节和提供美学景观。

表 14.23　1990—2015 年兴化湾生态系统服务价值量及其变化

生态系统服务功能		总价值（10⁸ 元/年）						价值变化（10⁸ 元）	变化率
		1990 年	1995 年	2000 年	2005 年	2010 年	2015 年	1990—2015	1990—2015
供给服务	食物生产	2.65	2.64	2.65	2.60	2.51	2.48	−0.17	−6.33%
	原材料生产	2.54	2.52	2.65	2.62	2.60	2.60	0.06	2.42%

续表

生态系统服务功能		总价值（10^8 元/年）						价值变化（10^8 元）	变化率
		1990 年	1995 年	2000 年	2005 年	2010 年	2015 年	1990—2015	1990—2015
调节服务	气体调节	0.85	0.85	0.90	0.89	0.93	0.90	0.04	4.83%
	气候调节	4.89	4.86	5.13	5.06	5.43	5.16	0.27	5.44%
	净化环境	2.55	2.53	2.77	2.76	3.24	2.97	0.42	16.52%
	水文调节	50.41	50.12	30.78	29.99	25.00	24.29	-26.12	-51.81%
支持服务	土壤保持	10.48	10.42	11.01	10.84	10.74	10.68	0.20	1.95%
	维持生物多样性	5.67	5.65	5.82	5.75	5.70	5.64	-0.03	-0.46%
文化服务	提供美学景观	40.26	39.85	39.54	38.33	35.72	30.94	-9.32	-23.14%
合计		120.30	119.45	101.25	98.84	91.87	85.66	-34.63	-28.79%

1990—2015 年间，上述两种服务的价值量均持续减少，兴化湾流域内前者由 50.41×10^8 元减少至 24.29×10^8 元，价值变化率为 -51.81%，变化幅度大；后者由 40.26×10^8 元减少至 30.94×10^8 元，价值变化率为 -23.14%，变化幅度相对较小，可以发现研究期间兴化湾流域的主导生态系统服务由水文调节转为了提供美学景观。除这两类服务以外，其他服务类型在研究期间的价值变动量和变化率均比较小。其中，食物生产、维持生物多样性的总价值量减少，原材料生产、气体调节、气候调节、净化环境与土壤保持的总价值量增加。这与兴化湾流域内部湿地和水体总价值减少、水体总价值增加有关。

（十）湄洲湾

表 14.24 显示，湄洲湾流域生态系统在整个研究期间各项服务类型的价值量均不断减少。其中价值量最高的生态系统服务类型主要是水文调节，其价值总量在研究期间由 29.18×10^8 元下降为 21.51×10^8 元，变化率为 -26.28%，是湄洲湾各项生态系统服务中变化率最大的类型。净化环境服务的价值变化率仅次于水文调节，在 25 年间减少了 0.38×10^8 元，主要是因为水体面积减少。原材料生产、气体调节以及食物生产服务的价值量变化相对较少，分别减少了 0.05×10^8 元、0.06×10^8 元和 0.16×10^8 元，主要是因为湄洲湾流域内森林生态系统的面积相对比较稳定。气候调节是继水文调节服务之后价值量减少最大的服务类型，25 年间累计减少 0.49×10^8 元，价值变化率达 -18.46%。土壤保持、维持生物多样性以及提供美学景观价值量减少相近，其中维持生物多样性价值量减少相对较低。

表 14.24　1990—2015 年湄洲湾生态系统服务价值量及其变化

生态系统服务功能		总价值（10^8 元/年）						价值变化（10^8 元）	变化率
		1990 年	1995 年	2000 年	2005 年	2010 年	2015 年	1990—2015	1990—2015
供给服务	食物生产	1.42	1.42	1.40	1.34	1.30	1.26	-0.16	-11.56%
	原材料生产	0.78	0.78	0.78	0.76	0.74	0.73	-0.05	-6.41%
调节服务	气体调节	0.39	0.38	0.38	0.37	0.35	0.34	-0.06	-14.68%
	气候调节	2.63	2.50	2.46	2.40	2.26	2.15	-0.49	-18.46%
	净化环境	1.55	1.42	1.38	1.36	1.26	1.18	-0.38	-24.42%
	水文调节	29.18	29.63	27.98	27.81	25.27	21.51	-7.67	-26.28%
支持服务	土壤保持	4.05	4.03	4.02	3.88	3.76	3.72	-0.33	-8.14%
	维持生物多样性	2.51	2.49	2.47	2.38	2.30	2.25	-0.26	-10.40%
文化服务	提供美学景观	1.67	1.64	1.58	1.57	1.45	1.30	-0.37	-22.01%
合计		44.20	44.29	42.45	41.86	38.68	34.43	-9.76	-22.09%

（十一）泉州湾

由表 14.25 可知，泉州湾流域生态系统价值总量在 1990—2015 年期间呈降低趋势，流域内大部分生态系统服务类型价值量均减少，仅净化环境一种服务类型价值量有微量增长（$0.3×10^8$ 元），但变动幅度较大，达 35.91%。提供美学景观是泉州湾流域内价值量最高的生态系统服务类型，由 1990 年的 $15.80×10^8$ 元减少至 2015 年的 $13.94×10^8$ 元，价值量变动幅度在各服务中为最小。其次是水文调节，1990 年为 $11.38×10^8$ 元，在 25 年间下降了 $3.91×10^8$ 元。期间价值量最低的服务类型是原材料生产，且其价值变动数量和幅度均很小，主要是因为泉州湾流域内主要提供此类服务的森林生态系统的面积和变化幅度均不大。提供食物生产服务的主要是草地生态系统，由于草地面积缩减且其面积总体较小，故其价值变动率最高。其次是土壤保持服务，这主要是由于流域内湿地面积大幅减少，森林和水体面积亦有小幅下降的关系。

表 14.25　1990—2015 年泉州湾生态系统服务价值量及其变化

生态系统服务功能		总价值（10⁸ 元/年）						价值变化（10⁸ 元）	变化率
		1990 年	1995 年	2000 年	2005 年	2010 年	2015 年	1990—2015	1990—2015
供给服务	食物生产	1.49	1.39	1.39	1.17	1.08	0.63	−0.86	−57.86%
	原材料生产	0.78	0.78	0.78	0.72	0.70	0.66	−0.12	−15.37%
调节服务	气体调节	0.34	0.33	0.35	0.32	0.32	0.26	−0.08	−22.36%
	气候调节	2.06	1.96	2.17	1.96	2.02	1.60	−0.46	−22.47%
	净化环境	0.84	0.81	1.05	1.02	1.18	1.14	0.30	35.91%
	水文调节	11.38	10.79	10.36	9.42	7.89	7.47	−3.91	−34.36%
支持服务	土壤保持	4.29	4.13	4.14	3.67	3.50	2.73	−1.56	−36.38%
	维持生物多样性	2.45	2.34	2.36	2.09	2.03	1.58	−0.87	−35.58%
文化服务	提供美学景观	15.80	15.89	15.23	15.19	14.34	13.94	−1.86	−11.74%
合计		39.44	38.43	37.82	35.55	33.05	30.01	−9.42	−23.89%

（十二）厦门湾

由表 14.25 可知，研究期间，厦门湾流域生态系统价值总量呈波动降低趋势，且其价值减少程度在 1995—2010 年间不断加深，在研究期最后五年内有所放缓。1990—2015 年间，厦门湾流域生态系统服务类型价值量全部减少，且有超过 56% 的服务类型价值变化率高于 20%，说明研究期间该流域 ESV 变动程度较深。厦门湾流域生态系统提供美学景观和水文调节的价值量远高于其他类型的服务，分别由 1990 年的 40.26×10⁸ 元和 42.92×10⁸ 元减少至 2015 年的 30.94×10⁸ 元和 33.19×10⁸ 元，说明流域内水体和湿地的面积在研究期内不断减少且价值量降低。厦门湾流域生态系统中，价值量超过 10×10⁸ 元服务类型还有土壤保持服务，25 年间减少了 1.73×10⁸ 元，价值变动幅度相对较小。气体调节和原材料生产的价值变化量最小，分别为 −0.22×10⁸ 元和 −0.21×10⁸ 元，主要是因为流域内森林生态系统的面积和价值量变化很小。

表 14.26　1990—2015 年厦门湾生态系统服务价值量及其变化

生态系统服务功能		总价值（10^8 元/年）						价值变化（10^8 元）	变化率
		1990 年	1995 年	2000 年	2005 年	2010 年	2015 年	1990—2015	1990—2015
供给服务	食物生产	3.87	3.76	3.76	3.31	3.11	3.09	−0.78	−20.15%
	原材料生产	2.89	2.89	2.88	2.68	2.64	2.67	−0.22	−7.59%
调节服务	气体调节	1.19	1.12	1.12	1.01	0.98	0.99	−0.21	−17.28%
	气候调节	7.28	6.58	6.60	5.85	5.58	5.67	−1.61	−22.06%
	净化环境	4.24	3.59	3.62	3.25	3.13	3.23	−1.01	−23.92%
	水文调节	42.92	45.99	45.19	41.41	35.51	33.19	−9.73	−22.66%
支持服务	土壤保持	13.43	13.19	13.20	11.98	11.63	11.70	−1.73	−12.89%
	维持生物多样性	7.75	7.58	7.58	6.90	6.65	6.66	−1.09	−14.12%
文化服务	提供美学景观	40.26	39.85	39.54	38.33	35.72	30.94	−9.32	−23.14%
合计		123.83	124.54	123.49	114.71	104.95	98.14	−25.69	−20.75%

三、海湾流域生态系统服务价值空间分异研究

生态价值的空间分布特征是衡量所在地区生态系统构成、分布和分异的重要表现形式。本部分海湾流域生态系统服务价值的计算仅针对海湾流域的陆域部分，不包括水域部分。在 ArcGIS10.2 环境下构建适合研究区大小的渔网，根据海湾流域各生态系统的单位面积 ESV，计算出各海湾单个网格的 ESV 平均值，并运用普通 Kriging 法进行插值预测和模拟。同时，对生成的插值图进行分级，从低到高依次代表生态服务价值：低、较低、中、较高和高，最终获得各海湾流域 1990、1995、2000、2005、2010 和 2015 年的 ESV 空间分异图。

（一）杭州湾

杭州湾流域面积 10 358 km²，其 ESV 由 1990 年的 348.01×10^8 元降至 2015 年的 316.92×10^8 元。在 ArcGIS10.2 环境下构建 6 km×6 km 的渔网，据 ESV 核算结果获得杭州湾流域生态价值空间分异图（图 14.1）。总体来看，杭州湾流域南部的总体 ESV 高于北部。在整个研究时期内，流域低值区和较低值区的范围不断扩大，同时中值区、较高值区和高值区范围逐渐萎缩。

从图 14.1 可见，杭州湾流域 ESV 空间分异显著，北部中值区和低值区范围较大，

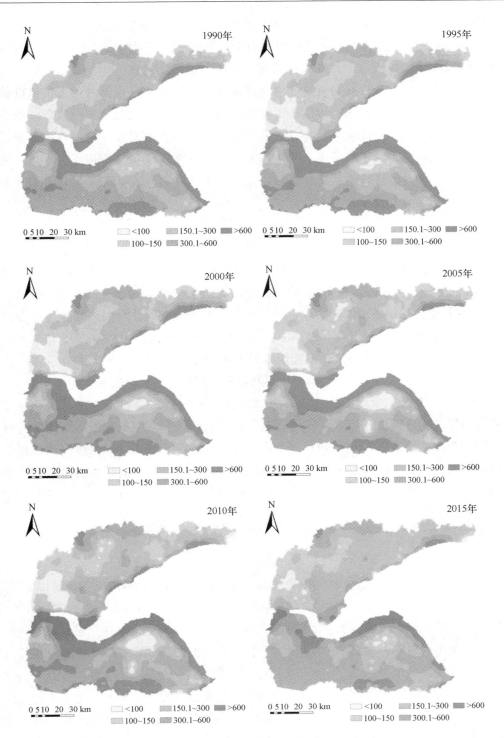

图 14.1　杭州湾流域生态服务价值空间特征（单位：万元/km²）

而南部较高值区和高值区分布较广。这主要是由于流域北部城市密集、岸线人工化程度高，建设用地分布范围广，而建设用地的生态价值极低，而流域南部为淤涨型海岸，生态价值较高的湿地面积广，且南部森林、农田生态系统面积占比更高，故而南部整体生态价值高于北部。与此同时，杭州湾流域南部杭州湾新区范围内生态价值低值区在 25 年间显著扩大，这与杭州湾新区内部围填海强度大，将大量生态价值较高的湿地转为建设用地有关。而流域南部沿海区域的 ESV 高值区主要是围填海过程中尚未完全填埋成功的围填区，由于其功能仍与水体相近，因此在价值核算中仍作为水体，故而价值量较高。但这种高价值量具有暂时性，一旦围填成功，围填区就会出现 ESV 的大幅降低。

（二）象山港

象山港流域面积 1 411 km²，1990—2015 年期间，流域 ESV 由 75.45×10⁸ 元降至 75.10×10⁸ 元，价值变动总体较小。在 ArcGIS10.2 环境下构建 2.5 km×2.5 km 的渔网，据 ESV 核算结果获得象山港流域生态价值空间分异图（图 14.2）。总体来看，象山港流域低值区范围较小，且分布相对集中，且各值区分布范围在 1990—2015 年期间有小幅变动，总体差异较小。但象山港流域内部 ESV 变化也存在一个整体趋势，即生态价值相对较高的区域破碎度在研究时段内不断增加，区域生态价值的整体性缩小。

从图 14.2 可见，象山港流域 ESV 空间分布异质性显著，高值区的较高值区主要分布在沿海湿地、水体或者流域内森林覆盖度较高的区域，这主要是因为水体和森林生态系统的单位面积 ESV 较高。而在人类聚集和开发程度均较高的区域则是生态服务价值的低值区，如黄墩港以南区域以及大嵩江周边地区。可见，流域生态价值变化与流域内部的地形、植被等自然地理条件以及土地开发程度与利用方向、区域发达程度等社会经济因素关系密切。

（三）三门湾

三门湾流域面积 1 527 km²，1990—2015 年期间，流域 ESV 由 113.68×10⁸ 元降至 111.44×10⁸ 元，共减少 2.24×10⁸ 元。在 ArcGIS10.2 环境下构建 2 km×2 km 的渔网，据 ESV 核算结果获得三门湾流域生态价值空间分异图（图 14.3）。总体来看，三门湾流域高值区分布相对集中，低值区的范围较广且分布由分散走向集中，流域的中部低值区最为集中。

从图 14.3 可见，三门湾流域 ESV 空间分布异质性显著，低值区主要分布在宁海县和三门县的中心城区以及石浦新城、宁东新城等建设用地集中分布的区域。高值区的较高值区有三个分布相对集中的区域，分别是蛇蟠涂、下洋涂和花鼓岛。尤其是蛇蟠涂和下洋涂滩涂面积广大，在三门湾流域内是生态价值高值区的聚集区。其中蛇蟠涂

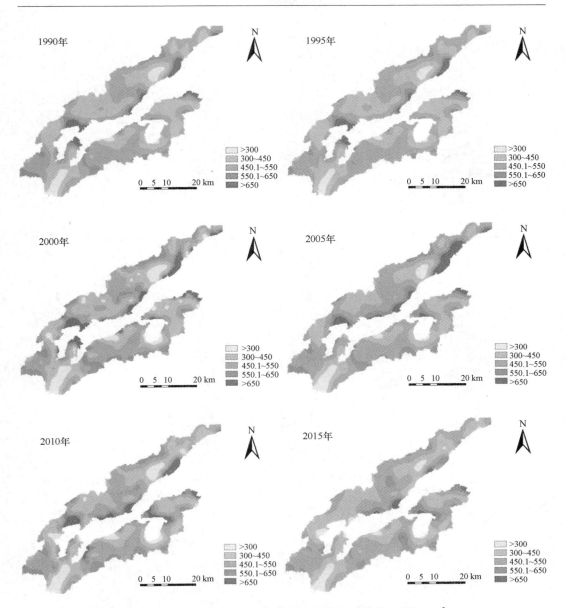

图 14.2　象山港流域生态服务价值空间特征（单位：万元/km²）

在三门湾开发利用中的生态保护区，因此在整个研究期间均为高值区，而花鼓岛则从高值区转为低值区，出现了明显的 ESV 变化，这与花鼓岛上的港口片区建设有关。下洋涂在研究期间价值变化不大，主要是滩涂围填尚未完成的缘故，由于围填用地主要用于建设高塘-南田特色发展片区，围填完成后亦将出现 ESV 降低的情况。

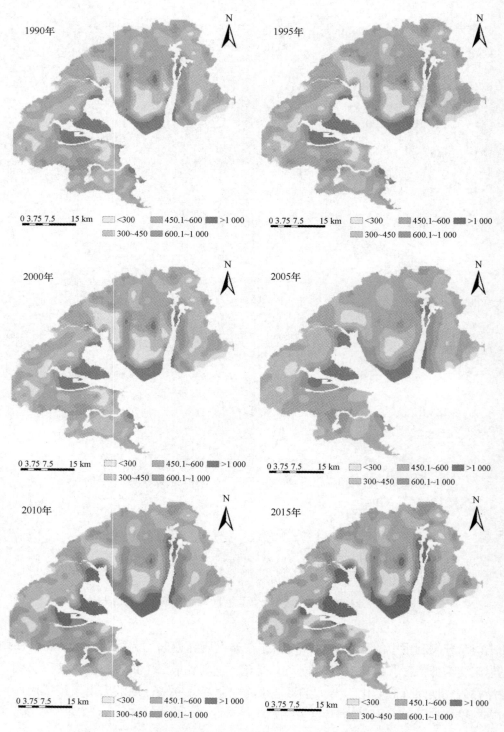

图 14.3　三门湾流域生态服务价值空间特征（单位：万元/km²）

（四）乐清湾

乐清湾流域面积 1 107 km²，流域 ESV 由 1990 年的 51.13×10⁸ 元上升至 2015 年的 57.05×10⁸ 元，共增加 5.89×10⁸ 元。在 ArcGIS10.2 环境下构建 2km×2km 的渔网，据 ESV 核算结果获得乐清湾流域生态价值空间分异图（图 14.4）。总体来看，乐清湾流域 ESV 的空间分布特征是沿海高陆地低，沿海岸线向陆地不断减少。

图 14.4 显示，乐清湾流域 ESV 空间分异较为明显，相对而言，流域西侧的 ESV 空间分异更为显著。流域西侧主要分布有林地和建设用地景观类型，其次是水体，而其对应的生态系统的单位面积价值相差较大，体现在空间分布上就是空间异质性显著。流域低值区和高值区范围最小，低值区主要分布在流域西侧，相对分散，且在空间上被较低值区包围，低值区和较低值区范围内城镇密布，如乐成街道、淡溪镇和黄华镇等。高值区主要分布在流域西侧沿海地区，还有一块是在流域东侧漩门湾国家湿地公园附近，范围内多高单位面积价值的水体和湿地生态系统。

（五）台州湾

台州湾流域面积 1 191 km²，流域 ESV 由 1990 年的 51.79×10⁸ 元减少到 2015 年的 40.84×10⁸ 元，期间损失 10.95×10⁸ 元。在 ArcGIS10.2 环境下构建 1.5 km×1.5 km 的渔网，据 ESV 核算结果获得台州湾流域生态价值空间分异图（图 14.5）。总体来看，台州湾流域 ESV 的空间分布呈现出由沿海向陆地呈环状降低的特征。

图 14.5 显示，台州湾流域 ESV 空间分异显著，以椒江为界，椒江北部陆域 ESV 呈现出由四周向中心衰减的特征，同时北部沿海地区的 ESV 高于内陆，在 2010—2015 年这五年间高值区迅速萎缩，并出现了小范围的低值区。椒江南部陆域 ESV 在研究期间剧烈变动，低值区与高值区主要分布在陆域东西两侧，其中低值区不断向东南方向蔓延，面积持续扩大；而高值区则不断向陆域东侧边界萎缩，面积不断减小。1990—2010 年期间，低值区范围扩大主要是在台州路桥区，建设用地大幅增加。2010—2015 年间，大量沿海 ESV 高值区向较高值区和中值区转变，甚至有部分转为低值区。这主要是研究期间椒江南部沿海地区围填海造地活动强度大，将大量高价值的水体和湿地转为低价值的建设用地的缘故。

（六）温州湾

温州湾流域面积 2 371 km²，流域 ESV 在 1990—2015 年的 15 年间由 141.78×10⁸ 元减少到 2015 年的 123.02×10⁸ 元，期间累计损失 18.77×10⁸ 元。在 ArcGIS10.2 环境下构建 2 km×2 km 的渔网，据 ESV 核算结果获得温州湾流域生态价值空间分异图（图 14.6）。总体来看，温州湾流域 ESV 的空间分布呈现出由沿海向陆地呈环状降低的

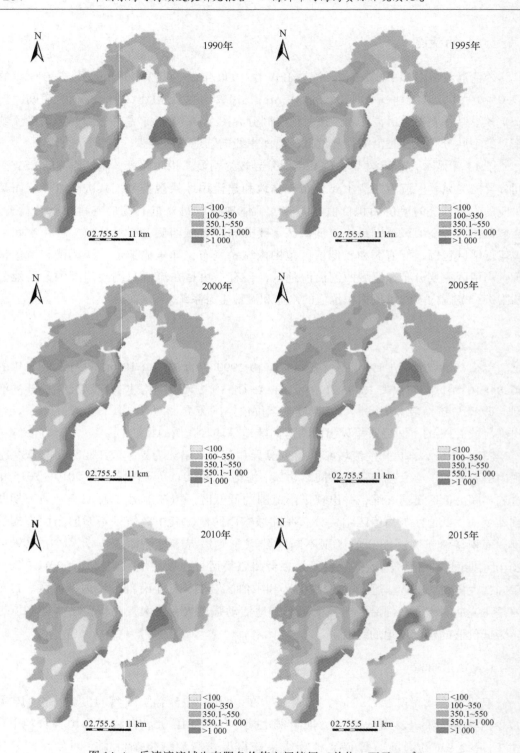

图 14.4　乐清湾流域生态服务价值空间特征（单位：万元/km^2）

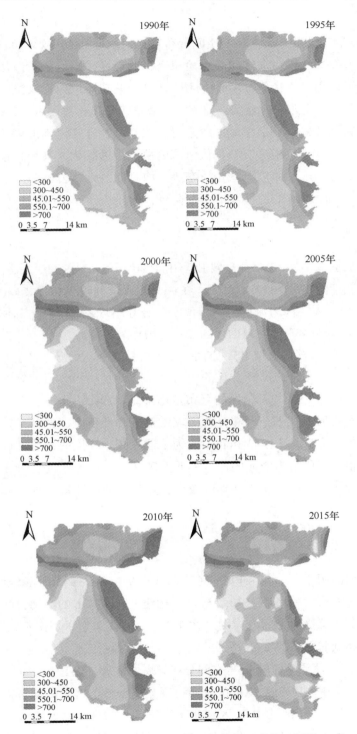

图 14.5　台州湾流域生态服务价值空间特征（单位：万元/km²）

特征。

图 14.6 显示，温州湾流域 ESV 空间分布差异大，高值区主要分布在瓯江、飞云江和鳌江沿岸以及海岸线周边水体和湿地面积密集的地区。中值区在温州湾流域内分布最广，在流域西南角呈片状分布。低值区呈块状分散在流域内，以鳌江南部、瓯江与飞云江之间以及瓯江北部最为密集，与流域内城镇的分布相对一致。1990—2015 年间，高值区发生衰减的位置主要是在海岸线附近，尤其是在鳌江以南的岸线周边，由 ESV 高值区转为低值区。与此相对应的是低值区的范围不断扩大，甚至接连成片，对 ESV 高值区和较高值区产生一种包围吞并的态势。如瓯海区森林公园和生态公园等分布区为 ESV 高值区，而低值区以之为中心不断蔓延，近环状分布在其周边。

（七）三沙湾

三沙湾流域面积 1 727 km²，流域 ESV 由 1990 年的 12.12×10⁸元减少到 2015 年的 104.28×10⁸元，期间损失 10.95×10⁸元。在 ArcGIS10.2 环境下构建 2 km×2 km 的渔网，据 ESV 核算结果获得三沙湾流域生态价值空间分异图（图 14.7）。总体来看，三沙湾流域 ESV 的空间分布呈现出沿海向内陆先减后增再减的特征。

图 14.7 显示，三沙湾流域 ESV 空间分布异质性显著，沿海地区多水体和湿地以高值区为主，向内陆推进出现类环带状的中值区，随后是块状分布的较低值区和点状分布的低值区，其中以 ESV 较低值区的分布范围最广。1990—2015 年间，三沙湾流域内 ESV 高值区的范围明显减小，大部分转为较低值区和低值区，尤其是蕉城区滨海地区最为明显，范围内主要是由水体和农田转为了建设用地。同时，蕉城区附近也是整个研究时期内低值区扩张最为明显的地方。低值区在整个研究区内的分布与城镇等建设用地的分布相对一致，呈点状，破碎度较大，这与三沙湾流域内地形起伏大形成的离散型聚落有关。

（八）罗源湾

罗源湾流域面积 448 km²，研究期间其流域 ESV 由 38.32×10⁸元降至 36.96×10⁸元，累计减少 1.36×10⁸元。在 ArcGIS10.2 环境下构建 1 km×1 km 的渔网，据 ESV 核算结果获得罗源湾流域生态价值空间分异图（图 14.8）。总体来看，罗源湾流域 ESV 的空间分布呈现出南部低北部高的特征。

图 14.8 显示，罗源湾流域 ESV 空间分布异质性显著，除 ESV 中值以外其他值区连续分布的很少。流域内以 ESV 中值区分布范围最广，低值区和高值区在流域内均呈块状不连续分布，且区块面积较大，区别在于高值区在沿海地区断续分布，区内主要是以滩涂为主的湿地生态系统，而低值区主要在流域南部沿海和北部内陆断续分布，区内主要是生态价值极低的建设用地。1990—2015 年间，流域北部的高值区小幅缩减转

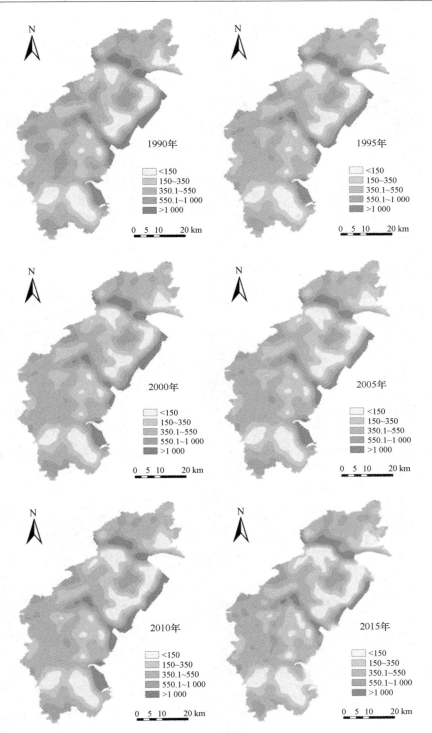

图 14.6　温州湾流域生态服务价值空间特征（单位：万元/km²）

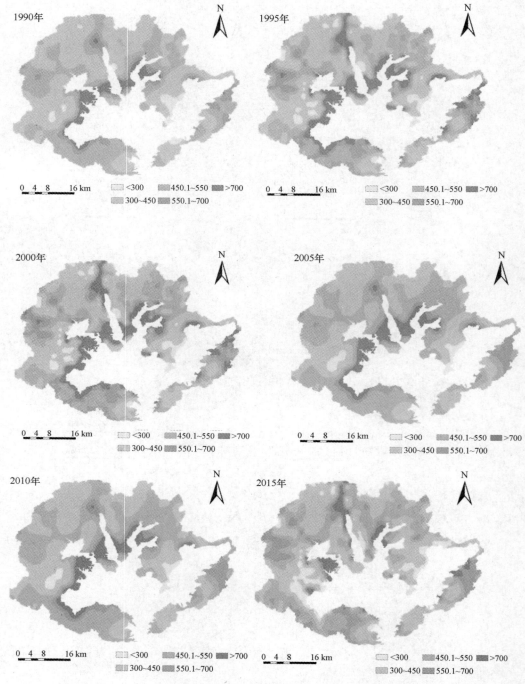

图 14.7　三沙湾流域生态服务价值空间特征（单位：万元/km²）

为较高值区，流域南部的高值区则部分转为低值区和较低值区，流域生态服务价值明

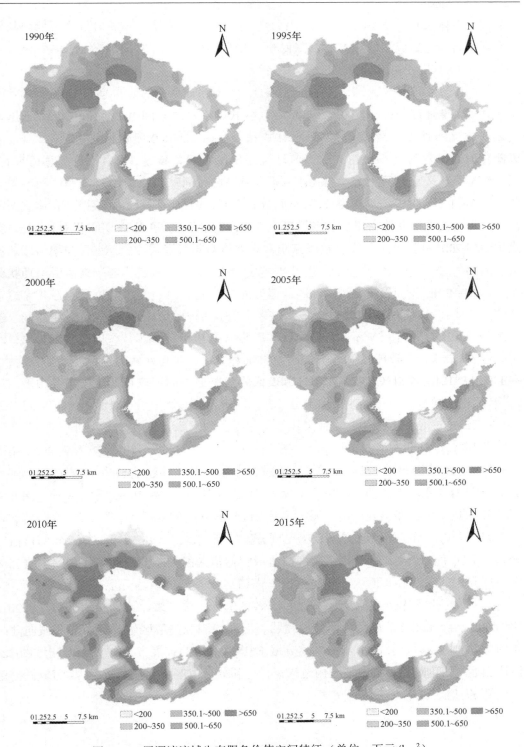

图 14.8 罗源湾流域生态服务价值空间特征 (单位：万元/km²)

显衰减。总体来看，罗源湾流域高 ESV 的生态系统在研究期间不断向价值更低的其他生态系统转换，造成流域 ESV 不断降低。

（九）兴化湾

兴化湾流域面积 1 361 km²，流域 ESV 在 1990—2015 年间由 120.30.78×10⁸ 元迅速衰减到 85.66×10⁸ 元，期间损失 18.77×10⁸ 元。在 ArcGIS10.2 环境下构建 2 km×2 km 的渔网，据 ESV 核算结果获得兴化湾流域生态价值空间分异图（图 14.9）。总体来看，兴化湾流域 ESV 的空间分布呈现出南部低北部高的特征。

图 14.9 显示，兴化湾流域 ESV 空间分异有明显的空间集聚特征，一是在流域西南部，二是在流域东北部。流域北部主要为 ESV 较高值区，在研究期间相对比较稳定，在 1990—2005 年间变化不大，在研究期后十年小幅向高值区转变，小幅向中值区。流域西南部的 ESV 总体偏低，以低值区为中心，较低值区、中值区与较高值区呈环状分布。1900—2015 年间，流域西南部的低值区先向东北后向西北方向蔓延，吞并沿途较低值区，使其本身面积不断增加。该区域主要与流域内的城区重合，包括涵江区、荔城区和城厢区，故而 ESV 不断降低。流域东北部在 1990 年多水体，以高值区为主，25 年间江阴岛与陆地连接成为江阴半岛，水体面积减少，半岛西南角围填海活动强度大，造成该区域 ESV 高值区逐步向低值区和较低值区转变。

（十）湄洲湾

湄洲湾流域面积 744 km²，流域 ESV 由 1990 年的 44.20×10⁸ 元减少到 2015 年的 34.43×10⁸ 元，共减少 9.76×10⁸ 元。在 ArcGIS10.2 环境下构建 1.5 km×1.5 km 的渔网，据 ESV 核算结果获得湄洲湾流域生态价值空间分异图（图 14.10）。总体来看，湄洲湾流域 ESV 的空间分布呈现出由沿海地区向内陆环状升高的特征。

图 14.10 显示，湄洲湾流域 ESV 空间分异特征显著，且在 1990—2015 年间价值区分布的空间变化较大。1990 年，湄洲湾流域较低值区的分布范围最广，在整个研究区中接连成片且靠近沿海地区，较高值区与高值区以及低值区均分散分布在研究区内。25 年间，高值区和较高值区有小幅减少，较低值区大幅萎缩，不断转为低值区，2015 年低值区已经在湄洲湾东西两岸连成片状。湄洲湾流域高值区主要分布在流域向陆一侧的边界，区内以森林和水体为主。流域 ESV 低值区的扩展方向与贯穿本流域的 324 国道相近，区内城镇密布，建设用地密集，这部分低值区主要是由 1990 年的较低值区转变而来。

（十一）泉州湾

泉州湾流域面积 835 km²，流域 ESV 由 1990 年的 39.44×10⁸ 元减少到 2015 年的

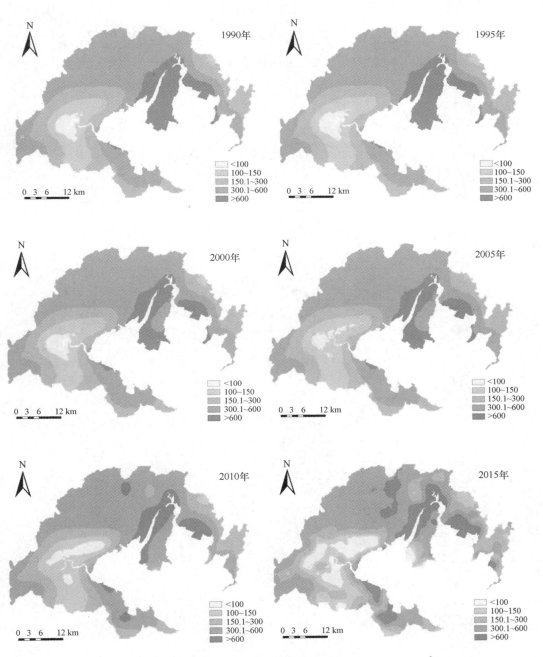

图 14.9　兴化湾流域生态服务价值空间特征（单位：万元/km²）

30.01×10⁸元，期间损失 9.42×10⁸元。在 ArcGIS10.2 环境下构建 1.5 km×1.5 km 的渔网，据 ESV 核算结果获得湄洲湾流域生态价值空间分异图（图 14.11）。总体来看，泉州湾流域 ESV 的空间分布呈现出南部低北部高的特征。

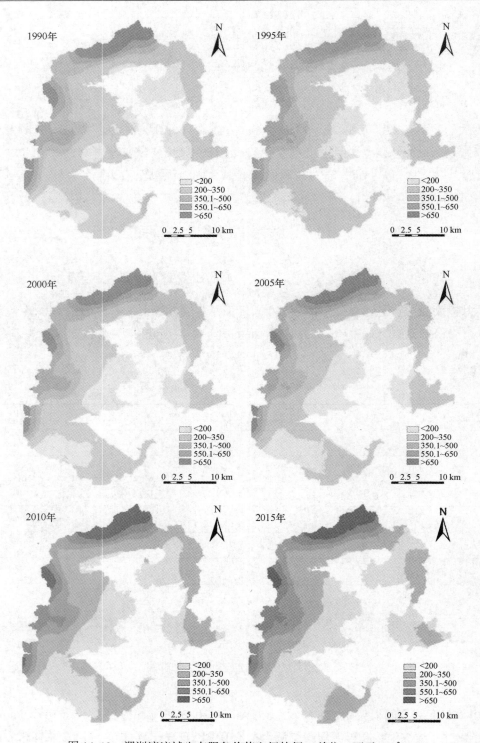

图 14.10　湄洲湾流域生态服务价值空间特征（单位：万元/km^2）

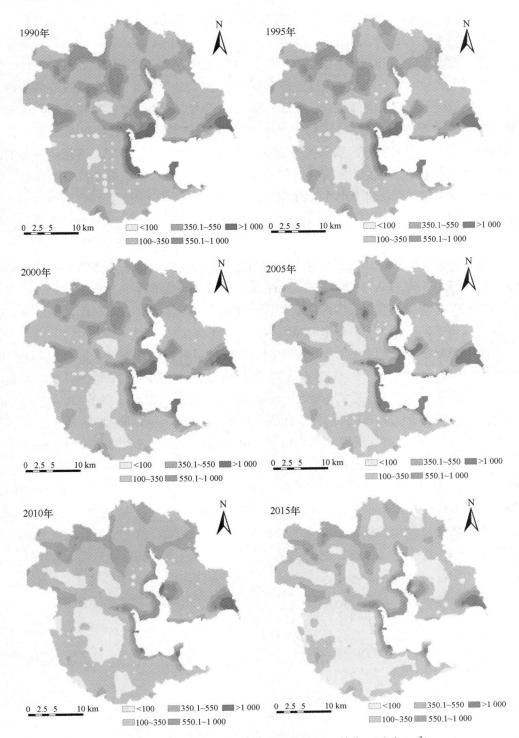

图 14.11　泉州湾流域生态服务价值空间特征（单位：万元/km²）

　　图 14.11 显示，1990—2015 年，泉州湾流域 ESV 空间分布变化显著。1990 年，研究区且在 1990—2015 年间价值区分布的空间变化较大。1990 年，ESV 较低值区是泉州湾流域主要的 ESV 分布区间，几乎在整个流域内成片分布，高值区、较高值区、中值区和低值区比较分散，其中高值区多分布在沿海地区，中值区与较高值区散落在流域北部，低值区则在流域南部呈点、块状分布。25 年间，北部中值区与较高值区逐渐萎缩，其中较高值区衰减更快；流域南部低值区不断向四周扩展，面积迅速增大，至 2015 年，低值区已经占据区域 ESV 分布的主导地位；较低值区范围逐渐缩减，为中值区和低值区所取代。低值区在研究期间迅速扩展，与流域内部社会经济快速发展、流域开发程度不断加深、建设用地面积不断增长关系密切。

（十二）厦门湾

　　厦门湾流域面积 2 070 km^2，流域 ESV 由 1990 年的 123.83×10^8 元骤减至 2015 年的 98.14×10^8 元，期间损失 25.69×10^8 元。在 ArcGIS10.2 环境下构建 2.5 km×2.5 km 的渔网，据 ESV 核算结果获得厦门湾流域生态价值空间分异图（图 14.12）。总体来看，厦门湾流域 ESV 的空间分布呈现出流域四周向中心逐渐减少的特征。

　　图 14.12 显示，厦门湾流域 ESV 空间分异特征显著，1990—2015 年期间流域空间分布变化在各年份间相对比较稳定。流域 ESV 高值区与较高值区主要集中在沿海地区流域陆域边界的森林和石兜水库附近，较低值区在流域内部相当一部分地区均有分布，低值区被较低值区包围，由流域西北角逐渐向流域内部扩展。研究期间变化比较明显的区域落在厦门湾内部同安湾北部陆地以及厦门市海沧，两处的变化均体现为低值区扩大。同安湾北部陆地在 1990 年 ESV 低值区面积较小且分散，25 年间不断增大，最终在 2015 年相连。厦门市海沧区在研究初期以 ESV 中值区、较高值区和高值区为主，2000 年以后国务院批准在此设立台商投资区以后区域开发强度明显增大，区域 ESV 随之下降，至 2015 年海沧区 ESV 的主要类型转为中值区和较低值区，间有低值区点状分布在区内。

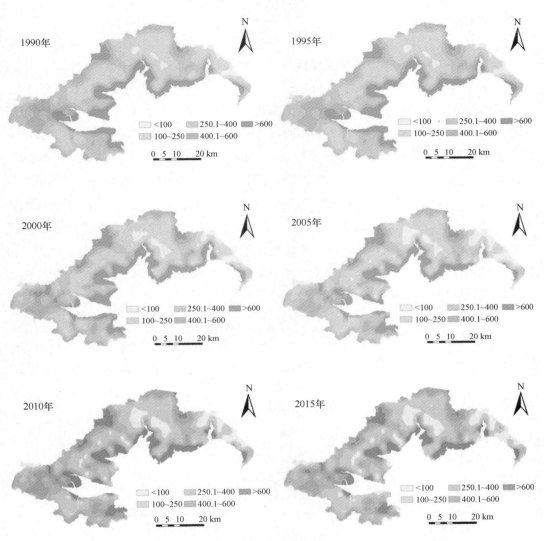

图 14.12　厦门湾流域生态服务价值空间特征（单位：万元/km²）

第三节　围填海强度与海湾生态系统
服务价值损益关联分析

一、海湾围填海强度及其分级

围填海强度指数即单位长度海岸线上的围填海面积（付元宾等，2010），可定量反映区域围填海的规模与强度，有利于探究围填海活动与生态服务价值变化之间的关联。

可用下式表示：

$$PD = S/L \qquad\qquad\text{（公式 14.3）}$$

公式 14.3 中：*PD* 为围填海强度指数；*S* 表示研究区累计围填海面积（hm²）；*L* 表示研究区基准年内的海岸线总长度（km）。

根据研究目的，结合多学科专家意见及相关研究成果（付元宾等，2010），确定了围填海强度等级以及相应等级下的围填海压力的影响，见表 14.27。同时确定了影响海湾生态环境健康的临界值，即每千米岸线容纳围填海面积 20 hm²。当围填海强度<20 hm²/km 时，认为围填海活动对围填海域及其周边的生态系统影响不显著；当围填海强度≥20 hm²/km 且<100 hm²/km 时，认为围填海活动对海湾生态系统造成了较深的影响，尤其是填海区资源环境压力较强，但此时围填海对海湾填海区生态健康方面造成的影响仍在海湾生态系统可承载的范围之内。围填海强度≥100 hm²/km 时，则围填海强度已经超过所在海湾生态系统所能容纳的最大围填海面积，将严重影响海湾生态健康，不宜新增围填海项目。

表 14.27　围填海强度等级

PD 值（hm²/km）	强度等级	含义
0≤PD<10	1 级	围填海压力轻微，开发潜力很大
10≤PD<20	2 级	围填海压力较小，有一定开发潜力
20≤PD<50	3 级	有一定围填海压力，对后续开发有一定影响
50≤PD<100	4 级	围填海压力较强，应注重围填海域的节约、集约利用
PD≥100	5 级	围填海压力很强，不宜新增围填海项目，确有需要可在现有围海工程基础上回填造陆

二、围填海强度与生态系统服务变化的关联

遥感解译结果表明，东海海湾围填海活动的覆盖区域不断蔓延，围填海强度呈上升趋势。同时，整个研究期间，东海区海湾整体生态系统服务总价值持续减少，定性来看，其与围填海强度呈现此消彼长的变化。为了定量验证并进一步分析两者间的相关性，首先根据公式 14.3 分别计算出宁波杭州湾新区三个时期的围填海强度，后作围填海强度与生态系统服务价值的散点图，在此基础上用最小二乘法拟合函数曲线。

（一）杭州湾

两者拟合曲线显示研究区生态系统服务总价值随围填海强度的增大呈下降趋势

（图 14.13），表明两者之间存在显著的负相关关系，即围填海强度越大，研究区 ESV
越低。研究初期，杭州湾流域围填海强度为 25.39 hm²/km，处于围填海强度 3 级，与
围填海强度 2 级相对比较靠近，对研究区生态系统健康影响较弱。2005—2010 年间，
杭州湾围填海强度跃升至 5 级，至 2015 年已达 177.72 hm²/km，严重影响了研究区生
态系统健康，仅 2010—2015 年间，杭州湾流域生态系统价值下降 55.81×10⁸ 元。

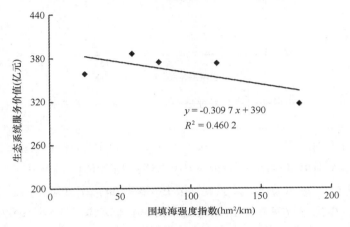

图 14.13　杭州湾流域围填海强度与 ESV 的关系

（二）象山港

1990—2015 年间，象山港流域的围填海强度由 0.41 上升至 16.78，总体呈上升趋
势，但其始终处在 2 级围填海强度以内，2000 年以前甚至低于 1 hm²/km，说明研究期
间象山港流域围填海强度较弱，对围填区域的生态系统造成的负面影响较小。由于
2000 年以前象山港流域围填海强度极小，故在拟合时去掉了 2000 年以前的数据。两者
拟合曲线显示研究区生态系统服务总价值随围填海强度的增大呈下降趋势（图 14.14），
表明两者之间存在显著的负相关关系，即围填海强度越大，研究区 ESV 越低。

（三）三门湾

三门湾流域围填海强度与生态系统服务价值在研究期间并没有表现出明显的线性
关系。1990—2015 年间，三门湾流域的围填海强度呈上升趋势，而价值变化则表现出
波动变化，但波动值并不大。1990—2000 年间，三门湾流域围填海强度有所增加，但
均低于 1 hm²/km，此期间生态系统价值有所下降，约为 0.33×10⁸ 元。2000—2010 年
间，围填海强度增加至 24.41 hm²/km，从 1 级围填海强度上升为 3 级，但生态系统服
务价值却上升至 120.38×10⁸ 元，增加了 7.71×10⁸ 元。主要是因为三门湾流域滩涂面积
广，这十年间有大量滩涂被围垦，从滩涂围垦到新的土地的过程中，有一定时长的积

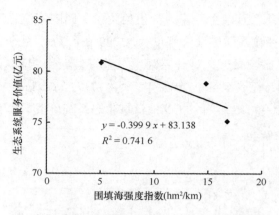

图 14.14　象山港流域围填海强度与 ESV 的关系

水期，遥感影像识别时将之确认为水域，而本研究中水体的单位面积价值高于滩涂，因此虽然这十年间围填海活动显著增强，生态系统服务价值却上升了，且上升幅度随时间推移而减少。这也解释了 2010—2015 年期间，围填海强度进一步升高至 29.65 hm^2/km，生态系统服务价值则从 120.68×10^8元下降至 111.44×10^8元的现象。

（四）乐清湾

图 14.15 中的左图与右图分别是在 1990—2015 年和 1990—2010 年期间乐清湾围填海强度与生态系统服务价值的拟合曲线。但左右二图却显示了完全相反的结果，左图拟合曲线显示，其生态系统服务总价值随围填海强度的增大呈上升趋势，表明两者之间存在显著的正相关关系，即围填海强度越大，研究区 ESV 越高。右图拟合曲线显示，其生态系统服务总价值随围填海强度的增大呈下降趋势，表明两者之间存在显著的负相关关系，即围填海强度越大，研究区 ESV 越低。这种矛盾的出现，主要是由于 2010—2015 年间，乐清湾的水体面积大量增加，而水体的主要增加来源是滩涂和农田，用于水产养殖。水体是研究区单位面积 ESV 最高的生态系统类型，因此水体的大量增加带来的价值上升，不仅抹平了其他生态系统减少引发的价值损失，甚至增加了总价值。1990—2015 年间，乐清湾的围填海强度均小于等于 3 级，说明乐清湾围填海活动对其生态系统健康的影响不大。

（五）台州湾

台州湾流域的围填海强度在整个研究期间总体呈上升趋势，且其跨度非常之大，由 0.23 hm^2/km 上升至 146.88 hm^2/km，由 1 级跃升至 5 级，其生态服务价值累计下降了 10.95×10^8元。但整个研究期间，台州湾流域 ESV 呈波动变化，与围填海强度之间并未表现出显著的线性相关。2000 年以前，乐清湾围填海强度均低于 1 hm^2/km，即位

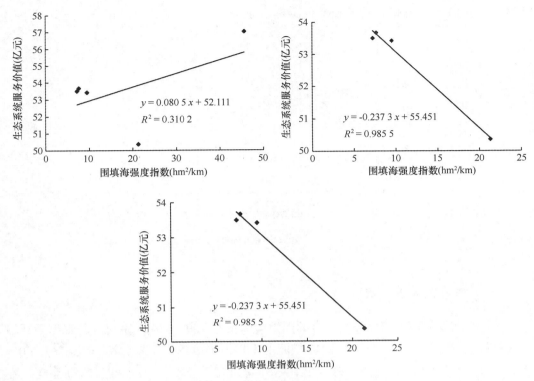

图 14.15　乐清湾流域围填海强度与 ESV 的关系

于 1 级围填海强度，对其生态系统健康并无威胁。2000—2005 年间，乐清湾围填海强度激增至 66.951 hm²/km，又在随后五年间再次增长至 134.56 hm²/km，与此同时2000—2010 年这十年间，乐清湾 ESV 由 53.39×10⁸元增长至 71.08×10⁸元。2010—2015年间，乐清湾围填海强度有所上升，但增幅大大降低，但乐清湾 ESV 却由 71.08×10⁸元锐减至 40.84×10⁸元。当围填海强度增大，即围填面积增加时，由于围填到最终获得新土地的过程性，初期往往带来了水体面积的增加，而最终围垦区域将完全转为其他生态系统类型，而类型转移的过程在人类影响下加快，最终导致了上述矛盾的出现。

（六）温州湾

1990—2015 年间，温州湾流域的围填海强度呈持续上升趋势，由 1.89 hm²/km 上升至 76.20 hm²/km，而温州湾流域 ESV 则在整个研究期间总体下降，由 141.78×10⁸元下降至 123.02×10⁸元，表现出波动变化，但波动幅度不大。两者拟合后，拟合优度未达 0.3（图 14.16），没有明显的线性相关。2000 年以前，温州湾流域的围填海强度保持在 1 级强度，2000—2005 年期间升为 2 级强度，在 2005—2015 年期间保持在 4 级强度，但低于 100 hm²/km，说明温州湾流域围填海给生态环境带来的压力仍在可承载的范围内。2010 年，温州湾流域 ESV 的突然增加与台州湾类似。

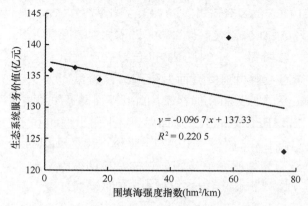

图 14.16　温州湾流域围填海强度与 ESV 的关系

（七）三沙湾与罗源湾

三沙湾与罗源湾比邻而居，两者的围填海强度在 1990—2015 年间均呈现出不断增加的趋势。三沙湾流域在 1990—2010 年间的围填海强度约高于罗源湾 1 级左右，2015 年几乎持平；罗源湾流域围填海强度在各年份增幅明显，而三沙湾围填海强度仅在 2000—2005 年间有显著提升，其他年份表现的都比较稳定。同时，三沙湾流域和罗源湾流域的 ESV 在整个研究期间总体下降，前者由 122.12×10^8 元下降至 104.28×10^8 元，后者由 38.32×10^8 元下降至 36.96×10^8 元，但过程中均表现出波动变化的特征，除 2010—2015 年变动较大外，其他时段内的波动均比较平缓。尝试将三沙湾流域和罗源湾流域围填海强度与 ESV 拟合后，发现拟合优度未达标，无法证明相关性。但只要将个别年份拿掉，两个流域还是能形成各自的拟合曲线，这与东海北部温州湾、乐清湾和台州湾等情况类似，多是由围填海过程中导致的水体面积增大引起的。

（八）兴化湾

兴化湾围填海强度与生态系统服务价值的拟合曲线表明两者之间存在显著的负相关关系（图 14.17），即围填海强度越大，研究区 ESV 越低。该拟合曲线的拟合度高达 0.919，说明该曲线可靠，能够很好地反映事物间的相关性。1990—2015 年间，兴化湾围填海强度持续增加，且在 1990—2000 年这十年间急剧增长，由 0.79 hm^2/km 上升至 24.17 hm^2/km，在随后的 15 年间则增长相对平缓。与之相反，整个研究期间，兴化湾 ESV 则持续减少，1990—2000 年这十年间快速减少，而在 2000—2015 年间下降幅度减缓。2000—2015 年，兴化湾围填海强度均处于 3 级，说明兴化湾开发时间相对较早，且开发进程相对比较和缓。

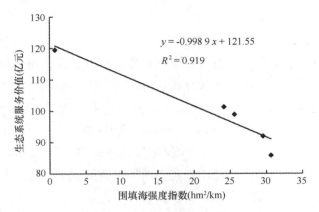

图 14.17　兴化湾流域围填海强度与 ESV 的关系

（九）湄洲湾

图 14.18 显示，1990—2015 年间，湄洲湾流域围填海强度指数持续增加，由 2.20 hm²/km 增长至 20.68 hm²/km，由 1 级围填海强度上升至 3 级围填海强度。与此同时，湄洲湾流域 ESV 则呈现出不断下降的趋势，且降幅表现出逐渐上升的趋势。两者拟合曲线的拟合优度达 0.8777，说明两者之间显著相关，表现出围填海强度越大，湄洲湾 ESV 越低的特征。2005 年湄洲湾流域围填海强度为 10.85 hm²/km，与 1 级围填海强度十分接近，可以认为 2005 年以前湄洲湾围填海强度较弱。在 1990—2005 年期间，湄洲湾 ESV 的变化幅度也很小，可以说 2005 年以前，湄洲湾围填海活动仅轻微干扰了海湾健康程度。2005 年以后，围填海强度增强，且湄洲湾 ESV 变化加速。

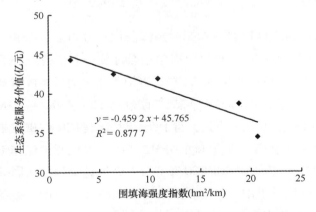

图 14.18　湄洲湾流域围填海强度与 ESV 的关系

（十）泉州湾

整个研究期间，泉州湾流域围填海强度指数持续增加，但增长的幅度很小。而其生态系统服务价值则持续下降，由 $38.43×10^8$ 元下降至 $30.01×10^8$ 元，降幅随时间变化而增大。两者拟合曲线的拟合优度高达 0.9204，说明两者具有显著的线性相关。图 14.19 显示出厦门湾生态系统服务总价值随围填海强度的增大呈下降趋势，表明两者之间存在显著的负相关关系，即围填海强度越大，泉州湾 ESV 越低。总体来看，泉州湾流域的围填海强度很低，25 年间均维持在 1 级围填海强度区间内，对海湾生态系统的健康基本没有影响。

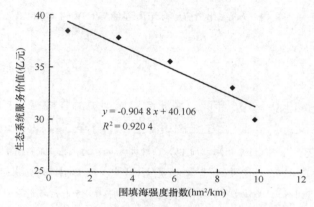

图 14.19　泉州湾流域围填海强度与 ESV 的关系

（十一）厦门湾

厦门湾流域围填海强度指数在 1990—2015 年间持续增加，而其生态系统服务价值则持续下降，两者拟合曲线显示出厦门湾生态系统服务总价值随围填海强度的增大呈下降趋势（图 14.20），表明两者之间存在显著的负相关关系，即围填海强度越大，研究区 ESV 越低。2000 年，厦门湾流域围填海强度为 11.23 hm^2/km，处于围填海强度 2 级，与围填海强度 1 级相对比较靠近，与 1995 年相比其 ESV 仅减少了 $1.05×10^8$ 元，但基本不影响厦门湾生态系统健康。2005—2015 年期间，杭州湾围填海强度均稳定在 3 级，由 22.70 增加至 35.34 hm^2/km，对海湾生态系统健康的负面影响加重。但整体来看，厦门湾围填海强度属于中等强度，价值的变化幅度也较小，呈现出围填海强度变化与海湾 ESV 变化同涨同落的特征。

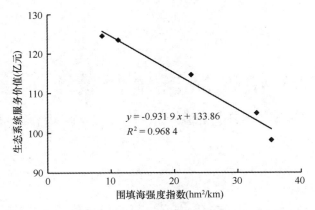

图 14.20 厦门湾流域围填海强度与 ESV 的关系

第十五章 快速城市化背景下的典型海湾区域土地利用变化及生态服务响应

第一节 快速城镇化背景下象山港与三门湾周边区域农村居民点空间格局演变

农村居民点是农村人口的主要活动地点和单元，是农村人口生活、活动和聚集的主要形态（海贝贝等，2013）。人类社会长期农耕文明发展所形成的农村居民点不仅仅是作为农户生产、生活的栖息场所，也是乡村人地关系的一种表达。工业革命以来，世界政治、经济、科学技术等都发生了翻天覆地的变化，工业化与城镇化进程不断蚕食着乡村地域，建设用地需求不断增加，保障粮食安全和保护耕地红线、保发展的压力不断加大。所以分析农村居民点的现状和探索其未来发展出路对于国家和社会来说都有重要理论和实践意义（马小娥等，2018；李玉华等，2014）。

在新农村建设、快速城镇化、城乡一体化、农村土地综合整治等各种环境和政策的影响下，农村居民点正发生着新的改变（周国华等，2010），但由于农村居民点的地理位置、区位、经济发展等条件差异，农村居民点在演变过程中存在着一些普遍性和差异性问题及难点（樊天相等，2015）。一方面，在城市化背景下，城乡人口流动、城市用地扩张、产业结构变化、基础设施建设及居民观念转变等一系列新型人地关系因素对农村居民点空间布局产生重要影响；另一方面，由于城市化的快速推进所带来的城乡差距扩大、村庄"荒芜化"和"空废化"、村庄建设分散无序、资源环境压力巨大及乡村景观破坏、"城中村"等问题日益凸显，这在一定程度上制约着中国农村社会经济可持续发展及城乡统筹发展（王成新等，2005）。

农村居民点问题一直都是政府和学术界关注的研究热点（谭雪兰等，2015），国外研究较早，主要集中于居民点的形成、区位、职能、土地利用等方面，运用多元视角和多学科理论来分析农村居民点的演变（Ban Ski J. 等，2010；Porta J. 等，2013），多侧重于人文因子角度去分析居民点的驱动因素（Irwin E. G.，2004；Johnson J. 等，2001；Patricia H. Gude 等，2006）。国内对农村居民点的研究随着城市化和新农村建设等而逐渐加深，研究区域层面主要有经济区、省域、城市、流域、县域和村域等（杨

忍等，2015；贾文臣等，2009；谭雪兰等，2015；马小娥等，2018）；研究内容主要为
农村居民点的形成演变、形态特征、景观变化、影响因素分析、布局优化、土地利用
转型等方面（马小娥等，2018；谢作轮等，2014；谭雪兰等，2014）；研究理论上借鉴
多学科理论诸如共生理论、点轴理论、区位势理论等（王成等，2014；孔雪松等，
2014；Yurui，Li 等，2015），围绕农村居民点格局的形成与优化过程开展了一系列研
究。研究方法和技术多样化，地理信息系统和遥感技术充分结合，各种模型和方法广
泛运用（任平等，2014）。加深农村居民点的相关研究，对改善和解决农村居民点的现
存问题、完善农村居民点的规划内容和政策具有重要科学和实践意义（邹利林等，
2015）。象山港与三门湾是东海区的 2 个重要海湾，本节以地处象山港与三门湾交界的
象山县为研究对象，结合 GIS 和 RS 技术，运用空间分析的相关模型和方法，研究海湾
区域农村居民点的空间格局演变，以及分析其影响因素，以期为海湾区域农村居民点
规划改造和新农村建设提供一定的科学指导。

一、研究区与数据处理

（一）研究区概况

象山县位于宁波市东南部，地理坐标为 28°51′18″N—29°39′42″N、121°34′03″E—
122°17′30″E，地处长三角南缘、浙江中部沿海，位于象山港与三门湾之间，三面环海，
交通便利（图 15.1）。象山县地形以丘陵和低缓山地为主，平原主要分布在沿海地区，
坡度较缓，地势呈西北向东南倾斜。象山属亚热带季风气候，且靠近海洋，温暖湿润，
年平均气温为 16～17℃，年平均降水量 1 400 mm 以上。象山县辖 3 个街道、10 个镇、
5 个乡，2015 年末全县户籍人口约 54.97 万人，其中乡村人口约 35.14 万人，第一产业
增加值约为 61.37 亿元。受港湾便利交通的影响，象山县经济发展迅速，城镇规模和
人口数量大幅增加，农村居民点在快速城镇化的影响下，其居民点的规模、形态、结
构、空间格局正发生着相应的变化。

（二）数据来源与处理

搜集了研究区 6 期的遥感影像数据，分别是 1990 年、1995 年、2000 年、2005 年、
2010 年和 2015 年的 TM、OLI 遥感影像数据，空间分辨率均为 30 m。研究采用的
Landsat 影像均由美国地质调查局网站（http：//glovis.usgs.gov/）、地理空间数据云
（http：//www.gscloud.cn/）免费提供。利用 ENVI5.1 遥感软件对各期影像实施校正、
配准、图像拼接等操作。根据全国土地资源分类系统和象山县实际，主要分为耕地、
林地、草地、农村居民点、其他建设用地、水域、未利用地 7 种景观类型（冯佰香等，
2018）。

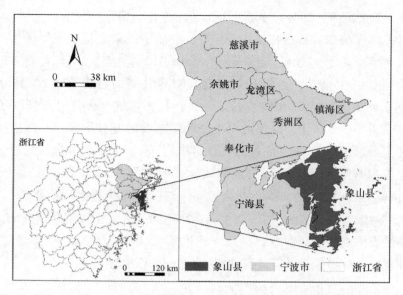

图 15.1　研究区地理位置

对 SRTMDEMUTM 90M 分辨率的 DEM 产品进行高程和坡度信息提取，重分类为 5级，分为低值区、中低值区、中值区、中高值区、高值区，分别对应级别 1、级别 2、级别 3、级别 4、级别 5。社会经济数据主要来源于《浙江省统计年鉴 1979—2017》和《宁波市统计年鉴 1996—2017》。

二、研究方法

（一）农村居民点规模分析

借助土地利用转移矩阵来反映象山县 1990—2015 年土地利用的转化数量、速率和方向。土地利用动态度包括单一和综合土地利用动态度，分别表示土地利用类型的数量变化情况和整体情况，主要采用单一土地利用动态度来表现农村居民点的变化情况，公式为：

$$K = (U_b - U_a) / U_a / T \times 100\% \qquad （公式 15.1）$$

式中：K 为研究时段内某一土地利用类型动态度；U_a、U_b 分别是研究期初和研究期末某一土地利用类型的数量；T 为研究时段长。

（二）景观格局指数

农村居民点景观主要是包括各种形态、组合和区域的自然和人文斑块的镶嵌体，其景观格局指数能够高度浓缩景观格局信息，反映其结构组成和空间配置某方面的特征（冯佰香等，2018）。文章主要选取了斑块总面积（TA）、斑块数量（NP）、最大斑块指数（LPI）、斑块面积标准差（PSSD）、平均斑块形状指数（SHAPE_ MN）、平均斑块分维数（FRAC_ MN）、聚集度（AI）、平均斑块面积（MPS）等指数来表现象山县农村居民点的用地规模和形态变化。

（三）平均最邻近指数

最邻近点指数用于反映区域居民点的分布类型，可用于分析区域居民点分布机制，其公式如下：

$$ANN = \frac{\bar{D}_0}{\bar{D}_e} = \frac{\sum\limits_{i=1}^{n} d_i/n}{\sqrt{n/A}/2} = \frac{2\sqrt{\ }}{n}\sum\limits_{i=1}^{n} d_i \qquad （公式 15.2）$$

式中：$\bar{D}_0$ 为各居民点斑块质心与其最邻近斑块质心的观测距离的平均值；$\bar{D}_e$ 为假设随机模式下斑块质心的期望距离平均值；n 为斑块总数；A 为研究区面积。若 $ANN < 1$，则居民点为集聚分布；反之，则趋向于随机分布。

（四）核密度估计

核密度分析主要来表现农村居民点分布的密度，其值越大，密度越高，利用 ArcGIS 10.3 软件中的 Kernal Dentisty 工具，经反复试验，确认搜索半径为 4km，得到较为光滑的结果图（冯佰香等，2018）。其公式为：

$$f((x, y)) = \frac{1}{nh^2}\sum\limits_{i=1}^{n} k\left(\frac{d_i}{n}\right) \qquad （公式 15.3）$$

其中：$f(x, y)$ 为位于 (x, y) 位置的密度估计；n 为观测数量；h 为带宽；k 为核函数；d_i 为位置距第 i 个观测位置的距离。

（五）全局聚类检验及空间热点探测分析

全局聚类检验可以有效的表现农村居民点规模的全局性空间分布模式，即高值集聚或低值集聚。公式为：

$$G(d) = \sum\limits_{i=1}^{n}\sum\limits_{j=1}^{n} w_{ij}(d) x_i x_j / \sum\limits_{i=1}^{n}\sum\limits_{j=1}^{n} x_i x_j \qquad （公式 15.4）$$

式中：$G(d)$ 为全局聚类检验值；$w_{ij}(d)$ 为以距离规则定义的空间权重；x_i 和 x_j 分别是 i 和 j 区域的变量值；对 $G(d)$ 进行标准化 $Z(G) = (G - E(G))/(var(G))$，其中：$E(G)$ 和 $var(G)$ 分别为 $G(d)$ 的期望值和方差，根据 $Z(G)$ 值可判断 $G(d)$ 是否满足某一指定的显著性水平以及是存在正的还是负的空间相关性。当 $G(d)$ 为正，且 $Z(G)$ 统计显著时，表示区域内出现居民点斑块规模高值簇群；当 $G(d)$ 为负，且 $Z(G)$ 统计显著时，则表示存在低值簇群（海贝贝等，2013）。

空间热点探测则反映农村居民点规模的局部性空间分布模式，即是否存在高值聚集"热点"区和低值聚集"冷点"区，公式为：

$$G*_i(d) = \sum_{j=1}^{n} w_{ij}(d) x_i / \sum_{j=1}^{n} x_j \qquad (公式15.5)$$

式中：$G*_i(d)$ 为空间热点值；参数 $w_{ij}(d)$、x_i 和 x_j 含义与（4）式相同。利用与（4）式相同的方法进行标准化处理，若 $Z(G*_i)$ 为正，且统计显著，则属于高值聚集"热点"区，即居民点呈现局部的大规模斑块集聚；若 $Z(G*_i)$ 为负，且统计显著，则属于低值聚集"冷点"区，居民点斑块规模低值集聚（海贝贝等，2013）。

三、象山县农村居民点空间格局演变特征

（一）农村居民点用地规模变化特征

利用软件 Fragstats4.3 计算出斑块总面积（TA）、斑块数量（NP）、最大斑块指数（LPI）、斑块面积标准差（PSSD）、平均斑块面积（MPS）等指数，来反映研究区农村居民点用地规模的变化特征（表15.1）。

表15.1　1990—2015年象山县农村居民点规模变化

年份	TA（km²）	NP（个）	LPI（%）	MPS（km²）	PSSD（km²）
1990	1467.72	159	3.48	9.23	7.19
1995	2219.13	237	2.60	9.36	7.88
2000	2126.07	226	2.84	9.41	8.39
2005	2382.48	244	2.54	9.76	8.68
2010	2462.40	249	2.46	9.89	8.76
2015	2965.77	256	6.52	11.59	17.53

1990—2015年间，研究区农村居民点用地规模不断扩张。研究期末，斑块面积增加了1 498.05 km²，增长率为102.07%，其中，1990—1995年，扩张速度最快，增加了751.41 km²，1995—2000年间，斑块面积下降，扩张速度为负值。斑块个数呈增长趋势，至研究期末，数量增加了97个，上升了61.01%。最大斑块指数波动上升，2010年的LPI值最低为2.46，2015年的LPI值最大为6.52，起伏较大。平均斑块面积不断增加，研究期间增加了2.36，2010—2015年间增长显著，增加了1.70，而1990—2010年间，MPS变化较小。斑块面积标准差和平均斑块面积的变化特征类似，PSSD不

断增加，研究期间上升了 10.34，1990—2010 年间变化幅度小，2010—2015 年间，增长幅度较大，增加了 8.77。

计算研究区 1990—2015 年农村居民点的单一动态度，反映研究区农村居民点用地规模的发展速度，其 5 个时间段的单一动态度的值分别为 10.24%、-0.84%、2.41%、0.67%、4.09%。1990—1995 年间的动态度最大，农村居民点规模扩张最大，与斑块面积的大幅增长相对应，而后 1995—2000 年间，斑块面积下降，其动态度也呈负值，而后波动变化，先增加后减少再增加，2010—2015 年扩张速度较快。

在 ARCGIS10.3 里对 1990 年和 2015 年研究区的农村居民点做一个叠加分析，得到 1990—2015 年农村居民点增加、减少、保留的结果（图 15.2），可以发现研究区农村居民点空间扩展主要为块状扩展、分散扩展和条带状扩展。研究区农村居民点以块状扩展为主，居民点沿着原来的斑块区域向四周扩张，分布在象山港和象山县县城附近；分散扩展主要位于中部及南部地区，扩张区域与原来的斑块联系不大，如山地区域；条带状扩展主要分布在研究区西北角，以交通线路及城镇为中心，呈条带状分散四周。

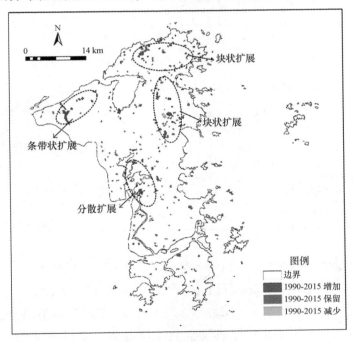

图 15.2　1990—2015 年象山县农村居民点土地利用扩展变化

（二）农村居民点用地结构及形态变化特征

通过 ARCGIS10.3 叠加得到研究区农村居民点的转移矩阵（表 15.2），反映了研究区农村居民点结构变化，发现农村居民点转出面积较小，转入面积较大，转出主要为耕地和其他建设用地，转入来源主要为耕地。1990—1995 与 1995—2000 年间，研究区农村居民点主要转为耕地和林地，其他类型没发生转移，转入来源主要为耕地，其次是林地和草地，其他类型无转移。2000—2005 年，转出类型增多，主要转为其他建设用地，转入来源主要是耕地。2005—2010 年，农村居民点没有转出，转入以耕地和林地为主。2010—2015 年农村居民点向耕地、水域和其他建设用地转移，转入来源为耕地和林地。研究期间，耕地是农村居民点的主要转入类型，这主要是因为居民点在扩张过程中对耕地的占用。除 1995—2000 年，研究区转入面积远大于转出面积，这表明研究区农村居民点范围的扩张。

表 15.2　1990—2015 年象山县农村居民点土地利用转移矩阵　　　　（km²）

研究时期	转换类型	耕地	林地	草地	水域	其他建设用地	未利用地	总计
1990—1995	转出	0.33	0.03	0	0	0	0	0.36
	转入	6.80	0.94	0.16	0	0	0	7.90
1995—2000	转出	1.21	0.17	0	0	0	0	1.38
	转入	0.40	0.05	0	0	0	0	0.45
2000—2005	转出	0.08	0.01	0	0.10	0.53	0	0.72
	转入	2.92	0.35	0	0	0	0	3.27
2005—2010	转出	0	0	0	0	0	0	0
	转入	0.32	0.48	0	0	0	0	0.80
2010—2015	转出	0.01	0	0	0.05	0.20	0	0.26
	转入	5.17	0.10	0	0	0	0	5.27

　　选取了平均斑块现状指数（SHAPE_ MN）、平均斑块分维数（FRAC_ MN）、聚集度（AI）三个指标来表现研究区农村居民点形态变化特征（表 15.3），前两者其值越大，斑块形态趋于复杂，值越小，斑块形态趋于规整，聚集度的值越大，集聚越明显。1990—2015 年，SHAPE_ MN 值呈波动变化下降趋势，至研究期末，下降了 0.08；FRAC_ MN 值下降了 0.01，2000—2015 年保持不变。SHAPE_ MN 和 FRAC_ MN 值的减少也反映了研究区农村居民点形态趋于规则。AI 指数呈波动起伏增长趋势，研究期间上升了 2.62，聚集度增加，表明农村居民点斑块呈集聚趋势。

表 15.3 1990—2015 年象山县农村居民点形态特征变化

年份	SHAPE_ MN	FRAC_ MN	AI（%）
1990	1.48	1.07	85.94
1995	1.32	1.05	87.76
2000	1.35	1.06	87.66
2005	1.38	1.06	87.48
2010	1.39	1.06	87.50
2015	1.40	1.06	88.56

（三）农村居民点空间变化特征

利用 ARCGIS10.3 的近邻分析得到研究区农村居民点的 ANN 指数及相关系数，来反映农村居民点斑块的分布特征（表 15.4）。1990—2015 年研究区农村居民点在 P 值为 0.000 水平下的 ANN 指数都小于 1，表明农村居民点集聚分布明显，1990—2010 年下降幅度较小，2010—2015 年，减少幅度增加，2015 年的 ANN 值最低，为 0.688，其农村居民点集聚趋势加深。

表 15.4 1990—2015 年象山县农村居民点 ANN 指数变化

年份	平均观测距离（m）	预期平均距离（m）	ANN	z 得分	p 值
1990	1359.68	1863.99	0.729	−6.567	0.000
1995	1135.85	1135.85	0.736	−7.771	0.000
2000	1150.76	1580.25	0.728	−7.817	0.000
2005	1135.12	1530.28	0.742	−7.669	0.000
2010	1110.42	1511.58	0.735	−7.979	0.000
2015	986.25	1433.91	0.688	−9.922	0.000

利用 ArcGIS 10.3 软件中的 Kernal Dentisty 工具制作象山县农村居民点的核密度分布图（图 15.3），可以发现：① 1990—2015 年农村居民点的核密度最高值增加，1990 年核密度最高值为 49.116 7，2015 年核密度最高值 113.366，增加了 66.249 3，表明研究区斑块内居民点的斑块面积和数量增加。1990—1995 年核密度最高值上升，1995—2000 年下降，而后逐渐增加，2015 年达到最高值。② 核密度空间分布随时间变化较小，1990—2015 年核密度空间上都呈现中部高南北低的特征。而核密度在空间分布差

异较大，表现为中部地区多个高值区，集聚特征明显，南北部地区的核密度较低，南部核密度略高于北部地区的核密度。③ 高值区主要分布在离城市较近的区域，这里交通便利，信息、物资交流频繁，有更多的就业和发展机会。如靠近象山县城区的高值区，居民点扩张速度较快，利用靠近县城的区位优势，经济的辐射作用强；而新桥镇、定塘镇、晓塘镇的高值区，主要是乡镇以农业经济发展为主，近几年政府不断调整农业结构，发展蔬菜"龙型"经济，推动新型农业产业的发展，也吸收了一大批农村劳动力，农村经济的发展推动了农村居民点面积的增加。低值区如北部地区，这里靠近象山港湾区，属生态保护型的港湾，一定意义上限制了居民点的扩张。以及一些山区，地形对居民点的扩张也产生一定的限制作用，导致居民点核密度较低。

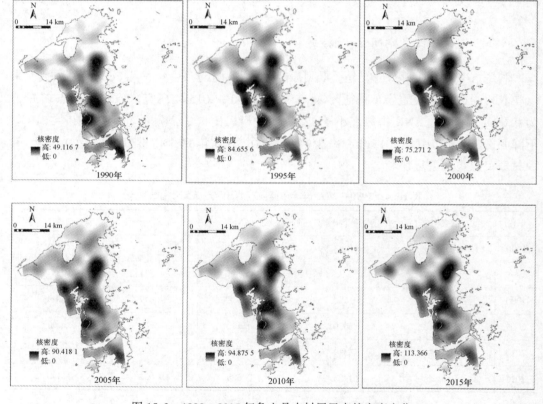

图 15.3　1990—2015 年象山县农村居民点核密度变化

通过 ARCGIS10.3 里的聚类和热点分析得到研究区居民点全局空间聚类值及热点分布图，对研究区农村居民点的全局和局部空间进行聚类检验。1990—2015 年研究区主要呈现全局的高值集聚特征，在一定的显著水平 P 值水平下，1990 年、2005—2015 年的 Z（G）值都为大于 0，即表明其居民点空间分布呈正相关，空间集聚明显；1995 年和 2000 年的 Z（G）值小于 0，即表明其居民点空间分布呈低值的集聚特征（表 15.5）。

表 15.5　1990—2015 年象山县农村居民点聚类值变化

年份	Z（G）值等分	P
1990	0.51	0.611312
1995	-0.38	0.706362
2000	-0.51	0.609301
2005	0.49	0.626584
2010	0.28	0.777328
2015	2.23	0.025817

局部空间的聚类检验，以研究区农村居民点属性表里的面积为统计属性字段，通过 ARCGIS10.3 的热点探测工具得到象山县农村居民点面积的热点分布（图 15.4），图上的点表示为研究区农村居民点的斑块质心，其数值表示为每一个点的 Z（G）值得分，为对各期热点图进行比较，按自然断点法进行分类，得到研究区最后的分布图。可以发现：① 1990—2015 年，热点区域增加，热点密集性上升，热点区域主要在原来的斑块基础上向周围扩散，高值集聚明显。冷点区域呈现先增加后减少再增加的趋势，低值集聚区也趋于增加。② 对比核密度分布图与热点分布图，靠近象山县城区的热点区与核密度的高值区呈正相关，而北部靠近象山港地区、中西部的新桥镇、定塘镇、晓塘镇与核密度分布呈负相关，表明研究区存在规模小但密度高的集聚区与规模大但密度低的集聚区（海贝贝等，2013）。

四、象山县农村居民点演变的影响因素

（一）地形因素

农村居民点的形成和扩张以自然环境为基础，既依赖于自然环境，也受限于自然环境，地形更是自然环境因素的重要影响因子，地形的高程与坡度对居民点的建立和发展都有深刻意义（朱彬等，2011；谭学玲等，2017）。

将下载的浙江省 DEM 数据进行研究区裁剪和分类，得到象山县各级的高程数据，DEM<100m（级别 1）、100m≤DEM<200（级别 2）、200≤DEM<300（级别 3）、300≤DEM<500（级别 4）、DEM≥500（级别 5），并通过软件 Fragstats4.3 计算得到各高程下的相关景观指数（表 15.6）。研究区不同高程内农村居民点的分布差异较大，农村居民点主要分布在级别 1 区，级别 2 区较少，级别 3、4、5 区没有分布。级别 1 区上，斑块

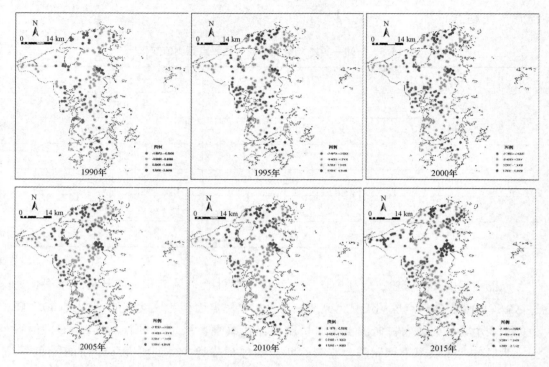

图 15.4   1990—2015 年象山县农村居民点规模热点分布

面积呈增长趋势，至研究期末增加了 1 474.74 km²，1995—2000 年斑块面积下降，其余年份斑块面积都增加，2010—2015 年上升幅度较大，增加了 501.66 km²。斑块数量在研究期间上升了 96 个，1990—1995 年增长较快，其余年份增长缓慢。斑块面积标准差（PSSD）上升，1990—2010 年变化幅度较小，2010—2015 年大幅上升，增加了 8.8。SHAPE_ MN 值的下降，表现了斑块形态趋于规则。AI 指数的上升，表明了居民点斑块集聚度上升。级别 2 区变化幅度相较于级别 1 区较小，但斑块面积、斑块数量、斑块面积标准差、聚集度与级别 1 区变化特征趋于一致，SHAPE_ MN 值上升，表明级别 2 区居民点斑块区域复杂和不规则化。把各高程下各景观指数的变化与核密度分布图相对比，发现核密度高值区也大多分布在级别 1 区，少数分布在级别 2 区，高程越高，核密度越低，体现了高程与核密度变化的一致性。

表 15.6　1990—2015 年象山县不同高程范围内农村居民点分布特征

高程级别	年份	指标名称				
		TA（km²）	NP（个）	PSSD（km²）	SHAPE_ MN	AI（%）
级别 1	1990	1460.97	159	7.20	1.48	85.93
	1995	2191.23	235	7.87	1.32	87.74
	2000	2102.40	225	8.37	1.34	87.63
	2005	2356.38	244	8.66	1.38	87.43
	2010	2434.05	249	8.74	1.38	87.46
	2015	2935.71	255	17.54	1.40	88.55
级别 2	1990	6.30	8	1.04	1.21	69.92
	1995	27.45	17	1.39	1.28	74.43
	2000	23.22	16	1.39	1.28	72.88
	2005	22.32	15	1.43	1.29	73.28
	2010	24.12	16	1.39	1.29	73.36
	2015	25.74	19	1.33	1.26	72.12

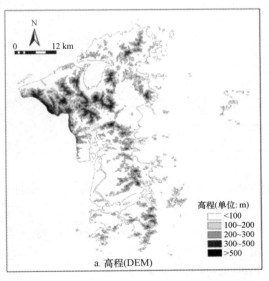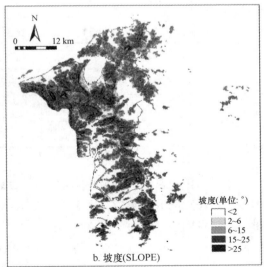

图 15.5　象山县高程与坡度图

　　对 DEM 数据进行坡度分类，根据前人研究和研究区实际，把象山县坡度主要分为：SLOPE<2°（级别1）、2°≤SLOPE<6°（级别2）、6°≤SLOPE<15°（级别3）、15°≤SLOPE<25°（级别4）、SLOPE>25°（级别5）。以研究区始末的1995年与2015年居民点作为研究对象，计算得到各坡度下的景观格局指数（表15.7），来反映研究区农村居民点的分布特征。研究区居民点主要分布在级别2区，清楚其次是级别1区，而后随着坡度上升，级别3、4、5区的居民点斑块面积和斑块数量逐渐下降。1990—2015年相隔25年，其各级别区的斑块面积和数量都增加，在级别2区，斑块面积大幅增加，上升了868.8 km²。PSSD的变化特征与斑块面积变化一致，SHAPE_MN值级别1区上升，级别2区下降，级别3区上升，级别4区变化，级别5区上升。聚集度级别1-4区上升，级别5区下降，集聚趋势明显。农村居民点在级别2区广泛分布，而居民点规模后随坡度上升而下降，表明坡度对居民点也有一定的影响。

表15.7　象山县不同坡度范围农村居民点分布特征

坡度级别	年份	指标名称				
		TA（km²）	NP（个）	PSSD（km²）	SHAPE_MN	AI（%）
级别1	1990	292.5	184	1.69	1.28	71.37
	2015	596.25	313	2.31	1.29	73.62
级别2	1990	890.28	165	6.94	1.38	83.95
	2015	1758.78	244	13.07	1.35	86.78
级别3	1990	212.49	121	1.91	1.27	73.42
	2015	446.22	224	2.40	1.28	74.74
级别4	1990	67.23	44	1.49	1.29	71.58
	2015	151.83	81	2.17	1.29	74.78
级别5	1990	4.32	9	0.47	1.09	63.41
	2015	7.83	14	0.49	1.23	56.77

通过对象山县高程与坡度对农村居民点规模分布特征的分析（图15.5），发现地形因素对居民点的分布影响十分深远，在居民点的形成和演化过程中占主要地位，主要影响居民点的规模大小、形态变化、空间分布等。但在经济快速发展的社会，地形对居民点的限制作用逐渐减弱，非自然因素对居民点的作用增强。而在研究期间象山县农村居民点的增加主要是耕地转入，也表明居民点增加对耕地的占用现象十分突出。

（二）区位因素

社会经济的进步带动了城镇和交通网的发展，区位因素对农村居民点的分布影响越来越大，城镇对居民点有一定的辐射带动作用，居民点也为城镇提供劳动力和农产品等资源；交通网络把居民点串联起来，但居民点的形态对交通线路产生引导作用，如山区复杂的道路连接各居民点，所以区位因素与居民点之间联系密切。

为探究城镇对居民点的影响，利用 ARCGIS10.3 的缓冲区分析，以 1 000 m 为半径建立了 3 级缓冲区，并对各级缓冲区内的居民点面积进行了统计，对 2015 年多级缓冲区内农村居民点进行了展示（图 15.6、表 15.8）。结果发现：各级缓冲区内的农村居民点面积随着年份而增加，1995—2000 年缓冲区内的居民点面积下降。农村居民点主要分布在 2 000 m 以内，2 000 m 缓冲区以内的居民点面积占整个所有缓冲区内居民点面积的 58%以上，在 2 000 m 缓冲区以内的居民点面积呈现距离衰减特征，而 2 000 ~ 3 000 m 缓冲区，因为离城镇远，受城镇影响相较于前两者较弱。

表 15.8　1990—2015 年距离城镇不同范围内农村居民点规模变化　　　　　（km²）

年份	缓冲区		
	1 000 m	1 000 ~ 2 000 m	2 000 ~ 3 000 m
1990	2.63	1.93	2.58
1995	3.44	3.38	4.46
2000	3.43	3.26	4.19
2005	3.75	3.34	4.38
2010	3.75	3.36	4.38
2015	4.54	4.42	6.35

象山县内主要道路为省道和乡道，没有铁路，北部的高速公路还没有完全建好，研究主要以高速公路、省道、乡道为研究对象。为探究道路交通对农村居民点的影响，以 1 000 m、2 000 m 为半径做一个缓冲区，2 000 m 为半径的缓冲区效果最好，并以此进行分析，把 1990 年与 2015 年的 2 000 m 缓冲区内的居民点进行相交，从而分析研究期始末的道路交通 2 000 m 以内的居民点变化情况（图 15.7）。通过图 15.7 可以发现，1990—2015 年增加的居民点主要分布在道路附近，呈带状或块状分布于交通线路的两侧，1990—2015 年保留的居民点也主要分布在相近的道路附近，而 1990—2015 年减少的居民点离交通道路相对较远，特别是鹤浦镇南部减少的居民点。研究期起末居民点的变化也表明了交通对居民点的影响较显著，交通联系了农村与城镇，带动了农村居民点的扩展。

图 15.6   2015 年距离城镇不同范围内农村居民点分布特征

（三）社会经济因素

农村居民点的扩张与社会经济因素密不可分，农村经济、人口数量及政府对农村的政策都是其重要的影响因子（Tian G. J. 等，2012）（Bai-lin 等，2017）。利用浙江省和宁波市 1990—2015 年统计年鉴，整理得到了象山县第一产业生产总值及农村人口变化情况，并与象山县斑块数量建立线性函数，分析两者之间的相关性。

通过图 15.8 可以看出，象山县农村居民点扩张与其第一产业生产总值呈正相关，R^2 为 0.7375，与农村人口数量呈负相关，R^2 为 0.7128，前者拟合度大于后者。政府大力扶植乡村特色农业，农民收入增加促进了居民点的扩张。随着城镇经济的不断发展，城镇对农村的吸引和辐射力越来越强，农村人口流出较多，部分会选择定居在城市和长期在城里工作，这在一定程度上也导致了农村现人口数量的减少，农村"空心化"现象加深。但这并没有导致农村居民点面积的减少，这主要是因为农村人口在经济因素驱动下前往城市工作，但大部分人口鉴于城镇房价较高、生活压力较大，大多选择返乡生活，从城市带来的资金带动了农村居民点的建设和扩张，这也主要是发生在原来居民点地址的周围，所以象山县居民点的扩张主要以块状扩展为主，但也有迁移到交通区位较好的道路两旁，呈条带状扩展型。

政府政策对于居民点面积的变化也有着重要影响。象山县政府着重扶植发展以农

图 15.7 1990—2015 年距离交通线不同范围内农村居民点分布特征

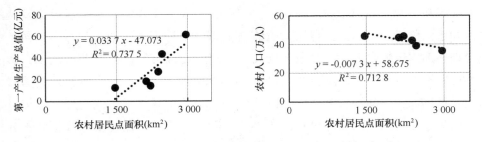

图 15.8 1990—2015 年象山县农村居民点规模变化与社会经济因素的相关性分析

业经济为主的绿色生态农业产业，通过大力调整农业产业结构，形成了以果蔬为主的种植业主导产业。发展以农村淘宝项目为主要途径的农村电商产业，立足于当地海洋资源特色，如海鲜产品、特色农作物。着力改善农村环境条件和加大农村基础设施建设，发展乡村旅游业。这都增加了农民的就业机会和经济收入，吸引了部分农村居民返乡工作，农村人口和收入增加对居民点面积也产生了重要影响。此外，政府在道路建设选址、农村宅基地政策、扶贫搬迁工作等方面的措施都会对居民点产生相当大的影响（Mohamed Arouri 等，2017）（曲衍波等，2017）。

在科学技术快速发展的当代社会，自然环境因素对居民点扩张的限制作用减弱，区位条件对居民点的辐射带动作用逐渐增强，社会经济因素对居民点的驱动力大幅上升，也表明了社会经济因素对农村居民点的影响作用较为广泛和深远，但各种因素之间是相互作用、彼此联系的。

五、讨论

（一）农村居民点演变趋势特征及主要影响因素

对象山县农村居民点的分析及结合前人研究结果（海贝贝等，2013；马小娥等，2018；李玉华等，2014；周国华等，2010）表明，中国农村居民点空间格局演变具有某些一般特征。农村居民点规模呈上升趋势，居民点斑块面积和斑块数量增加。农村居民点扩张主要以块状扩展为主，居民点沿着原来的斑块区域向四周扩张；其次为条带状扩展，以交通线路及城镇为中心，呈条状或带状分散于四周；分散扩展区域零散分布，扩张区域与原来的斑块联系不大。农村居民点扩张以占用耕地为代价，农村居民点用地增加对农业生产空间构成极大挤压，这也对农村耕地红线产生了一定的威胁，影响了区域粮食安全。农村居民点空间演变形态趋于规则，集聚趋势明显，趋向于区位优势明显的区域集聚，如地形比较平坦、经济发展条件和基础较好、交通联系便利、资源丰富的区域等。

象山县农村居民点的演变主要受地形因素、区位因素和社会经济因素的影响，这些因素交织在一起，共同作用于农村居民点的分布和演化，但在农村居民点发展的不同地区和不同阶段，影响的主导因素也有所差别。对于不同区域来说，山区居民点的分布受地形因素影响较大，平原地区居民点的演变受社会经济因素和区位因素影响深远。不同阶段上，农村居民点在形成初期，主要受到自然因素的影响，自然因素是农村居民点形成和发展的基础，而地形因素又是其中的主导因素，既为居民点提供了存在与发展的空间，又限制着居民点的扩展。但随着经济社会的发展，区位因素和社会经济因素对农村居民点的影响逐渐上升，距离交通线和城镇远近影响着农村居民点的分布和发展。在诸多社会经济因素中，人口、经济、政策等在农村居民点演化中也起到重要作用，农村人口不断迁出，而居民点规模却不断增加，出现"减人不减地"的现象，这也是各种因素共同作用的结果。20世纪80年代以来，随着农村土地制度改革，农村生产力得以解放，在户籍制度的松动背景下，大量隐形失业的农村劳动力转向城市，农民劳动力累计有效劳动时间增加，农民收入增加，带来第一波资金向农村地域回流，助推了农村地域的建房热潮，这也解释了农村人口减少而居民点规模不断增加的现象。

（二）农村居民点未来发展道路探索

据相关统计，2017年中国乡村常住人口为57 661万人，占总人口比重为41.48%，农村人口仍在我国占有很大的比重，农村居民点则是农村人口的主要聚居地。分析农村居民点的形成、演变、发展现状、影响因素，探索未来的发展道路对于农村居民点空间布局优化、建设美丽乡村、统筹城乡发展有着重要的指导和借鉴意义。

在快速城镇化背景下，象山县农村居民点在规模、形态、结构、空间格局等方面都发生较大的变化。由于农村居民点的建设和规划缺乏合理和科学引导，也导致了居民点正处于一种盲目和无序的发展状态，村庄的"空心化"、"荒芜化"、"空废化"和"无序化"等现象突出，村庄生态环境受到城镇化影响，景观遭到破坏，资源环境压力增大，居民点增加占用了大量耕地，威胁耕地红线，这些都是当前很多农村居民点面临的问题。

在当前农村居民点严峻形势下，政府要在新农村建设和城乡一体化发展中扮演着重要作用，需要去合理和调控居民点的空间布局、重视影响农村发展的各种因素，改善农村居民的居住环境、加强基础设施建设，需要通过城乡统筹发展来带动农村的经济建设。同时要依法做好耕地占补平衡工作，并加强对占补平衡的监管，严格保证补充耕地的质量。加快推进土地流转，以促进工业化快速发展的农村地区的耕地得到规模化集中经营，这样不仅能有效防止耕地的闲置现象，还能提高耕地的产出效率。在政府政策的支持下，给农村居民营造了良好的创业、就业环境，可极大发挥农民的创造性和能动性，在经济利益的驱动下，农民自愿主动配合政府进行乡村改造和规划，这不仅增加了农民自身的经济收入，也促进了乡村经济发展和环境改善。通过政府政策扶植、经济因素引导、其他因素的相互作用，因地制宜对各农村居民点进行科学规划，促进农村居民点的可持续发展（Michael Bernard Kwesi Darkoh，等，2015）。

在对农村居民点改造和规划的准备工作中，要立足于各村庄的实际，科学高效的促进农村居民点的开发建设。在对农村居民点进行规划前更需要分析居民点的现状、前景。在山区里面的大部分村庄村民已经完全搬迁，只剩下了村庄的空壳，完全的"空废化"，这样的村庄已经失去了活力，没有重新规划和改造的必要。但对于部分"空废化"的山区村庄，政府也不能放任不管，可改善其居住环境或搬迁到其他较大的居民点。而在平原地区或靠近城镇的居民点，农村人口相对较多，可增加投入和建设成本，缓解资源环境压力，在立足于农村实际，发展特色的乡村产业，增加农民的就业机会，吸引农民返乡就业和创业。

本书结合象山县乡村发展现状和现实问题，分析农村居民点的格局演化特征和影响因素，讨论象山县农村居民点不同阶段的主要影响因素、未来发展道路，对因地制宜制定乡村发展政策有一定的参考和启发作用。农村居民点变化更受到地理环境、社会心理、人口的快速流动等其他因素影响，可在未来的研究工作中，增加对不同角度和尺度下农村居民点变化的研究。

六、结论

本书基于宁波市象山县 1990—2015 年 6 期遥感影像数据，运用土地利用动态度、景观格局指数、平均最邻近指数、核密度估计、全局聚类检验和空间热点分析等模型方法，分析了象山县农村居民点的时空格局变化，并探讨地形、区位、社会经济因素方面对象山县农村居民点变化的影响，主要结论为：

1. 研究期间象山县农村居民点用地规模不断扩张。其斑块面积增加了 1 498.05 km²，增长率为 102.07%；斑块数量和最大斑块指数呈增长趋势；平均斑块面积和斑块面积标准差不断增加。居民点用地规模速度先下降后增加，研究区农村居民点扩展以块状扩展为主，其次为分散扩展、条带状扩展。

2. 研究期间象山县农村居民点转出面积较小，转入面积较大，转出主要为耕地和其他建设用地，转入来源主要为耕地。农村居民点形态趋于规则，其 SHAPE_ MN 值和 FRAC_ MN 值呈波动下降趋势，AI 指数呈波动起伏增长趋势，斑块集聚明显。

3. 研究期间象山县农村居民点 ANN 指数下降，集聚趋势加深。农村居民点的核密度最高值增加，其核密度高值区主要分布在离城镇较近的区域。核密度空间分布随时间变化较小，空间上都呈现中部高南北低的特征。核密度在空间分布差异较大，表现为中部地区多个高值区，集聚特征明显，南北部地区的核密度较低，南部核密度略高于北部地区的核密度。研究区主要呈现全局的高值集聚特征，局部检验上，热点区域增加，冷点区域呈现先增加后减少再增加的趋势，低值集聚区也趋于增加。

4. 象山县农村居民点变化主要受地形、区位和社会经济因素影响。农村居民点趋向于分布在高程和坡度较小，靠近城镇中心，并有便捷的交通线路联系的区域。地形因素对居民点的规模和形态影响较大，而随着经济的发展，区位因素对居民点的影响力增强，社会经济因素也对居民点的变化产生相当大的作用力和控制力。

第二节　快速城镇化背景下杭州湾南岸城乡建设用地时空演化特征分析

土地利用/覆被变化（LUCC）是全球气候变化和全球环境变化研究关注的重要内容（Mooney H. A. 等，2013；Sterling S. M. 等，2012；Shoshany M. 等，2002），随着全球城市化进程的推进和社会经济的快速发展，城乡建设用地不断增长、扩展成为当代土地利用/覆被变化的主要特征（王婧等，2011）。城乡建设用地扩展表征了不同时期各种人类活动与功能组织在城乡地域上的空间叠加，它是人类个体和集体行为与地理环境相互作用的综合体，是研究 LUCC 驱动力的首选对象。我国的建设用地增长表现为东部地区（高高）聚集，西部地区（低低）聚集（王文刚等，2012）。近年来城乡建

设用地时空变化研究得到学术界的普遍重视，省级尺度以城市群为主体，主要包括长
江三角洲、珠江三角洲和京津冀等城市群的研究（李加林等，2007；叶玉瑶等，
2011）。厦门（梁发超等，2015）、上海（张心怡等，2006）、北京（Liu S. H. 等，
2002）、南京（陈爽等，2009）、绵阳（董廷旭等，2011）、佛山（苏泳娴等，2013）
等市级尺度的研究表明，随着城市化进程的加快，城市建设用地不断扩张，城市用地
呈现不同的增长轴向、模式，而县级以下尺度的城乡建设用地变化研究则相对较少。
杭州湾南岸是海陆交错生态敏感区，也是国家级杭州湾新区所在地，已有的相关研究
主要集中于海岸带土地利用模式（李伟芳等，2016）、土地利用适宜性（李伟芳等，
2015）、土地生态系统服务价值（李加林等，2005）等方面，对快速城市化影响下的城
乡建设用地的研究较少。而杭州湾南岸是典型的淤涨型海岸，大规模围垦及城乡建设
用地的增长在沿海地区具有典型性，城乡建设用地变化趋势研究对杭州湾南岸地区城
镇化发展规划具有现实意义，可为浙江省乃至全国湾区建设土地开发利用与保护提供
数据支撑和战略分析参考，也可丰富全球变化与人类活动响应研究的海岸带区域典型
案例。

一、研究区概况

杭州湾位于我国大陆海岸线中段，浙江省和上海市之间，西起浙江海盐县澉浦镇
和慈溪之间的西三丰收闸断面，与钱塘江水域为界；东至上海扬子角-宁波镇海连线，
与舟山、北仑港海域为邻；南连宁波市，北接上海市和嘉兴市。杭州湾南岸所在的慈
溪市地处浙东宁绍平原北部，沪、杭、甬金三角的中心地带，是国务院批准的国家级
经济开发区之一。慈溪市境总面积 1 154 平方千米，海岸线长 66 千米。慈溪市包含 15
个镇、3 个街道以及杭州湾开发区、市滩涂地、逍林镇区农垦场等特殊区域。以平原为
主，有"二山一水七分地"之称。杭州湾南岸属季风型气候，地势南高北低，呈丘陵、
平原、滩涂三级台阶状朝杭州湾展开。杭州湾跨海大桥的建立使慈溪成为连接上海、
宁波的纽带。杭州湾南岸形成了以浒山中心城区为主体、观海卫和周巷两个小城镇为
翼的"一体两翼"的城镇发展格局，近年来综合实力不断增强，成为国内知名的先进
特色制造业基地。为保持行政区划的完整性，本研究所指杭州湾南岸即为慈溪市域。

二、数据与方法

以 2005 年、2010 年、2015 年共 3 期土地利用现状信息为主要数据源，进行杭州湾
南岸城乡建设用地时空演化分析。社会经济人口数据来源于《慈溪市年鉴》、政府工作
报告和城建资料。参考土地利用现状分类系统（GB/T21010-2007）以及杭州湾南岸土
地利用方式特点将土地利用类型分为耕地、建设用地、林地、水域、滩涂、未利用地
和园地，再将建设用地细分为城市用地、建制镇用地、村庄、独立工矿用地、水利及

公共设施和交通用地。运用 ArcGIS10.2 生成不同时期土地利用现状图和建设用地专题图，通过空间叠加得到土地利用转移矩阵。

（1）城乡建设用地扩展速度：城乡建设用地扩展速度表示单位时间内城乡建设用地面积增加的幅度，用于表征城乡建设用地扩张的总体规模和趋势（黄贤金等，2008），其计算公式为

$$AGA = (UJM_{n+1} - UJM_i)/n \qquad (公式 15.6)$$

式中，AGA 表示建设用地的扩展速度，UJM_{n+i}，UJM_i 表示 $n+i$ 和 i 年的城乡建设用地面积，n 表示以年为单位的时间。

（2）扩展弹性系数：城乡建设用地扩展弹性系数是判断城市建设用地扩展合理性的重要指标，可用来衡量城市用地扩张和人口增长之间的协调关系（谈明洪等，2004）。其计算公式为：

$$R(t) = UJM(t)/Pop(t) \qquad (公式 15.7)$$

式中，UJM（t）表示建设用地面积年平均增长速度，Pop（t）表示非农业人口平均增长速度。国际公认的城市用地规模弹性系数为 1.12 时比较合理。

（3）单一动态度：城乡建设用地单一动态度是表示研究区特定时间范围内某种土地利用类型的变化速度，它可以直观的反映土地利用类型的变化幅度与速度，也能通过对比来反映土地利用类型之间的变化差异（王秀兰等，1999）。其计算公式为

$$K = \frac{U_b - U_a}{U_a \times T} \times 100\% \qquad (公式 15.8)$$

式中，K 表示研究区某种土地利用类型的动态度；U_a、U_b 表示研究初期和末期某一土地利用类型的数量；T 表示研究年份。

（4）土地利用结构信息熵：土地利用结构信息熵由美国数学家 Shannon 提出，用来反映某区域系统宏观尺度上的土地用地结构特征（杨晓娟等，2008）

$$A = \sum_{i=1}^{N} A_i$$

$$P_i = \frac{A_i}{A}$$

$$H = -\sum_{i=1}^{N} P_i ln P_i \qquad (公式 15.9)$$

式中，A_i 表示每种土地利用类型的面积，i 为土地的种类；P_i 为某一土地利用类型面积与该区域土地面积的百分比；H 表示土地利用结构信息熵，信息熵高低可以反映城市用地结构均衡程度，熵值越大，说明不同职能的用地类型数越多，各职能类型的面积比例相差越小，土地分布越均衡。

利用建设用地变化均衡度和优势度来描述区域建设用地变化类型之间面积大小的差异及各类型的结构格局

$$I = \frac{H}{H_{max}} = -\sum_{i=1}^{N} P_i \ln P_i / \ln_n \qquad (公式 15.10)$$

式中，I 为均衡度，H_{max} 为最大信息熵，I 值越高则建设用地变化的均衡程度就越高。当 $I=0$ 时，建设用地变化处于最不均衡状态；$I=1$ 时，建设用地变化达到均衡的理想状态。优势度公式为：

$$J = 1 - I \qquad (公式 15.11)$$

式中，J 为优势度体现了研究区域内一个或者多个建设用地结构主导该区域建设用地类型的均衡度，与均衡度成反比。

（5）建设用地变化区域差异模型：建设用地变化区域差异模型是指研究区域某一特定土地利用类型相对变化率（朱会义等，2001），其计算公式为

$$R = (|K_a - K_b| \times C_a) / K_a \times |C_b - C_a| \qquad (公式 15.12)$$

式中，K_a、K_b 分别为区域某一特定土地利用类型研究初期及与研究期末的面积；C_a、C_b 分别代表整个研究区某一特定土地利用类型研究初期及期末的面积。$R>1$，则表示该区域这种土地利用类型变化较全区域大。

三、杭州湾南岸土地利用构成变化特征

由图 15.9 和表 15.9 可知，杭州湾南岸土地利用类型以耕地所占面积最大，2005年、2010 年和 2015 年耕地面积分别为 49 844.1 hm²、49 722.3 hm² 和 51 152.8 hm²，分别占土地总面积的 36.76%、37.61% 和 38.76%，近 10 年来耕地面积略有增加，耕地的增加主要来自于滩涂围垦。杭州湾南岸拥有着丰富的滩涂资源，近年来围垦开发的滩涂近 6 700 hm²，是杭州湾城镇化过程中保障耕地动态平衡的主要途径。滩涂近 10 年来有明显的减少趋势，面积由 2005 年的 36 321.6 hm² 减少到 2010 年的 27 671.9 hm²，再减少至 2015 年的 22 524.5 hm²，总面积共减少 9.72%。由于城镇化的快速发展，杭州湾南岸城乡建设用地明显增加，其面积由 2005 年的 24 771.4 hm² 增加到 2010 年的 31 011.6 hm²，再增加到 2015 年的 36 711.9 hm²，占总面积的比例共增加了 9.54%。2005—2010 年的年均增长率为 5.04%，2010—2015 年年均增长率为 3.68%，增加速度逐渐变缓。林地面积变化相对较小，2005、2010、2015 年林地的面积分别为 12 461.1 hm²、12 442.3 hm²、10 810.2 hm²，占总面积比例由 9.19% 降到 8.19%。园地、水域、未利用变化幅度最小，且所占比例不超过 5%。

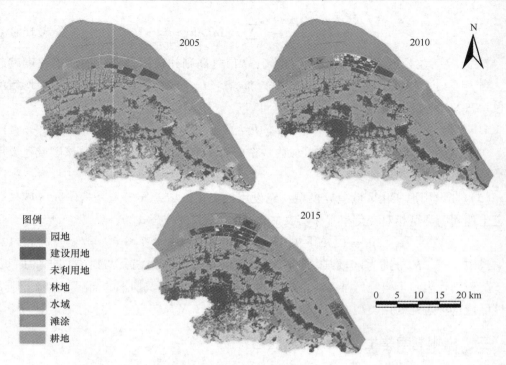

图 15.9　杭州湾南岸土地利用现状图

表 15.9　2005—2015 年杭州湾南岸土地利用构成

土地类型	面积（hm²）			比例（%）		
	2005 年	2010 年	2015 年	2005 年	2010 年	2015 年
耕地	49844.07	49722.35	51152.81	36.76	37.61	38.76
建设用地	24771.39	31011.55	36711.93	18.27	23.46	27.81
林地	12461.12	12442.26	10810.17	9.19	9.41	8.19
水域	4284.11	6207.27	6130.45	3.16	4.7	4.65
滩涂	36321.60	27671.87	22524.46	26.79	20.93	17.07
未利用地	796.21	1070.06	698.84	0.59	0.81	0.53
园地	7118.29	4070.31	3962.97	5.25	3.08	3.00

四、杭州湾南岸城乡建设用地时间变化特征

（一）建设用地变化规模

杭州湾南岸地处沪、杭、甬金三角的中心地带，近年来城镇化速度较快，城乡建设用地总量快速增加，其占研究区总面积的比例由 2005 年的 18.27% 增加到 2015 年的 27.81%。由表 15.10 可得，其中建制镇用地大规模增加。2005、2010 和 2015 年杭州湾南岸建制镇用地面积分别为 5 844.16 hm^2、12 749.65 hm^2 和 14 715.07 hm^2，2005—2010 年均增长 1 381.10 hm^2，2010—2015 年均增长 393.08 hm^2。城市用地和交通用地次之，但增长幅度比较缓慢。2005—2010 年城市用地和交通用地年均增长分别是 411.13 hm^2、263.28 hm^2，2010—2015 年为 49.79 hm^2、126.16 hm^2，增加速度也明显变缓。村庄面积先减少后增长，由 2005 年的 10 239.51 hm^2 减至 2010 年的 8 906.70 hm^2，再增加至 2015 年的 10 067.89 hm^2，总体保持稳定。水利及公共设施和独立工矿用地先减少后小幅度增加总体呈下降趋势，2005—2010 年均分别减少 237.76 hm^2、303.16 hm^2，2010—2015 年均分别增加 24.11 hm^2、1.40 hm^2，整体来看 2005—2015 年均分别减少 106.83 hm^2、150.88 hm^2。从城乡建设用地扩展的合理性来看，2005—2010 年杭州湾南岸扩展弹性系数为 1.55，接近于国际公认的 1.12，2010—2015 年为 3.50，城市扩张的速度和城市化的程度明显不协调。城市人口的不断增加以及人民生活水平的提高增加了人们对居住用地以及一些休闲娱乐设施建设用地的需求，引起了建设用地与其他土地利用类型景观之间的相互转化。

表 15.10　2005—2015 年杭州湾南岸城乡建设用地构成　（hm^2）

年份	建设用地	城市	村庄	独立工矿用地	建制镇	交通用地	水利及公共设施
2005	24771.40	2491.83	10239.51	2150.33	5844.16	1148.57	2897.00
2010	31011.55	4547.50	8906.70	634.55	12749.65	2464.95	1708.21
2015	36711.93	4796.44	10067.89	641.53	14715.07	3095.77	1828.75

（二）城乡建设用地变化速度

由图 15.10 可知，杭州湾南岸建设用地内部土地利用动态度差异很大。2005—2010 年建制镇和交通用地变化最快，年均增长率分别为 23.63%、22.92%，城市用地和独立工矿用地次之，分别为 16.50%、14.10%。村庄和水利公共设施变化速度最慢，分别为 2.60% 和 8.21%。

同时。2010—2015 年各类型的建设用地变化速度大幅度减缓，交通用地增长速度最快，但年均增长率较前一阶段降低 17.8%；其次是建制镇年均增长率 3.08%，比前一阶段减少 20.55%；由于农村居民点的调整这个阶段的稳中增长，无太大变化；再次是城市和水利及公共设施的年均增长率分别下降 15.41%、6.8%；独立工矿用地年均增长率下降 13.88%。

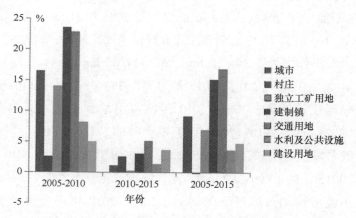

图 15.10　2005—2015 年城乡建设用地面积变化速度

总体来看，杭州湾南岸建设用地内部各类用地中交通用地和建制镇的增长速度是最快的，年均增长率为 16.95% 和 15.18%；其次是城市和独立工矿用地年均增长率为 9.25% 和 7.02%，增长速度比较缓慢；水利及公共设施年均减长率为 3.69%；村庄变化速度最慢，年均减少率为 0.17%。随着大量农民工迁到城市生活，加入到城镇建设的大军中，城市向外扩张，出现了农村向城镇转移的趋势，导致城镇建设用地增加、农村居民点在空间上出现不规则的减少。

"大桥经济"使大量投资商在这里落户，导致早期杭州湾南岸经济实力快速提高，城镇建设需求明显增大。建设用地中城镇扩展速度由 2005—2010 年的平均 1 792.23 hm²/a 降低至 2010—2015 年的 442.87 hm²/a，乡村用地 2005—2010 年以平均 569.72 hm²/a 的速度减少，2010—2015 年以每年 233.63 hm²/a 的速度增长。早期的开发主要是村庄转换为城镇，后期城镇化建设中以滩涂开发为主。

（三）建设用地构成变化

从表 15.11 可知，建制镇、城市、交通用地比重持续增加。建制镇由 2005 年的 23.59% 增加到 2015 年的 41.87%；城市用地由 2005 年的 10.06% 增加到 2015 年的 13.65%；交通用地由 2005 年的 4.64% 增加到 2015 年的 8.81%。其他的用地类型比重都在下降，村庄减少 12.69%，独立工矿用地减少 6.85%，水利及公共设施减少

6.49%。建设用地结构基本稳定，建制镇>村庄>城市>交通用地>水利及公共设施>独立
工矿用地，2005 年初期城镇发展落后即村庄所占的比重最大为 31.34%。2010 年以后
建制镇在整个建设用地所占比例最大，持续在 40% 以上，城市用地所占的比例较少，
说明杭州湾南岸建设用地开发程度不深，城镇化是杭州湾南岸的主要发展方向。

表 15.11　2005—2015 年杭州湾南岸城乡建设用地结构　　　　　（%）

年份	城市	村庄	独立工矿用地	建制镇	交通用地	水利及公共设施
2005	10.06	41.34	8.68	23.59	4.64	11.69
2010	14.66	28.72	2.05	41.11	7.95	5.51
2015	13.65	28.65	1.83	41.87	8.81	5.20

　　为了更深刻的研究杭州湾南岸建设用地结构变化特征，本书引入信息熵来表征建
设用地变化的有序程度。从表 15.12 可知，杭州湾南岸建设用地结构在信息熵中属于
偏上水平，由 2005 年的 1.542 5 到 2015 年的 1.415 2，总体保持稳定，说明土地开发
利用程度较高。但是建设用地结构信息熵与标准信息熵 1.791 8 相比有一定差距，说明
建设用地系统结构性还有待加强，且这种差距越来越大。信息熵和均衡度的变化趋势
具有一致性，当两者逐渐减少的同时优势度呈上升趋势，说明单一或多种职能类型的
建设用地主导杭州湾南岸建设用地的程度加强（张雪茹等，2016）。由上文可知，建制
镇对建设用地的贡献率最高，建制镇逐渐主导杭州湾南岸建设用地的均衡性。整体来
看杭州湾南岸建设用地结构均衡性比较高，优势度比较低，开发利用比较合理。而面
对均衡性变弱优势度增加的趋势，杭州湾南岸建设用地土地利用结构还有待进一步
调整。

表 15.12　2005—2015 年杭州湾南岸城乡建设用地结构特征

年份	信息熵	均衡度	优势度
2005	1.5425	0.8609	0.1391
2010	1.4458	0.8069	0.1931
2015	1.4152	0.7898	0.2102

（四）杭州湾南岸城乡建设用地与其他土地利用类型的相互转化

　　由表 15.13 可知，近 10 年来杭州湾南岸建设用地的大面积增加主要由耕地、滩涂
转化而来，分别达 8 491.79 hm² 和 4 174.55 hm²，其中耕地的转化量几乎是滩涂的两

倍。林地转换为建设用地面积达 1 940.10 hm²，水域中的水利工程建筑用地的增加使得建设用地增加了 855.21 hm²，园地转为建设用地面积为 609.95 hm²，未利用地主要分布在沿海地区和林地之间，转为建设用地的面积最少，仅为 366.12 hm²。可见，占用耕地是城镇向郊区扩张的主要方式，大量的耕地转换为建设用地以后其面积依然保持增加，主要是因为杭州湾南岸的大面积滩涂匡围后转化为耕地，有 5 338.86 hm² 的滩涂转变为耕地。10 年来耕地面积的增加量仅次于建设用地面积，而其他用地面积都在减少。其他土地利用类型转为建设用地时滩涂作为后备资源再转换为相应土地类型，保持了杭州湾南岸土地结构的合理性。耕地既是建设用地的主要来源同时也是建设用地主要流出方向。城市规划中不合理的建设用地主要转化为耕地和水域，10 年来建设用地转换为耕地面积为 2 516.95 hm²，转换为水域面积为 1 563.45 hm²，且主要集中在观海卫镇。建设用地转换为林地、滩涂、未利用地的面积较少，转换为园地的面积最少，仅为 77.76 hm²。

表 15.13　　2005—2015 年杭州湾南岸土地利用转移矩阵　　　　　　（hm²）

2005年＼2015年	耕地	建设用地	林地	水域	滩涂	未利用地	园地	总计
耕地	38696.40	8491.78	125.46	2019.31	59.62	46.99	359.09	49798.64
建设用地	2516.95	20256.54	121.78	1563.45	121.10	108.91	77.76	24766.48
林地	161.84	1940.10	9442.78	29.99	0.26	70.25	741.14	12386.36
水域	1542.45	855.21	17.05	986.29	806.51	58.10	9.36	4274.97
滩涂	5338.86	4174.55	33.20	1400.30	19994.81	330.40	–	31272.13
未利用地	99.17	366.12	178.27	42.40	11.12	68.67	27.63	793.39
园地	2783.70	609.95	851.56	85.62	0.03	15.23	2745.53	7091.62
总计	51139.36	36694.24	10770.11	6127.37	20993.45	698.56	3960.51	130383.59

–表示未发生转移

五、杭州湾南岸城乡建设用地空间变化特征

由表 15.14 和图 15.11 可知，杭州湾南岸建设用地分布存在空间差异，中西部比较集中，其他区域零散分布。北部以庵东镇为主，中西部以周巷镇、观海卫镇、横河镇为主，这些地区是农村居民点聚集区。浒山街道、坎墩街道、宗汉街道是杭州湾南岸的经济中心，建设用地为主要土地利用类型，其中浒山街道经济水平最高，以城市用地为主几乎达到饱和。整个研究区域呈现出以三街道为中心的"极核式"发展。极核

周围建制镇用地零散分布，同时向东南方向跨越桥头镇、观海卫镇、掌起镇、龙山镇
呈带状延伸，形成点轴模型分布。水利公共设施主要沿岸分布靠近水源，沿海地区主
要以从事渔业生产的农村为主，村庄主要分布在沿海岸线的周巷镇、长河镇、庵东镇。
杭州湾新区是新兴产业集聚区，以建制镇为主要建设用地类型。

表 15.14　2005—2015 年杭州湾南岸各乡镇建设用地面积变化　　　　（hm²）

地区	2005 年	2010 年	2015 年
庵东镇	2 298.7	2 624.45	4 339.37
崇寿镇	552.71	733.21	958.43
附海镇	596.6	705.62	866.97
观海卫镇	2 692.94	2 806.78	3 875.17
横河镇	1 739.32	2 254.25	2 704.95
匡堰镇	668.46	767.44	1 469.05
龙山镇	1 895.74	3 107.85	4 236.93
桥头镇	966.89	1 165.86	1 810.54
胜山镇	732.71	849.77	1 085.99
天元镇	580.48	706.4	910.77
逍林镇	750.99	934.68	1 154.8
新浦镇	996.66	1 218.94	1 316.94
长河镇	899.75	1 052.44	1 306
掌起镇	835.11	1 251.47	1 411.53
周巷镇	2 149.57	2 445.7	2 691.08

　　从建设用地规模来看，极核中心和带状轴所跨越的各乡镇建设用地面积与其土地
利用总面积保持一致。随着城镇化的推进各个镇的建设用地面积逐渐增加，2010—
2015 年的增长幅度远远超过了 2005—2010 年，且点轴集中区域增加的幅度更大。建设
用地逐渐向北部扩张，形成了以宁波杭州湾经济技术开发区为中心的又一建设用地集
聚区。同时观海卫和周巷两副中心地区建设用地面积增长较快。

　　2008 年杭州湾跨海大桥的运营架起了上海、苏南地区与宁波的快速通道，横跨杭
州湾促进南岸经济快速发展，原来的一些滩涂用地转变成工业基地，杭州湾开发区所
属的庵东镇近 10 年建设用地面积增长飞快。杭州湾南岸生产总值由 2005 年
3 754 080.00 万元到 2014 年 11 094 102.00 万元增加了 2 倍，第二产业生产总值由 2005

年 2 303 339.00 万元到 2014 年 6 379 252.00 万元增加了 1.8 倍，GDP 每增加一倍建设用地面积增加 25%，可见经济的快速增长对杭州湾南岸建设用地的发展有极大带动作用。

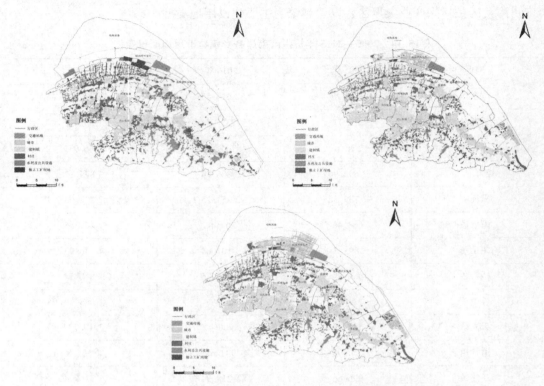

图 15.11   2005 年、2010 年、2015 年杭州湾南岸各乡镇建设用地分布图

建设用地相对变化率可以直观显示建设用地变化的区域差异。从图 15.12 可知，市海滩涂和杭州湾新区建设用地相对变化率最高，其变化程度远远超过了整个杭州湾南岸。杭州湾新区是国家重点工业基地，地处海岸线边缘，滩涂的不断开垦导致扩展速度飞快。龙山镇和匡堰镇建设用地变化较剧烈，2008 年 7 月龙山、范市、三北三个镇合并设立新的龙山镇，匡堰镇有平原造林 15.5 hm^2、山地造林 8 hm^2，绿化面积 56.9%，属于生态保护镇。庵东镇、崇寿镇、坎墩街道、宗汉街道、桥头镇处在中心城市附近，人口密集，在城市化建设中由于土地价格变动、空间的有限性使其建设用地变化与杭州湾南岸整体水平相接近。其他地区相对变化率偏低。浒山是慈溪市城市化程度最高、三产服务业最发达、城市文化底蕴最浓厚、人口密度最大、人口流动性最大、基础设施最陈旧、建设任务最繁重的区域，这样的环境势必会对建设用地的重复利用造成障碍；附海镇形成了电风扇、取暖器、饮水机等小家电和冰箱、冰柜、洗衣机等大家电为主的工业体系，拥有大小家电企业 1 200 多家，近年来着眼于产业向园区

集聚，区域定位导致这些镇发展单一，不能多元化发展，建设用地发展迟缓。周巷镇是西部发展的中心，主要以农业为主，为保护农业发展，建设用地类型以村庄为主。可见经济水平越高的地区相对变化率反而更小。

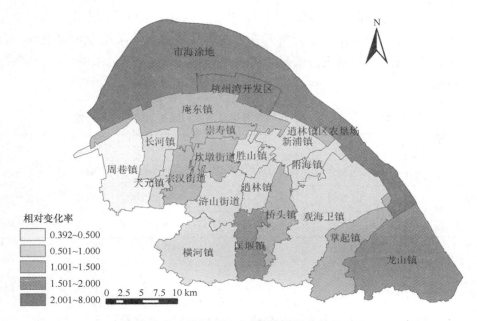

图 15.12　杭州湾南岸建设用地相对变化率格局分异（2005—2015 年）

六、杭州湾南岸城乡建设用地景观格局分析

借助 Arcgis10.2 将三个阶段杭州湾南岸城乡建设用地矢量分类图转换为栅格图，运用 Fragstats3.4 软件，计算不同类型建设用地的斑块数量（NP）、平均斑块面积（PD）、形态指数（LSI）、平均斑块面积（MPS）、斑块凝聚度指数（COHESION）、Shannon 多样性指数（SHDI）、Shannon 均匀度指数（SHEI）指标（徐谅慧等，2015）（表 15.15），对杭州湾南岸城乡建设用地空间格局变化特征进行分析。

由表 15.15 可知，杭州湾南岸城乡建设用地 10 年间景观格局指数发生了很大的变化。城乡建设用地斑块数量不断增加，由 2005 年的 3 786 个增加到 2015 年的 5 108 个，增加了 35%，与杭州湾南岸城乡建设用地面积大量扩张相一致。斑块密度先增加后减少，整体呈减少趋势，同时平均斑块面积先减少后增加，整体呈增加趋势，由此说明 2005—2010 年杭州湾南岸城乡建设用地景观破碎度加深，景观朝着分散零碎方向发展，2010—2015 年斑块数量增加的前提下景观还是朝着粗粒方向发展。

建设用地景观形态指数和斑块凝聚度都是先增加后减少，与其发展方向相对应，建设用地景观越破碎，斑块的形状越复杂，但大范围尺度上呈现显著的空间集群状态，有利于提高村镇的规模效应。研究初期和末期在斑块数量增加的前提下，相同用地类型整合程度在加深，同类型小斑块相互融合，只是斑块形态越来越趋向各样化。同时景观多样性指数和均匀度指数都在下降，景观异质性不断减弱，景观演化变异逐渐趋向于单一，与上文得出的建设用地结构不均衡性直接相关。杭州湾南岸分为六个片区，即中心区片、城东片、城南片、经济开发区片、坎墩片、宗汉片等六大城乡综合区，中心片区主要是城市用地景观，杭州湾新区主要是由乡村发展起来的建制镇景观和独立工矿用地景观。

表 15.15　2005—2015 年杭州湾南岸建设用地景观水平格局指数

年份	NP	PD	LSI	MPS	COHESION	SHDI	SHEI
2005	3786	15.2852	91.4674	6.542287	98.5697	1.5425	0.8609
2010	4816	15.5285	96.1863	6.439772	99.4127	1.4458	0.8069
2015	5108	14.5488	93.8410	6.873414	99.0688	1.4341	0.8004

七、结论

利用 2005—2015 年土地利用变化数据，结合前人的研究通过土地利用动态度、扩展弹性系数等指标对杭州湾南岸城乡建设用地规模、结构、景观格局以及区域差异进行了详细分析，得出了以下结论：

（1）杭州湾南岸 2005 年至 2015 年城乡建设用地面积总体呈增长趋势，但逐渐变缓。城乡建设用地的增加主要是由耕地、滩涂转化而来。所以，城市化过程就是大量农用地转为非农用地的过程（史利江等，2016）。近年来杭州湾南岸的围垦事业达到了高峰，这也是建设用地保持居高不下的重要原因。

（2）从杭州湾南岸城乡建设用地结构信息熵和均衡度来看，各类建设用地之间紧凑性在降低，建制镇开始主导建设用地的变化，土地利用逐渐走向不平稳状态。另一方面，建制镇的快速增长说明杭州湾南岸经济水平逐渐提高，城市化进程得到有力推动。土地是可持续发展的源泉，在以后的城市发展中应注重生态保护和经济发展同步，构建可持续发展经济区。

（3）杭州湾南岸建设用地空间格局差异明显，呈现以三街道为中心的"极核式"发展，并向东南方向跨越桥头镇、观海卫镇、掌起镇、龙山镇呈带状延伸。随着杭州湾南岸滩涂围垦工程的不断进行，建设用地逐渐向北部扩张，形成了以杭州湾新区为中心的又一建设用地集聚区。这种城乡建设用地的增长与集中分布是淤涨型海岸的典型特征。

（4）沿海地区社会经济快速发展导致海岸带人地矛盾更为突出，围海造地在相当长的时间内仍将长期存在。对于淤涨型海岸而言，新区建设及城乡建设用地向海方向扩展将成为普遍趋势。如何合理安排老城区与新区的功能，进行建设用地的合理管控是未来需重点解决的问题。

第三节　快速城镇化对杭州湾南岸土地
利用及生态系统服务价值的影响

人类生存发展所需要的资源与空间环境最终来源于自然生态系统。生态系统服务功能即指通过生态系统的结构、过程和功能，从而得到生命支持的产品与服务（Holdren J. P. 等，1974）（蔡晓明，2000）。Costanza 在前人的研究基础上，对全球 16 种生物类群的 17 种生态系统的公益价值进行了估算并绘制了全球生态系统的平均公益价值表（Costanza R. 等，1997）。国内谢高地等学者基于文献调研、专家知识、统计资料和遥感监测等数据源，通过模型运算和地理信息空间分析等方法，制定出了中国生态系统服务价值当量因子表（谢高地等，2008），在土地利用变化研究方面（蒋晶等，2010）（支再兴等，2017）（刘永强等，2015）（曹银贵等，2010）得到了广泛的应用。近几十年来，国内外学者都对生态系统服务功能研究非常重视，其已然成为科学研究上的热点与前沿。

随着人类社会经济的快速发展，城乡建设用地不断扩展，大量占用其他用地，尽管带来较大的经济效益，但也导致了水土资源流失、生态系统服务价值下降等问题，从长远来看，可能会影响城镇水土保持平衡与区域社会经济的可持续发展。不少学者对这方面已经做了相当深入细致的研究：张修峰（张修峰等，2007）以肇庆仙女湖为例，评估了城市湖泊退化过程中水生态系统服务价值；岳书平（岳书平等，2007）从土地利用变化的角度出发，选取了东北样带为研究区，运用 GIS 和遥感技术分析近 30 年来不同类型区土地利用变化对生态系统服务价值的影响。李屹峰等人（李屹峰等，2013）采用空间显式的生态系统服务功能评估软件 InVEST 中的"产水量"、"土壤保持"、"水质净化"模型，研究流域土地利用变化对生态系统服务功能的影响；曾杰等人（曾杰等，2014）采用相关分析方法分析武汉城市圈不同地域的时序变化与空间分异特征，探讨了武汉城市圈生态系统服务价值与不同土地利用类型变化之间的关联特征。但目前仍少有专门针对快速城镇化所导致的生态系统服务功能变化研究（张寒等，2014）。本研究选取社会经济发展水平较高、城镇化速度较快的杭州湾南岸作为研究区（图 15.13），对快速城镇化影响下的生态服务价值变化展开研究，以期为城镇化建设及区域生态系统服务功能保育提供科学依据。

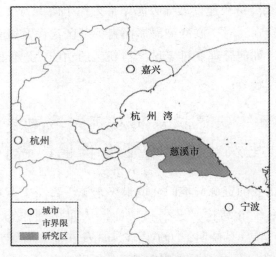

图 15.13   研究区示意图

一、研究区概况

杭州湾位于中国浙江省东北部，西起浙江海盐县澉浦镇和上虞区之间的曹娥江收闸断面，东至扬子角到镇海角连线，与舟山、北仑港海域为邻。杭州湾地处北亚热带南缘，属季风型气候，四季分明，冬夏稍长，春秋略短。平均年日照时数 2 038 小时，年日照百分率 47%。年平均气温 16℃，雨量充足，年平均降水量 1 272.8 毫米，平均年径流总量 5. 122 亿立方米，降水高峰月为 9 月，平均占年降水量 14%。冬季盛行西北至北风，夏季盛行东到东南风，全年以东风为主，百年内未发生大的自然灾害。位于杭州湾南岸的慈溪市，是长江三角洲经济带沪、杭、甬经济金三角的中心地带，区位和交通优势十分明显。在杭州湾大桥及舟山跨海大桥建成通车后，其区域优势更加明显。考虑到研究区社会经济数年的获得便利程度，本研究以慈溪市域作为杭州湾南岸进行快速城镇化对土地利用及生态系统服务价值的影响研究。

二、研究方法

（一）数据来源及土地分类

本研究数据主要来源于杭州湾南岸的 2005 年、2010 年、2015 年 3 期 Landsat TM/OLI 遥感影像，轨道号为 118-39。采用 ENVI5. 2 遥感影像处理软件对遥感数据进行大气校正、几何精校正、假彩色合成和图像拼接等数据预处理，然后运用慈溪市域界线进行影像裁剪，得到研究区影像数据。再对研究区 3 期遥感影像进行土地利用类型的目视解译和人机交互解译，得到不同时期的土地利用数据，3 年解译精度均达 0. 9 以上，符合研究判别的精度要求。根据《土地利用现状分类》（GB/T 21010-2017），结合研究区实际情况，将研究区分为建设用地、水田、旱地、水体、林地、滩地、未利用地七个大类。

（二）土地利用动态度和利用强度

为较为直观的反映出土地利用类型变化的程度与速度，本研究采用土地利用类型动态度来描述土地类型的变化速度与程度，具体模型详见文献（刘纪远等，2002）。

土地利用强度能够显示出土地利用的广度和深度。它不仅反映了土地利用中土地本身的自然属性，同时也反映了人类因素与自然环境因素的综合效应。本书根据刘纪远（王秀兰等，1999）等提出的土地利用程度的综合分析方法，将土地利用程度按照土地自然综合体在社会因素影响下的自然平衡状态分为若干等级，不同等级赋予不同指数（表 15.16）具体模型详见文献（刘庆等，2007）。

表 15.16　土地利用强度分级表

土地利用类型	未利用土地级	林草水用地级	农业用地级	城镇聚落用地级
	未利用地、滩地	林地、水体	旱地、水田	建设用地
分级指数	1	2	3	4

（三）生态系统服务价值分析

近些年来，我国研究者基于我国的现实情况，提出了适用于我国研究的价值当量因子法以评估中国陆地生态系统服务价值。本书采用谢高地（谢高地等，2015）的研究所得的生态系统服务价值当量因子表，将生态系统服务划分为食物生产、原料生产、水资源供给、气体调节、气候调节、净化环境、水文调节、土壤保持、维持养分循环、生物多样性和美学景观等 11 种服务功能，进而求得杭州湾南岸不同生态系统单位面积的生态服务价值。根据谢高地（2015）的研究方法，将 1 个标准单位生态系统服务价值当量因子定义为杭州湾南岸每公顷农田的年平均自然粮食产量的净利润量，杭州湾南岸的粮食产量主要以谷物、豆类、薯类为主。我们以谷物、豆类、薯类三类主要粮食总产量与其相应的粮食单价来计算杭州湾南岸农田生态系统的粮食作物总产值，粮食作物总产值除去播种面积得单位面积粮食作物产值，再考虑在没有人力投入的自然生态系统提供的经济价值是现有单位面积农田提供的食物生产服务经济价值的 1/7（肖玉等，2003），求得杭州湾南岸一个生态服务价值量因子的经济价值量为 1 991.21 元/hm^2，得到杭州湾南岸不同生态系统单位面积的生态服务价值（表 15.17）。最后采用 Costanza 等提出的生态服务价值分析模型，并加以适当修订，计算杭州湾南岸的生态服务价值，公式如下：

$$ESV_{ak} = S_a * VC_{ak} \qquad \text{（公式 15.13）}$$

$$ESV_a = \sum_k (S_a * VC_{ak}) = \sum_k ESV_{ak} \qquad \text{（公式 15.14）}$$

$$ESV = \sum_a ESV_a \qquad \text{（公式 15.15）}$$

上式中 ESV_{ak}、ESV_a、ESV 分别表示该年份第 a 类土地 k 项服务功能价值、第 a 类土地的生态系统服务价值、该地区生态系统服务总价值，S_a 表示 a 类型的土地面积，VC_{ak} 表示 a 土类第 k 种生态系统服务价值系数（见表 15.17）。

表 15.17　杭州湾南岸不同土地利用类型单位面积生态服务价值　　（元/hm²）

	建设用地	旱地	水田	林地	水体	滩地	未利用地
食物生产	0.00	1692.53	2708.05	617.28	1592.97	1015.52	0.00
原材料生产	0.00	796.48	179.21	1413.76	457.98	995.61	0.00
水资源供给	0.00	39.82	-5236.88	736.75	16507.13	5157.23	0.00
气体调节	0.00	1334.11	2210.24	4679.34	1533.23	3783.30	39.82
气候调节	0.00	716.84	1134.99	13998.21	4559.87	7168.36	0.00
净化环境	0.00	199.12	338.51	3962.51	11051.22	7168.36	19.91
水文调节	0.00	537.63	5416.09	6989.15	203581.31	48247.02	59.74
土壤保持	0.00	2050.95	19.91	5694.86	1851.83	4599.70	39.82
维持养分循环	0.00	238.95	378.33	438.07	139.38	358.42	0.00
生物多样性	0.00	258.86	418.15	5177.15	5077.59	15670.82	39.82
美学景观	0.00	119.47	179.21	2269.98	3763.39	9418.42	19.91
合计	0.00	7984.75	7745.81	45977.04	250115.89	103582.74	219.03

注：不同土地类型尽量与谢高地当量因子表中二级地类相对应，林地视作针阔混交林，滩地视作湿地，未利用地视作裸地。

三、快速城镇化影响下的土地利用变化特征

（一）杭州湾南岸土地利用时空变化特征

结合表 15.17、图 15.14 可知，在三个时期杭州湾南岸各土地利用空间格局情况具有较高的一致性。占地较多的土地利用类型是建筑用地、旱地、林地、滩地，而水田、水体与未利用所占面积相对较小。不同的土地类型空间分布呈带状，其中滩地分布在

杭州湾南岸外围的北部到东部，接壤杭州湾，2015 年面积为 225 km²，占总面积的 17%。滩地以南旱地与建设用地依次分布，2015 年两者合占地为 776 km²，合占总面积的 58%。林地主要分布于建设用地以南，面积达 163 km²。水体主要以水库或坑塘的形式分布于山地与建设用地、旱地与滩地之间，少部分以河流网的形式分布于中部平坦地区；水田主要分布于山地平原接壤地、水分充足的地方；未利用地面积最少，2015 年仅 1.23 km²。

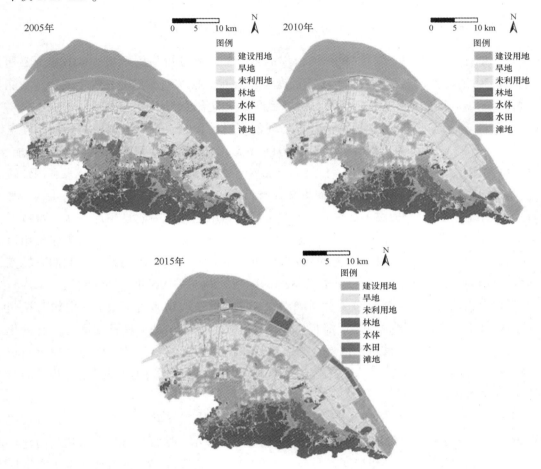

图 15.14　杭州湾南岸 2005、2010、2015 年土地利用类型示意图

　　在时间维度上，从 2005—2015 年，滩地的面积急剧减少，2005—2010 年面积减少 92.94 km²，2010—2015 年又减少了 59.79 km²，10 年年均减少 15.3 km²，土地动态度达 4.04%。近些年来人们大量的滩地围垦是其主要原因。同样面积减少的林地在 2005—2010 年减少 30 km²，2010—2015 年则变化不大。与此相对应，旱地和建设用地的面积都呈现不同程度的增加，其中建设用地最为明显，前五年增加了 72.42 km²，后

五年增加了 40.53 km²，10 年土地动态度达到 50%。旱地前五年增加了 61.27 km²，后五年反而减少了将近 5 km²。水体面积平稳增长，水田呈现先减后增的波动。但无论是面积增大的地类还是面积缩减的地类，2010—2015 年的土地利用变化程度普遍比 2005—2010 年阶段更为和缓。三年的土地利用强度分别为 241、261、273，这一趋势也表明城镇化虽然持续进行，但 2010—2015 年速度相对放缓，这可能与产业的结构优化升级、人们保护生态的意识增强有关。

(二) 快速城镇化对杭州湾南岸土地利用影响分析

为量化分析快速城镇化对杭州湾南岸的生态系统服务价值的影响，本书基于三期的土地利用矢量数据，统一以 2015 年的海岸线为准，通过 ArcGIS10.2 的空间分析功能对各年土地利用矢量数据进行叠加分析，得到三期的土地利用转移矩阵。

分析转移矩阵可知，土地利用各类型间的多向转化导致了土地利用类型面积在空间分布上的变化。在 2005—2010 年期间，杭州湾南岸分别有 38.28 km² 旱地、13.18 km² 水田、7.59 km² 林地、4.94 km² 水体、27.54 km² 滩地、1.99 km² 未利用地转换为建设用地。2010 年到 2015 年期间又有 18.93 km² 旱地、1.85 km² 水田、1.48 km² 林地、1.95 km² 水体、16.85 km² 滩地、0.03 km² 未利用地转换为建设用地。从中可以看出，其建设用地主要由旱地、滩地转变而来，在 2005—2010 年间两者转换为建设用地面积合计为 65.82 km²，占新增建设用地面积的 70.37%，在 2010—2015 年间两者转变为建设用地面积为 35.78 km²，占比为 87.05%。从 2005—2015 年，土地利用由水田转换为建设用地的地区主要分布于杭州湾南岸东南部的掌起镇、范市镇、三北镇与杭州湾南岸外围。中部地区各镇每年都有少量旱地转换为建筑用地，这是中部各镇城镇化扩张的体现。北部的宁波杭州湾新区与慈东经济开发区这两个开发区周边滩地大面积的转变为建设用地。杭州湾大桥的建造使得这一地区具有显著的地理区位优势，加速了此地区城镇化的进程。

使用 ArcGIS10.2 软件将杭州湾南岸土地利用类型矢量图转换为栅格图片，再采用 Fragstats 软件计算三个时期景观水平格局指数。结果显示，城镇化过程导致建设用地与其他土地利用类型的景观格局变化明显。从 2005—2015 年段，建设用地的斑块数量从 713 减少至 685，同时，旱地、滩地的斑块数量则呈现逐年上升的趋势，这是建设用地扩张融合的同时割碎了旱地与滩地的结果。占地面积相对较少的林地、水田、水体斑块数量从 2005—2015 年都先是降低而后增加。在平均斑块面积这一指标上，10 年间建设用地面积增大了 56%。滩地的平均斑块面积大幅减少，2005 年单个斑块平均面积为 9.18 km²，在 2010 年减少至 6.29 km²，2015 年仅有 3.32 km²，该指数的大幅缩减是围垦滩地的结果，围垦一方面使滩地总面积大幅缩减，另一方面大的滩地斑块遭到割裂，斑块数量增加，使得滩地平均斑块面积骤减。景观边界密度能直观地反映景观或景观

类型边界被割裂的程度，同时反映景观的破碎化程度。10 年间，旱地、建设用地、滩
地、水体的边界密度在人类活动的影响下，都有不同程度的增加，最为明显的是建筑
用地与水体，分别增加了 26.37% 与 30.5%，表明城镇化过程中建设用地的扩张使土地
破碎化程度增加。

四、快速城镇化影响下的生态系统服务价值（ESV）分析

（一）杭州湾南岸的生态系统服务价值变化

由图 15.15 可知，随着杭州湾南岸土地利用的转变，该地区的生态系统服务总价
值与构成也相应发生变化。总体而言杭州湾南岸生态服务价值呈现下降趋势，2005 年
总生态服务价值达 65.1 亿元，2010 年减少为 59.6 亿元，2015 年又减少至 55.1 亿元。
杭州湾南岸各类土地地类中，滩地所具有的生态系统服务价值明显高于其他地类，
2005 年滩地生态系统服务价值为 39.2 亿元，占地面积为 28.4% 的滩涂占总生态系统服
务价值的 60.2%，可以看出滩地对于杭州湾南岸大气调节、水文调节、土壤物质循环、
维持生物多样性等方面的重要程度。近些年来的围垦滩涂确实带来了不少的经济利益，
但在无形中也造成了一笔巨大的生态损失，如何权衡利弊，进行科学可持续的开发建
设将是当下甚至于未来杭州湾南岸地区发展急需解决的问题。水体的生态服务价值量
仅次于滩地。在整体生态服务价值量下降的情况下，水体的价值量不降反升，从 2005
年的 13.2 亿元到 2010 年的 18.4 亿元，在 2015 年已经达到了 20.1 亿元。林地与旱地
紧跟其后，但原因有所不同，林地虽占地面积不算大，但单位面积价值量大，而旱地
占地面积大弥补了单位面积的低价值量，两者 2015 年的生态系统服务价值量分别为
7.53 亿元、3.49 亿元。水田的价值量呈现波折变化，三个时间段分别占据了总生态服
务价值的 1.1%、0.8%、1.2%。建筑用地与未利用地提供的价值量可以忽略。

从不同年份的价值变化来看，价值量最大的滩地对整体价值量的变化影响巨大。
从 2005—2010 年减少了 9.6 亿元，2010 年至 2015 年又减少了 6.2 亿元，10 年间滩地
的生态服务价值共减少了 15.8 亿元。除了滩地外变化量最大的是水体，水体生态服务
价值在 2005—2010 年、2010—2015 年分别增加 5.2 亿元、1.7 亿元。林地生态服务价
值 10 年间减少了 1.5 亿元，占据了变化总量的 14.69%。旱地与水田相对较为平稳，
旱地的生态服务价值从 2005 年的 3.0 亿元到 2010 年的 3.5 亿元，增加了 0.5 亿元，在
2010—2015 年又减少了 394 万元；水田的生态服务价值 2005—2010 年减少 0.2 亿元，
2010—2015 年增加 0.15 亿元。

（二）快速城镇化影响下的生态系统服务价值（ESV）分析

本书以建设用地在所有土类中所占比例作为该区域的城镇化水平指数，结合杭州

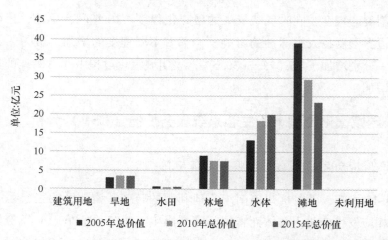

图 15.15　杭州湾南岸不同土地利用类型的生态系统服务价值及其变化

湾南岸各年的生态服务价值、土地利用强度变化分析，得到图 15.16、表 15.18。总的来说，杭州湾南岸的生态系统服务价值量和城镇化进程、土地利用强度呈现负相关关系。在本次研究时段内，杭州湾南岸的城镇化水平指数从 2005 年的 17.0% 升至 2010 年的 22.4%，2015 年达到 25.5%，呈逐年上升的趋势，年均变率 0.85%。生态系统服务价值的变化趋势与此相反。2005—2010 年、2010—2015 年两个时期，杭州湾南岸的生态系统服务价值分别减少了 5.5 亿元、4.5 亿元，减幅有所缩小，10 年减少了将近 15.4%，年均达 1.5%。土地利用强度 10 年内增加了 13.3%，其中 2005—2010 年阶段变化最为显著，年均增加 1.6%，2010—2015 年年均增幅为 0.9%。

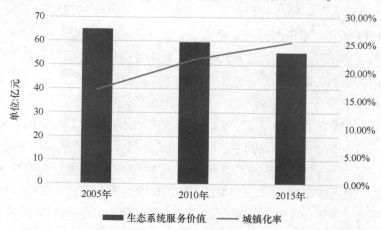

图 15.16　各时间杭州湾南岸生态系统服务价值与城镇化水平的关系

表 15.18　杭州湾南岸生态系统服务价值变化与城镇化水平、土地利用强度的关系

	价值变化量（减少率）	城镇化水平变化	土地利用强度变化（率）
2005—2010 年	-5.53 亿元（8.49%）	5.44%	22（8.3%）
2010—2015 年	-4.49 亿元（7.54%）	3.05%	10（4.5%）
2005—2015 年	-10.02 亿元（15.39%）	8.49%	32（13.3%）

为量化分析快速城镇化对整个区域的生态系统服务价值的影响，本书将因其他类型土地转变为建设用地而损失的生态系统服务价值视作为快速城镇化直接导致的生态系统服务价值流失量。根据土地利用转移矩阵与生态系统服务价值当量表，得出表15.19。由表可知，2005—2010 年因快速城镇化损失的总生态系统服务价值达 4.8 亿元，占该时段生态系统服务价值流失的 88%。2010—2015 年损失量少于上个时段，但也达到 2.5 亿元，占 55%。从 2005—2015 年 10 年内损失价值量达 7.3 亿元，占 73%。以上数据可以说明，快速城镇化下建设用地扩张是该地区生态系统服务价值减少的主要原因。

表 15.19　快速城镇化直接影响下的生态系统服务价值变化　　　　　（亿元）

	旱地-建设用地	水田-建设用地	林地-建设用地	水体-建设用地	滩地-建设用地	未利用地-建设用地	总计
2005—2010 年	0.31	0.10	0.35	1.24	2.85	0	4.85
2010—2015 年	0.15	0.01	0.07	0.49	1.74	0	2.47

建设用地对各类用地的占用，对杭州湾南岸生态服务价值的减少有不同程度的影响。分时段而言，2005—2010 年与 2010—2015 年两个时段建设用地所占用的各土地利用类型的面积之间比例相近，但前一时段面积数值普遍大于后一时段，即前一时段的建设用地扩张强度高于后一时段。根据表 15.19 可以看出，在两个时段中，对生态系统服务价值影响最大的是建设过程中对滩地的围垦，2005—2010 年、2010—2015 年减少的价值量分别为 2.85 亿元、1.74 亿元，分别占据因快速城镇化影响下总流失价值量的 58.9%、70.8%。这是因为占据滩地面积大，且滩地的生态系统服务价值系数很高。同样的，被侵占的水体面积虽然所占的比例不高，两个时段皆为 5%，但由于其极高的生态系统服务价值，两个时段损失的生态系统服务价值也达到 1.2 亿元、0.5 亿元，分别占 25%、20%。旱地、林地生态系统服务价值所占比例都不高，原因有所不同。旱地被侵占的面积是最大的，但由于生态系统服务价值系数很低，所以流失的价值量也不高，2005—2010 年减少了 0.31 亿元，2010—2015 年减少了 0.15 亿元。林地的情况

相反，生态服务价值系数高而面积变化不大，两个时段林地占据的面积分别为 8.1%、3.6%，损失的价值量分别为 0.34 亿元、0.07 亿元。流失价值量比重最低的地类是水田与未利用地，10 年内水田转化为建设用地而损失的价值量为 0.12 亿元，而未利用地数值可以忽略。

五、结论与讨论

（1）杭州湾南岸近些年来的土地利用变化主要体现在滩地面积大量减少，10 年减少了将近 40.4%，其次为林地，10 年间也减少了大约 32 km²；滩地遭到围垦后多数转变为旱地，少量转变为水田。旱地的面积持续增长，10 年共增加了 56 km²；建设用地面积增量最为显著，从 2005—2015 年年均增加 11.3 km²，其中大部分由旱地、滩地转变而来，建设用地的扩张使其他用地的破碎程度增加。

（2）2005—2015 年 10 年间杭州湾南岸生态系统服务价值持续下降，达 10.02 亿元，其主要的原因是滩地面积的锐减，水体的生态服务价值不降反升；杭州湾南岸各种土地利用类型中，滩地的生态服务价值远高于其他地类，2005 年滩地生态服务价值占整个杭州湾南岸地区的 60.2%，其次为水体、林地、旱地。

（3）杭州湾南岸的城镇化水平与生态系统服务价值呈负相关关系。城镇化直接影响下的建设用地扩张是生态系统服务价值流失的主要原因，10 年间累计损失达 7.3 亿元，占总减少量的 73%，且 2005—2010 年各类土地生态服务价值的损失量都要高于 2010—2015 年。价值量损失结构中，10 年内因滩地转变为建设用地而损失的价值量达到 4.6 亿元，占 62.9%，其次为被占用的水体，价值损失量占 23.6%，其余土地类型影响相对较小。

（4）本书的误差主要可能来自以下几个方面：首先是遥感影像解译的准确率，其次在计算杭州湾南岸单位面积的生态服务价值时所采用的杭州湾南岸统计年鉴、各种作物的平均市场价等数据精确程度有待提高。同时，本书采用的是谢高地等人 2015 年最新修订的生态系统服务价值当量表，在准确性上有所提高，但总的来说，当前我们仍不能够认清生态系统所有的服务的价值，对生态系统服务功能价值评估的体系还未完善，存在着许多问题仍有待解决，因此得到的仅仅为最低保守值。

参考文献

1. Adrian Stanica, Sebastian Dan, Viorel Gheorghe Ungureanu. Coastal changes at the Sulina mouth of the Danube River as a result of human activities ［J］. Marine Pollution Bulletin. 2007, 55 （10－12）: 555－563.

Bai－lian Li. Fractal geometry applications in description and analysis of patch patterns and patch dynamics ［J］. Ecological Modeling, 2000, 132 （1）: 33－50.

2. Bai－lin Li, ZhangGuang－hui, JiangWei－min. Productive functional evolution of rural settlements: analysis of livelihood strategy and land use transition in eastern China ［J］. Journal of Mountain Science, 2017, 14 （12）: 2540－2554.

3. Balzter H, Braun P W, Köhler W. Cellular automata models forvegetation dynamics ［J］. Ecol Model, 1998, 107 （2－3）: 113－125.

4. Ban   Ski J, Wesołowska M. Transformations in housing construction in rural areas of Poland′s Lublin region－influence on the spatial settlement structure and landscape aesthetics. ［J］. Landscape & Urban Planning, 2010, 94 （2）: 116－126.

5. Bird E C F. Coastline change: A global review ［M］. Chichester: Wily, 1985.

6. BJORKLUND J, LIMBURG E, RYDBERG T. Impact of production intensity on the ability of the agricultural landscape to generate ecosystem services: An example from Sweden ［J］. Ecological Economics, 1999, 29 （2）: 269－291.

7. Boak E H, Turner I L. Shoreline definition and detection: A review ［J］. Journal of Coastal Research, 2005, 21 （4）: 688－703.

8. BOLUND P, HUNHAMMAR S. Ecosystem services in urban areas ［J］. Ecological Economics, 1999, 29 （2）: 293－ 301.

9. Cendrero A, Terán J R D D, Salinas J M. Environmental－economic evaluation of the filling and reclamation process in the bay of Santander, Spain ［J］. Environmental Geology, 1981, 3 （6）: 325－336.

10. Chaaban F, Darwishe H, Battiau－Queney Y, et al. Using ArcGIS model builder and aerial photographs to measure coastline retreat and advance: North of France ［J］. Journal of Coastal Research, 2012, 28 （6）: 1567－1579.

11. Chen S, Chen B, Fath B D. Ecological risk assessment on the system scale: A review of state－of－the－art models and future perspectives ［J］. Ecological Modelling, 2013, 250 （1753）: 25－33.

12. Connell S D, Russell B D, Turner D J, et al. Recovering a lost baseline: Missing kelp forests from a met-

ropolitan coast ［J］. Marine Ecology Progress, 2008, 360 (01): 63-72.

13. Costanza R, R Darge, R Degroot, et al. The value of the world's ecosystem services and nature capital ［J］. Nature, 1997, 387: 253-260.

14. Dai yuan Pan, Gérald Domon, Sylvie de Blois, et al. Temporal (1958-1993) and spatial patterns of land use changes in Haut-Saint Laurent (Quebec, Canada) and their relation to landscape physical attributes ［J］. Landscape Ecology, 1999, 14: 35-52.

15. Daily G C, et al. Nature's service: Societal dependence on natural ecosystems ［M］. Washington DC: Island Press, 1997: 1-416.

16. De Groot R S. A typology for the classification and valuation of ecosystem functions, goods and services ［J］. Ecological Economics, 2002 (41): 393-408.

17. Eddy J A. Global change in the geosphere - biosphere ［M］. Washington, DC.: National Academy Press, 1986.

18. ENVI-IDL 技术殿堂. Landsat8 的不同波段组合说明 ［EB/OL］. (2013, 8, 8). http://blog. sina. com. cn/s/blog_ 764b1e9d01019urt. html.

19. ENVI-IDL 技术殿堂. Landsat8 数据不同波段组合的用途 ［EB/OL］. (2015, 2, 11). http://blog. sina. com. cn/s/blog_ 764b1e9d0102vo11. html.

20. Fisher B, Turner R K, Morling P. Defining and classifying ecosystem services for decision making. Ecological Economics, 2009, 68 (3): 643-653.

21. Fortin M J, Agrawal A A. Landscape ecology comes of age ［J］. Ecology, 2005, 86: 1965-1966.

22. Fu B J, Lu Y H. The progress and perspectives of landscape ecology in China ［J］. Progress in Physical Geography, 2006, 30: 232-244.

23. Gaines K F, Porter D E, Dyer S A, et al. Using wildlife as receptor species: a landscape approach to ecological risk assessment. ［J］. Environmental Management, 2004, 34 (4): 528-45.

24. Galicia L, Zarco-Arista A E Mendoza-Robles K I. Land use/cover, landforms and fragmentation patterns in a tropical dry forest in the southern Pacific region of Mexico ［J］. Singapore Journal of Tropical Geography, 2008, 29 (2): 137-154.

25. Goodchild M F, Mark D M. The Fractal Nature of Geographic Phenomena ［J］. Annals of the Association of American Geographers, 2015, 77 (2): 265-278.

26. H Lantuit, W H Pollard. Fifty years of coastal erosion and retrogressive thaw slump activity on Herschel Islandsouthern Beaufort SeaYukon Territory Canada ［J］. Geomorphology, 2008, 95 (3): 84-102.

27. H W Blodgeta, P T Taylora, J H Roarkb. Shoreline changes along the Rosetta-Nile Promontory: Monitoring with satellite observations ［J］. Marine Geology, 1991, 99 (1): 67-77.

28. Hapke C J, Reid D, Richmond B. Rates and trends of coastal change in california and the regional behavior of the beach and cliff system ［J］. Journal of Coastal Research, 2009, 25 (3) : 603-615.

29. Hargis C D, JA Bissonette, J L Dvaid. The behaviour of landscape metrics commonly used in the study of habitat fragmentation ［J］. Landscape Ecology, 1998, 13: 167-186.

30. Heuvel T, Hillen R H. Coastline management with GIS in the Netherlands ［J］. Advance in Remote Sens-

ing, 1995, 4 (1): 27-34.

31. Holdren J P, Ehrlich P R. Human population and the global environment [J]. American Scientist, 1974, 62 (3): 282-292.

32. HOLMUND C M, HAMMER M. Ecosystem services generated by fish populations [J]. Ecological Economics, 1999, 29 (2): 253-268.

33. Hunsaker C T, Graham R L, Ii G W S, et al. Assessing ecological risk on a regional scale [J]. Environmental Management, 1990, 14 (3): 325-332.

34. Irwin E G. Determinants of Residential Land-Use Conversion and Sprawl at the Rural-Urban Fringe [J]. American Journal of Agricultural Economics, 2004, 86 (4): 889-904.

35. Itami R M. Simulating spatial dynamics: cellular automata theo-ry [J]. Landscape Urban Plan, 1994, 30 (1-2): 27-47.

36. Jin Y, Yang W, Sun T, et al. Effects of seashore reclamation activities on the health of wetland ecosystems: A case study in the Yellow River Delta, China [J]. Ocean & Coastal Management, 2016, 123: 44-52.

37. Johnson J, Maxwell B. The role of the Conservation Reserve Program in controlling rural residential development [J]. Journal of Rural Studies, 2001, 17 (3): 323-332.

38. Joo H, Ryu Jong K, Choi Y K, et al. Potential of remote sensing in management of tidal flats: A case study of thematic mapping in the Korean tidal flats [J]. Ocean & Coastal Management, 2014, 102 (3): 36-48.

39. KONDO T. Technological advances in Japan coastal development: land reclamation and artificial islands [J]. Marine Technology Society Journal, 1995, 29 (3): 42-49.

40. Lee J S, Jurkevich I. Coastline detection and tracing in SAR images [J]. IEEE Transactions on Geoscience and Remote Sensing, 1990, 28 (4): 662-668.

41. Lian P T, Chen W Q, Zhang L P. Discussion on Marine Eco-Compensation Standard of Land Reclamation from Sea: A Case Study of Dadeng Sea Area, Xiamen, China [J]. Advanced Materials Research, 2012, 524-527: 3365-3370.

42. Liu S H, PrielerS, Li X B. Spatial patterns of urban land use growth in Beijing [J]. Journal of Geographical Sciences, 2002, 12 (03): 18-26.

43. Lucas F J, Frans J M, Wel V D. Accuracy assessment of satellite derived land-cover data: areview [J]. Photogrammetric Engineering and Ramote sensing, 1994, 60 (4): 410-432.

44. Lucas F J, Frans J M, Wel V D. Accuracy assessment of satellite derived land-cover data: a review [J]. Photogrammetric Engineering and Ramote sensing, 1994, 60 (4): 410-432.

45. MA (Millennium Ecosystem Assessment). Ecosystems and Human Well-being: Synthesis [M]. Washington: Island Press, 2005: 534-534.

46. Mandelbrot B. Fonctions aléatoires pluri-temporelles: approximation poissonienne du cas brownien et généralisations. [J]. C. R. Acad. Sci. Paris Sér. A-B, 1975: A1075-A1078.

47. Mason D C, Davenport I J. Accurate and efficient determination of the shoreline in ERS- 1 SAR images

[J]. IEEE Transactions on Geoscience and Remote Sensing, 1996, 34 (5): 1243-1253.

48. Michael Bernard Kwesi Darkoh, Mary Njeri Kinyanjui. Industrialization and Rural Development in the Anglophone African Countries [J]. Journal of Developing Societies, 2015, 31 (3): 358-384.

49. Misra A, Balaji R. Decadal changes in the land use/land cover and shoreline along the coastal districts of southern Gujarat, India [J]. Environmental Monitoring & Assessment, 2015, 187 (7): 1-13.

50. Mohamed Arouri, Adel Ben Youssef, Cuong Nguyen. Does urbanization reduce rural poverty? Evidence from Vietnam [J]. Economic Modelling, 2017, 60 (1): 253-270.

51. Mooney H A, Duraiappah A, Larigauderie A. Evolution of natural and social science interactions in global chance research programs. PNAS, 2013, 110 (Suppl 1): 3665-3672.

52. Mücher C A, Klijn J A, Wascher D M, et al. A new European Landscape Classification (LANMAP): A transparent, flexible and user-oriented methodology to distinguish landscapes [J]. Ecological Indicators, 2010, 10 (1): 87-103.

53. Niedermeier A, Lehner S, Van der, et al. Monitoring big river estuaries using SAR images [J]. Geoscience and Remote Sensing Symposium, 2001 (4): 1756-1758.

54. Patricia H. Gude, Andrew J. Hansen, Ray Rasker, et al. Rates and drivers of rural residential development in the Greater Yellowstone [J]. Landscape and Urban Planning, 2006, 77 (1): 131-151.

55. Pendelton E A, Barras J A, Williams S J, et al. Coastal Vulnerability Assessment of the Northern Gulf of Mexico to Sea-Level Rise and Coastal Change [J]. Director, 2010.

56. Porta J, Parapar J, Doallo R, et al. A population-based iterated greedy algorithm for the delimitation and zoning of rural settlements [J]. Computers Environment & Urban Systems, 2013, 39 (3): 12-26.

57. Poth A, Klaus D, Vob M, et al. Optimization at multi-spectral land cover classification with fuzzy clustering and the Kohonen feature map [J]. International Journal of Remote Sensing. 2001, 22 (8): 1423-1439.

58. RittersK H, R V O' Neill, C T Hunsacker, et al. A factor analysis of landscape pattern and structure metrics [J]. Landscape Ecology, 1995, 10: 23-29.

59. Robert A, Morton H, Edward Clifton Noreen A, et al. Forcing of large-scale cycles of coastal change at the entrance to Willapa Bay Washington [J]. Marine Geology. 2007, 246 (11): 24-41.

60. Ryabchuk D, Spiridonov M, Zhamoida V, et al. Long term and short term coastal line changes of the Eastern Gulf of Finland. Problems of coastal erosion [J]. Journal of Coastal Conservation, 2012, 16 (3): 233-242.

61. Ryan T W, Semintilli P J, Yuen P, et al. Extraction of shoreline features by neural nets and image processing [J]. Photogrammetry and Remote Sensing, 1991, 57 (7): 947-955.

62. Ryu J H, Won J S, Min K D. Waterline extraction from Landsat TM data in a tidal flat: A case study in Gomso Bay, Korea [J]. Remote Sensing of Environment, 2002, 83 (3): 442-456.

63. Sato S, ichi, Kanazawa T. Faunal change of bivalves in Ariake Sea after the construction of the dike for reclamation in Isahaya Bay, Western Kyushu, Japan (Nature of tidal flats, its past and present) [J].

Fossils, 2004 (76): 90-99.

64. Shoshany M, Goldshleger N. Land use and population density changes in Israel—1950 to 1990: analysis of regional and local trends. Land Use Policy, 2002, 19 (2): 123-133.

65. Singh R, Al E. Online monitoring, advanced control and operation of robust continuous pharmaceutical tablet manufacturing process [J]. 2013.

66. Sohn H G, Jezek K C. Mapping ice sheet margins from ERS-1 SAR and SPOT imagery [J]. International Journal of Remote Sensing, 1999, 20 (15/16): 3201-3216.

67. Sprott J C, Bolliger J, Mladenoff D J. Self-organized criticality in forest-landscape evolution [J]. Phys Lett A, 2002, 297 (3-4): 267-271.

68. Sterling S M, Ducharne A, Polcher J. The impact of global land-cover change on the terrestrial water cycle. Nature Climate Change, 2012, 3 (4): 385-390.

69. Sutherland W J, Armstrongbrown S, Armsworth P R, et al. The identification of 100 ecological questions of high policy relevance in the UK. [J]. Journal of Applied Ecology, 2010, 43 (4): 617-627.

70. Syphard A D, Clarke K C, Franklin J. Using a cellular automaton model to forecast the effects of urban growth on habitat pattern in southern California [J]. Ecological Complexity, 2005, 2 (2): 185-203.

71. TERRY R E, NELSON S D. Effects of polyacrylamide and irrigation method on soil physical properties [J]. Soil Science, 1996, 141 (5): 317-320.

72. Tian G J, Qiao Z, Zhang Y Q. The investigation of relationship between rural settlementdensity, size, spatial distribution and its geophysical parameters of China using Landsat TM images. Ecological Modelling, 2012, 231 (24): 28-37.

73. Turner M G. Landscape Ecology in North America: Past, Present, and Future [J]. Ecology, 2005, 86 (8): 1967-1974.

74. Turner, Monica G, Gardner, et al. Landscape Ecology in Theory and Practice: Pattern and Process [M]. Springer, 2001.

75. VIMS. Shoreline Situation Report: City of Chesapeake, Norfolk, and Portsmouth [R] //Special Report in Applied Marine Science and Oceanic Engineering, No. 136. Gloucester Point: Virginia Institute of Marine Science, 1976.

76. Wallace K J. Classification of ecosystem services: Problems and solutions. Biological Conservation, 2007, 139 (3-4): 235-246.

77. Wayne G. Landis. Twenty Years Before and Hence: Ecological Risk Assessment at Multiple Scales with Multiple Stressors and Multiple Endpoints [J]. Human & Ecological Risk Assessment, 2003, 9 (5): 1317-1326.

78. William B M, B L Turner II. Changes in land use and land cover: A global perspective [M]. London: Cambridge University Press, 1994.

79. Wu T, Zhao D Z, Zhang F S, et al. [Changes of wetland landscape pattern in Dayang River Estuary based on high-resolution remote sensing image]. [J]. The journal of applied ecology, 2011, 22 (7): 1833.

80. Yurui, Li, Hualou, Long, Yansui, Liu. Spatio – temporal pattern of China's rural development: A rurality index perspective [J]. Journal of Rural Studies, 2015, 38 (4): 12–26.

81. 《全国海岛资源综合调查报告》编写组. 全国海岛资源综合调查报告 [M]. 海洋出版社, 1996.

82. 蔡晓明. 生态系统生态学 [M]. 科学出版社, 2000. 1 –17.

83. 蔡雪娇, 吴志峰, 程炯. 基于核密度估算的路网格局与景观破碎化分析. 生态学杂志, 2012, 31 (1): 158–164.

84. 曹伟超, 陶和平, 孔博, 等. 基于 DEM 数据分割的西南地区地貌形态自动识别研究 [J]. 中国水土保持, 2011 (3): 38–41.

85. 曹银贵, 周伟, 袁春. 基于土地利用变化的区域生态服务价值研究 [J]. 水土保持通报, 2010, 30 (4): 241–246.

86. 曾辉, 江子瀛, 孔宁宁, 等. 快速城市化景观的空间自相关特征分析—以深圳市龙华地区为例 [J]. 北京大学学报 (自然科学版), 2000, 36 (6): 824–831.

87. 曾辉, 刘国军. 基于景观结构的区域生态风险分析 [J]. 中国环境科学, 1999, 19 (5): 454 –457.

88. 曾杰, 李江风, 姚小薇. 武汉城市圈生态系统服务价值时空变化特征 [J]. 应用生态学报, 2014, 25 (3): 883–891

89. 常胜. TM 遥感影像彩色合成最佳波段组合研究——以恩施市土地利用遥感图制作为例 [J]. 湖北民族学院学报 (自然科学版), 2010, 28 (2): 230–232.

90. 晁增福, 邢小宁, 康顺光. 土地利用分类中 OLI 影像合成最佳波段组合研究 [J]. 湖北农业科学, 2017, 56 (8).

91. 陈百明, 周小萍. 《土地利用现状分类》国家标准的解读 [J]. 自然资源学报, 2007, 22 (6): 994. 1003.

92. 陈红霞, 华锋, 刘娜, 等. 胶州湾近期海岸线、水深变化研究 [J]. 海洋科学进展, 2009, 27 (2): 149–154.

93. 陈吉余. 中国海岸带地貌 [M]. 海洋出版社, 1996.

94. 陈利顶, 刘洋, 吕一河, 等. 景观生态学中的格局分析: 现状、困境与未来 [J]. 生态学报, 2008, 28 (11): 5521–5531.

95. 陈鹏, 潘晓玲. 干旱区内陆流域区域景观生态风险分析——以阜康三工河流域为例 [J]. 生态学杂志, 2003, 22 (4): 116–120.

96. 陈爽, 姚士谋, 吴剑平. 南京城市用地增长管理机制与效能 [J]. 地理学报, 2009, 64 (4): 487–497.

97. 陈伟. 东海南部海湾数模与环境研究. 兴化湾 [M]. 海洋出版社, 2010.

98. 陈玮彤, 张东, 施顺杰, 等. 江苏中部淤泥质海岸岸线变化遥感监测研究 [J]. 海洋学报, 2017 (5): 138–148.

99. 陈希, 王克林, 祁向坤, 等. 湘江流域景观格局变化及生态服务价值响应 [J]. 经济地理, 2016, 36 (5): 175–181.

100. 陈晓英, 张杰, 马毅, 等. 近 40a 来三门湾海岸线时空变化遥感监测与分析 [J]. 海洋科学,

2015, 39（2）：43-49.

101. 陈阳，李伟芳，任丽燕，等．空间统计视角下的农村居民点分布变化及驱动因素分析——以鄞州区滨海平原为例．资源科学，2014，36（11）：2273-2281.

102. 陈则实，王文海，吴桑云．中国海湾引论［M］．北京：海洋出版社．2007.

103. 成武．雅安市雨城区土地利用类型与景观格局浅析［J］．四川农业大学学报，2005，23（3）：359-363.

104. 崔步礼，常学礼，陈雅琳，等．黄河口海岸线遥感动态监测［J］．测绘科学，2007，32（3）：108-109+119+196.

105. 丁登山等译．自然地理学原理［M］．北京：高等教育出版社，1996.

106. 丁永建，周成虎，邵明安，等．地表过程研究进展与趋势［J］．地球科学进展，2013，28（4）：407-419.

107. 董廷旭，秦其明，王建华．近30年来绵阳市城市用地扩展模式研究［J］．地理研究，2011，30（4）：667-675.

108. 杜宇飞，李小玉，高宾，等．辽宁沿海城市带生态风险综合评价［J］．生态学杂志，2012，31（11）：2877-2883.

109. 段彦博，雷雅凯，吴宝军，等．郑州市绿地系统生态服务价值评价及动态研究［J］．生态科学，2016，35（2）：81-88.

110. 樊天相，杨庆媛，何建，等．重庆丘陵地区农村居民点空间布局优化——以长寿区海棠镇为例［J］．地理研究，2015，34（05）：883-894.

111. 冯佰香，李加林，何改丽，等．农村居民点时空变化特征及驱动力分析——以宁波市北仑区为例［J］．生态学杂志，2018，37（02）：523-533.

112. 冯异星，罗格平，周德成，等．近50a土地利用变化对干旱区典型流域景观格局的影响—以新疆玛纳斯河流域为例［J］．生态学报，2010，30（16）：4295-4305.

113. 冯应斌．丘陵地区村域居民点演变过程及调控策略：重庆市潼南县古泥村实证（博士学位论文）．重庆：西南大学，2014.

114. 冯长春，赵若曦，古维迎．中国农村居民点用地变化的社会经济因素分析．中国人口．资源与环境，2012，22（3）：6-12.

115. 付元宾，曹可，王飞，等．围填海强度与潜力定量评价方法初探［J］．海洋开发与管理，2010，27（1）：27-30.

116. 傅伯杰，吕一河，陈利顶，等．国际景观生态学研究新进展［J］．生态学报，2008，28（2）：798-804.

117. 傅伯杰等．景观生态学原理及应用［M］．科学出版社，2011.

118. 高宾，李小玉，李志刚，等．基于景观格局的锦州湾沿海经济开发区生态风险分析［J］．生态学报，2011，31（12）：3441-3450.

119. 高义，苏奋振，周成虎，等．基于分形的中国大陆海岸线尺度效应研究［J］．地理学报，2011，66（3）：331-339.

120. 高志强，刘向阳，宁吉才，等．基于遥感的近30 a中国海岸线和围填海面积变化及成因分析

［J］. 农业工程学报, 2014, 30 (12): 140-147.

121. 巩杰, 谢余初, 赵彩霞, 等. 甘肃白龙江流域景观生态风险评价及其时空分异 ［J］. 中国环境科学, 2014, 34 (08): 2153-2160.

122. 关道明, 阿东. 全国海洋功能区划研究:《全国海洋功能区划 (2011-2020 年)》研究总报告 ［M］. 海洋出版社, 2013.

123. 郭琳, 陈植华. 椒江口-台州湾悬浮泥沙分布特征遥感研究 ［J］. 武汉理工大学学报, 2007, 29 (5): 49-52.

124. 郭美楠, 杨兆平, 马建军, 等. 矿区景观格局分析、生态系统服务价值评估与景观生态风险研究——以伊敏矿区为例 ［J］. 资源与产业, 2014, 16 (2): 83-89.

125. 国家海洋局. "908 专项" 实施具有里程碑意义 ［EB/OL］. (2012, 10, 29). http://www.soa.gov.cn/zmhd/zxft/908ssjylc/201212/t20121207_ 21400.html.

126. 国家海洋局. 2016 年中国海洋经济统计公报 ［EB/OL］. (2017, 3, 16). http://www.soa.gov.cn/zmhd/zxft/908ssjylc/201212/t20121207_ 21400.html.

127. 国家海洋局. 海域使用分类体系 ［EB/OL］. (2008, 5, 6). http://www.soa.gov.cn/zwgk/zcgh/hygl/201211/t20121105_ 5326.html.

128. 国家海洋局 908 专项办公室. 海岸带调查技术规程. 北京: 海洋出版社, 2005: 1-2.

129. 海贝贝, 李小建, 许家伟. 巩义市农村居民点空间格局演变及其影响因素. 地理研究, 2013, 32 (12): 2257-2269.

130. 韩海辉, 高婷, 易欢, 等. 基于变点分析法提取地势起伏度-以青藏高原为例 ［J］. 地理科学, 2012, 32 (1): 101-104.

131. 韩松林, 梁书秀, 孙昭晨. 基于 FVCOM 的象山港海域潮汐潮流与温盐结构特征数值模拟 ［J］. 水道港口, 2014 (5): 481-488.

132. 侯西勇, 侯婉, 毋亭. 20 世纪 40 年代初以来中国大陆沿海主要海湾形态变化 ［J］. 地理学报, 2016, 71 (1): 118-129.

133. 侯西勇, 毋亭, 侯婉, 等. 20 世纪 40 年代初以来中国大陆海岸线变化特征 ［J］. 中国科学: 地球科学, 2016, 46 (8): 1065-1075.

134. 侯西勇, 毋亭, 王远东, 等. 20 世纪 40 年代以来多时相中国大陆岸线提取方法及精度评估 ［J］. 海洋科学, 2014, 38 (11): 66-73.

135. 胡和兵, 刘红玉, 郝敬锋, 等. 流域景观结构的城市化影响与生态风险评价 ［J］. 生态学报, 2011, 31 (12): 3432-3440.

136. 胡美娟, 侯国林, 周年兴, 等. 庐山森林景观空间分布格局及多尺度特征 ［J］. 生态学报, 2015, 35 (16): 5294-5305.

137. 胡知渊, 李欢欢, 鲍毅新, 等. 灵昆岛围垦区内外滩涂大型底栖动物生物多样性 ［J］. 生态学报, 2008, 28 (4): 1498-1507.

138. 胡忠秀, 周忠学. 西安市绿地生态系统服务功能测算及其空间格局研究 ［J］. 干旱区地理, 2013, 36 (3): 553- 561.

139. 黄博强, 黄金良, 李迅, 等. 基于 GIS 和 InVEST 模型的海岸带生态系统服务价值时空动态变化分析—以龙海市为例［J］. 海洋环境科学, 2015, 34（6）: 916-924.

140. 黄日鹏, 李加林, 叶梦姚, 等. 东南沿海景观格局及其生态风险演化研究——以宁波北仑区为例［J］. 浙江大学学报（理学版）, 2017, 44（06）: 682-691.

141. 黄贤金, 濮励杰, 彭补拙. 城市土地利用变化及其响应: 模型构建与实证研究［M］. 北京: 科学出版社, 2008: 62-64.

142. 黄勇, 王凤友, 蔡体久, 等. 环渤海地区景观格局动态变化轨迹分析［J］. 水土保持学报, 2015, 29（2）: 314-319.

143. 贾文臣, 贾香云, 李福印, 等. 威海市土地利用分形特征动态变化［J］. 地理科学进展, 2009, 28（2）: 193-198.

144. 姜婵婵. 农业县与工业县农村居民点时空演变及驱动力对比研究（硕士学位论文）. 黑龙江: 东北农业大学. 2015.

145. 蒋晶, 田光进. 1988 年至 2005 年北京生态服务价值对土地利用变化的响应［J］. 资源科学, 2010, 32（7）: 1407-1416.

146. 金宝石, 周葆华. TM 影像在湖泊湿地信息提取中的最佳波段组合［J］. 光谱实验室, 2012, 29（6）: 3771-3774.

147. 金建君, 张灵杰, 恽才兴. 东海北部海湾乐清湾海涂资源的分等与定级估价研究［J］. 中国人口·资源与环境, 2009, 19（2）: 132-136.

148. 荆克晶, 鞠美庭. 对长春市绿地生态系统服务价值的探讨分析［J］. 南开大学学报（自然科学版）, 2005, 38（6）: 13-17.

149. 康晓伟, 冯钟葵. ASTERGDEM 数据介绍与程序读取［J］. 遥感信息, 2011, 36（6）: 69-72.

150. 孔雪松, 金璐璐, 郄昱, 等. 基于点轴理论的农村居民点布局优化［J］. 农业工程学报, 2014, 30（08）: 192-200.

151. 蓝色经济空间［J］. 中国生态文明, 2016, （02）: 94.

152. 黎良财, Dengsheng, 张晓丽, 等. 基于遥感的 1987-2013 年北部湾海岸线变迁研究［J］. 海洋湖沼通报, 2015（4）: 132-142.

153. 李加林, 徐谅慧, 杨磊, 等. 浙江省海岸带景观生态风险格局演变研究［J］. 水土保持学报, 2016, 30（1）: 293-299, 314.

154. 李加林, 杨晓平, 童亿勤. 潮滩围垦对海岸环境的影响研究进展［J］. 地理科学进展, 2007, 26（2）: 43-51.

155. 李加林, 许继琴, 李伟芳, 等. 长江三角洲地区城市用地增长的时空特征分析［J］. 地理学报, 2007, 62（4）: 437-447.

156. 李加林, 许继琴, 童亿勤, 等. 杭州湾南岸滨海平原生态系统服务价值变化研究［J］. 经济地理, 2005, 25（6）: 804-809.

157. 李加林, 许继琴, 张殿发, 等. 杭州湾南岸互花米草盐沼生态系统服务价值评估［J］. 地域研究与开发, 2005, 24（5）: 58-62.

158. 李加林, 杨晓平, 童亿勤. 潮滩围垦对海岸环境的影响研究进展［J］. 地理科学进展, 2007, 26（2）: 43-51.

159. 李家彪. 东海区域地质 [M]. 海洋出版社, 2008.

160. 李晶, 周自翔. 延河流域景观格局与生态水文过程分析 [J]. 地理学报, 2014, 69 (7): 933
　　 -944.

161. 李君, 李小建. 综合区域环境影响下的农村居民点空间分布变化及影响因素分析——以河南巩
　　 义市为例. 资源科学, 2009, 31 (7): 1195-1204.

162. 李保杰. 矿区土地景观格局演变及其生态效应研究——以徐州市贾汪矿区为例 [D]. 中国矿业
　　 大学, 2014.

163. 李琳, 林慧龙, 高雅. 三江源草原生态系统生态服务价值的能值评价 [J]. 草业学报, 2016,
　　 25 (6): 34-41.

164. 李培英. 中国海岸带灾害地质特征及评价 [M]. 海洋出版社, 2007.

165. 李全林, 马晓冬, 沈一. 苏北地区乡村聚落的空间格局. 地理研究, 2012, 31 (1): 144-154.

166. 李睿倩, 孟范平. 填海造地导致海湾生态系统服务损失的能值评估——以套子湾为例 [J]. 生
　　 态学报, 2012, 18: 5825-5835.

167. 李天平, 刘洋, 李开源. 遥感图像优化迭代非监督分类方法在流域植被分类中的应用 [J]. 城
　　 市勘测, 2008, 23 (1): 75-77.

168. 李伟芳, 陈阳, 马仁锋, 等. 发展潜力视角的海岸带土地利用模式——以杭州湾南岸为例 [J]
　　 . 地理研究, 2016, 35 (6): 1061-1073.

169. 李伟芳, 俞腾, 李加林, 等. 海岸带土地利用适宜性评价——以杭州湾南岸为例 [J]. 地理研
　　 究, 2015, 34 (4): 701-710.

170. 李想, 李闯, 王凤友, 等. 大连中心城区绿地系统生态服务价值时空分异特征研究 [J]. 地理
　　 科学, 2014, 34 (3): 302-308.

171. 李晓航, 张飞, 周梅, 等. 干旱区流域湿地景观格局研究进展及发展趋势综述 [J]. 安徽农业
　　 科学, 2014 (20): 6670-6674.

172. 李晓炜, 侯西勇, 邸向红, 等. 从生态系统服务角度探究土地利用变化引起的生态失衡——以
　　 莱州湾海岸带为例 [J]. 地理科学, 2016, 36 (8): 1197-1204.

173. 李谢辉, 李景宜. 基于 GIS 的区域景观生态风险分析——以渭河下游河流沿线区域为例 [J].
　　 干旱区研究, 2008, 25 (6): 899-903.

174. 李谢辉, 王磊, 李景宜. 基于 GIS 的渭河下游河流沿线区域生态风险评价 [J]. 生态学报,
　　 2009, 29 (10): 5523-5534.

175. 李琰, 李双成, 高阳, 等. 连接多层次人类福祉的生态系统服务分类框架 [J]. 地理学报,
　　 2013, 68 (8): 1038-1047.

176. 李屹峰, 罗跃初, 刘纲, 等. 土地利用变化对生态系统服务功能的影响——以密云水库流域为
　　 例 [J]. 生态学报, 2013, 33 (3): 726-736.

177. 李猷, 王仰麟, 彭建, 等. 深圳市 1978 年至 2005 年海岸线的动态演变分析 [J]. 资源科学,
　　 2009, 31 (5): 875-883.

178. 徐谅慧. 岸线开发影响下的东海北部海湾海岸类型及景观演化研究 [D]. 宁波大学, 2015.

179. 李玉华, 高明, 吕煊, 等. 重庆市农村居民点分形特征及影响因素分析 [J]. 农业工程学报,

2014, 30 (12): 225-232.

180. 李园园, 刘萍, 杨辽, 等. 乌鲁木齐市绿地景观格局及其生态建设初探 [J]. 西南林学院学报, 2006, 26 (1): 31-34.

181. 李志, 刘文兆, 杨勤科, 等. 黄土高沟壑区小流域土地利用变化及其生态效应分析 [J]. 应用生态学报, 2007, 18 (6): 1299-1304.

182. 梁发超, 刘诗苑, 刘黎明. 近30年厦门城市建设用地景观格局演变过程及驱动机制分析 [J]. 经济地理, 2015, 35 (11): 159-165.

183. 林增, 刘金福, 洪伟, 等. 泉州市洛江区土地利用的景观格局分析 [J]. 福建农林大学学报 (自然科学版), 2009, 38 (1): 90-94.

184. 刘宝银, 苏奋振. 中国海岸带于海岛遥感调查——原则、方法、系统 [M]. 北京: 海洋出版社, 2005.

185. 刘芳, 张增祥, 汪潇, 等. 北京市农村居民点用地的遥感动态监测及驱动力分析. 国土资源遥感, 2009 (3): 88-93.

186. 刘芳, 张增祥, 赵晓丽, 等. 山东省农村居民点用地的时空变化特征及聚类分析. 国土资源遥感, 2010, 22 (3): 101-107.

187. 刘桂林, 张落成, 张倩. 长三角地区土地利用时空变化对生态系统服务价值的影响 [J]. 生态学报, 2014, 34 (12): 3311-3319.

188. 刘纪远, 布和敖斯尔. 中国土地利用变化现代过程时空特征的研究——基于卫星遥感数据. 第四纪研究, 2000, 20 (3): 229-239.

189. 刘纪远, 刘明亮, 庄大方, 等. 中国近期土地利用变化的空间格局分析 [J]. 中国科学: 地球科学, 2002, 32 (12): 1031-1040.

190. 刘进超, 姜小三, 李敬峰. 县级尺度农村居民点景观格局时空分异研究——以徐州市睢宁县为例. 遥感信息, 2009 (3): 68-72.

191. 刘梦琪. 基于RS和GIS技术的典型滨海湿地保护区生态风险评价方法及应用研究 [D]. 大连海事大学, 2016.

192. 刘明, 席小慧, 雷利元, 等. 锦州湾围填海工程对海湾水交换能力的影响 [J]. 大连海洋大学学报, 2013, 28 (1): 110-114.

193. 刘庆, 王静, 史衍玺, 等. 经济发达区土地利用变化与生态服务价值损益研究——以浙江省慈溪市为例 [J]. 中国土地科学, 2007, 21 (02): 18-24.

194. 刘容子. 东海南部海湾围填海规划社会经济影响评价 [M]. 科学出版社, 2008.

195. 刘蓉蓉, 林子瑜. 遥感图像的预处理 [J]. 吉林师范大学学报 (自然科学版), 2007, 28 (4): 6-10.

196. 刘世梁, 安南南, 尹艺洁, 成方妍, 董世魁. 广西滨海区域景观格局分析及土地利用变化预测 [J]. 生态学报, 2017, (18): 1-9.

197. 刘晓, 苏维词, 王铮, 等. 基于RRM模型的三峡库区重庆开县消落区土地利用生态风险评价 [J]. 环境科学学报, 2012, 32 (01): 248-256.

198. 刘晓清, 毕如田, 高艳. 基于GIS的半山丘陵区农村居民点空间布局及优化分析——以山西省襄垣县为例. 经济地理, 2011., 31 (5): 822-826.

199. 刘孝贤, 赵青. 基于分形的中国沿海省区海岸线复杂程度分析 [J]. 中国图象图形学报, 2004, 9 (10): 1249-1257.

200. 刘艳芬. 基于遥感的连云港市城区海岸带土地利用变化研究 (硕士学位论文). 山东: 国家海洋局第一海洋研究所, 2007.

201. 刘艳霞, 黄海军, 丘仲锋, 等. 基于影像间潮滩地形修正的海岸线监测研究——以黄河三角洲为例 [J]. 地理学报, 2012, 67 (3): 377-387.

202. 刘艳霞. 国内外湾区经济发展研究与启示 [J]. 城市观察, 2014 (3): 155-163.

203. 刘焱序, 王仰麟, 彭建, 等. 基于生态适应性循环三维框架的城市景观生态风险评价 [J]. 地理学报, 2015, 70 (7): 1052-1067.

204. 刘耀彬, 戴璐, 董玥莹, 等. 环鄱阳湖区分区土地利用景观格局变化模拟研究 [J]. 长江流域资源与环境, 2015, 24 (10): 1762-1770.

205. 刘永强, 廖柳文, 龙花楼, 等. 土地利用转型的生态系统服务价值效应分析——以湖南省为例 [J]. 地理研究, 2015, 34 (4): 691-700.

206. 龙英, 舒晓波, 李秀娟, 等. 江西省安福县农村居民点空间分布变化及其环境因素分析. 水土保持研究, 2012, 19 (5): 171-175, 180.

207. 卢宏玮, 曾光明, 谢更新. 洞庭湖流域区域生态风险评价 [J]. 生态学报, 2003, 23 (12): 2521-2530.

208. 陆荣华. 围填海工程对厦门湾水动力环境的累积影响研究 [D]. 青岛: 国家海洋环境第一研究所, 2010.

209. 陆元昌, 陈敬忠, 洪玲霞, 等. 遥感影像分类技术在森林景观分类评价中的应用研究 [J]. 林业科学研究, 2005, 18 (1): 34-38.

210. 罗仁燕, 陈刚. 基于遥感解译的罗源湾地区岸线变迁调查 [J]. 内江科技, 2006, 2: 128-129.

211. 吕一河, 张立伟, 王江磊. 生态系统及其服务保护评估: 指标与方法 [J]. 应用生态学报, 2013, 05: 1237-1243.

212. 马凤娇, 刘金铜, A. Egrinya Eneji. 生态系统服务研究文献现状及不同研究方向评述 [J]. 生态学报, 2013, 19: 5963-5972.

213. 马建华, 刘德新, 陈衍球, 等. 中国大陆海岸线随机前分形分维及其长度不确定性探讨. 地理研究, 2015, 34 (2): 319-327.

214. 马金卫, 吴晓青, 周迪, 等. 海岸带城镇空间扩展情景模拟及其生态风险评价 [J]. 资源科学, 2012, 34 (01): 185-194.

215. 马克明, 傅伯杰. 北京东灵山地区景观格局及破碎化评价 [J]. 植物生态学报, 2000, 24 (3): 320-326.

216. 马龙, 于洪军, 王树昆, 等. 海岸带环境变化中的人类活动因素 [A]. 山东海岸工程学会. 中国海洋学会海岸带开发与管理分会学术研讨会论文集 [C]. 山东海岸工程学会: 2006: 29-34.

217. 马小娥, 白永平, 纪学朋, 等. 干旱区内陆河流域农村居民点时空格局演变及影响因素 [J]. 中国农业资源与区划, 2018, 39 (01): 106-116.

218. 马小娥, 白永平, 纪学朋, 等. 干旱区内陆河流域农村居民点空间格局及分异 [J]. 水土保持研究, 2018, 25 (02): 281-287.

219. 马小峰, 赵冬至, 张丰收, 等. 海岸线卫星遥感提取方法研究进展 [J]. 遥感技术与应用, 2007, 22 (4): 575-580.

220. 毛健. 南江县土地利用变化对生态系统服务价值的影响 [D]. 成都: 成都理工大学, 2014.

221. 蒙晓, 任志远, 张翀. 咸阳市土地利用变化及生态风险 [J]. 干旱区研究, 2012, 29 (1): 137-142.

222. 苗海南, 刘百桥. 基于 RS 的渤海湾沿岸近 20 年生态系统服务价值变化分析 [J]. 海洋通报, 2014, 33 (2): 121-125.

223. 闵婕. 基于村域的农村居民点空间格局及影响因素分析——以石柱县冷水镇八龙村为例. 水土保持研究, 2014, 21 (1): 157-162.

224. 穆雪男. 天津滨海新区围填海演进过程与岸线、湿地变化关系研究 [D]. 天津大学, 2014.

225. 潘少明, 施晓冬, 王建业, 等. 围海造地工程对香港维多利亚港现代沉积作用的影响 [J]. 沉积学报, 2000, 18 (1): 22-28.

226. 彭本荣, 洪华生, 陈伟琪, 等. 填海造地生态损害评估: 理论、方法及应用研究 [J]. 自然资源学报, 2005, 20 (5): 714-726.

227. 彭建, 党威雄, 刘焱序, 等. 景观生态风险评价研究进展与展望 [J]. 地理学报, 2015, 70 (04): 664-677.

228. 彭建, 王仰麟, 张源, 等. 滇西北生态脆弱区土地利用变化及其生态效应 [J]. 地理学报, 2004, 59 (4): 629-638.

229. 齐杨, 邬建国, 李建龙, 等. 中国东西部中小城市景观格局及其驱动力 [J]. 生态学报, 2013, 33 (1): 0275-0285.

230. 秦传新, 陈丕茂, 张安凯, 等. 珠海万山海域生态系统服务价值与能值评估 [J]. 应用生态学报, 2015, 06: 1847-1853.

231. 邱惠燕. 厦门市填海造地进程的初步研究 [D]. 厦门: 厦门大学, 2009.

232. 瞿继双, 王超, 王正志. 一种基于多阈值的形态学提取遥感图象海岸线特征方法 [J]. 中国图象图形学报, 2003, 8 (7): 87-91.

233. 曲衍波, 姜广辉, 张佰林, 等. 山东省农村居民点转型的空间特征及其经济梯度分异 [J]. 地理学报, 2017, 72 (10): 1845-1858.

234. 全国海岸带和海涂资源综合调查成果编委会. 中国海岸带和海涂资源综合调查报告 [M]. 北京: 海洋出版社.

235. 任平, 洪步庭, 刘寅, 等. 基于 RS 与 GIS 的农村居民点空间变化特征与景观格局影响研究 [J]. 生态学报, 2014, 34 (12): 3331-3340.

236. 师满江, 颉耀文, 曹琦. 干旱区绿洲农村居民点景观格局演变及机制分析. 地理研究, 2016, 35 (4): 692-702.

237. 石龙宇, 崔胜辉, 尹锴, 等. 厦门市土地利用/覆被变化对生态系统服务的影响 [J]. 地理学报, 2010, 65 (6): 708-714.

238. 史利江，王圣云，姚晓军，等．1994—2006 年上海市土地利用时空变化特征及驱动力分析［J］．长江流域资源与环境，2012，21（12）：1468-1479.

239. 史培军．五论灾害系统研究的理论与实践［J］．自然灾害学报，2009，18（5）：1-9.

240. 宋开山，刘殿伟，王宗明，等．1954 年以来三江平原土地利用变化及驱动力．地理学报，2008，63（1）：93-104.

241. 苏奋振等．海岸带遥感评估［M］．科学出版社，2015.

242. 苏纪兰．中国近海水文［M］．海洋出版社，2005.

243. 苏雷，朱京海，傅立群．锦州—葫芦岛沿海地区景观格局变化与生态服务价值评［J］．沈阳大学学报（自然科学版），2014，26（1）：4-8.

244. 苏泳娴，张虹鸥，陈修治，等．佛山市高明区生态安全格局和建设用地扩展预案［J］．生态学报，2013，33（5）：1524-1534.

245. 隋玉正，李淑娟，张绪良，等．围填海造陆引起的海岛周围海域海洋生态系统服务价值损失——以东海北部海湾洞头县为例［J］．海洋科学，2013，09：90-96.

246. 孙才志，李明昱．辽宁省海岸线时空变化及驱动因素分析［J］．地理与地理信息科学，2010，26（3）：63-67.

247. 孙丽娥，马毅，刘荣杰．杭州湾海岸线变迁遥感监测与分析［J］．海洋测绘，2013，33（2）：38-41.

248. 孙美仙，张伟．福建省海岸线遥感调查方法及其应用研究［J］．台湾海峡，2004，23（2）：213-218+261.

249. 孙伟富，马毅，张杰，等．不同类型海岸线遥感解译标志建立和提取方法研究［J］．测绘通报，2011，3：41-44.

250. 孙晓宇，吕婷婷，高义，等．2000—2010 年渤海湾岸线变迁及驱动力分析［J］．资源科学，2014，36（2）：413-419.

251. 孙永光．典型河口：海湾围填海开发的生态环境效应评价方法与应用［M］．海洋出版社，2014.

252. 索安宁，曹可，马红伟，等．海岸线分类体系探讨［J］．地理科学，2015，35（7）：933-937.

253. 谈明洪，李秀彬，吕昌河．20 世纪 90 年代中国大中城市建设用地扩张及其对耕地的占用［J］．中国科学（D 辑：地球科学），2004，34（12）：1157-1165.

254. 谭学玲，闫庆武，李晶晶，等．盘县农村居民点空间分布特征及其地形地貌影响因素分析［J］．长江流域资源与环境，2017，26（12）：2083-2090.

255. 谭雪兰，周国华，朱苏晖，等．长沙市农村居民点景观格局变化及地域分异特征研究．地理科学，2015，35（2）：204-210.

256. 谭雪兰，刘卓，贺艳华，等．江南丘陵区农村居民点地域分异特征及类型划分——以长沙市为例［J］．地理研究，2015，34（11）：2144-2154.

257. 谭雪兰，钟艳英，段建南，等．快速城市化进程中农村居民点用地变化及驱动力研究——以长株潭城市群为例［J］．地理科学，2014，34（03）：309-315.

258. 谭雪兰，周国华，朱苏晖，等．长沙市农村居民点景观格局变化及地域分异特征研究［J］．地理科学, 2015, 35 (02): 204-210.

259. 田光进, 张增祥, 王长有, 等. 基于遥感与 GIS 的海口市土地利用结构动态变化研究 [J]. 自然资源学报, 2001, 16 (6): 543-546.

260. 汪小钦, 陈崇成. 遥感在近岸海洋环境监测中的应用 [J]. 海洋环境科学, 2000, 19 (4): 72-76.

261. 王彬武, 周卫军, 马苏, 等. 湘南丘陵区农村居民点景观格局变化研究. 地理空间信息, 2011, 9 (6): 89-92.

262. 王成, 费智慧, 叶琴丽, 等. 基于共生理论的村域尺度下农村居民点空间重构策略与实现 [J]. 农业工程学报, 2014, 30 (03): 205-214+294.

263. 王成新, 姚士谋, 陈彩虹. 中国农村聚落空心化问题实证研究 [J]. 地理科学, 2005, 25 (3): 257-262.

264. 王洪翠, 吴承祯, 洪伟, 等. P-S-R 指标体系模型在武夷山风景区生态安全评价中的应用 [J]. 安全与环境学报, 2006, 6 (3): 123-126.

265. 王介勇, 刘彦随, 陈玉福. 2010. 黄淮海平原农区典型村庄用地扩展及其动力机制 [J]. 地理研究, 29 (10): 1833-1840.

266. 王婧, 方创琳. 城市建设用地增长研究进展与展望 [J]. 地理科学进展, 2011, 30 (11): 1440-1448.

267. 王李娟, 牛铮, 赵德刚, 等. 基于 ETM 遥感影像的海岸线提取与验证研究 [J]. 遥感技术与应用, 2010, 25 (2): 235-239.

268. 王琳, 徐涵秋, 李胜. 厦门岛及其邻域海岸线变化的遥感动态监测 [J]. 遥感技术与应用, 2005, 20 (4): 404-410.

269. 王玲, 吕新. 基于 DEM 的新疆地势起伏度分析 [J]. 测绘科学, 2009, 34 (1): 113-116.

270. 王让虎, 张树文, 蒲罗曼, 等. 基于 ASTER GDEM 和均值变点分析的中国东北地形起伏度研究 [J]. 干旱区资源与环境, 2016, 30 (6): 49-54.

271. 王思远, 刘纪远, 张增祥, 等. 中国土地利用时空特征分析. 地理学报, 2001, 56 (6): 631-639.

272. 王涛, 张超, 于晓童, 等. 洱海流域土地利用变化及其对景观生态风险的影响 [J]. 生态学杂志, 2017, 36 (7): 2003-2009.

273. 王文刚, 庞笑笑, 宋玉祥, 等. 中国建设用地变化的空间分异特征 [J]. 地域研究与开发, 2012, 31 (1): 110-115.

274. 王宪礼, 肖笃宁, 布仁仓, 等. 辽河三角洲湿地的景观格局分析 [J]. 生态学报, 1997, 17 (3): 317-323.

275. 王秀兰, 包玉海. 土地利用动态变化研究方法探讨 [J]. 地理科学进展, 1999, 18 (1): 81-87.

276. 王衍, 孙士超. 海南洋浦围填海造地的海洋生态系统服务功能价值损失评估 [J]. 海洋开发与管理, 2015, 32 (7): 74-80.

277. 王耀宗, 常庆瑞, 屈佳, 等. 陕北黄土高原土地利用/覆盖变化及生态效应评价 [J]. 水土保持通报, 2010, 30 (4): 134-142.

278. 王颖, 朱大奎. 海南岛洋浦湾沉积作用研究 [J]. 第四纪研究, 1996, 16 (2): 159-167.

279. 王宇, 王乘, 刘吉平. 一种基于数学形态学的遥感图像边缘检测算法 [J]. 重庆邮电学院学报, 2003, 15 (2): 57-60.

280. 王玉章等 (译), 牛津英汉高阶词典 (第七版). 北京: 商务印书馆, 2009.

281. 王原, 陆林, 赵丽侠. 1976—2007 年纳木错流域生态系统服务价值动态变化 [J]. 中国人口·资源与环境, 2014, 24 (11): 154-159.

282. 王远东, 侯西勇, 施平, 等. 海平面上升背景下环渤海海岸敏感性研究 [J]. 地理科学, 2013, 33 (12): 1514-1523.

283. 魏伟, 石培基, 雷莉, 等. 基于景观结构和空间统计方法的绿洲区生态风险分析: 以石羊河武威、民勤绿洲为例 [J]. 自然资源学报, 2014, 29 (12): 2023-2035.

284. 魏伟, 石培基, 周俊菊, 等. 近 20 多年来石羊河流域景观格局演变特征 [J]. 干旱区资源与环境, 2013, 27 (2): 156-161.

285. 邬建国. 景观生态学: 格局、过程、尺度与等级, (第二版) [M]. 高等教育出版社, 2007.

286. 毋亭, 侯西勇. 1944-2012 年胶州湾岸线时空动态特征 [J]. 科技导报, 2015 (2): 28-34.

287. 毋亭. 近 70 年中国大陆岸线变化的时空特征分析 [D]. 中国科学院大学, 2015.

288. 吴健生, 乔娜, 彭建, 等. 露天矿区景观生态风险空间分异 [J]. 生态学报, 2013, 33 (12): 3816-3824.

289. 吴莉, 侯西勇, 邸向红. 山东省沿海区域景观生态风险评价 [J]. 生态学杂志, 2014, 33 (1): 214-220.

290. 吴桑云, 王文海. 海湾分类系统研究 [J]. 海洋学报, 2000, 22 (4): 83-89.

291. 吴学军. 城市 TM 遥感图像分类方法研究 [D]. 广西师范大学, 2007.

292. 吴英海, 朱维斌, 陈晓华. 围滩吹填工程对水环境的影响分析 [J]. 水资源保护, 2005, 21 (2): 53-56.

293. 伍业钢, 李哈滨. 景观生态学的理论发展 [A]. 北京: 中国科学技术出版社, 1992: 30-39.

294. 夏东兴, 刘振夏. 中国海湾的成因类型 [J]. 海洋与湖沼, 1990, 21 (2): 185-191.

295. 肖笃宁, 胡远满, 李秀珍, 等. 环渤海三角洲湿地的景观生态学研究 [M]. 北京: 科学出版社, 2001.

296. 肖笃宁. 景观生态学: 理论方法和应用 [M]. 北京: 中国林业出版社, 1991.

297. 肖寒, 欧阳志云, 赵景柱, 等. 森林生态系统服务功能及其生态经济价值评估初探——以海南岛尖峰岭热带森林为例 [J]. 应用生态学报, 2000, 11 (4): 481-484.

298. 肖琳, 田光进. 天津市土地利用生态风险评价 [J]. 生态学杂志, 2014, 33 (02): 469-476.

299. 肖玉, 谢高地, 安凯. 莽措湖流域生态系统服务功能经济价值变化研究 [J]. 应用生态学报, 2003, 14 (5): 676-680.

300. 谢高地, 鲁春霞, 冷允法, 等. 青藏高原生态资产的价值评估 [J]. 自然资源学报, 2003, 18 (3): 189-196.

301. 谢高地, 肖玉, 甄霖, 等. 我国粮食生产的生态服务价值研究 [J]. 中国生态农业学报, 2005,

13（3）：10-13.

302. 谢高地，张彩霞，张昌顺，等．中国生态系统服务的价值［J］．资源科学，2015，37（9）：1740-1746.

303. 谢高地，张彩霞，张雷明，等．基于单位面积价值当量因子的生态系统服务价值化方法改进［J］．自然资源学报，2015，30（08）：1243-1254.

304. 谢高地，甄霖，鲁春霞，等．一个基于专家知识的生态系统服务价值化方法［J］．自然资源学报，2008，23（5）：911-918.

305. 谢高地，鲁春霞，冷允法，等．青藏高原生态资产的价值评估［J］．自然资源学报，2003，18（2）：189-196.

306. 谢花林．基于景观结构和空间统计学的区域生态风险分析［J］．生态学报，2008，28（10）：5020-5026.

307. 谢华亮，戴志军，彭伟，等．径向基神经网络模型在杭州湾北岸岸线变化中的应用［J］．上海国土资源，2012，33（2）：74-78.

308. 谢明鸿，张亚飞，付琨．基于种子点增长的SAR图像海岸线自动提取算法［J］．中国科学院研究生报，2007，24（1）：93-98.

309. 谢余初，巩杰，赵彩霞．甘肃白龙江流域水土流失的景观生态风险评价［J］．生态学杂志，2014，33（3），702-708.

310. 谢作轮，赵锐锋，姜朋辉，等．黄土丘陵沟壑区农村居民点空间重构——以榆中县为例［J］．地理研究，2014，33（05）：937-947.

311. 徐进勇，张增祥，赵晓丽，等．2000—2012年中国北方海岸线时空变化分析［J］．地理学报，2013，68（5）：651-660.

312. 徐兰，罗维，周宝同．基于土地利用变化的农牧交错带典型流域生态风险评价：以洋河为例［J］．自然资源学报，2015，30（4）：580-590.

313. 徐磊，侯立春，杨强，等．利用TM影像提取土地利用/覆被信息的最佳波段研究［J］．湖北大学学报（自科版），2011，33（1）：119-122.

314. 徐谅慧，李加林，袁麒翔，等．象山港海岸带景观格局演化［J］．海洋学研究．2015，33（2）：47-56.

315. 徐冉，过仲阳，叶属峰，等．基于遥感技术的长江三角洲海岸带生态系统服务价值评估［J］．长江流域资源与环境，2011，20（s1）：87-93.

316. 许大为，刘铁冬．景观生态学案例分析［M］．科学出版社，2015.

317. 许学工，林辉平，付在毅，等．黄河三角洲湿地区域生态风险评价［J］．北京大学学报（自然科学版），2001，37（1），111-120.

318. 许妍，高俊峰，郭建科．太湖流域生态风险评价［J］．生态学报，2013，33（09）：2896-2906.

319. 许妍，高俊峰，赵家虎，等．流域生态风险评价研究进展［J］．生态学报，2012，32（2）：284-292.

320. 颜磊，许学工．区域生态风险评价研究进展［J］．地域研究与开发，2010，29（1）：113-118.

321. 颜利，金龙，王金坑．厦门国家级海洋公园管理模式研究［J］．海洋开发与管理，2015，32

（7）：68-73.

322. 阳文锐，王如松，黄锦楼，等．生态风险评价及研究进展 [J]．应用生态学报，2007，18（8）：
1869-1876.

323. 杨存建，周成虎．TM 影像的居民地信息提取方法研究．遥感学报，2000，4（2）：146-
150，166.

324. 杨俊，单灵芝，席建超，等．南四湖湿地土地利用格局演变与生态效应 [J]．资源科学，2014，
36（04）：856-864.

325. 杨立君，黄婷．潮滩植被调查最佳波段组合研究 [J]．安徽农业科学，2012，40（4）：2514
-2516.

326. 杨忍，刘彦随，龙花楼，等．基于格网的农村居民点用地时空特征及空间指向性的地理要素识
别——以环渤海地区为例 [J]．地理研究，2015，34（06）：1077-1087.

327. 杨述河，闫海利，郭丽英．北方农牧交错带土地利用变化及其生态环境效应 [J]．地理科学进
展，2004，23（6）：49-55.

328. 杨晓娟，杨永春，张理茜，等．基于信息熵的兰州市用地结构动态演变及其驱动力 [J]．干旱
区地理，2008，31（2）：291-297.

329. 杨义菊，叶银灿，杨辉．杭州湾区域海洋资源可持续利用初探 [J]．海洋开发与管理，2005，
22（3）：33-37.

330. 姚晓静，高义，杜云艳，等．基于遥感技术的近 30a 海南岛海岸线时空变化 [J]．自然资源学
报，2013，28（1）：114-125.

331. 姚炎明，黄秀清．三门湾海洋环境容量及污染物总量控制研究 [M]．海洋出版社，2015.

332. 叶伟，吴荣良，赖日文，等．基于 3S 技术的森林城市景观结构分析 [J]．中南林业科技大学学
报，2015（1）：56-61.

333. 叶玉瑶，张虹鸥，许学强，等．珠江三角洲建设用地扩展与经济增长模式的关系 [J]．地理研
究，2011，30（12）：2259-2271.

334. 叶长盛，董玉祥．珠江三角洲土地利用变化对生态系统服务价值的影响 [J]．热带地理，2010，
30（6）：603-608.

335. 仪垂祥．地球表层动力学理论研究（Ⅰ）——陆地表层系统 [J]．北京师范大学学报（自然科
学版），1994，30（4）：511-515.

336. 殷贺，王仰麟，蔡佳亮，等．区域生态风险评价研究进展 [J]．生态学杂志，2009，28（05）：
969-975.

337. 于格，张军岩，鲁春霞，等．围海造地的生态环境影响分析 [J]．资源科学，2009，31（2）：
265-270.

338. 于杰，杜飞雁，陈国宝，等．基于遥感技术的大亚湾海岸线的变迁研究 [J]．遥感技术与应用，
2009，24（4）：512-516.

339. 于衍桂，马毅．环胶州湾海岸带典型土地利用/覆盖类型 SPOT-5 影像解译标志 [J]．海岸工
程，2011，30（4）：61-70.

340. 于正．资源定位原则在海岸带区域决策中的应用 [D]．厦门大学，2012.

341. 岳书平，张树文，闫业超. 东北样带土地利用变化对生态服务价值的影响［J］. 地理学报，2007，62（8）：879-886.

342. 翟辉琴. 基于数学形态学的遥感影像面状目标提取研究［M］. 解放军信息工程大学测绘学院，2005.

343. 张安定，李德一，王大鹏，等. 山东半岛北部海岸带土地利用变化与驱动力——以龙口市为例. 经济地理，2007，27（6）：1007-1010.

344. 张佰林，蔡为民，张凤荣，等. 隋朝至1949年山东省沂水县农村居民点的时空格局及驱动力. 地理研究，2016，35（6）：1141-1150.

345. 张彪，谢高地，肖玉，等. 基于人类需求的生态系统服务分类［J］. 中国人口·资源与环境，2010，20（6）：64-67.

346. 张寒，谢炳庚，韩龙飞，等. 城镇化对生态服务价值的影响——以湖南省长株潭地区为例［J］. 国土资源科技管理，2014，31（1）：9-15.

347. 张慧霞，庄大昌，娄全胜. 基于土地利用变化的东莞市海岸带生态风险研究［J］. 经济地理，2010，30（03）：489-493.

348. 张明. 榆林地区脆弱生态环境的景观格局与演变研究［J］. 地理研究，2000，19（1）：30-36.

349. 张明慧，陈昌平，索安宁，等. 围填海的海洋环境影响国内外研究进展［J］. 生态环境学报，2012（8）：1509-1513.

350. 张明明，刘修国. 数学形态学流域分割法在遥感影像水系图图像分割中的应用［J］. 现代计算机，2003，175（11）：23-27.

351. 张秋菊，傅伯杰，陈利顶. 关于景观格局演变研究的几个问题［J］. 地理科学，2003，23（3）：264-270.

352. 张荣保，陈立红，金矛，等. 象山港海域环境质量现状评价［J］. 科技创新导报，2014（24）：114-117.

353. 张若琳，万力，张发旺，等. 土地利用遥感分类方法研究进展［J］. 南水北调与水利科技，2006，4（2）：39-42.

354. 张树清，陈春，万恩璞. 三江平原湿地遥感分类模式研究［J］. 遥感技术与应用，1999，14（1）：54-58.

355. 张小飞，王如松，李正国，等. 城市综合生态风险评价——以淮北市城区为例［J］. 生态学报，2011，31（20）：6204-6214.

356. 张晓浩，黄华梅，王平，等. 1973—2015年珠江口海域岸线和围填海变化分析［J］. 海洋湖沼通报，2016（5）：9-15.

357. 张心怡，刘敏，孟飞. 基于RS和GIS的上海城建用地扩展研究［J］. 长江流域资源与环境，2006，15（1）：29-33.

358. 张修峰，刘正文，谢贻发，等. 城市湖泊退化过程中水生态系统服务功能价值演变评估：以肇庆仙女湖为例［J］. 生态学报，2007，27（6）：2349-2354.

359. 张绪良，徐宗军，张朝晖，等. 青岛市城市绿地生态系统的环境净化服务价值［J］. 生态学报，2012，31（9）：2576-2584.

360. 张雪茹, 尹志强, 姚亦锋, 等. 安徽省城市建设用地变化及驱动力分析 [J]. 长江流域资源与环境, 2016, 25 (4): 544-551.

361. 张莹, 雷国平, 林佳, 等. 扎龙自然保护区不同空间尺度景观格局时空变化及其生态风险 [J]. 生态学杂志, 2012, 31 (5): 1250-1256.

362. 张友水, 冯学智, 阮仁宗. 基于 GIS 的 BP 神经网络遥感影像分类研究 [J]. 南京大学学报 (自然科学版), 2003, 39 (6): 806-813.

363. 张月, 张飞, 王娟, 等. 近 40 年艾比湖湿地自然保护区生态干扰度时空动态及景观格局变化 [J]. 生态学报, 2017, 37 (21): 7082-7097.

364. 赵莉, 杨俊, 李闯, 等. 地理元胞自动机模型研究进展 [J]. 地理科学, 2016, 36 (8): 1190-1196.

365. 赵晟, 李娜, 吴常文. 舟山海域生态系统服务能值价值评估 [J]. 生态学报, 2015, 03: 678-685.

366. 赵卫权, 杨振华, 苏维词, 等. 基于景观格局演变的流域生态风险评价与管控——以贵州赤水河流域为例 [J]. 长江流域资源与环境, 2017, 26 (08): 1218-1227.

367. 赵宗泽. 30 年来福建省大陆海岸线变迁遥感分析 [D]. 山东科技大学, 2013.

368. 郑守专. 三沙湾滨海湿地生态系统评价 [D]. 集美大学, 2013.

369. 支再兴, 李占斌, 于坤霞, 等. 陕北地区土地利用变化对生态服务功能价值的影响 [J]. 中国水土保持科学, 2017, 15 (5): 23-30.

370. 中国海湾志编纂委员会. 中国海湾志 (第五分册) [M]. 北京: 海洋出版社. 1992.

371. 中国海湾志编纂委员会. 中国海湾志 (第六分册) [M]. 海洋出版社, 1993.

372. 中国海湾志编纂委员会. 中国海湾志 (第七分册) [M]. 海洋出版社, 1994.

373. 中国海湾志编纂委员会. 中国海湾志 (第八分册) [M]. 海洋出版社, 1993.

374. 中国科学院地理研究所. 中国 1 : 1 000 000 地貌图制图规范 (试行) [M]. 北京: 科学出版社, 1987: 33-34.

375. 中国水利学会. 中国围海工程 [M]. 中国水利水电出版社, 2000.

376. 周成虎, 孙战利, 谢一春. 地理元胞自动机 [M]. 北京: 科学出版社, 1999.

377. 周国华, 贺艳华, 唐承丽, 等. 论新时期农村聚居模式研究 [J]. 地理科学进展, 2010, 29 (2): 186-192.

378. 周娟, 陈彬, 俞炜炜. 泉州湾景观格局分析及动态变化研究 [J]. 海洋环境科学, 2011, 30 (3): 370-375.

379. 周汝佳, 张永战, 何华春. 基于土地利用变化的盐城海岸带生态风险评价 [J]. 地理研究, 2016, 35 (06): 1017-1028.

380. 周跃云, 赵先超. 株洲市辖区农村居民点土地集约节约利用的实证研究. 经济地理, 2010, 30 (6): 1011-1015.

381. 朱彬, 马晓冬. 苏北地区乡村聚落的格局特征与类型划分 [J]. 人文地理, 2011, 26 (4): 66-72.

382. 朱高儒, 许学工. 渤海湾西北岸 1974—2010 年逐年填海造陆进程分析 [J]. 地理科学, 2012,

32（8）：1006-1012.

383. 朱会义，李秀彬，何书金，等．环渤海地区土地利用的时空变化分析［J］．地理学报，2001，56（3）：253-260.

384. 朱小鸽．珠江口海岸线变化的遥感监测［J］．海洋环境科学，2002，21（2）：19-22+80.

385. 朱晓华，潘亚娟．GIS支持的海岸类型分形判定研究［J］．海洋通报，2002，21（2）：49-54.

386. 朱长明，张新，骆剑承，等．基于样本自动选择与SVM结合的海岸线遥感自动提取［J］．国土资源遥感，2013，25（2）：69-74.

387. 庄大方，刘纪远．中国土地利用程度的区域分异模型研究［J］．自然资源学报，1997，12（2）：105-111.

388. 邹利林，王建英．中国农村居民点布局优化研究综述［J］．中国人口·资源与环境，2015，25（04）：59-68.

389. 邹月，周忠学．西安市景观格局演变对其生态系统服务价值的影响［J］．应用生态学报，2017，（08）：1-13.